现 代 地 貌 学

张根寿　主编

科 学 出 版 社
北　京

内 容 提 要

地貌是地表自然景观，是自然资源和环境实体，并在区域发展和建设规划、资源评价和利用中具有重要的作用。应用遥感技术、信息技术研究地貌成为当代显著特点。

地貌是自然因素和人工作用共同形成的地表实体，发育、发展和演化，每个时期的特征受到外动力、内动力和岩石的影响，表现出不同的形体和空间组合。本书在横向上划分为八章。前六章构成符合客观实际的网络面，一一分述，每个章节的内容均引进了最新的学科发展成果，既有深度，也有广度。后两章是地貌数字模型、地貌信息表示和分析，介绍当代学科发展的内容。

本书适合大、专院校地理科学、地理信息系统、资源环境与城乡规划管理、水文、测绘工程、城乡规划、环境科学等专业的学生和教师作为教材，以及相关学者和社会学者参考使用。

图书在版编目(CIP)数据

现代地貌学/张根寿主编.—北京：科学出版社，2005
ISBN 978-7-03-015931-1

Ⅰ.现… Ⅱ.张… Ⅲ.地貌学 Ⅳ.P931
中国版本图书馆CIP数据核字(2005)第079111号

责任编辑：赵 峰 谭宏宇／责任校对：连秉亮
责任印制：徐晓晨／封面设计：逸 凌

科学出版社出版
北京东黄城根北街16号
邮政编码：100717
http://www.sciencep.com
广东虎彩云印刷有限公司印刷
科学出版社发行 各地新华书店经销
*
2005年8月第 一 版 开本：B5(720×1000)
2022年2月第十七次印刷 印张：24 1/2
字数：478 000

定价：49.00元

前　言

地貌是自然要素之一，是地球科学研究内容之一。由于其在自然因素中的独特地位，在人类活动中的重要作用，作为一门独立学科在不断发展前进着。随着科学技术的发展，地貌学研究方法从野外调查、地图分析、航空相片解译到遥感技术的应用而不断进步。现代，地貌与人类生活的关系愈来愈密切，例如地貌旅游资源、地貌与土地利用、地貌与城市建设等等。“数字地球”的提出，加速了地貌数字化表示、传输、模拟、分析和研究的进程，并已实际应用于军事、经济、工程等多个部门。

地貌学是地理学与地质学的边缘学科，地貌也是测绘科学重点研究的对象之一，地貌信息综合与虚拟现实是地理信息科学、地图学和测绘科学难以解决的问题之一，文学、历史学等众多学科领域中都需要掌握和了解地貌科学知识。

编写本书已酝酿了数年时间，这期间做了大量的资料收集和整理工作。按照系统论的思想构建本书的结构体系及内容组成是贯穿始终和最重要的问题。现在，我们认为已构成了一个相对完整的体系。书中首先提出基本问题——导论，接着讨论地貌发育，进而解释了地貌的形成、变化和发展的基本知识和理念。明确独立地将外动力地貌在一章中介绍，构成一个完整体系。然后，深入一步讨论岩石性质的直接影响形成的独特的几种地貌形体。在内动力地貌一章围绕“静态构造地貌和动态构造地貌”两个概念，明辨“动”与“静”的关系及其地貌表现。作为对上述地貌的区域性分布及组合的认识，另一原因可考虑到区域地貌对区域资源和环境评价、区域规则、区域发展方面的条件和地位，确立区域内各种地貌形体类型的整体性，形成地貌资源综合利用的思想。地貌信息数字化是趋势也已成为现实，并已实际应用，这一新的知识和技术及时引入了本书。地貌制图技术方法和信息源发生了重大变革，地貌图类型及表示的内容有新的应用和进步。

本书由张根寿和杨达源共同拟订内容体系。本书中将地貌形态的传统称谓改称“地貌形体”。一方面，地貌是自然实体，具有地理位置、高度、时间、物质、形状的五维空间性。另一方面，地貌信息表达由二维平面发展为三维虚拟现实以及四维动态演示和复原。由此，我们认为“地貌形体”更科学。

本书中各章节的主要编著者为：第一章导论，第二章第三节、第四节、第五节、第六节，第三章第一节、第七节，第四章第三节、第四节，第五章第一节、第六章、第七章、第八章由张根寿编著，第三章第二节、第三节、第四节、第五节、第六节由张根寿、梁勤欧合著；第二章第一节、第二节，第四章第一节、第二节、第五节由杨达源编著；第五章第二节、第三节、第六节、第七节由林爱文编著；第五章第四节、第五节由张根寿、林爱文合著。全书由张根寿统稿定稿。

恳请学者不吝指正。

编著者

2005年2月于武汉

目　　录

前　言

第一章　导论 …… 1
　第一节　地貌体 …… 1
　　一、地貌形体 …… 1
　　二、地貌形体空间单元 …… 3
　　三、地貌形体要素 …… 4
　　四、地貌形体表述 …… 6
　　五、地貌形体的地图表示 …… 7
　第二节　地貌类型与结构 …… 9
　　一、地貌类型 …… 9
　　二、地貌结构 …… 11
　第三节　地貌学研究对象和内容 …… 11
　第四节　地貌学的发展 …… 13
　　一、我国古代对地貌的认知和探索 …… 13
　　二、近代世界对地貌学发展的贡献 …… 14
　　三、现代地貌学研究进展 …… 15
　第五节　地貌资源与人类生存环境 …… 16
　　一、地貌与农业 …… 16
　　二、地貌与城市建设 …… 17
　　三、地貌与工业布局 …… 19
　　四、地貌与交通路线建设 …… 20
　　五、地貌与旅游资源 …… 20
　　六、地貌与水资源利用 …… 21
　　七、地貌与环境 …… 21

第二章　地貌发育 …… 22
　第一节　内动力作用 …… 22
　第二节　外动力作用 …… 23

一、外动力作用类型 …… 23
二、风化作用 …… 24
三、剥蚀作用 …… 31
四、沉积作用 …… 34
第三节　人类活动——第三地貌动力 …… 35
第四节　内外动力相互作用 …… 36
第五节　地貌发育基础理论 …… 38
第六节　影响地貌发育的因素 …… 41
一、气候与地貌发育 …… 41
二、构造运动和地质构造与地貌发育 …… 42
三、地表组成物质与地貌发育 …… 43

第三章　外动力地貌 …… 45
第一节　坡地重力地貌 …… 45
一、坡地系统 …… 45
二、崩塌及其地貌 …… 46
三、滑坡及其地貌 …… 48
四、错落及其地貌 …… 50
五、坡地蠕动及其地貌 …… 51
第二节　流水地貌 …… 52
一、流水作用 …… 52
二、沟谷流水地貌 …… 56
三、河谷流水地貌 …… 63
四、河口地区地貌 …… 82
五、河(谷)系的发育与发展 …… 87
第三节　冰川地貌 …… 94
一、冰川和冰川作用 …… 95
二、冰川地貌形体 …… 102
三、第四纪冰期 …… 108
第四节　冻土地貌 …… 108
一、冻土和融冻作用 …… 108
二、冻土地貌形体 …… 111
第五节　风沙地貌 …… 114
一、中国风沙地貌分布特征 …… 114
二、风沙地貌发育的动力 …… 115

三、风蚀地貌形体 …… 119
四、风积地貌形体 …… 121
五、荒漠类型 …… 129
第六节　海岸地貌 …… 131
一、海岸地貌动力 …… 132
二、海岸地貌形体 …… 136
三、海岸形体类型 …… 143
四、生物海岸地貌 …… 148
第七节　人工地貌 …… 150
一、未改变自然地貌基本形体的人工地貌 …… 150
二、改变局部自然地貌形体的人工地貌 …… 151

第四章　岩石地貌 …… 155
第一节　砂质岩石地貌 …… 155
一、砂质岩石与地貌发育 …… 156
二、丹霞地貌 …… 157
三、石英砂岩峰林 …… 160
第二节　花岗岩和玄武岩地貌 …… 161
一、花岗岩地貌 …… 162
二、玄武岩地貌 …… 167
第三节　可溶性岩石地貌 …… 169
一、岩溶分布 …… 170
二、岩溶地貌发育条件 …… 171
三、岩溶地貌形体 …… 174
四、岩溶地貌空间组合 …… 187
五、岩溶地貌空间分布 …… 189
第四节　黄土地貌 …… 191
一、黄土物质特性 …… 192
二、黄土地貌发育 …… 193
三、黄土塬、墚、峁地貌形体 …… 195
四、黄土沟谷地貌形体 …… 201
五、黄土地貌空间组合类型 …… 204
六、黄土地区水土流失与环境 …… 206
第五节　生物岩地貌 …… 207

第五章　内动力地貌…………………………………………………… 209
　第一节　构造山系和大陆裂谷…………………………………………… 210
　　一、全球构造山系 ……………………………………………… 210
　　二、中国大型构造山系 ………………………………………… 211
　　三、大陆裂谷 …………………………………………………… 212
　第二节　水平构造地貌…………………………………………… 213
　第三节　单斜构造地貌…………………………………………… 217
　　一、岩层三角面与V字形陡崖 ………………………………… 217
　　二、单面山地貌……………………………………………… 217
　　三、猪背岭地貌……………………………………………… 220
　　四、格状河系(谷地系统) ……………………………………… 220
　第四节　褶皱构造地貌…………………………………………… 221
　　一、原生褶曲构造地貌 ………………………………………… 221
　　二、褶曲构造地貌发育与地貌形体 …………………………… 223
　第五节　断层构造地貌…………………………………………… 231
　　一、断层崖地貌……………………………………………… 231
　　二、断层谷地貌……………………………………………… 232
　　三、断块山地地貌 ……………………………………………… 234
　第六节　岩浆活动构造地貌……………………………………… 237
　　一、岩浆侵入活动构造地貌形体……………………………… 237
　　二、火山活动构造地貌形体 …………………………………… 237
　　三、火山锥的空间分布与组合 ………………………………… 244
　第七节　活动构造地貌…………………………………………… 245
　　一、新构造运动的特点 ………………………………………… 245
　　二、活动构造地貌特征 ………………………………………… 247
　　三、地震及其对地貌的影响 …………………………………… 250

第六章　区域地貌…………………………………………………… 252
　第一节　山地与丘陵地貌………………………………………… 253
　　一、山地地貌 …………………………………………………… 253
　　二、丘陵地貌 …………………………………………………… 259
　第二节　平原地貌………………………………………………… 260
　　一、平原的形态分类 ………………………………………… 260
　　二、平原的成因分类 ………………………………………… 262
　第三节　高原地貌………………………………………………… 264

一、据地貌形体完整性的高原类型 …… 264
二、据空间位置的高原类型 …… 266
三、据内外力和岩性划分的高原类型 …… 267
第四节 盆地地貌 …… 268
第五节 大陆边缘地貌 …… 271
一、大陆架 …… 272
二、大陆坡 …… 273
三、大陆岛 …… 273
四、大陆基 …… 274
第六节 洋底地貌 …… 274
一、洋底地貌形体 …… 275
二、世界四大洋洋底地貌 …… 276

第七章 数字地貌系统 …… 283
第一节 数字高程模型 …… 283
一、数字地面模型 …… 283
二、数字高程模型 …… 284
三、数字高程模型的形式 …… 285
第二节 数字高程模型数据获取 …… 286
一、航空遥感数据 …… 287
二、地形图数据 …… 290
三、其他数据源 …… 291
四、数据源质量控制 …… 292
第三节 DEM 源数据处理 …… 292
一、DEM 原始数据处理 …… 292
二、数字高程内插 …… 294
三、DEM 的数据管理 …… 296
第四节 数字地貌要素模型 …… 300
一、格网(点)型数字地貌要素模型 …… 300
二、多边形数字地貌模型 …… 309
第五节 二维数字地貌模型 …… 311
一、二维地貌剖面模型建立 …… 312
二、地理要素的叠加模型 …… 313
三、等高线地貌模型 …… 315
第六节 三维数字地貌模型 …… 317

一、立体等值线的地貌仿真模型 …… 318
二、剖面型等值线三维仿真模型 …… 319
第七节　动态三维数字地貌模型 …… 321
一、地貌仿真动态模型的构造 …… 321
二、影像与地形的叠加显示 …… 322
三、模拟飞行的实现技术 …… 323

第八章　地貌研究与地貌制图 …… 325
第一节　地貌图的类型 …… 325
一、依地貌图比例尺划分 …… 325
二、据地貌图的性质划分 …… 327
三、据地貌图内容划分 …… 327
第二节　地貌分析研究 …… 328
一、地貌图的地貌分析 …… 329
二、地质图的地貌分析 …… 337
三、其他地理图件的地貌分析 …… 338
四、遥感影像地貌分析 …… 339
五、野外地貌调查与研究方法 …… 340
六、实验室分析 …… 341
第三节　地貌分类原则 …… 341
一、"形态-成因"原则 …… 341
二、等级系统原则 …… 342
三、数量指标原则 …… 344
四、建立图例系统 …… 347
第四节　地貌形体类型数字分类 …… 352
一、基本地貌类型划分 …… 352
二、地貌区划数字技术应用 …… 353
第五节　地貌制图程序 …… 356
一、地貌制图内容 …… 356
二、制定地貌图编制计划 …… 357
三、地貌图编图准备工作 …… 357
四、地貌原图编制 …… 360
五、地貌图及使用说明书的编写 …… 360
第六节　应用地貌图编制原理 …… 361
一、地貌形体计量图的编制 …… 362
二、地貌剖面图编制 …… 369

三、地貌类型图编制 …… 372
四、地貌区划图的编制 …… 373
五、城市地貌图编制 …… 377
参考文献 …… 379

第一章 导 论

地貌是地球表面的形形色色的各种空间实物形体，有自然形体和人工形体两大类。地球表面自从形成以来，在不断变化和演绎中，所谓“沧海桑田”就是其演变的真实写照。大多数情况下，它的变化及演绎是十分缓慢的，人类不易观察到。但是，在地质历史的漫长岁月中，变化的结果却是巨大的。例如，古地中海底的一部分隆起抬升为当今世界最高山体和高原——喜马拉雅山系和青藏高原，经历了数百万年的时间。地表起伏形体是大气圈、水圈、生物圈、人类相互作用的各种过程所形成的力的影响和作用的产物，同时是地球内部物质变动的各种过程的产物，即地球构造变形及其组成物质变位的产物。人类生存与发展需要，活动的范围和强度不断加剧，例如，在自然地貌形体上构筑梯田、交通线、水库，自然河堤的加高加宽加固、填海填湖、开挖渠道、建设高楼等，局部地或者整体地改变和影响自然地貌形体，创建出人工地貌形体。地表形体经历着这些过程作用下的各种各样的变化和运动。

第一节 地 貌 体

地貌是空间实体，具有相对稳定的外部形态。尽管各个独立单元的外形各不相同，按照某一种理解和认识，或者遵从某些数量指标，把在成因上和外形上相近似的实体归纳为一种类型，例如自然动力形成的地貌体我们称为自然地貌体，由于人工对自然地貌体的加工改造、或者人类活动影响、或者人工新构筑的地貌体我们可以称其为人工地貌体。

一、地 貌 形 体

地貌形体是指地球表面形形色色的高低起伏的各个局部的(长、宽、高、地面坡度等形态要素组合构成的)空间实体状态，是一个相对独立的地表起伏单元。按照地貌发育发展过程，地貌形体可分为原生的地貌形体和次生的地貌形体，前者指直接由地球内动力作用造成的地表起伏形体单元，未受到地球外动力的强烈破坏，保持原有的整体性形态，例如高原、平原、火山锥等；后者指地球外动力对原生地貌“破坏——侵蚀剥蚀和覆盖”所塑造的地貌形体，侵蚀剥蚀残余的形体(如山地、丘陵)、蚀空的形体(如谷地、溶洞)和松散碎屑物沉积和堆积成的形体(如洪积扇、沙岛)。千姿百态、千奇万异的地貌景观是地球动力、物质、时间的产物。

构成地貌形体的最基本的形态指标：一是高度，即绝对(海拔)高度与相对高度;二是底平面形状与底平面面积;三是地表面的倾斜方位与倾斜程度(坡向与坡度)。高度是山地、丘陵、高原、盆地、平原等地貌形体分类及其等级划分的基本数量指标(表 1-1)。地貌形体底面形态及其面积(规模)是地貌分区及区划的基本依据。地表面的倾斜程度则是坡地分等分级的主要指标(表 1-2)。

表 1-1 我国地(貌)形(体)分类基本指标

名 称	绝对高度/m	相对高度/m	地 貌 特 征
极高山	>5 000	>5 000	位于现代冰川和雪线以上
高 山	3 500～5 000	>1 000(深切割) 500～1 000(中等切割) 100～500(浅切割) (无深切割低山)	峰尖、坡陡、谷深、山高
中 山	1 000～3 500		有山脉形体，但分割破碎
低 山	500～1 000		山体支离破碎，但有规律性
丘 陵		<200	低岭宽谷，或聚或散
高 原	>1 000	>500 比临近地貌体高	大部分地貌面起伏平缓
平 原	多数<200		地面平坦，偶有残丘孤山
盆 地		盆底与盆周高差 500 m 以上	内流盆地，地貌面平缓 外流盆地，有丘陵分布

表 1-2 坡地分类的坡度指标(据 J. Demenk，1972)

坡度分级	坡度变化幅度	坡度细分	坡地名称	坡降(%)	坡长/坡高
0°～0°30′ 0°30′～2° 2°～5°	30′ 1°30′ 3°	— — —	平 地 微斜坡 缓斜坡	— -3.5 3.5～8.7	— -28.6 28.6～11.4
5°～15°	10°	5°～10° 10°～15°	斜 坡	8.7～26.8	11.4～3.7
15°～35°	20°	15°～25° 25°～35°	陡 坡 峻 坡	26.8～70	3.7～1.4
35°～55°	20°	35°～45° 45°～55°	峭 坡	70～143	1.4～0.7
55°～90°	35°	—	垂直壁(坡)	143～∞	0.7～0
90°	—	—	倒转壁(坡)		—

地貌形体的分类与分等分级各项指标均有其特定的地理内涵或指示意义。中国科学院《1∶100 万中国地貌图分类系统与图例系统说明》(征求意见稿,1980)中曾提到某些分类指标界限的含意,如极高山下界大致与现代冰川和雪线相符合;高山与中山的界线(3 500 m)主要考虑剥蚀作用性质上的差别,该线亦为森林的上限。原捷克斯洛伐克学者德梅克(J. Demenk,1972)的坡地分级分类的坡度指标,具有地貌形态特征以及地貌资源开发利用方面的含义。

二、地貌形体空间单元

地貌形体在空间规模(尺度)上有显著的差异。依据其在地表的存在与分布范围,一般分为具有系统性的实体单元。

1. 星体地貌形体

地球的总面积为 51 000 万 km^2,星体地貌形体单元只有大陆、海洋两个单元。

2. 巨地貌形体

占有数万至数十万平方千米的面积。例如,阿尔卑斯山系、喜马拉雅山系、青藏高原、巴西高原、长江中下游平原等。

3. 大地貌形体

占数百至数千平方千米或数万平方千米。例如单独的山脉和盆地,如塔里木盆地、秦岭山脉等。

4. 中地貌形体

通常有数十平方千米至数百平方千米,例如庐山、黄山、泰山、鄱阳湖平原等。

5. 小地貌形体

通常有数平方千米至数十平方千米,例如大沟谷、小河谷、单独山岭、新月形沙丘及其链等。

6. 微地貌形体

通常有数平方厘米至数平方千米,使中小地貌形体表面复杂化的地貌实体最小单元,视为简单地貌体,例如洼地、浅沟、岗堤等是典型代表。

小地貌形体和微地貌形体亦可称为单独(或单一)形体,相应地,其他则可称为复合形体,它是由单一形体组构成的。有的学者认为,按照空间来划分地貌形体在很大程度上是粗略的和不确定的，尤其大型、巨型地貌形体，而且在自然界没有上述各等级之间的界限。但是，尽管存在这种不确定性，地貌形体在规模上的差异是客观存在的。依据空间规模建立地貌形体单元的理念，能够使我们从整体到局部、从大范围到小个体构建出完整的地貌系统，全面深入地分析和探讨相互联系，动态地、辩证地获得地貌组成物质、动力、形态特征的关系。

按照相近邻地貌形体的相对高低关系，将地表地貌体分为正向地貌形体和负向地貌形体。正向地貌形体是相对于某一近似水平面或周围邻近的另一地貌形态为凸（高）起的形态，例如山丘（作为一个独立的完整的地貌体）相对于近邻的平地是正向地貌。负向地貌形态则是相对于该水平面或周围邻近的地貌面为凹（低）下的形态，负向地貌形态可以是封闭的（例如洼地）或开放的（例如谷地）；可以是独立的，也可以是负载在更大的地貌体上，例如山坡上的谷地（主要是沟谷）。这里所指的“高”和“低”是个相对的概念。在山丘顶部可能存在负向地貌，例如，火山锥顶上的火山口，并不因为它的绝对高程大而被作为正向地貌，因为它相对于火山口边沿环形山岭来说，仍然是相对低洼的地形。在低洼盆地中存在正向地貌，例如盆地底部的小丘，虽然绝对高程小，但对于它周围的盆地底部的地貌来说，则是相对突起的，所以是正向地貌。

三、地貌形体要素

地表形体虽复杂多样，而每个形体都是由最基本的地貌要素所构成。借用几何的术语，一个地貌体由地貌面、地貌线、地貌点组成。

1. 地貌面

地貌面又称地形面（或称坡面），是一复杂的曲面。借用微分几何理念，将自然面归纳抽象为平面（0°～2°），斜面（2°～55°），垂直面（＞55°）；有平缓面（起伏微小）、凸形面、凹形面的区分。

地貌面的组成要素有坡面高度、倾斜度（坡度）、坡长、倾斜方向（坡向）、延伸方向，以及水平面投影形状和面积。坡面高度是斜坡在一定的角度的相对高差；倾斜度指一定角度的坡面与水平面的夹角度量；长度指延伸距离（包括直线和曲线）；倾斜方向是地貌面上最大倾斜线在平面上的投影所指的方向（0°～360°）；延伸方向是地貌面在水平面上的走向；投影形状指地貌形体投影在二维平面上的轮廓图形；面积指地貌形体投影在二维平面上的轮廓图形面积或者曲面面积，这 7 个要素可以确定某一地理位置上的地貌面的空间特征，也可以称为地貌面的特征参数。面角从几何上理解为二面角，地貌实体中是指两地貌面之间的夹角（图 1－1）。

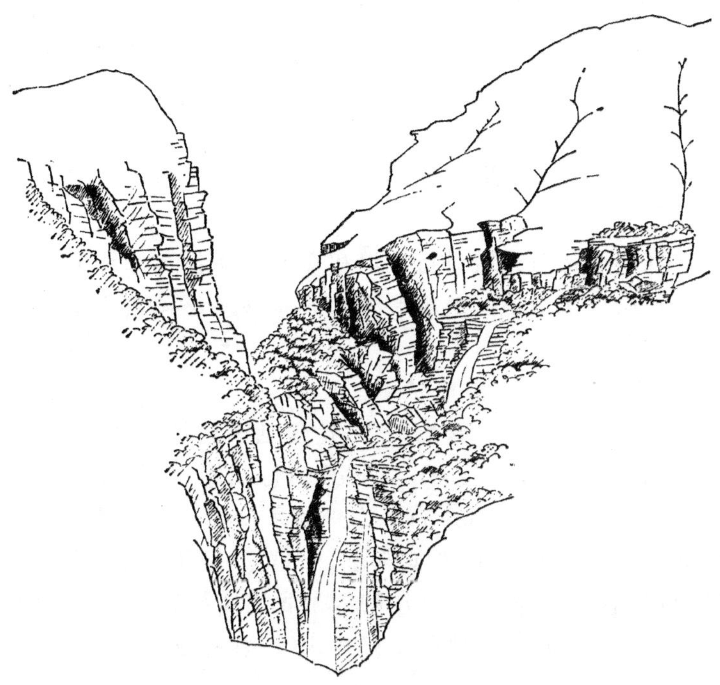

图 1－1　地貌面、地貌线、地貌点示意图(据金瑾乐)

2. 地貌线

地貌线是相邻地貌面的交线,划分为坡度变换线(称为坡折线)和棱线(坡向变换线)两种。不同坡度的地貌面相交生成的线称为坡度变换线,可以理解为是垂直方向上下紧邻地貌面倾斜度的变化产生的。水平方向上左右近邻的不同倾斜方向的地貌面的相交所产生的交线称为棱线。按照与水平面(海平面)之间关系,地貌线有垂直、倾斜、水平,顺直线、曲线、折线等多种表现形式,显示出两个地貌面相交的空间特征。地貌线的要素有长度、延伸方向、曲率、弯曲个数、弯曲形态等。

地貌面通过"棱"从一个面逐渐转变为另一个面,其结果是我们经常观察到的一种形态的地貌面和缓地转变为另一种形态的面。这时,棱,特别是面角,只有在一定条件下才保持自己的几何清晰度。在绝大多数情况下,它们受一系列因素的影响而失掉自己的形态表现,转变为圆棱面。

我们将坡度变换线、棱线、山脊线、山麓线、谷底线统称为地貌结构线。

3. 地貌点

地貌面的交点或者地貌线的交点,例如山顶点、洼地的最低点等。

单一地貌形体通常块体不大,或多或少具有比较规则的空间几何轮廓,由地貌要素的简单组合构成。复合形体是大的地貌形体上叠加若干单一形体构成。组合形体是单一形体和复合形体共同构成，从这个意义上讲单一形态是基本单元，地貌要素是构件。

四、地貌形体表述

地貌的形体表述是在对地貌进行认识和理解的基础上对其特征进行文学和数字参数表述，也是分析、比较不同地貌形体特征、类型的科学依据之一。

1. 文学表述

利用文字语义表述单体和复合地貌体，这包括表述地貌的形态、成因、组成物质和年龄等。对地貌形体的表述，除了上述几何特征外，还有如下几方面。

1）平面形态　地貌形体投影在平面坐标系(x，y)上的轮廓图形，用几何图形和常见物体的图案比照表述，前者如圆形、三角形、菱形、椭圆形等，后者如花瓣状、心形、带状、新月形、围椅形等。常用的数字表述参数有：直径、扁率、长轴和短轴长度、面积、延伸性、弯曲程度（弯曲系数）[式(1－1)]等。

$$\delta = L' / L \tag{1-1}$$

式中：δ——弯曲系数；L'——曲线或者折线长度；L——直线长度。

2）横剖面形态（或称垂直剖面）　对地貌体沿与延伸的垂直方向自上而下切开的断面称为横剖（断）面。对于正向地貌，表述的内容有顶面、坡面形态特征，主要有坡形、顶面与坡面、坡面与坡面之间转折、坡面长度、坡度、高度、对称性等形态指标；对于负向地貌，表述底面、坡面坡形、底面与坡面、坡面与坡面之间转换，及地貌面起伏变化、底面宽度等。

顶面（底面）形态用平坦（或者平缓）、尖锐（狭窄、锯齿形、刀刃状、鱼背）、圆弧形（抛物线）表述。坡形有斜平（等倾斜度）坡、凸形坡、凹形坡、阶梯坡4种形式。坡面转折用逐渐过渡或者直接转折表述。

3）纵剖面（线）形态　沿地貌线自上而下切开的断面。表述沿纵向延伸的起伏特征（如山岭或谷地），起伏变化及大小、坡降，以及投影在平面上的线性和带状等地貌特征。

2. 数字参数表述

对地貌形体进行形态要素量测，用量测数据精确表述特征形态。形态量测常常在地图尤其是地形图上、航空相片上和野外实际考察中进行。

高度指标是地貌的最重要指标之一，对于说明整个地球以及各个区域的、单体的地貌起伏特征具有重要意义。主要指标有海拔高度和深度(绝对高度和深度)、平均高度和深度、相对高度等。例如,根据绝对高度与相对高度将山地划分为高山、中山、低山、丘陵等。

坡度指标是地貌形态的另一个重要指标,用以表述坡面的倾斜程度,倾斜角的差异与岩性和成因有某种内在联系。严格说来,坡度只是地表某一点的切线与水平面之间(夹角)的锐角值。但是,地表任何一点不具有"坡度"。所以,坡度是指一定面积大小的地貌面与水平面之间的夹角(面角)的锐角值。我们定义,在空间尺度下,视为坡度"相同的"地表一定面积大小叫做"面片"或者"面元"。地表是一个曲面,任意点的"坡度"都是不同的,因此,面片的坡度是一个平均坡度——平均值。

切割密度是某一区域或地貌形体上谷地长度(条数)与面积的比值[式(1-2)]。

$$\sigma = L/A \tag{1-2}$$

式中:L——区(流)域内谷地总长度或者总条数;A——所在区域总面积。如果L是河流的长度(条数),σ就是河网密度。σ可以分级表述,区分出密度大小的概念。

切割深度是每一流域内最高点高程与最低点高程之间的高差[式(1-3)],或者是某一剖面测定的最高点与最低点之间的高差,又称为相对高差。

$$D = E_{高} - E_{低} \tag{1-3}$$

式中:$E_{高}$——最高点的高程;$E_{低}$——约定的最低点或者另一地貌形体的某高程。

量测得到的形态数字指标,即是表述和比较地貌形体特征的数字参数,也是划分地貌形态类型的科学依据,例如弱切割与强切割的丘陵与山地等。

形态表述和形态量测的数字指标通常引用物理、几何、数学等常用度量数值与单位,地貌学家、地理学家、信息学者不断寻求和构造出表述地貌特征的形态参数。例如,关于地貌体平面形状的表述,采用与外接圆、内接圆面积比值的参数;与内接正方形(或长方形)、外接正方形(或长方形)面积比值的参数;周长与长轴(短轴)的比值;长轴与短轴的比值等。

地貌形态表述和形态量测,有很大的科学意义。利用数值找出地貌差异,探寻原因,研究地区地质构造的不均匀性,或是最新构造运动和现代外力地貌过程的性质和强度的差异性。

地貌形态表述和形态指标有很大的实用意义,例如应用于建造房屋、构筑建筑物、修筑铁路和公路、制订区域发展规划等。

五、地貌形体的地图表示

地图是地貌信息载负和传输的可视化工具之一。地图图形表示地貌的一种形式是等高线图形，另一种是多边形图形(图斑图形)。

1. 地形图上的地貌表示

地形图上的等高线不仅是地表相同高程点的连线，而且表示出地表任一点的高程，等高线的排列、疏密、弯曲形式、弯曲方向、延伸方向、等高线之间的套合程度表示出地貌形体特征。一组具有高程的线才具有地貌意义，通过等高线分析地貌具有如下的规律性(图 1-2)。

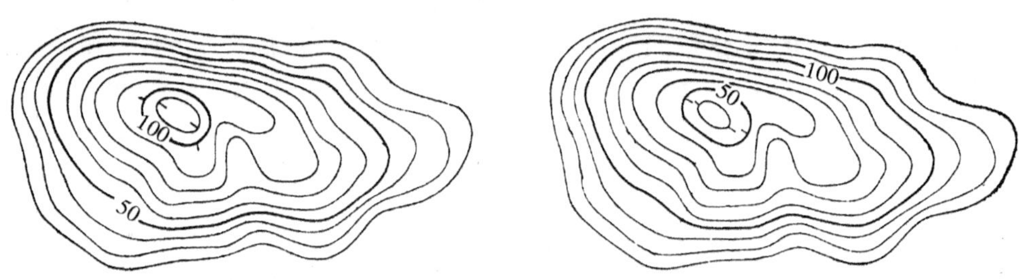

图 1-2 等高线地貌表示

1) 一组没有明显弯曲即等高线延伸比较平直且相互间距离相等的等高线，表示地貌面(坡面)平坦、等倾斜、形态简单。

2) 在比例尺度相同的一幅地形图上，某一部分等高线相对比较密集(等高线之间距离小)，表示坡度较大，坡面较陡；反之亦然。如果密集与稀疏相间变化且对比明显，表示陡坡与缓坡对比显著；如果密集与稀疏等高线间隔排列，则陡坡与缓坡相间分布，是为阶梯状坡面；如果等高线由稀疏逐渐变为密集，表示地貌面坡度由平缓变为陡峭，如果地势是由高到低的，则坡形为凸形坡；反之，则坡形为凹形坡。由此可以分析局部或者整体地面坡度变化、坡形的变化以及进行面元比较。

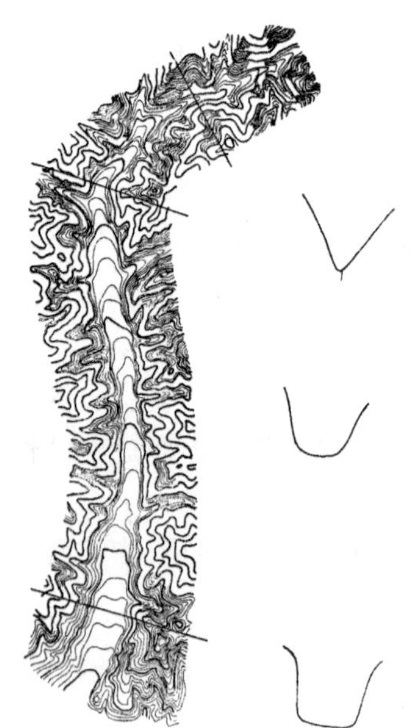

图 1-3 等高线表示谷底形态(山顶有相同的原理)

3) 表示山岭(正向地貌)的等高线向地势低处弯曲(突出)，表示谷地(负向地貌)的等高线向地势高处弯曲(突出)。

4) 等高线延伸平直，表示地貌体直线状伸展。

5) 等高线弯曲(转折)尖锐，表示山顶或者谷底尖锐狭窄；等高线弯曲(逐渐转折)圆滑，表示山顶或者谷底为圆弧状；等高线弯曲(转折)平滑，表示山顶或者谷底宽平(图 1-3)。

6）等高线的地貌高程关系：正（负）向地貌的两条封闭等高线并列，两条近临封闭等高线高程同高；正（负）向地貌封闭等高线中有负（正）向封闭等高线近邻，两条近临等高线高程相等；正向与负向地貌的两条等高线并列，两条近临等高线高程相差一个等高距。

2. 专门地貌图的地貌表示

静态和动态、平面和多维空间、多种媒体、虚拟现实等各种形式。

用多边形图形表示地貌形体、地貌分布与空间组合，赋予多边形图形地貌属性。地貌形体以其投影的平面图案为分布范围，直接表示地貌形体的成因、组成物质、年龄和形态。

第二节　地貌类型与结构

地貌形体不是孤立存在的，在一定区域范围内，各个地貌形体在成因上和组成物质上彼此相互联系、有规律地组合。

一、地貌类型

地貌发育发展的动力过程或者组成物质相似并在一定地域内有规律地重复出现的地貌形体的组合称为地貌类型。“地貌类型”比较强调地貌形体的物质组成及其地貌形体的成因。按地貌形体的物质组成，首先可以将地貌类型分为岩石质地貌形体与松散堆积物组成的地貌形体两大类。按地貌形体的生成过程与生成动力，可以划分为以内动力为主形成的地貌（又称构造地貌）和以外动力为主形成的地貌。按照海拔高度、相对高度将陆地划分为山地、丘陵、高原、平原。盆地应该是一个组合形体，例如四川盆地，是山地环绕平原、丘陵而成的一个组合单元。

原捷克斯洛伐克地貌学家德梅克（Jaromir Demenk）代表国际地理学联合会地貌调查与地貌制图委员会，主编《详细地貌制图手册》（1972），在讨论“地貌详图图例”一章中提出：对于一定的成因组合的一种特定的地形，首先应考虑的是其地貌过程的性质，因为它控制了原始地形的形成以及与其后期的剥蚀和塑造作用有关的现代地貌的一般地貌特征。也就是说，有受控于原始地形的地貌特征和受控于后期剥蚀和塑造作用的地貌特征，实际上是解释了或强调了现代地表形态的多成因性与多轮回性的特点。在这个基础上，德梅克等为地貌详图编制出了两大系列14个亚系列近400种地貌类型（表1－3）。

表 1-3 [捷]德梅克的地貌分类体系(部分)

甲、内力地貌

A. 新构造地貌(断块地貌)从构造产生地貌这个意义上说,包括直接由地壳构造运动所造成的全部地面形态

B. 火山地貌 包括火山喷发形成的全部(正的和负的地貌)形态

C. 热液活动(温泉堆积)地貌

乙、外力地貌

A. 剥蚀地貌 主要包括由风化物质的片状移动而形成的所有破坏和建设地形

B. 河流地貌 由流水作用所造成的

C. 河流-剥蚀地貌 包括块体运动和(或)剥蚀造成的所有谷坡

D. 冰水地貌 包括冰下河流或冰川流出来的水所形成的所有堆积形态

E. 喀斯特地貌

F. 管道侵蚀造成的地貌

G. 冰川地貌 由现代的和更新世的山地和大陆冰川活动而产生的

H. 雪蚀和霜冻作用的地貌

J. 热喀斯特地貌 由于多年冻土的退化而造成的形态

K. 风成地貌

L. 海洋与湖泊地貌

M. 生物地貌

N. 人工地貌

《1∶100万中国地貌图》地貌分类系统。第一部分,据高程原则将全国分为平原、台地、丘陵、低山、中山、高山、极高山等7种基本地貌类型。第二部分,为地貌形态成因类型,按四级划分,第一级按全球巨型地貌单元分为陆地地貌、海岸地貌、海底地貌;第二级陆地部分按地貌成因的动力条件划分为14种成因类型(构造地貌、火山地貌、流水地貌、湖成地貌、海成地貌、岩溶地貌、干燥剥蚀地貌、风成地貌、黄土地貌、冰川地貌、冰缘地貌、重力地貌、生物地貌、人为地貌)、海岸部分按形成方式(构造、侵造、堆积等)、海底部分按中型形态(陆架、陆坡、深海盆地等)划分;第三级陆地部分表现各种成因下的基本地貌类型,海岩和海底部分表现小型形态;第四级表现更小形态。第三部分,为种种成因下的形态符号(沈玉昌等 1980)。

但是,众多学者提出了多种不同的地貌分类系统。由于地貌形体的多样性、发育过程的循回性、组成物质的差异性、作用动力不可实验性,产生地貌类型划分的依据、参数、理念认识上的多重性,有不同的类型划分。例如,岩溶地貌[国际上通称为喀斯特(karst)地貌],按照地貌动力划分,过去一直认为是水的侵蚀溶蚀作用形成的,属外动力地貌类型;按照岩石性质划分,认为是岩石的可溶性决定了地貌特征,可以列为另类——岩石地貌。我们认为,地貌是动力、物质、时间的产物。

二、地貌结构

地貌结构是指某地域范围内不同的地貌类型系统的各种地貌类型的时、空组合关系。所述的时、空组合关系即包括不同时代发育形成的(多代形、多轮回性)、各种成因发育形成的(多元性、多成因性)、各种岩石表现出的(多质性、多态性)地貌类型的组合。基于地貌发育系在外动力与内动力的共同作用下组成的地貌形体的物质的运动,不同时代的地貌发育系该地域不同时代的组成地貌形体的物质的运动的理念。因此,地貌结构或称不同时代、不同组成物质、不同成因地貌类型的组合关系,一方面充分反映着该地域不同时代地理环境的变迁,另一方面充分反映着该地域当前地表物质与能量的空间配置的稳定程度。后者,曾被一些学者理解或解释为许多重大自然灾害事件在某特定地域甚至反复发生的(自然)地理背景或自然地理基础。

地貌结构是地貌研究、地貌分类、地貌制图的总结成果。地貌结构对于某些地貌类型(成因性质)的判断以及该地域资源开发、国土整治具有十分重要的指导意义。例如我国某地半干旱山区一侧,本是斜坡、陡坡、汇水盆地、泥石流堆积阶地、狭窄的沟谷出口与口外扇形堆积体的“地貌结构”,却在谷口外扇形堆积体顶上构筑铁路,又在谷口内泥石流堆积阶地前缘建居民点,因而在又一次泥石流的冲击与扫荡下产生惨重的损失。

地貌结构在地貌图上的显示内容与地貌研究的深度和广度以及地貌图的比例尺度有非常密切的关系,尤其重要的是各类各种地貌类型的空间尺度、空间分布及其形成时代。地貌类型的形成时代对于侵蚀剥蚀的雕琢性地貌形体而言是指其被动雕琢而产生这种地貌形态的时代;对于在地表环境由沉积物或生物遗体组成的地貌形体来说,地貌类型的形成时代是指堆积物在该地堆积的时代。

第三节 地貌学研究对象和内容

地貌学是以地球表面的起伏形体为研究对象的科学。地貌学的任务首先是研究地球和地表的形体特征,其次是探索这些形体产生的原因、发生发展机制、空间组织体系与规律,以便在人类活动中合理地利用自然资源和保护自然环境。

地球表面的面貌不是抽象的几何面的组合,它是各种空间因子的综合体,这些形体具有确定的地质构造和组成物质,并受到大气圈、水圈、生物圈等外动力和地球内动力的不断作用和影响。所以,不清楚组成地貌的岩石的成分和性质,便不可能理解和研究地貌;同样,不了解促进地貌发展的生物圈、水圈和大气圈的物理及化学状态的不断变化的各个过程，也不可能理解和研究地貌。

地表的“起”与“伏”有各自的形态特征。地表形态有各种不同规模的形态单元，陆地和海洋是全球最大规模的形态单元。陆地上有巨大而分布广泛的山地和平原，还有各种谷地和沙丘等形态单元；海洋中有大洋盆地、高原和海底山岭（大洋中脊）。这些规模不同、形态各异的地貌，成因也不同。例如，大陆和海洋的形成及变化与地球内部的物质运动有关，山地和平原形成及发展与不同大地构造区的地壳运动有关，世界上高大的山地大多位于新生代地壳强烈上升区，大平原则多位于新生代地壳下降区，各种谷地和沙丘都是由不同外力作用（流水作用和风力作用）塑造而成，它们的成因主要受气候条件控制，所以它们的分布又与一定的气候带有关。

不同规模地貌形态，有的与地球内动力作用有关，有的是地表外动力作用（流水、波浪、冰川、风力等）的产物。但是，必须明确，地貌形体形成与发展过程中并不只受某一种内动力或外动力的作用。例如，构造运动上升形成的山地，它们同时又受到外动力作用的雕塑，形成一些高岭深谷，在构造运动下沉区，由于外动力作用而进行堆积，形成广阔的平原和盆地。由此可见，地貌是内动力、外动力共同作用于地表（或地壳）的结果。

地貌同时是地质发展的产物和地理景观的组成要素（部分）。地貌学研究对象的本身，决定了它必然与诸如地质学和自然地理学这类科学最紧密地联系在一起。

地貌在地球的构造中占有特殊的地位，它是分界面，同时又是地球的各种圈层（即岩石圈、水圈、大气圈和生物圈）相互作用的面，而且是地理环境的组成部分，是最显著的地表景观。因此，只有把地貌放在同地理环境所有其他组成成分的相互作用和相互制约中来进行理解和研究，才能最有成效地研究地貌及其发展规律。

地貌是时间的产物，是时间的利斧削刻出了自然的万象千态，是岁月的神笔描绘出了地貌的形形色色。地貌是地表物质移动的产物，它符合物质不灭定律，某一处地表物质的破坏减少（剥蚀），伴随着地貌高度的减低和新形态的生成，某一处地表物质的增加（堆积），伴随着地貌高度的增加和新形态的生成。某一处地表物质剥蚀或者堆积，伴随着时间的推移，或许该处的地貌形态同时具有剥蚀和堆积地貌的叠加形态，这就是地貌的多代性。

地貌学需要确定地球上发生的、导致形成现今地球表面观察到的那些地貌的诸种事件的过程。在理解地貌时，地貌学不仅要利用地理学和地质学的成就，还要利用自然历史方面的和其他许多科学（例如考古学）的成就。在认识构成某种地貌形态的物质结构、成分和状态问题时，地貌学要利用物理学和化学科学的成就。地球表面形态千变万化，不同的地貌形体反映了它们的形成条件、演变规律和发育阶段的差异。

综上所述，地貌学是研究地球表面各种形体特征、形成这些形体的内外动力作用及过程、组成这些形体的物质的理化性质及其与动力的协作联系、地貌随时间推移的演变规律、地貌的内部结构和地貌的空间分布规律的科学。

地貌学是研究地表起伏形体及其发生、发展、空间分布和组织结构规律的科学。

第四节 地貌学的发展

地球表面的地貌是人类居住的基地和各种活动的条件之一。毫无疑问,从人类社会发生和发展的早期起,对自然现象的知识就在不断积累。近百余年来,一系列有关地球的近代科学蔚然兴起,地貌学作为一门科学,在 19 世纪以后逐渐形成。

一、我国古代对地貌的认知和探索

地貌学的思想和一般地貌表述很早以前在我国的许多古典文献中就有记载,说明古人在生产和生活实践中已经认识了相当丰富的地貌知识。

《山海经》是我国古代一部最古老的文化典籍,书中以南、西、北、东、中五个方位,海外、海内为脉络,以山川、河流地貌为前导和基础主要介绍了我国的山川、河流、民族、物产、药材等方面的地物,将地域称(划分)为“九州”,这是关于地域的最早的划分。

公元前 8 世纪以前(西周时期)的《诗经 · 大雅 · 笃公刘》中,已有“岗”(丘陵)、“塬”(平原)、“隰”(低湿地)等三种地貌的记载。

公元前 4～公元前 3 世纪(战国时)的《尚书》中的《禹贡》篇,是极有科学价值的地理著作。书中沿用《山海经》“九州”称谓,把我国各部明确划分为九州,并叙述了九州内的山川大势及土壤类型,这可能就是我国最早的地理地貌分区,并且“九州”的理念一直延用到现代。

公元 6 世纪,北魏时期的地理学者郦道元所著的《水经注》,详细记载了黄河、长江及西江(珠江支流)等大河及其沿岸的地形、气候等特征。这可能是最早的流域地貌和区域地貌的理念。

北宋时期,沈括(1032～1096)在《梦溪笔谈》一书中,对流水的侵蚀、搬运与堆积三者的关系有清晰的理念。他准确论述了高山深谷与流水侵蚀之间因果关系,陆地曾经历过沧海桑田的变化,太行山及地区曾经是海洋生物活动及沉积的场所。

明代时期,徐霞客(1568～1641)足迹遍及中国 16 个省区,所著《徐霞客游记》,更是一部伟大的地理著作,成为世界地理学名著之一。书中对泰山、黄山、庐山、武夷山、恒山以及我国西南地区石灰岩地貌的类型、分布、成因及区域特征的记载十分详尽，分析及结论符合客观规律。其研究成果，比前南斯拉夫学者斯维治(J. Cvijic)(19世纪末)对南斯拉夫西北部喀斯特高原的石灰岩地貌的研究早300年。

清代初期，孙兰(1683～1750)在《柳庭舆地偶说》一书中，对地貌的形成提出“变盈流谦”论点。“变盈”意为堆积会使低洼地貌填平甚至变为高地；“流谦”意为流水侵蚀使高地变低甚至变为平地。他还认为，地貌“因时而变，因变而变，因人而变”，这一论述阐明了地貌受时间、内外力作用而变化，更难得的是他提出了人在改造地貌景观中的不可忽视的作用的观念。

二、近代世界对地貌学发展的贡献

地貌学学科体系主要是从19世纪中叶以后才逐渐成熟起来的。当时还是西方资本主义经济发展时期，由于经济发展和自然资源调查和开发的需要，收集积累了大量的地貌资料，使它从地理学、水文学、地质学和测量学中分化出来，成为一门独立学科。

18世纪以来，经济较发达的西方国家出于对外扩张或者探索世界的目的，派出了不同形式的探险队、考察队，在其考察报告中都包括所达地区地貌的记载和研究的内容。

19世纪后半期开始，地质及地理工作者对地表形态、侵蚀与堆积作用，作了许多专门的调查和探讨，进行了大量的记述和解释性工作，但是尚未进行系统研究，未建立系统性理论，也没有专门的研究方法。

19世纪末至20世纪初，地貌以古代的记录和叙述作基础，创立了当代地貌学理论。在地貌学理论上贡献大、影响深远的人物是美国学者W. M. 戴维斯(W. M. Davis，1850～1934年)和德国学者W. 彭克(W. Penk，1888～1923年)，他们推动地貌学发展进入一个新阶段，是当代地貌学的奠基人。

戴维斯于1899年创立了“地理循环”(The geographical cycle)学说[又称侵蚀循环(cycle of erosion)]。该学说自产生以后相当长的时间成为地貌学理论基础，至今仍未失其科学价值。理论核心为：地貌发育的要素有三个，即构造、发育阶段和动力。地表地貌变化是这三者的函数。在研究外动力作用下的地貌现象中将其分为三个阶段：幼年期、壮年期和老年期。其学说对地貌学发展曾经起过不朽的推动作用。但其缺点也是严重的：把内力与外力作用从时间上截然分开；在循环初期地壳迅速上升过程中，忽视了剥蚀作用的进行；认为上升停息后，外力作用才开始活动，这不符合自然实际。

侵蚀循环说流行于美国、英国以及受英美影响的国家。欧洲大陆的法国、德国等一些国家，对地貌学研究的理论各持有不同的观点。其中，影响较大的是W. 彭克的地貌学理论，集中在《地形分析》(1924年)一书中。理论观点为，地貌学是地质学和地理学的边缘学科，但其研究内容远远超出地理学范畴之外，地貌是内外力同时相互作用下的产物；分析地貌的对象和内容是斜坡形态，它把斜坡剖面形态列出三种，即：凸形坡、凹形坡和等斜坡，每种形态都包含着内外力的数量关系。例如，凸形坡表示地壳上升大于剥蚀作用；凹形坡表示剥蚀作用强于地壳上升；等斜坡表示两者均等。不可否认其观点存在一定不足，忽视了构造和岩石的作用与影响。

围绕阿尔卑斯山的一些欧洲国家——德国、法国、奥地利和意大利在进行水利建设的同时，研究了河流和冰川过程，并且对诸如地貌动力关系、侵蚀和堆积的相关性、地貌的地带性分布和地貌年龄等都进行了系统研究和总结。而前苏联则大力发展了“构造地貌学”方向，其原理在石油和天然气资源调查中获得广泛应用。

三、现代地貌学研究进展

20 世纪 50 年代以来，地貌学进展有如下几个特点。

国际地貌学的进展体现在与数学、力学、物理和化学等学科的研究方法、思想和结论的结合愈来愈多，逐渐从以往的定性表述转入数理分析和定量研究。

吸取边缘学科诸如勘探、遥感、年代测定、微体古生物及孢子花粉等新的研究方法和手段，利用其他学科成果来旁证取得的结论。

为了地貌研究工作取得准确的数据，我国在黄土地貌区建立定位、半定位的观测站及试验站，如海洋动力观测站、水土流失实验站，并在室内进行模拟试验，用更准确的实际数据研究物质运动规律和地貌发育过程。

专门地貌及区域地貌研究的广度和深度不断扩展，将河流地貌、岩溶地貌、黄土地貌、沙漠地貌、冰川地貌、冰缘地貌、海岸地貌、海底地貌的研究与工程应用相联系，在河道整治、水土保持、沙漠治理、冰雪资源的利用，滩涂利用和港口建设中都起了良好的作用。

20 世纪 80 年代出现了新的地貌学分支学科。

构造地貌学，它主要分为两个内容：地质构造地貌学（静态地貌学）和构造运动地貌学（动态地貌学）。

气候地貌学，研究地球不同气候区的地貌形成、演变规律和地貌组合特征，从研究某一气候区的地貌特征与气候的关系出发，进而把气候地貌学的研究成果作为研究地球上第四纪古气候变迁的证据之一，这样，气候地貌学研究不同类型的岩石在外力剥蚀作用下形成的各种地貌，不同类型的岩石有不同的性质、矿物成分、结构和构造。即使在同一外动力条件下，也可形成不同的地貌特征。

应用地貌学分为工程地貌学、砂矿地貌学、石油天然气地貌学和农业地貌学等。工程地貌学包括道路工程地貌、水利工程地貌和河海港工程地貌等。砂矿地貌学是研究不同成因砂矿的分布富集规律,进行沉积地貌学研究。石油天然气地貌学是研究石油、天然气的形成条件和储藏的状态,这往往和地貌的形成与发展有关,需要进行构造地貌和沉积地貌的研究。

环境地貌学、灾害地貌学、地貌年代学、遥感地貌学、资源地貌学是新的分支地貌学科。

随着数字技术和信息时代的出现,地貌形态要素数字化、数字地貌模型、数字地貌图、地貌可视化和虚拟现实、数字地貌分析与应用成为当代地貌学研究主要内容之一,数字地貌高程模型(DEM)作为基础地理信息系统(GIS)的核心数据已被共同认可和广泛应用。但是,有许多问题需要解决,如地貌特征数值参数、数据源、数据采集方法、数据综合、三维动态模拟等。

第五节　地貌资源与人类生存环境

地貌资源是人类生活、生产和生存的最基本条件之一。从人类产生以来,就与地貌信息相联,如人类依据所处的地貌条件创建居住地、合理组织和安排生产活动、构筑最佳交通路线(即使一条小径)等各种活动。地貌历来都是作为一种自然地理因素,将其在地理环境中的作用和自身的形成、发展、空间存在与分布作为研究对象和内容。20世纪50年代以来,开始认识到地貌具有经济价值。20世纪后期,人类建设与发展速度急剧加快,环境问题日益严重,对于地貌具有新的认识即地貌的社会功能和生态功能,地貌资源的理念被认同,地貌资源的合理利用与可持续发展相联系。

一、地貌与农业

1. 地貌形态类型与农业生态环境

不同的高度有着明显的水热差异,生长与水热条件适应的植物类型,发育不同的土壤,从而影响到作物布局、土地利用方式等一系列变化。因此,海拔高度和相对高差,不仅反映一个地区地貌发育规律,而且对农业活动范围、农业产业结构、农产品品种产生巨大影响。

无论是山地,还是平原都是由不同坡度的坡面组成,地貌演变也完全起源于坡面的变化。不同坡度和坡形,经受剥蚀的方式和强度有别,土壤的理化性质和肥力各异,土地利用方式和农业生产结构等都会有很大差异,因此坡地的研究是一个重要问题。例如,坡度、坡长不仅决定地表现代侵蚀方式的强度、水土流失的强度,而且影响土层的现存厚度、机耕的效率和土地利用方式;其影响的大小有一个临界性,一般限定坡度在25度。地表坡度有极其重要作用。

在不同地貌类型地区,如平原、台地、丘陵、低山等,由于高度、坡度、岩性、地貌过程强度和方式有所差异,造成水热条件及发育的土壤理化性质不同,形成的农业生态环境的区域差异性很大。

2. 地貌组成物质与农业

地貌组成物质指基岩、覆盖于地表上的各种成因并具有一定厚度的松散堆积物和松散堆积物上发育的土壤。在不同的地貌部位,外力作用的方式和强度不等,地表松散物质的厚薄和理化性质差异很大,这些因素控制着土壤种类、土壤各层次的厚度,从而制约农业生产。基岩岩性、岩层组合和产状的变化,控制地貌发育过程,对农业布局、经营方式、农田工程建设有一定的控制作用。

地貌组成物质及其发育的土壤对农业生产既有适宜性又有限制性,并且在进行农田基本建设时必须首先查明其特征和可能产生的不良地貌现象。

3. 现代地貌过程与农业生产

现代地貌过程是指,在内、外动力及人类活动相互作用下,地貌的演化方式、强度及演化规律,使得松散碎屑物质、矿物养分和有机质发生迁移。人类活动不断地改变地表面貌,无疑对直接依赖于地表进行生产活动的农业来讲,影响尤其重大。丰富的降水、强劲的暴雨、微生物活动、岩土流失等所引起的地表侵蚀、滑坡、崩塌和泥石流会直接影响农村经济,并难以恢复原貌。开荒引发一系列地貌过程的进行,造成表土全部流失、抬高河床、淤积湖塘、掩埋大量农田。地貌灾害的强度和频度有自然的一面,也有不能合理利用资源的人为因素。

4. 地貌对土地资源的分布、储备和发展趋势有长远影响

各级土地类型的划分以地貌形态分布为依据,土地质量等级与地貌类型有密切的相关性。土地潜力和土地资源储备与地貌区划有直接关系,如丘陵、河谷、平地土地资源质量高,开发利用完全,后备资源产生短缺;山区经济技术落后,土地生产潜力未得到发挥,人少地多,大量土地资源储备,开发前景广阔。

二、地貌与城市建设

地貌环境为城市建设提供下垫面和物质基础,地貌形体类型分布制约城市选址、城市布局、城市景观及城市土地利用和建设投资造价,地貌也同样制约旧城改造的设计，城区的扩展及其方向。在进行城市建设的过程中，同时改变自然地貌物质、形态及过程，城市建设又反馈于地貌环境。不合理的人类工程活动可能诱发和加剧洪水、滑坡、泥石流、崩塌、地面沉陷、坡面侵蚀、地面渍水等地貌灾害。例如，武汉市区发生的多起地面塌陷、道路中断、房屋倒塌、工厂停产、居民不能正常生活等灾害事故，全部发生在可溶性岩石分布地区，地下存在石灰岩洞穴地貌，地上建筑增大承载力，在不堪重负时，洞穴顶板坍塌，导致地上建筑破坏，这是无视地貌组成物质和地貌类型、不尊重自然以及工程措施不当的必然结果。

1. 地貌与城市灾难

城市建设中的地貌灾害的70%是由于市政施工、布局不合理造成的。在城市特定的地域内，自然地貌和城市人工地貌动力叠加释放，已产生一系列城市环境、城市灾害问题。例如，长江中下游沿江分布的城市，由于城市建设的需要而大量地填湖造地、削高填低，而且截断湖泊与湖泊、湖泊与江河、江河与江河相互间的连通，改变了自然系统，大气降水产生的大量积水无处可去，城市被洪水围困……

2. 地貌形态类型控制城市格局

平原区、山地区、河谷中、河口等不同地貌形体区域的地貌分布与组合控制城市空间状况，例如武汉与重庆、北京与上海由于地表起伏、坡度等的地貌差异，城市平面组织形式、街道系统有很大差异。我国北方平原城市街道正北正东直线布局，南方平原城市街道布局以江河的流势而定，呈弧形和曲线布局。

3. 地貌与区域城镇体系

对城市选址起作用的因素很多，地貌条件始终存在。母城拓展更是如此。

平原地区城镇多，规模及现代水平高，这是因为地面平缓、发展空间大、不受地貌约束。沿江沿河分布城镇多，规模相对较大，这是因为水资源丰富和利用便利、地势低平的缘故。

4. 城市人工地貌与城市环境

城市人工地貌包括地表建筑群、道路、桥梁、人工堆积、人工平整的场地、人工开挖的坑渠以及地下工程(地下仓库、地铁、隧道等)。城市人工地貌物质有自然物质、人工废弃物质(工业废渣、建筑废渣、生活废渣等)、人造物质(混凝土、沥青等)。城市的发展过程，就是城市地貌的不断演化过程。城市人工地貌是由人工地貌动力作用而形成的，城市人工地貌动力概括为：废物排放，尤其是固体废物堆放；城市工程活动频繁，采掘石料、挖地填低、堆积沙石、引水排水渠道等；山丘另用，开山砌坡筑堤,引起城市自然地貌环境变化。

5. 地貌与生态城市建设

山体及其谷地载负的生物、江河、湖泊是生态城市或者山水城市建设的基础因子。山体以丘陵类型为适宜,丘体以分散分布为最佳。现代的摩天大楼和低矮的历史文化建筑地貌成多层多元化相映组合,江河湖泊众多的自然地貌条件有利与不利并存,主要在于利用的理念和科学的应用。利用的方向以保持和维护自然功能为宗旨,在山体的利用上尽可能减少人工地貌建设,水体以生态化建设为主题,例如周边 100～300 m 以内不应该有住宅、工厂等建筑物。目前,在我国存在地貌资源严重浪费、利用不和谐的事实,武汉市就是一个典型的例子。

城市环境地貌是由自然地貌、人工地貌及半自然-半人工地貌共同组成的一种全新的地貌景观,与自然环境最根本的区别是,人工地貌动力及其产生的人工地貌是城市的环境的核心,城市地貌学将人类作为一种变化的自然过程来予以分析,从而协调城市地貌环境与人类活动的关系。

三、地貌与工业布局

从地区工业布局形成过程来看,在地区工业部门布局、定点及配置等经济活动中,区域地貌环境客观地起着不可忽视的导向作用,从而影响或限制着地区工业的发展。

1. 地貌与工业布局

在地区工业布局的宏观经济活动中,区域地貌格局在很大程度上起着决定地区工业布局基本形式的作用。不同的地貌类型,因其地域分布规律及其建厂地形条件优劣的差异,在整个地区工业发展过程中,其被开发利用的时间先后有序:一般先选用水和水运交通条件最好、地面平坦地区;其后,可能选择丘陵缓地和山区大谷或山间盆地,规律性较明显。

2. 厂址选择的地貌条件

选点布厂属于微观布局的范畴,但它直接关系到建厂工程量的大小,基建投资的多少和建设进度的快慢,有的甚至影响到企业建成投资后的多项经济技术指标的优劣。厂址选择最主要考虑厂区所需面积、坡度、地面切割程度和松散堆积层,以及如洪涝、滑坡、崩塌、泥石流和坍塌等地貌灾害的分布数量和频度。因此,区域的地貌特征作为工业点重要的自然环境因素之一,必然会对工业布局产生影响,有时甚至成为选点的重要物质条件。

在工程建设方面,例如水利工程中有关坝址、坝高、淹没区及各类土地面积和蓄水量计算，港口工程中确定建港位置，大型建筑位置的评价和选址等，也必须运用地貌学理论。

四、地貌与交通路线建设

各种运输线路都要通过不同地貌类型和区域。水运要求具有通航条件的河床地貌和水体；铁路、公路要求尽量饶避或者利用、克服地貌障碍，如山岭、沙漠、冻土、沼泽、沟谷以及各种不良地貌灾害地带。

水运河道的整治，或者陆运线路的建设，形成新的人工地貌形体，它改变了原有地表的坡形、坡度、地表组成物质及地表侵蚀速度与强度，从不同角度对原有地貌进行反馈，如河流冲淤变化、泥沙含量增减、斜坡稳定性变化及一些地貌灾害的发生。内河运输中，河床的变迁、冲刷与淤积的交替、水位随季节涨落所引起的水流形态的变化及滩险性质、规模、分布等都会直接影响航道。

航空运输虽然克服了地表自然障碍，而航线对机场的选址和建设，以及规模和发展都起着控制性的影响。

铁路、公路布线要研究岭谷成因和地貌形态分布特征，因为线路的基床、上下边坡以及某些建筑材料的提供都与地貌环境有关。

五、地貌与旅游资源

旅游地貌资源是指具有观赏价值的地貌景观形态。具有独特造型的自然地貌景观个体和群体，宏观地貌格局和地貌类型组合控制风景意境。

1. 旅游地貌区域

不同的地表形态产生不同的地貌景观。把具有相同或近似地貌景观和特征的区域划分出来，可为旅游地貌总体布局和总体开发提供科学依据。例如，广西、云南、贵州、广东西部为岩溶地貌景观旅游区。

2. 旅游地貌景观

地貌景观资源是旅游的主题，世界著名旅游胜地及景观无不与地貌密切相关。大自然对地球表面进行塑造的同时也塑造了千姿百态、各有千秋的地貌景观。这些景观之所以成为人们观赏和陶冶情操的环境，主要在于它具有美的心理感染力。山水地貌使人类认识自然界的神奇和自然力量的强大，人工地貌使人类感叹自己智慧的博大。自然与人工地貌景观的交融、协调而达到天人合一的景观，是我们追求的永恒目标。

六、地貌与水资源利用

1. 地貌条件与水资源分布

受地貌的影响，大部分地区地表水的运动过程不同，降雨、径流在区域间有很大的差异，使得地表水资源有明显的地区差异和分布不均匀性。这是地貌对气候的既间接又直接影响的结果。地貌条件的多样性和区域地貌结构的差异性，产生多种地下水，例如河流冲积层物质的孔隙水、岩溶洞穴的岩溶水等。

2. 地貌与农田灌溉

不同地貌区水资源的农业利用开发方式和利用率不同，例如，平原地区可利用河流自流和地面自然倾斜（成都平原都江堰灌区）灌溉，丘陵可采用提（扬）水灌溉，山区可钻孔取水或者采用堵截引水工程。

七、地 貌 与 环 境

环境是人类主体的外部世界。它包括自然环境和社会环境，共同组成反馈性的生存环境。自然环境是人类发育和发展的基础，其主要组成要素为地质环境、地貌环境、水环境、大气环境、土壤环境、生物环境等。

各种地貌单元和形体的区域组合，便构成了一个区域的地貌环境。在自然环境中，地貌通过其表面形体、空间展布及不同的类型组合，对光、热、水、土的再分配，及能量的交换和物质迁移起着巨大影响。作为环境重要组成部分之一的地貌，不仅受环境的影响，而且对环境的变化产生反馈，从而反作用于环境。

地貌对自然环境的影响主要体现在地貌在各自然资源的形成、分布和组合中的作用。集中反映在局部气候（热、降水组合）环境、水环境、土地环境、生物（分布和多样性）环境的影响。另外，在矿产的普查和勘探方面，某些矿产资源与地貌类型有关，例如风化矿床中的镍、铂、铝土矿多产于剥蚀夷平的准平原上；金、铂、锡、钨、金刚石以及其他重砂矿床，常分布于古、今河床和滨河岸的特定部位。

总之，地貌是地理环境中的一个基本因素，人类在生产斗争中必然要接触到地貌问题。因此，地貌学在经济建设中和改造自然中的作用是不可忽视的，否则，会违背自然规律，产生得不偿失的后果。

第二章 地貌发育

地貌发育是固体地球表面复杂多样、高低起伏的地貌及其组成物质，在内动力、外动力作用以及两者共同作用下发生风化、剥蚀移位、运动，以地貌形体本身发生种种变化的总称。如果说星体及许多大中型地貌形体决定于内动力作用，那么中小地貌的形成、发展及其组合结构就主要是决定于外动力作用。内动力、外动力同时作用于固体地壳的物质，使得组成地表的物质发生变形和位移，促进地表起伏发生变化，形成复杂多样的地貌体，因此地貌发育的本质是固体地球表面的物质移动。

固体地球表面起伏的形态在不同地质时期有不同的分布与组合特征，引起地表面貌发生变化的力即地貌动力。有来自地球内部的动力、地表外部的动力。

第一节 内动力作用

内动力作用泛指源于地球内部的热能、化学能、重力能以及地球旋转能产生的作用力。地貌发育中的内动力作用主要是指由上述能源产生的对固体地球表层物质有直接影响的构造运动（地壳运动）和岩浆活动及其所产生的构造形迹、构造类型和构造地质体。内动力作用使得地球表层物质全部处在构造运动状态之中。它们在运动方向、运动速度、持续时间及其相互关系等方面存在重大差异，可以划分出在空间规模与外部形态等许多方面千差万别的块体。按照空间规模，可分出不同等级层次的地质构造单元或者构造地质体，如隆起、坳陷、褶皱、断层、节理。按照运动速度，可以分为快速的与慢速的等。按照运动方向，可以分为上升、下降（下沉）、平移、旋扭等。内动力作用产生的地球表层物质的快速构造运动——地震、火山喷发，瞬间可产生每秒数厘米、数米、数十米的位移。快速构造运动可以产生显著的构造地貌，例如火山锥、火山口、陷落盆地（湖）、地震断层崖等。缓慢的持久的构造运动可以产生甚至更显著的构造地貌，如全球第一等级的海洋、大陆，第二等级的青藏高原、山地、平原、盆地等。

受构造运动或地质构造控制的构造地貌（形体）实际上应该区分为直接由构造运动所决定的活动构造地貌（或原生构造地貌），与作为地貌发育基础的构造类型、构造性质、构造形迹，甚至特定的岩类岩性、岩层产状等对该地貌形体具有深刻影响的被动构造地貌(或后生构造地貌、次生构造地貌)。简单的例子如断层崖与断层线崖,前者绝大多数是活动构造地貌,它还可以作为判断断裂构造活动性的主要标志,而断层线崖常为被动构造地貌。洋中脊、裂谷、背斜山、向斜山、断层崖、次成山、猪背脊等,以及断块山、断陷盆地、熔岩丘陵等,均是特定的构造地貌类型术语,即它们是分别与某构造活动或某构造类型或某地质构造单元的特征有密切关系或客观上相对应的地貌形体。

第二节 外动力作用

外动力作用概指以太阳辐射能、重力能、日月引力能等为能源,通过大气、水、生物等对固体地球表面所产生的作用。地貌发育中的外动力作用表现是,它使原地貌形体组成物质发生位移运动。

一、外动力作用类型

外动力作用类型可用图 2-1 说明。

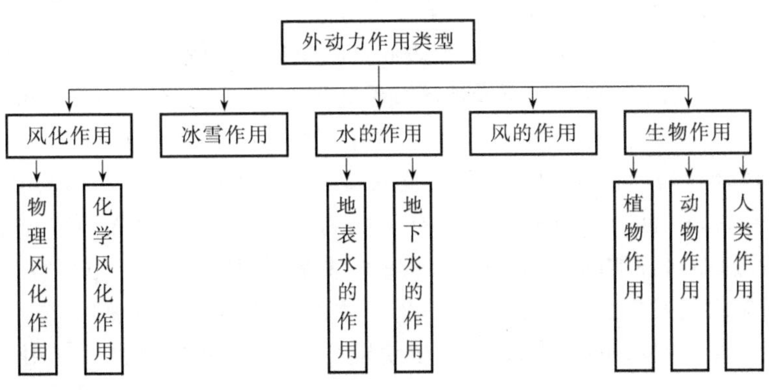

图 2-1

地表水的作用进一步分为陆地水的作用、海洋水的作用,海洋水的作用再细分为波浪的作用、潮汐的作用等;陆地水的作用分为降水的作用、面状流水的作用、线状流水的作用;水的作用可以亦分为物理作用、化学作用,并产生相应的外动力地貌发育系统和外动力地貌类型体系。外动力作用下的固体地球表面的物质运动,可以分为溶解于流体的运动、分散的颗粒运动、块体运动以及整体的位移运动等。组成地貌形体的物质的位移运动导致已有地貌形体从形态到物质组成不同程度地发生变化,从而产生新的地貌形体,构成新的地貌类型体系和不同地貌类型体系的时空组合。

二、风化作用

风化是指十分接近地表的或直接暴露于地面的岩石，处于新的地球表层岩石圈与大气圈、水圈、生物圈发生物质与能量交换的环境中所发生的种种物理变化和化学变化。所述的物理变化包括岩石与矿物的体积增大、机械破裂与酥松崩解，也称为物理风化或者机械风化。所述的化学变化包括一系列的化学反应，某些物质成分的丢失与新物质成分的产生，也称化学风化。生物风化包括生物物理风化与生物化学风化。外动力作用下的地貌发育原本始于暴露地面的岩石的风化。风化是岩石在原地的破坏过程（作用）。

1. 物理风化

首先是重力减荷引起的荷裂。接近地表或暴露地面的岩石由于压力减弱而产生基本平行于裸面的减荷破裂。越接近地表面，减荷破裂越密集；减荷破裂向下可以出现在距地面 30～100 m 的深部。花岗岩和砂岩等刚性岩石对压力松弛尤其敏感，密集的减荷破裂（也称减荷节理）使其表层成不规则碎片状。陡崖地形有与崖面近于平行的减荷节理的发育，它使崖壁岩块易于崩落。

其次是温差变化引起的胀裂。岩石表面日间受到太阳辐射而增热，夜间则冷却，一日内昼夜温差一般在 10℃以上，干燥地区气温达到 36℃时，岩石表面温度可达 70℃，夜间温度则下降至 18℃，温差可达 50℃以上，一年四季的昼夜温差有时可超过 100℃。岩石是不良导体，因而岩面与近地表岩层之间有持续时间较长的很高的热温梯度，有时可达 1℃/cm 左右，从而岩面与地表岩层有不协调的热胀冷缩，甚至发生破裂，层层剥落。同时，因为不同种类的矿物有不同的热胀系数，在上述情况下也很容易在不同种类的矿物颗粒之间发生胀缩破裂（图 2－2）。水结冰体积膨胀约 9%，在零下 22℃每平方厘米能产生 108 kg 的压力，反复冻融使岩石崩解，称为冰劈（冰楔作用）（图 2－3）。

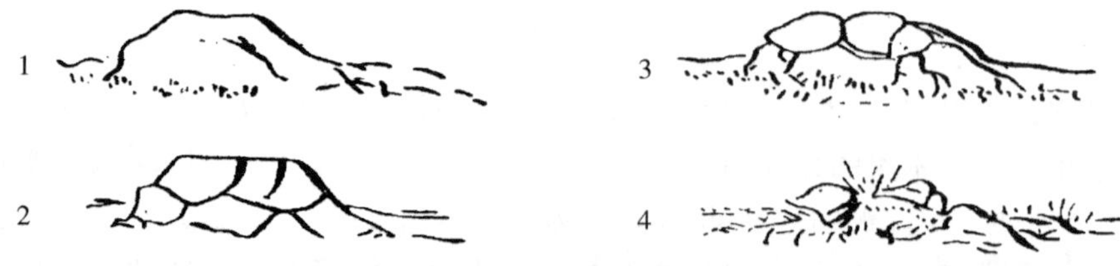

图 2－2　岩石破碎与剥离作用

第三是吸水与结晶引起的胀裂。表层岩石的体积变化和机械破裂与不同黏土矿物的吸水膨胀、岩隙中水与盐分的结晶膨胀等因素有关。钠蒙脱石的充分吸水膨

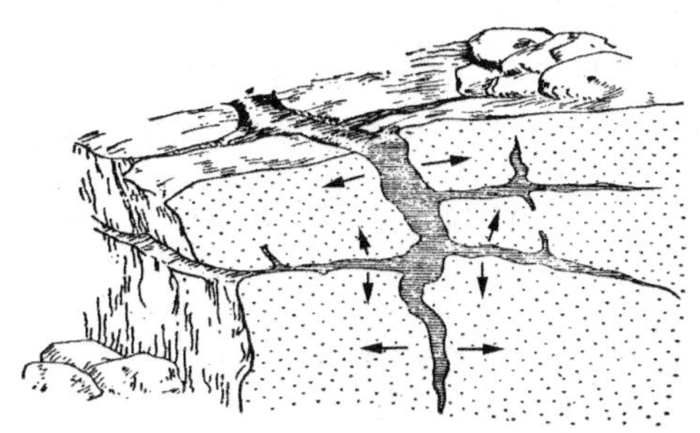
图 2-3　冰楔作用(据 W.K.汉布林,1980)

胀体积可达 1 400%～1 600%,钙蒙脱石为 45%～145%,伊利石为 5%～120%,高岭石为 5%～60%,水结冰体积增大约 9%。在封闭空间中,−22℃温度可产生最大达 2 115 kgf/cm^2 （$1\ kgf/cm^2 = 9.806\ 65\times10^4$ Pa)胀压,远远超过一般岩石的抗压强度(如大理岩为100 kg/cm^2,花岗岩、灰岩、砂岩分别为 70、35、7～14 kg/cm^2)。对岩层的胀裂作用,盐类结晶同水结冰相类似,盐溶液渗入岩缝孔隙之后盐晶的生长所产生的定向压力也足以使岩层发生胀裂。特别是出露岩石的表面通常有较多孔洞,积存较多的水和盐分,盐分和水的结晶作用则促使岩层崩解,一层一层地崩解为岩块碎屑或矿物颗粒。在干旱地区,含盐溶液因蒸发作用而容易出现过饱和以及盐类结晶;在高纬地区,雪片的核心及其所含的盐分因雪片融化而积聚在岩石表面,所以在那些地方,盐类结晶作用在使岩石崩解、蚀出孔洞和颗粒化方面往往起着重要的作用。

2. 化学风化

它是空气、水及生物中的某些化学成分与岩石中的一些化学成分发生化学作用,这种化学作用不仅使岩石结构发生变化,而且也使岩石组成成分发生变化。在化学风化过程中,水发挥着重要的作用。所述的化学作用通常包括溶解作用、水化作用、水解作用、碳酸化作用和氧化作用等。

1）溶解作用是有些矿物或有些矿物的某些成分溶解于水,或者很快溶解、或者缓慢溶解,最终使岩石矿物失去已溶解于水的化学成分并留下孔隙,不易溶解的矿物岩屑则存留在原地成为残积物质(层)。

2）水化作用是一些原本不含水的矿物同水分子结合,生成新的含水矿物,如硬石膏($CaSO_4$)经水化作用形成石膏:

$$\underset{\text{硬石膏,斜方晶系}}{CaSO_4 + 2H_2O} \Longrightarrow \underset{\text{石膏,单斜晶系}}{CaSO_4\cdot 2H_2O}$$

硬石膏变为石膏后,体积膨胀 60%,导致含硬石膏的岩石发生胀裂崩解。水化作用还可使原矿物硬度变小等。

3）水解作用是一些矿物的成分与水离解成的 H^+ 和 OH^- 结合形成新的矿物,如

$$\underset{\text{正长石}}{K_2O\cdot Al_2O_3\cdot 6SiO_2} + nH_2O \Longrightarrow \underset{\text{高岭土}}{Al_2O_3\cdot 2SiO_2\cdot 2H_2O} + \underset{\text{蛋白石}}{4SiO_2\cdot nH_2O} + 2KOH$$

其中,正长石中的 K^+ 与水中的 OH^- 结合成易溶的 KOH,随水流失,而次生的高岭

土则残留原地。$SiO_2 \cdot nH_2O$ 为胶体，在温带气候条件下形成蛋白石而残留下来；在热带亚热带气候条件下，它在碱性溶液中不能凝聚，与氢氧化钾真溶液一起随水流失。同时，在热带气候条件下，高岭土会进一步风化，析出 SiO_2 而成为铝土矿。

$$\underset{\text{高岭土}}{Al_2O_3 \cdot 2SiO_2 \cdot 2H_2O} \Longrightarrow \underset{\text{铝土矿}}{Al_2O_3 \cdot nH_2O} + 2SiO_2 \cdot 2H_2O$$

4）碳酸化作用主要发生在可溶的石灰岩地区，溶于水的 CO_2 使水具有溶解 $CaCO_3$ 的能力

$$CO_2 + H_2O \Longrightarrow H^+ + HCO_3^-$$

$$HCO_3^- + CaCO_3 \Longleftrightarrow Ca^{2+} + 2(HCO_3)^- \Longleftrightarrow Ca(HCO_3)_2$$

5）氧化作用可使矿物岩石中低价元素转为高价元素、低价化合物转变为高价化合物。如黄铁矿经氧化后成为褐铁矿，且其中一部分硫酸盐随水流失，另外产生的硫酸可进一步促进岩石的化学风化。

$$\underset{\text{黄铁矿}}{2FeS_2} + 7O_2 + 2H_2O \Longrightarrow 2FeSO_4 + 2H_2SO_4$$

$$\underset{\text{硫酸铁}}{12FeSO_4} + 3O_2 + 6H_2O \Longrightarrow 4Fe_2(SO_4)_3 + 4Fe(OH)_3$$

$$Fe_2(SO_4)_3 + 6H_2O \Longrightarrow \underset{\text{褐铁矿}}{2Fe_2O_3 \cdot nH_2O} + 3H_2SO_4$$

对于化学风化来说，岩石与矿物的稳定性，主要取决于矿物岩石所含元素的化学活动性。对于岩浆岩的造岩矿物来说，对化学风化最不敏感的是石英，次不敏感的是白云母、正长石，比较敏感的依次是黑云母、钠长石、普通角闪石、普通辉石、钙长石，最敏感的是橄榄石。普通矿物中的氧化铁与氧化铝，在地表风化条件下是最稳定的。

3. 生物风化

生物风化指由生物的生长和分解产物对岩石矿物所起的物理的和化学的破坏作用。生物的物理风化最显著的表现为诸如植物根系生长把矿隙、岩缝撑裂，动物的挖掘和穿凿使岩体破碎等。生物的化学风化作用则比较复杂，主要是生物的新陈代谢分泌出多种具化学腐蚀能力的物质，使岩石矿物遭受腐蚀，或者成为溶剂而溶解某些矿物并对该岩体起破坏作用。

微生物在生物风化作用中起着很重要的作用，有的微生物吸收空气中的氮制造硝酸，有的吸收二氧化碳制造碳酸，有的吸收硫化物制造成硫酸，还有分解产生的有机酸（一般指羧酸 RCOOH）等对岩石矿物均有很强的破坏作用。大体上，有弱复合酸（如乙酸）参与的风化要比蒸馏水作用增强 10 倍以上；强复合酸（如柠檬

酸和酒石酸)参与则增强 100 倍以上。在一定条件下,有机酸还能溶解 Al^{3+} 与 Si^{4+}。酒石酸溶解硅酸盐矿物和黏土要比离子水快许多倍;溶解黏土矿物又比溶解硅酸盐类矿物快;在黏土中的 Al^{3+} 的溶解又比黏土中的 Al^{4+} 要快得多。

生物在其生命过程中的最普遍的光合作用和呼吸作用产生氧和二氧化碳,毫无疑问是化学风化中的两个重要反应剂。

4. 风化速度

在自然状况下,裸露岩石的物理风化、化学风化,甚至生物风化几乎是同时进行的,密不可分的。但是,在理论上由于物理风化使岩石破碎,从而增大了可与空气和水等接触的表面积,并增强了化学风化。例如,在无裂缝的岩体中划出平面为 10 m×10 m×10 m 一块岩体,它与大气的接触面为 100 m^2,即受风化的表面积为 100 m^2,如果这个区域的岩石发育了每隔 10 m 的直交破裂,那么,一块 1 000 m^3 的岩体,受风化的表面积是 500 m^2(底不算)或者 600 m^2,假定这块 1 000 m^3 岩石的直交破裂的距离为 5 m,那么受风化作用的表面积可以达到 2 000 m^2 或者2 400 m^2。

图 2-4 显示了与岩屑覆盖层厚度有关的物理风化与化学风化相对强度的变化。两种不同的风化环境条件下观测风化速度,其一是该地的表面物质被剥离的过程快于表面物质的风化过程,地面形态主要受岩层和地质构造控制(表 2-1);其二是该地表层物质风化过程快于表面物质被剥离过程,发育碎屑物质覆盖层,地面形态主要取决于块体物质移动(表 2-2)。

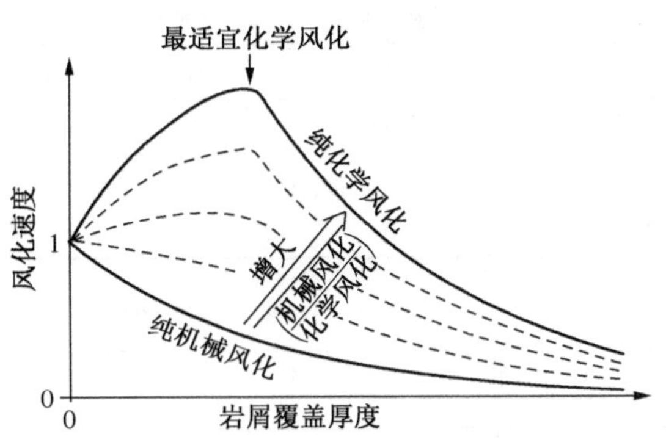

图 2-4 化学风化与物理风化相结合的相对风化速度
(据 F. Ahnert,1976)

表 2-1 据有限风化观测的风化速度(据 D. Brunsden,1979)

岩石类型	地 点	地 面	时限/年	产 物	风化平均速度/(mm/年)
砂 岩 板 岩 大理岩	爱丁堡 (英国)	墓碑	200 90 90	轻微风化 凿刻清晰 剥落	
灰 岩 灰 岩 灰 岩 灰 岩	约克希雷 (英国)	墓碑	500 300 240 240	风化 2.5 cm 深	0.051 0.085 0.102 0.106

（续　表）

岩石类型	地　　点	地　面	时限/年	产　物	风化平均速度/(mm/年)
花岗岩	阿斯旺	古构造	4 000	新鲜	
花岗岩 硬灰色灰岩 软灰色灰岩 灰色页岩 黄色钙质页岩	吉佐(所罗门群岛)	古构造 大金字塔	5 400 1 000 1 000 1 000 1 000	剥脱 0.5～0.8 cm 轻微风化 1～2 cm 深坑 20 cm 深洞 角砾	0.009～0.001 5 0.01～0.02(局部) 0.2 0.2(整个表面平均)
石炭纪灰岩 石炭纪灰岩 石炭纪灰岩	北英格兰	漂砾 条痕 流痕	12 000 13 13	30～50 cm 3～5 cm 15 cm	0.025～0.042 2.2～3.8 11.5
灰岩	奥地利阿尔卑斯	栈桥	1 000	9～12.5 mm	0.009～0.012 5
灰岩	塔福克岛	刻槽	16	28 mm	0.5～1.0
灰岩	东佩尔姆角	碑文	—	—	1.0
灰岩	加利福尼亚霍拉	潮间刻槽	—	—	0.5
灰岩	波多黎各	冰川面	155	—	1.0
花岗岩	纳尔维克(挪威)	冰川面	10 100		0.001 05
灰岩石燧石 砂岩	斯匹次卑尔根(挪威)	冰川面 冰川面	70 10 000	— —	0.02～0.2 0.34～0.5

表 2-2　剥离观测的风化速度(据 D. Brunsden, 1979)

岩石类型	地　　点	物　　证	时限/年	风化产物与速度
安山岩 火山灰	西印度群岛 斯特温森特	土层厚度		土层 1.83 m/4 000 年 黏质土 0.45～0.6 m/1 000 年 火山玻璃风化 15 g/cm^2 · 100 年
成层火山岩	巴布亚	风化剖面厚度	650 000	58 mm/1 000 年
花　岗　岩	科特迪瓦	Si、Ca、Mg、K、Na 淋溶速度		富铁铝化 1 m/220 000～77 000年
火山熔岩	新几内亚	表皮风化		粗骨土 5 000 年 未成熟土 5 000～20 000 年 成熟土 20 000 年
灰　　岩	乌克兰	卡梅斯要塞上的土	230	可能的风沙加积 1.32 mm/年
灰　　岩	奥地利阿尔卑斯	矮松下的土	1 000	0.28 mm/年

（续 表）

岩石类型	地 点	物 证	年限/年	风化产物与速度
层状火山安山岩(浮岩)	喀拉喀托	土层厚度	45	35 mm Si、K、Na 淋失 Al、FeO 于表面累积
白铁废品堆	马来西亚	土层	25	微发育，无黏土产生
铁废口堆	北安普敦(英国)	土层	几十年	南坡上发育土层，北坡无
冰 碛	蒂罗尔(奥地利)	土层	80	明显的成土
废弃煤堆	萨默塞特(英国)	土层		21 年后出现分层现象 178 年内 54%原煤物质化为 2%的风化土

许多因素影响着裸露岩石的风化速度。首先是水——热环境条件，如同一般所说的气候条件；其次是岩石本身的成分和结构构造特点。这些因素既影响风化速度，也影响到风化产物的性质类型以及该地的风化剥蚀的速率与岩块、碎屑、溶解物质的供给数量等等。

5. 风化壳

近地面基岩（或堆积物）经受风化残存于原地的产物称残积物，又称为风化壳。风化壳覆盖了原组成物质，构成了此时此地的新的地貌组成物质，有不同的地貌形体表现。风化壳与下伏新鲜基岩之间的接触关系，可以分为 4 种类型，即过渡、突变、规则与不规则。过渡关系通常与化学风化有关，风化-未风化基岩在破裂程度方面分不开；突变关系为上、下之间有清晰分界，即使在风化层中有基岩块；规则关系是指基岩的风化破碎的程度向下减弱而向上增强。不规则关系是指上述三种接触不规则地交互。

风化壳的厚度取决于均衡风化剖面深度与剥离限定程度之间的平衡量，其中均衡风化剖面深度又取决于岩石抗蚀强度、节理发育程度、渗透率以及气候条件等。剥离限定程度又取决于坡度角大小、地面径流强度、蠕动速度、滑坡速度、干湿交替频率和冻胀作用等。一般来说，只有在地形起伏和缓或坡斜较缓、植被覆盖良好、地表径流作用较弱、地下水埋藏较深，而水、气往下层渗透以及表层基岩又较容易风化的地段，发育较厚或很厚的风化壳。图 2-5 反映风化壳厚度与地理纬度气候的关系，从北极区很薄的土层到温带地区 1～3 m 厚、湿润热带有时可产生＞100 m厚的风化壳。不过有些温带地区可能有残存的深厚的第三纪时期形成的风化壳。花岗岩的风化壳，在纽南威尔士达 300 m；在捷克、斯洛伐克达 100 m；在澳大利亚维克多利亚达 80 m；在尼日利亚乔斯高地达 50 m；在美国佐治亚州大于 30 m。酸性变质岩风化壳，在澳大利亚维克多利亚达 130 m；在巴西大于100 m；在中国香港，花岗岩风化壳底面在 100 m 左右，在中国长江三峡也达 100 m 左右。巴西的页岩风化壳厚度大于 300 m。在澳大利亚雪山(snow mountain)局部地段风化壳深度可达地面以下 300 m；尼日利亚结晶岩出露区风化壳底面深达 50 m，而地面起伏仅 25 m。风化深度与基岩的不均匀构造破裂以及地面的地貌发育等因素有关。

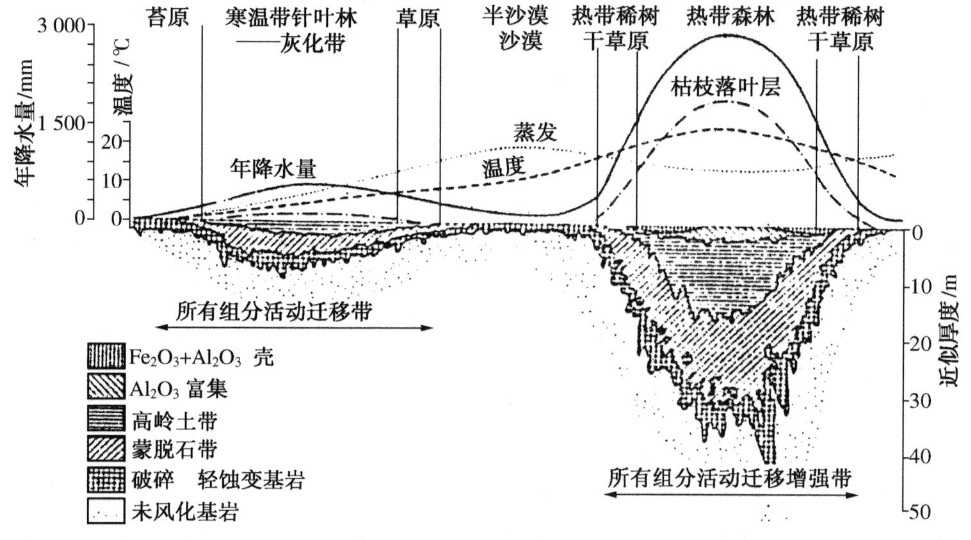

图 2-5　不同气候区风化壳的厚度与结构特征(据杨达源)

风化与基岩破裂程度的加剧、黏土颗粒的增多以及部分化学元素的迁移与淋失有关，风化壳的物理性质与化学成分发生顺序的变化，相继发育粗岩石屑型风化壳、碳酸盐碱型中性至微碱性风化壳、硅铝黏土型弱酸性风化壳、硅铝铁型酸性风化壳以及富铝型酸性风化壳。如果受到气候条件的限制，则发育特定终极类型的风化壳。粗粒岩屑型风化壳多形成于寒冷、高山或荒漠地区，物理风化为主使基岩风化破裂碎块屑残积在原地，或者该地的剥离过程超过缓慢的风化过程。碳酸盐型中性至微碱性风化壳形成于降水较少的半湿润半干旱森林草原地区，淋溶作用比较弱，干旱季节地下水分向上移动，导致钙质在风化壳一定层位中聚积起来，并与细颗粒泥质物质胶混在一起。如果降水更稀少，化学风化更弱，只有 Cl^- 与 Na^+、SO_4^{2-} 迁移，以至钙镁质碳酸盐相对更富集，成为物征性的含碎屑的富钙化风化壳。硅铝黏土型弱酸性风化壳形成在湿润温带森林地区，低温造成化学风化与淋溶作用相对缓慢，除碱与碱土金属淋失较强外，其他阳离子淋失不甚明显，硅酸仅有部分淋失，高岭土是代表性黏土矿物，因含有一定数量的褐铁矿，所以外观多呈棕色或黄色。硅铝铁型酸性风化壳分布于热带亚热带地区，富铝型酸性风化壳主要分布于热带部分地区，后者的物质点是比前者铁铝的富集程度更甚，黏土矿物不仅是硅铝质的高岭土类，而且以三价铝为主，常形成金属铝和镍等的风化矿床。在热带、亚热带地区，石灰岩上发育的风化壳，也因强烈淋溶而成为弱碱性或中性的红色石灰土型风化壳，质地黏重，表层硅少铝多，有时其下尚为钙质。

图 2－5 还表示了热带雨林地区深厚风化壳的剖面结构特点，表层为不连续的富铁铝层或富铝层，往下依次是高岭土带、蒙脱石带以及破碎、轻微蚀变的基岩层。这样的风化剖面结构可与上述平面上按气候带发育不同风化壳类型相比较，同时还具有自上而下风化程度愈浅、风化经历的时间长度相对变短的含意。

三、剥蚀作用

剥蚀或剥蚀作用泛指地表岩石矿物物质受外动力作用而移离原地。被剥蚀的多是地表岩石风化的产物，地表岩石风化产物被剥离之后原来处下层的岩石又遭风化……风化—剥蚀—风化……的过程概称风化剥蚀。外动力对地表物质的作用，迫使这些物质移离原地，以及由此而产生地貌结果，例如按外动力的性质特征分为风的剥蚀作用称风蚀；流水的剥蚀作用称侵蚀，或者冲蚀、掏蚀；波浪的侵蚀作用称浪蚀，冰川的侵蚀作用称冰蚀，或者刨蚀、刮蚀等。此外还有发生在地面以下的潜蚀，使可溶物质溶解的溶蚀，以及所谓的海蚀、湖蚀、雪蚀等，有时把剥蚀与侵蚀相混述，有时又把各种外动力的时空交错组合共同使地表物质移离原地概称剥蚀，并产生剥蚀速率、剥蚀面、剥蚀台地等。实际上，对剥蚀作用的全面理解还应重视地表物质的可动性问题，人类如果要使某部分地表物质移离原地，除了设法增大外动力剥蚀力度或剥蚀作用强度之外，还可设法增长该部分物质的可动性；如果想阻止某部分地表物质移离原地则相反，除了设法削弱外动力剥蚀力度之外，还可设法削弱该部分物质的可动性。干旱半干旱地区甚至半湿润地区的一些草地，由于过度放牧或开辟为农田，导致细颗粒物质被风吹蚀而土壤颗粒粗“沙化”和生产力下降，这在本质上就是人为增大了该处地表面泥沙颗粒物质的可动性。

某地区短时间内的平均剥蚀模数，多数是据该地域在单位时间内水流输出的泥沙与溶解物质总量来估算的，有的定义为侵蚀模数、水蚀模数或侵蚀率、侵蚀厚度、剥蚀厚度等，常用单位为 $t/(km^2 \cdot 年)$（每年每平方千米输出多少吨泥沙物质）。如黄河三门峡站 14 年的测量资料表明，三门峡以上黄河流域平均每年每平方千米侵蚀 0.19×10^4 t 泥沙，长江流域汉口站 19 年测量资料得出汉口以上流域范围内的平均侵蚀率为 0.03×10^4 t/(km^2 · 年)。但是,剥蚀速率通常换算为该范围内平均单位时间内的由剥蚀作用所产生的物质厚度损失量,如 mm/1 000 年,即平均每千年剥蚀流失多少毫米厚的风化(土)层(表 2-3),如长江三峡地区南侧清江流域的平均剥蚀速率为 238 mm/1 000 年。

表 2-3　美国部分地区平均剥蚀速率与流域面积大小的对应关系

(引自 R. J. Chorleyetal,1984)

流域面积/km^2	平均剥蚀速率/(mm/1 000 年)	流域面积/km^2	平均剥蚀速率/(mm/1 000 年)
0.3	12 600	3 900.0	100～30
3.8	2 550	37 000.0～3 280 000.0	60～30
80.0	220～60		

最早提出垂直剥蚀速率估计值的是盖基(A. Geikie　1868),他粗略地估计温带纬度区的平均剥蚀速率为 50 mm/1 000 年。其中谷地中为 250 mm/1 000 年,分水岭带为 30 mm/1 000 年,水平海岸侵蚀速率为 3 mm/1 000 年。表 2-3 反映流域平均剥蚀速率与流域面积有密切的关系,虽然两者之间并非简单的反比函数关系。此外,剥蚀速率的高低,还与该地区的气候条件、水文特征、地势起伏、植被覆盖等等许多因素有关(表 2-4,表 2-6,图 2-5,图 2-7)。

表 2-4　剥蚀速率受坡地坡度影响的估计

地形特征	平均剥蚀速率/(mm/1 000 年)		
	Corbel. J(1946)	Yong. A(1974)	Schumm. S. A. (1997)
"正常"的地形起伏	22	46	72
"陡峭"的地形起伏	206	500	915

表 2-5　几个典型地区的平均剥蚀速率(据 F. Ahnert,1970)

地　　区	平均地形起伏/[m/(20×20 km^2)]	平均剥蚀速率/(mm/100 年)	
		平 均 值	变化范围
喜马拉雅	4 800	1 000	
阿尔卑斯北部	2 600	610	
法国和瑞士阿尔卑斯	2 331	379	287～518
犹他州科罗拉多河	680	165* 130	58～ 82～177*
夏威夷	320	130	
加利福尼亚	579	91*	

（续　表）

地　　区	平均地形起伏 /[m/(20×20 km²)]	平均剥蚀速率/(mm/100 年)	
		平 均 值	变化范围
西部海湾(得克萨斯)	286	53*	16～
密西西比河	694	51*	
美国东北部	430	38	27～48*
哥伦比亚河	1 145	38*	
泰晤士河	159	16	

* 估算中包括 10%床移质。

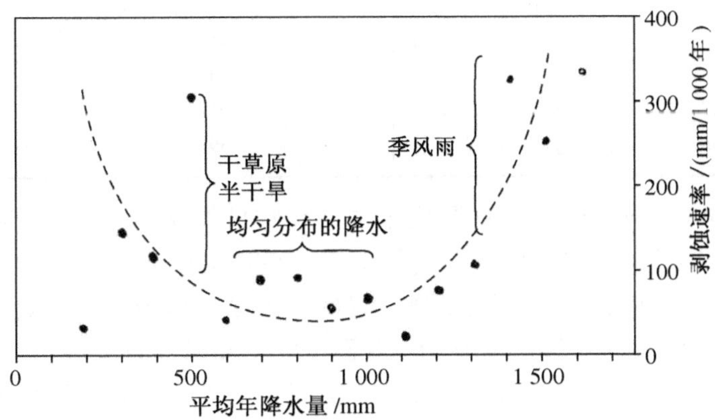

图 2－6　降水量与剥蚀速率(R. J. Chorley et al.　1984)

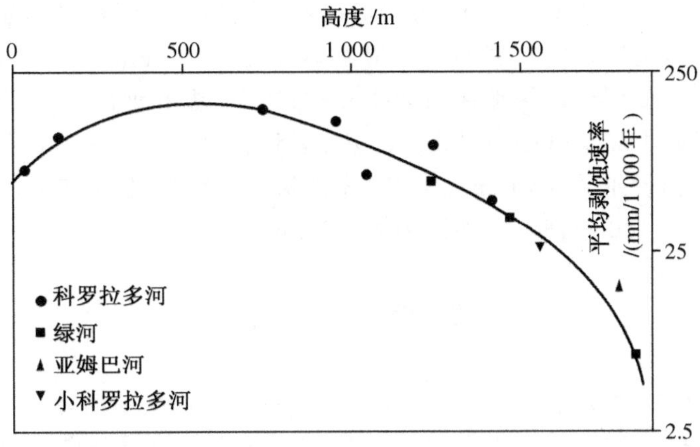

图 2－7　高度与剥蚀速率

四川盆地丘陵区遂宁水土保持试验站对红棕色泥岩与薄层状长石细粉砂岩组成的荒山进行剥蚀速率观测结果，5 年的平均剥蚀速率达 9.20 mm（表 2－6），1984～1989 年的 6 年中，小雨—大雨（<50 mm）产流 104 次的剥蚀量（8.67 t）是暴雨（50～99.9 mm）产流 16 次剥蚀量（16.49 t）的 52.6%左右，是大暴雨（>100 mm）产流 4 次剥蚀量（9.92 t）的 87%左右。1985 年降水量 123.0 mm，平均坡度 27.7 度的荒坡的所剥蚀的量[t/(km² · a)]是 25 度坡耕地年剥蚀量的 1.776 倍，但是对于几场平均降雨强度大于每小时 0.9 mm 的降雨来说，荒丘坡的剥蚀量比 25 度坡耕地的剥蚀量还要小一点（85.94%左右）。

表 2－6　四川遂宁细碎屑沉积岩丘平均 27.7 度坡平均剥蚀速率的观测结果

年　　度	1984	1985	1986	1987	1988	1989	年平均
降雨量/mm	654.9	1 243.0	911.2	884.6	876.2	969.0	976.8
产流量/(m^3/km^2)	125 901	523 064	263 420	236 183	191 147	229 311	288 625
年径流系数/%	19.22	40.08	28.91	26.70	21.82	23.66	29.55
侵蚀模数/[t/(km^2 · 年)]	7 595	28 228	9 081	8 628	8 094	8 107	12 427.6
侵蚀剥蚀速率/(mm/年)	5.62	20.90	6.72	6.39	5.99	6.00	9.20

流水还带走溶解物质，俄罗斯伏尔加河输移的溶解物质占输移物质总量的 64%，北美大峡谷科罗拉多河为 6%，美国艾奥瓦州（Iowa）艾奥瓦河为 17%，怀俄明州（Wyoming）温德（Wind）河为 27%，英格兰东德文河为 60%（K. J. Cregory et al.　1973）。溶解质的输移量分别为：亚洲 32[t/(km² · a)]（占该洲全部输移物质总量的 5%，下同）、北美洲 33（26%）、南美洲 28（31%）、欧洲 42（55%）、大洋洲 2.3（5%）、非洲 24（47%）（J. N. Holeman　1968，R. J. Chorleyetal　1984）。灰岩的溶解速度以及裸露灰岩的侵蚀剥蚀速率则与温度、降水和湿度等气候条件有十分密切的关系，据霍尔莱（P. J. Chorley）等（1984）汇集有关资料得出如下十分粗略的估计值：冷、湿地区裸露灰岩的溶蚀剥蚀率为大约 450 mm/100 年，阿尔卑斯山南部为 300 mm/100 年，冰缘地区为 200 mm/100 年，温和地区为 100 mm/100 年；南斯拉夫、英国德比郡（Derbyshire）的热、湿地区为 80 mm/100 年，牙买加为 72 mm/100年，西爱尔兰为4 mm/100 年，东英格兰白垩地区为 25 mm/100 年；冷、干地区为 14 mm/100 年；暖、干地区为大约6 mm/100 年。

四、沉 积 作 用

剥蚀物质在各种动力——输移介质（如水、重力、风力、动物等）中发生位移，当输移动力受到各种因素的影响减弱时，输移物质与输移介质分离发生重聚集而停在底质上，建造出新的地貌形体或改变原地貌形体。据沉积地区的不同，有海洋沉积和陆地沉积。前者又可分为滨海、浅海和深海沉积，后者又可分为山麓(坡麓)沉积、盆地(洼地)沉积、谷地沉积、湖泊(水库)沉积。沉积的方式可分为机械沉积、化学沉积和生物沉积。机械沉积的碎屑物质，具有明显分选性和规律性，即粗大的先沉积而细小的后沉积，但冰川堆积物例外，不具有分选性和规律性，大小泥砾混杂。化学沉积是指介质搬运的可溶物质和胶体物质在低洼的水盆地中浓度达到过饱和状态时就沉积析出。生物沉积是指海洋尤其浅海和陆地上生物大量死亡后，它们的骨骼及贝壳、枝杆直接堆积下来，形成生物沉积。经过复杂的物理和化学作用，可形成石油、天然气和煤。

外动力作用进行地表物质的剥蚀和沉积——形成雕刻(侵蚀剥蚀)地貌形体及沉积地貌形体。这两者紧密地相互联生，因为在一个地方被剥蚀的物质将在另一地方沉积下来。物质的剥蚀和堆积在时间和空间上经常相互交替，因为不存在仅发育这种成因类型中的一种形态的地貌组合，而只能区分出以剥蚀为主的地区和以沉积为主的地区。但是，陆地上的剥蚀地貌形态比堆积地貌形态具有更广泛的发育和分布。这是因为水动力将大部分碎屑物质都搬运到海洋，沉积于海底。

按外动力的活动过程，地貌形体一般区分为由物质的积累而形成的堆积形态和通过物质的搬运而形成的剥蚀形态。

第三节　人类活动——第三地貌动力

人类正以强大的群体力量加速地干扰自然环境，地貌演化不再是纯自然过程。众多学者已把人类活动看成独立于自然地貌内动力和自然地貌外动力，而有其自身的特色的第三地貌动力。早在1931年，美国地貌学家C. O. Sauer就指出：“必须把人类活动直接看作一种地貌营力，因为他改变了地球表面的剥蚀、堆积状况”。

人工地貌营力与自然地貌营力相比较，具有这样的特征：人工地貌动力不是高速地而是加速地增加，增加的指数与人类人口的增长指数基本一致。人类活动与地貌关系的法则是，全球性的、区域性的自然地貌制约人类活动，人类活动改变或者影响局地性的、微域性的地貌演化。在诸如矿山、城市、水工设施等小局域范围内，人类活动可以使地表侵蚀增大2 000倍以上。人工地貌营力时空分布不均，时间上集中分布于现代，与古代相比，可以说现代人工地貌营力是强大而无限的，这如果不是全部的，也是主要的。人工地貌动力的空间分布不连续，呈星点状、条带状、面片状分布。

人工地貌营力按照作用方式，分为6种：① 清除森林。每年全世界大约有

1%的森林(4.145 亿 hm^2)被砍伐,年侵蚀量在 2.5～25 t/hm^2 左右,总侵蚀量 110～1 100 亿 t/年。美国喀斯喀特山脉 1961 年修筑公路时,毁坏森林,造成 47 起泥石流、滑坡等地貌灾害。② 草场过度放牧。每年大约有 3 058×10^6 hm^2 草场被放牧,超量放牧导致径流加大,表土结构发生变化,年侵蚀量达 7 500×10^6 t/年。③ 农业耕作、灌溉。耕作侵蚀与作物种类与面积有关,小至 30 t/(hm^2·年)(小麦、大麦),大到 180 t/(hm^2·年),总侵蚀量为 106 000×10^6 t/(hm^2·年)。④ 采矿,包括露天矿、沉积金矿和废物挖捞、地下开采等。采矿常产生地面沉陷、废物堆积体及人工坑穴,例如湖北省大冶市自公元 221 年三国东吴时期开始采掘铁矿至今,形成一个深达 408 m,直径 1 000 m 余的我国乃至世界罕见的椭圆形天坑。⑤ 修筑公路和铁路。新修一条高速公路每千米侵蚀量为 450～500 t/年。常引起水土流失、"跌水效应"、块体运动等。⑥ 城市建设。城市是人类活动最频繁、最强烈的地区,旧城再改造,新区再开发,空间再拓展,自从出现城市以来城市建筑活动几乎从未停止过。此外,还有拦河筑坝、修建水库、围湖垦殖、填海造陆等。20 世纪 70 年代中期,人工地貌活动量为 172 亿 t/年,全球每人每年人均地貌活动量 42 t/年。

人工地貌营力对自然环境的干预,概括为 4 个方面:① 人类对重力的逆向干预。重力是地貌过程的主要外动力之一,但是人类活动可以予以强大的干预,能将巨量土体、沙粒、岩石从一处运移到另一处,能使水往高处流,这是自然过程不能胜任的;② 延缓或者加速自然地貌作用过程,人类的坡改梯、"沿等高线耕犁"可以减少侵蚀,不合理的开垦又可能导致水土流失;③ 小区域人类活动完全改变局部地貌形体。例如,公路、水坝、矿厂等在小范围内进行,单位面积强度高于自然地貌过程许多倍;④ 破坏自然地貌动态平衡系统。人类活动诱发边坡不稳定性,构成不稳定的岩(土)体的结构,增加不稳定岩(土)体滑力,降低不稳定岩(土)体的力学强度,从而诱发滑坡与崩塌。陡坡开垦,加剧水土流失,引起土层变薄,肥力降低,又造成淤积库塘、抬高河床,加剧洪水、滑坡、泥石流灾害等;⑤ 人工诱发的地震。水库蓄水数十亿至数百亿立方米和大量泥沙淤泥,以及水库加剧了地下水的渗流、循环运动都易于诱发地震。

第四节　内外动力相互作用

内动力作用可以被视为源自地球内部环境,且通过地壳的作用动力使固体地表球面的地貌发育、发生变化;外动力作用也可视为源自地球外部环境,且通过大气、水、生物等多个圈层物质的运动作用于固体地球表面使之地貌发育、发生变化。实际上,对于地貌发育来说,内动力作用与外动力作用只有作用方式与作用强度的差别，在作用对象与作用时间方面两者是不可分离的。但是，对于地貌发育来说，内动力作用与外动力作用又都归在“外因”范畴，仅属影响地貌发育的因素，地貌发育的“内因”或其本质仍然是组成地貌形体的物质自身的种种运动。地貌学研究的深度与难度，或者地貌学研究的最新进展，就在于不断应用新技术测量和科学地分析固体地球表面的物质运动。

内动力和外动力共同不停地作用于地表，地表物质和能量的转换使地表形态不断发生变化。但是，内动力和外动力在地貌发育过程中既统一又对立。内动力作用的总趋势是加大地表起伏形成地球表面基本起伏形态、地貌分布和组合的基本格局。外动力则同时对地表形态进行剥蚀塑造，削高填低力图减小地表的起伏。地壳上升，引起外力剥蚀作用加强，剥蚀速度加快，地球内动力作用下微弱上升的地区，其剥蚀量每千年为 1～3 cm，而强烈上升的地区，其剥蚀量每千年可达 20.6～91.5 cm（表 2－5，表 2－7）。实质上，内外动力就具体某一时期、某一地区而言，往往表现为某一种作用处于优势地位。

表 2－7　黄土高原地区各省（区）各地貌类型面积及各省侵蚀产沙量

（据黄土高原地区土壤侵蚀区域特征及其治理途径，中国科学院黄土高原综合科学考察队，1990）

	A	A+B	B	B+C	C	C+D	D	E	F	B+D	C+F	侵蚀产沙量（平均）（10^4 t/年）
河　南	3 813	3 938				3 188		8 125		1 125		1 619
陕　西	10 688		19 627		46 001	6 876	14 000	14 375	9 625		1 688	79 780
山　西	49 928	15 187	27 624	6 185	30 688	2 375		29 063				37 450
内蒙古	4 375		15 563		313			24 062	12 562			14 401
宁　夏	3 938		2 188	1 753	14 251	625		10 000	16 186			8 441
甘　肃	10 313		4 375	17 000	67 374	6 749	2 875					45 649
青　海	25 365				7 500							1 291
合　计	108 420	19 125	69 377	24 938	166 127	19 813	16 875	85 625	38 375	1 125	1 688	

注：A 为基岩山地，B 为土石山地及丘陵，C 为黄土丘陵，D 为黄土塬，E 为冲积洪积平原，F 为风沙剥蚀平原及高平原；其下数字为各地貌类型的面积，单位为 km^2。

内动力作用制约、影响和改变外动力作用方式，如青藏高原在第四纪以前是亚热带森林和森林草原，以流水作用为主，在第四纪地壳强烈上升，外动力作用转变为以冰川和寒冻（物理）风化作用为主导。外动力作用也会引导内动力作用的方向和速度发生变化。外动力作用长期进行，促使地表物质产生新的位移，逐渐夷平地表的起伏，降低地面的相对高度，这样就打破了地壳各部分之间由内动力作用所造成的物质分布动态平衡，引起内力作用幅度的加强，不同区域地壳发生不同幅度的升降运动，以求达到新的动态平衡。当某地区地面重量增加，该地区将发生地壳的重力下沉，其下部物质将被挤压扩散。同样当山地遭受外动力的强烈剥蚀，该地地壳重量减小，其地壳就会上升补偿被剥蚀掉的部分。

地貌形态并非瞬间形成，也不可能立刻消失，在内动力或外动力作用发生变化后，原来地貌形态会保留相当长的时间，后来的动力作用形成的新地貌形成"叠加"在旧的地貌形态之上，在一个地貌体上，共存不同动力时期形成的地貌形态遗迹，这就是地貌的多代性。

第五节　地貌发育基础理论

早在先秦时代，人们就有万物俱在变化之中的思想观念。《周易》的"易"字有更改、改变之意；"刚柔相推，变在其中"之句是说人们在探讨"变"的原因；"三爻合成一卦"及"六十四卦"是概括那时期人们所认识到的"变"的方式方法和"变"的基本模式。明代潘季驯(1521～1595)提出治理黄河的方法是"筑堤防溢，建坝减水，以堤束水，以水攻沙"；再如徐霞客(1586～1641)在广西考察了佛子岭南岩的漳与洞穴之后提出："蓄水大时北洞满，水从下反溢而出此，激涌势壮，故洞与漳皆若磨大砺以成云"。说明那时中国学者对河床地貌发育与喀斯特地貌发育已有了较深刻的研究。19 世纪至 20 世纪中期，在地貌学这门科学的理论里留下深刻踪迹的西方学者只有两人，即美国学者 W. M. 戴维斯(Williamu Morrisu Davis，1850～1934)和德国学者 W. 彭克(Waltyeru Penk，1888～1923)。

戴维斯在对美国大部分地区做过考察之后，应用"解释性的地貌描述法"，于 1899 年提出了地貌发育的"地理循环"(或称"侵蚀循环")理论。他认为："一切不同的地形视三个可变的因素而定。或者如数学家所说，是三个可变因素的函数。这三个可变的因素是'构造、动力和时间'。"某地区构造抬升，在初期其"地表形态与其内部构造是相符合的"；之后，在外动力侵蚀剥蚀作用下，该地区的地貌发育过程(时间)可以分为幼年斯、壮年期与老年期等几个地貌发育阶段，每个阶段具有代表性的地貌形体。如果再出现新的构造抬升，该地区的地貌发育又将进入一个新的轮回(图 2－8)。他通过对外动力作用下的地貌的研究，把地理循环又分为"风蚀循环"、"冰蚀循环"、"水(河流)蚀循环"、"海蚀循环"等。所谓水蚀循环，幼年期地貌的基本特点是河流比较稀少，河谷之间存在着宽广平坦的分水高地，谷坡与分水高地之间有明显的坡折，外动力作用使谷地不断加深，谷坡上不断发生崩塌、坠落和滑坡，谷地剖面是 V 字形，纵向比降也不断增大；之后，较大的河谷纵比降渐趋均衡，谷地则渐趋展宽，原宽阔的分水高地变成狭窄的岭脊，直到该地地貌发育进入壮年期。壮年期地貌的基本特点是沟谷间分水高地变为狭窄山脊，之后，其高度渐趋下降，并逐渐变成浑圆状山脊；谷坡仍较陡峭，崩塌、滑坡过程仍很活跃，但坡度逐渐变缓，坡地上的碎屑物质逐渐地通过土溜或蠕动向坡下移动，坡地的剖面线转变为下凹形；不仅是主干河道，而且其支河道的纵剖面线也趋于均衡状态。老年期地貌的基本特点是，河谷宽浅、河道蜿蜒曲折、谷坡趋于平缓，而分水岭变为轻微隆起，仅由坚硬岩石构成残丘，全区成为波状起伏的准平原状态。戴维斯的侵蚀循环理论，似是一个地区地貌发育过程演绎性的描述，实际上是不同地区按地貌状态的分布所建立的地貌发育时间顺序，非常有利于对一个地区的地貌特征给予概括和描述。

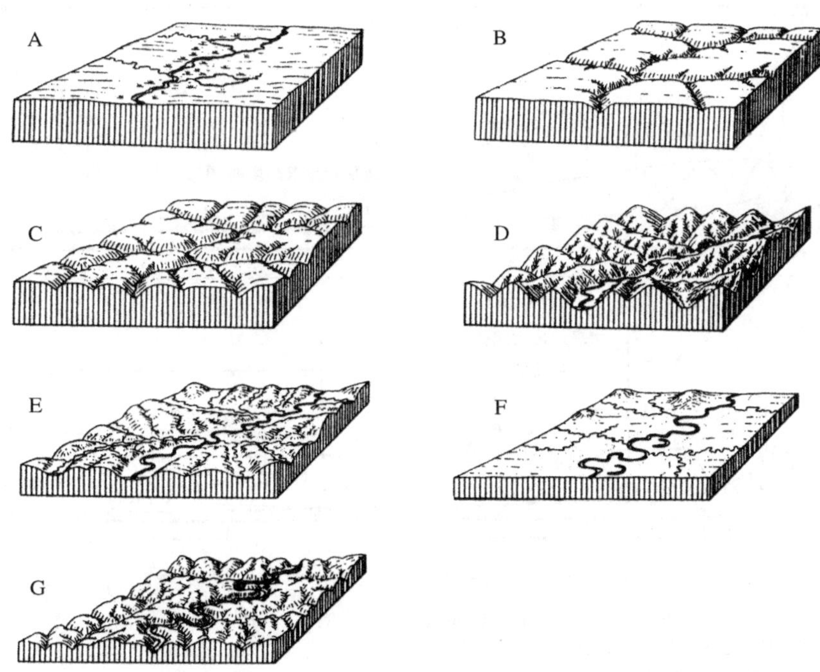

图 2－8　戴维斯提出的"侵蚀轮回"示意图(转引自 R. J. Chorleyetal，1984)

A. 最初，地形起伏和缓，流水不畅；B. 幼年早期，沟缘狭窄，高地宽阔平坦；C. 幼年晚期，岩坡为主，仍有沟缘，平坦高地；D. 壮年期，尽是岩坡与狭窄的分水岭；E. 壮年晚期，地形起伏较缓，谷底宽展；F. 老年期，成为具有蚀余残山的准平原；G. 再次构造抬升，进入第二轮回，重现幼年早期地貌

后来的学者对此学说进行了补充和发展。戴维斯把构造与动力相并列，又与时间合称为地貌发育三因素，实际上，其中的"构造"应分解为与该地构造历史有关的对该地地貌发育有重要影响的(岩石)物质基础以及构造运动；另外，对地貌发育有重要影响的物质基础、构造运动与外动力，对该地的地貌发育来说仍然都是外

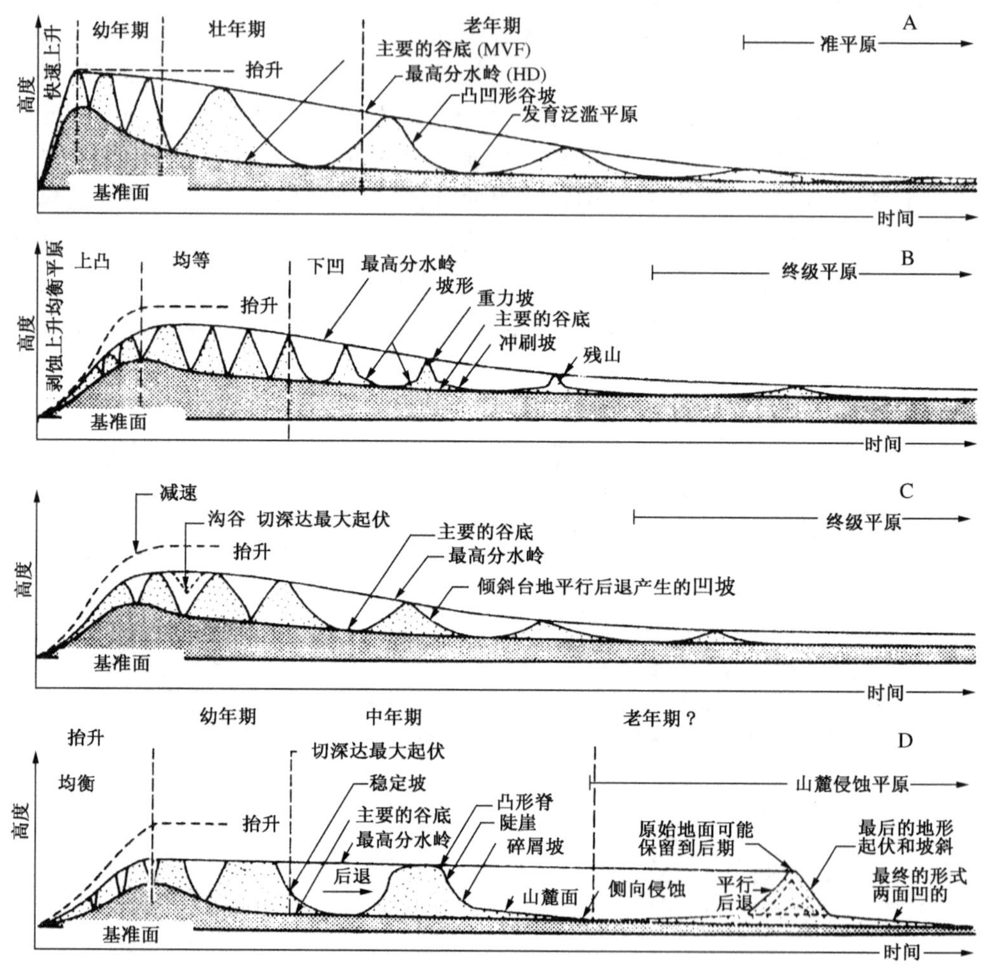

图 2-9　周期性地貌演化模式,所示为基面不变情况下地形高度随时间的变化

(引自 J. B. Thornes and D. Brunsden, 1977;R. J. Chorley et al.,1984)

A. 戴维斯(1909)模式;B. 彭克(1924)模式的原意;C. von Engeln(1948)对彭克模式的解释;D. L. C. King(1950)模式

因,其内因应该是组成地貌形体的物质的运动。戴维斯地貌发育理论作为时代的产物,对后来地貌科学的发展起了极其重要的影响作用,至今仍不失具有一定的科学价值。

彭克在南美洲、德国中部及土耳其等地深入研究地貌发育之后,创立了新的坡面及发育理论与山前梯地学说。他于 1924 年提出,坡地的发育不是趋于坡度变小地变平缓,而以保持平行后退过程为主,并在山前留下微倾斜的(山麓)平台(山麓面)。彭克认为地貌演化实质上是地壳运动的性质和进程的反映,他的专著《地貌形态分析》是以地貌形态分析论证地壳运动的性质特征。他认为,斜坡剖面形态归纳为三种：即凸形坡、凹形坡和直线形坡。每种坡形都反映着内外力的数量关系。例如，凸形坡表示地壳上升大于剥蚀作用；凹形坡表示剥蚀作用强于地壳上升；直线形坡则表示两者均等。如果地壳上升时快时慢，那么，斜坡的剖面形态变得复杂。有学者认为，彭克的地貌发育理论主要适用于气候干旱地区，另一方面对构造地貌学的发展起着重要的作用。

有许多学者对戴维斯及彭克的地貌发育理论做了重要的发展和修正（图 2－9），有的学者又提出了地貌发育的复合效应和临界值概念（R. J. Chorley，S. A. SchummandD. E. Sugden，D. E. Sugden，1984），又发展了地貌发育的空间序列，即地貌发育的“侵蚀——运移——堆积”系统，也称为地貌发育中的物质运动系统，并产生有序的地貌体系。杨怀仁等（1985）把地貌发育中的时间序列和空间序列结合起来，称为在一个地区的地貌发育与地貌结构中具有多元和多代的时空交叉。

第六节　影响地貌发育的因素

地貌系由内动力和外动力相互作用而形成的概念是现代地貌演化的基本原理。组成地壳的岩石的物质成分，地质时代的构造运动形成的地质构造，气候条件在很大程度上也影响某种动力过程的强度和空间范围。

一、气候与地貌发育

气候是地貌发育的最重要的因素之一，气候与地貌之间的相融关系极其多种多样。气候决定着风化过程的性质和强度，并在很大程度上决定着剥蚀作用的性质，因为各种起作用的外动力的“组合”和强度以它为转移。在不同的气候条件下，岩石的特性（例如岩石对于外动力作用的稳定性）不是固定不变的。因此，会产生不同的乃至非常特殊的地貌状态，甚至在外动力作用于由岩性相同的岩石组成的同类地质构造的情况下，也会观察到形态上的差异。

气候影响地貌的形成过程，无论是直接的间接的，都通过自然环境的其他组成成分（水体、土壤和植被等）发挥作用。植被的作用尤其重要，在植被郁闭的条件下，当存在发育很好的生草层和枯枝落叶层时，地表径流甚至在陡坡上也大大减弱或完全消失。植被稀疏或没有植被的地表容易受到剥蚀的破坏，而在松散风化产物干燥的情况下，这种地面更容易受到风力活动的侵袭。由于气候具有水平带性和垂直带性，因此地貌也有相应的带性。

在寒冷气候区，在降雪量大于消融量的条件下，冰雪逐年积累，发育成冰川。在外动力组合中，以冰川作用占主导地位，其次是冻融风化、块体运动和冰融水的作用等。这里以冰川地貌为主要特征，山地经冰川等作用后，使原来在流水作用下发育的比较圆滑的山岭变得尖锐峭陡。在降雪量较小，不足以补偿消融量的条件下，则不能形成冰川，而是发育为多年冻土和冻土地貌。多年冰土的分布大致与冰缘气候带相吻合。冰融气候带的主导外动力是冻融作用，其次是流水和风的作用。冰缘地貌主要是冻土地貌，地面被夷缓变低，常出现阶梯状台地。

在温湿气候地区，以流水作用为主导，化学风化作用、块体运动也较普遍，主要形成流水地貌，常见岭脊凸起、山坡下凹、起伏和缓的山丘。

在湿热气候区，以流水作用为主导外动力，但是，化学风化也很强烈，发育有厚层的红色风化壳，如海南岛的砖红壤风化壳。湿润热带，在森林未被破坏的情况下，缓丘几乎没有水土流失型的沟谷侵蚀，仅以片状流水、岩土体蠕动和热带泥流作用较强，山体以波状连绵起伏的凸形坡缓丘地貌为主要特征。在平原或缓丘地貌中，往往出现由抗蚀性较强的基岩组成的穹状或钟状岛山。

在干旱气候区，以风和间歇性洪流作用为主要外动力。主要形成风沙地貌和间歇性洪流作用地貌。此外，还形成山麓面，在山麓面上残留着孤立的岛状山。山地河流往往在山麓或盆地边缘发育洪积扇、冲积-洪积扇，地下水从洪积扇的前缘渗透出，这里成为干旱区的绿洲。

气候地貌的垂直地带性和气候的垂直带性基本一致，以其所处的水平地带开始向高处递变，如有些高山峡谷地区，下部气候温暖，主要形成流水地貌和重力地貌；上部气候寒冷，主要发育冰川地貌和冰缘地貌。但是，也有差异性，值得注意的是，由于地质时期的气候变迁，可以引起同一地区主导外动力与外动力组合的变化。这样，在同一地区可能出现各地质历史时期不同气候条件下形成的不同地貌叠置在一起的现象。

二、构造运动和地质构造与地貌发育

地壳大面积的上升运动，在上升地区的中部，地面绝对高度虽然增加，但地表变形微弱，只有在它的边缘地带才能引起河流下切和溯源侵蚀，但地形起伏和切割深度变化较大。在地壳大幅度上升和河流急剧下切形成的高山深谷中，导致山地气候的垂直分异，而气候的变化又可反过来影响山地地貌的发育和垂直分异。

由于岩石性质造成差别剥蚀，在外动力作用的影响下，地质构造被剥露，形成的地貌形态，其外貌在很大程度上仍由构造决定。

不同的构造决定着其发育的地方形成的构造剥蚀地貌的不同类型。甚至在构造受到同一种外动力组合的影响时，也表现出差异。但是，构造-剥蚀地貌的外貌，各个构造地貌形态的大小，不仅取决于地质构造的类型，而且还取决于外动力作用的性质和强度、组成构造的岩石的稳定程度——抗剥蚀强度、由抗蚀性不同的岩石组成的岩石的厚度和作为由此产生的这些岩石交互出现的频率。而水平构造、单斜构造、褶曲构造和断层构造及软硬相间的岩层下发育出多种多样的复杂形态。

地貌与地壳构造的相互联系,使进行地貌分析时不仅能够考虑现存地质构造的影响,而且能够考虑外动力作用破坏掉的地质构造的影响。不同的地质构造常反映出不同的地表形态如褶皱构造地貌(背斜山、向斜谷)、断裂构造地貌(断块山、断裂谷等)。

全球性的板块构造运动,可使地壳发生大规模的水平运动,对地貌发育的影响更为重要。板块学说对大陆和海洋的形成和发展,以及许多大地貌特征、成因和分布规律等都提供了有力的解释。

三、地表组成物质与地貌发育

组成地表物质的岩石是构成地貌的物质基础。岩石的物理和化学性质对地貌发育的影响,主要是岩石的抗蚀性(或称抗破坏性),即抵抗风化作用和其他外力剥蚀作用的强度,抗蚀性强的称为坚硬岩石,反之亦然。抗蚀性是岩石性质的综合反映,主要决定于矿物成分、硬度、胶结程度、透水性、可溶性和岩石的结构、产状等性质。

在自然状态下,胶结良好的坚硬岩石,抗蚀性强,常形成山体和崖壁。如由石英岩、石英砂岩组成的山岭,风化、崩塌作用和流水侵蚀作用主要沿着节理进行,常形成山峰尖凸、多悬崖陡壁的山丘地貌。抗蚀性差的岩石,如页岩、泥灰岩等,硬度弱,常形成和缓起伏的低丘和岗地。

岩石的节理和层理也直接影响到地貌的发育。例如,柱状节理发育的玄武岩,因受节理的影响常形成崖壁和石柱等地貌;垂直节理发育的花岗岩体,因受机械风化和流水沿垂直节理的冲刷侵蚀,使花岗岩山体形成悬崖峭壁、群峰林立的地貌,如黄山、九华山。

岩石的可溶性对地貌发育的影响更为明显。如石灰岩等可溶性岩石分布区,在湿热气候条件下形成典型的岩溶地貌。

疏松堆积物对地貌发育的影响,主要是堆积物的机械成分、化学性质和层理结构等特点。如陕北黄土以粉砂为主,并含有一定数量的黏土和钙质,垂直节理发育,干燥时陡壁可直立不坠,但在雨季易受坡面流水和沟谷流水的侵蚀切割。黄土还受地下水的潜蚀作用,形成一些潜蚀地貌。

在分析岩性对地貌发育影响时,必须考虑当地的自然地理条件和其他地质条件。同样一种岩石,在干燥区和湿润区其抗蚀性可以有很大的差异。例如,石灰岩在湿热地区深受岩溶作用的影响,但在干燥区往往可以成为抗蚀性较强的岩石。

松散堆积物的表面，若有良好的植被覆盖，流水侵蚀作用微弱；植被受到破坏时，则水土流失严重。另外，同样一种岩石因受构造变形或构造破碎的程度不同，其抗蚀性也有很大的差别。岩石破碎严重的，有利于风化剥蚀。

由于地貌发育与内、外动力和岩石性质、地质构造有密切关系，因此我们可以根据地貌特征来分析内、外动力的性质和强度，以及岩性和地质构造；反之，也可根据岩性和构造来说明地貌的特征。

尤其要指出，人类在其生产活动中，对地表的改造和利用也在不同程度上给地貌发育带来一定影响。人类可以通过各种措施影响地貌动力和地貌过程，使地貌发生变化，甚至改变原有的地貌形态和性质，塑造新的人工地貌，随着生产力的发展，这种影响的深度和广度在不断地加强。

综上所述，地貌的发育是各种内动力和外动力与地表物质相互作用的过程。内动力作用的总趋势是升高或降低地表物质，结果加大物质的位差。外动力作用的总趋势是对山体和高原等一切隆起的地貌进行切割、雕刻，将位差高的物质搬迁到位差低处堆积，减弱地表物质的相对高度。因此，内动力使地壳的隆起作用和外动力的剥蚀作用，内动力使地壳下沉作用和外动力的堆积作用，彼此是相互联系相互制约的，在一定程度上是既相互斗争又协调发展的。但是，在不同地区、不同时间和不同的时空结构层次中，各种内动力和外动力的组合，配合形式各不相同。因而地貌发育形成的过程、方向、规模和表现形式等也不一样。这便导致了地貌类型的多样性和地貌区域的差异性。

第三章　外动力地貌

第一节　坡地重力地貌

地球表面的陆地及海底地貌面是由坡度相近的不同大小的“面片”缝合而成，即地表形体是由坡地面和平地面联结构建而成。平地面近似水平面，其倾斜角小于2°。地面坡度为1°～2°时，使物质（土石颗粒等）沿最大倾斜方向向下移动的下滑力是很小的，因此，这种近似水平面的地面，不属于坡地范畴。

一、坡地系统

坡地，又称斜坡面或坡面或坡地面，是倾斜角大于2°的倾斜地面。整个陆地表面的80%以上属于坡地。所以，坡地是地貌的主要组成部分，它的发展变化导致地貌形体的变化。坡地的重要特点是，顺坡往下的重力的分力（下滑力）对促成坡面上的物质移动起着决定性作用。坡地的又一重要特点是，最普遍、最常见。坡地的普遍存在，在某种程度上促成了人们对它的地貌认识，却忽视了它对资源环境的作用。许多学者对于独特的或者有限的地貌特征给以极大的关注，却不愿面对组成地貌的坡地所包含的大量的简单问题。认识坡地不仅对认识自然景观的是必要的，而且对控制因为人类通过耕作、工程建设或者倾倒废物而变更了景观所引起的侵蚀和沉积有着实际的意义。坡地和工矿、交通、水利、农业等生产活动关系密切，研究坡地地貌既有理论意义，又有实践价值。

坡地上的外力作用过程导致风化产物的移动，而当条件有利时，则导致风化物的堆积，既形成剥蚀地貌形体，又形成堆积地貌形体。坡面剥蚀作用是地貌形成的主要外因之一，是河流、冰川、海洋和其他成因类型的沉积物物质的重要供应者。风化与坡地过程之间存在紧密的相互联系，松散的风化产物迅速离开坡地，使“新鲜”岩石出露，从而促进风化作用的加强。反之，坡地的缓慢剥蚀，导致风化产物的积聚，使基岩难于进一步风化。

坡地的外部特征主要由坡度、坡形、坡向和坡长等方面表现出来。

坡度是指坡地“面片”与水平面的夹角，坡度可细分为：2°～5°极缓坡、5°～15°

缓坡、15°～25°缓陡坡、25°～35°陡坡、35°～55°极陡坡、大于55°直立坡。坡度与面状侵蚀的关系密切，流域侵蚀和地貌发育是通过坡度的变化而实现的。因为坡度是坡面固有的总有效能量分配到整个地貌景观的媒介。随着坡度的增加，坡面物质颗粒间内摩擦力减小，坡面物质的稳定性降低，水流的动能随之增加，因此冲刷能力加强。

坡形是指坡地"面片"的起伏特征，有平直坡（直线形）、凸坡、凹坡和凸凹形（阶梯形）坡。

坡向是指坡地"面片"的朝向，按照受太阳辐射强弱的程度，有阳坡、半阳坡、阴坡、半阴坡等。

坡长是指近似坡度、坡向、坡形的"面片"的斜线长度或者投影在水平面上的长度，即有斜坡长度和投影长度的不同概念，可分为长坡（大于500 m）、中长坡（50～500 m）和短坡（小于50 m）。坡地的形态特征在一定程度上反映坡地形成和发育因素的动力作用，例如坡度大小与现代坡面侵蚀和堆积过程的性质和强度相联系，坡长与坡面堆积物的湿润程度有联系，坡向与地质构造延伸、山体（谷地）延伸有密切联系。

坡地中的每一种的"面片"都可能为台阶、轮廓不规则的高地和低地等地貌形体所复杂化。坡地的剖面形状带有发生在它上面的过程的众多信息。地球表面的坡地地段是由于内力或外力活动的结果而产生。因此，所有的坡地都可以分为内力成因坡和外力成因坡。内力成因坡地可能是由于地壳的构造运动的褶皱变动和断裂变动、岩浆作用和地震的结果形成。外力成因坡地中按照作用的外力因素，可以分为地表流水（河成坡）、湖、海、冰川、风、地下水和冻土、生物活动（珊瑚）和人类经济活动造成的坡。外力成因坡地可以再分为剥蚀坡（物质剥蚀形成）和堆积坡（物质的堆积形成）。坡地往往是由两种或数种外动力的共同作用形成的，如流水—冰川—流水，而风化作用则贯穿整个过程。

组成坡地的松散堆积物或不稳定的岩体，在重力作用下能发生向坡下的运动，形成坡地重力地貌，主要有崩塌、滑坡、错落、蠕动等地貌类型（图3-1）。土石岩体的自身重量及其外部动力因素的助动力就是形成这些地貌的基本动力来源。

二、崩塌及其地貌

陡峻斜坡上的岩体、土体、石块和碎屑等，在重力作用下，突然快速地向坡下坠落、滚落，常称为山崩。河岸、湖岸和海岸的陡坡处发生的崩塌，又称为塌岸。

崩塌的一般特征是：先兆不明，发生突然，从出现迹象至崩落十分迅速，崩落后不能保持崩落体内各岩块或土块间的相对关系；每次崩塌都沿新的破坏面而崩下，大块崩落与小颗粒散落同时进行；先是快速的崩落，然后再沿着山坡滚落下去；

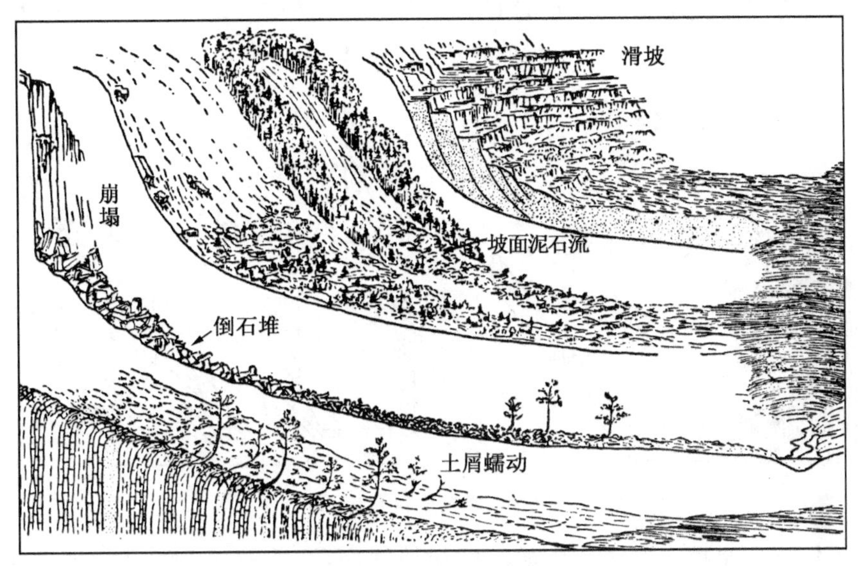

图 3-1　坡地重力地貌类型素描图(据严钦尚等)

崩塌体多远离基体,堆积在坡脚处。

1. 形成崩塌的条件

1) 地形条件　　崩塌只发生在极陡斜坡上,一般在坡地坡度大于 45°时,即可能出现崩塌。斜坡的相对高度大于 50 m 时,可能发生大型崩塌。

2) 地质条件　　断裂发育的、岩体破碎的高陡斜坡最易发生岩块的崩落。节理、层理的倾向和斜坡坡向一致时,也是易发生崩塌。陡坡下部为软弱层,其上复有巨厚岩土体,亦容易发生崩落。陡坡上的岩体有明显的或隐伏的裂隙,风化作用使裂隙扩大,最后与基岩分离,随着支撑的破坏而失去平衡,岩块就发生崩落。

3) 气候条件　　暴雨能破坏岩体、土体结构,软化软弱层,常常促进崩塌过程。

4) 其他条件　　地震、地表水的冲刷掏蚀、人工开挖边坡、陡坡开荒、爆破等因素能促进或触发岩体或土体失去平衡而形成崩塌。

2. 崩塌地貌形体

崩塌作用可以形成一定的地貌形体组合。在原坡地的上部,形成崩离壁(面)和龛窝等新的陡崖地貌。前者是一个均匀平整的面,常与断裂面、软弱层面等相一致,多出现在 30°～40°的斜坡上;后者发生在更陡的斜坡上,呈凹入的壁龛窝的坡度可达 90°。在原坡的下部平缓地带,崩积物堆成锥形体,称倒石堆或碎屑锥(堆);或堆成丘状体,丘的高度由几米至数十米。倒石堆由巨大的岩块、碎石和土块(粒)等崩积物组成,岩石成分与组成陡坡的岩石性质一致,碎屑呈角砾状,分选性极差。倒石堆可以彼此合并,在坡脚形成连续的倒石堆裙(图 3－2)。

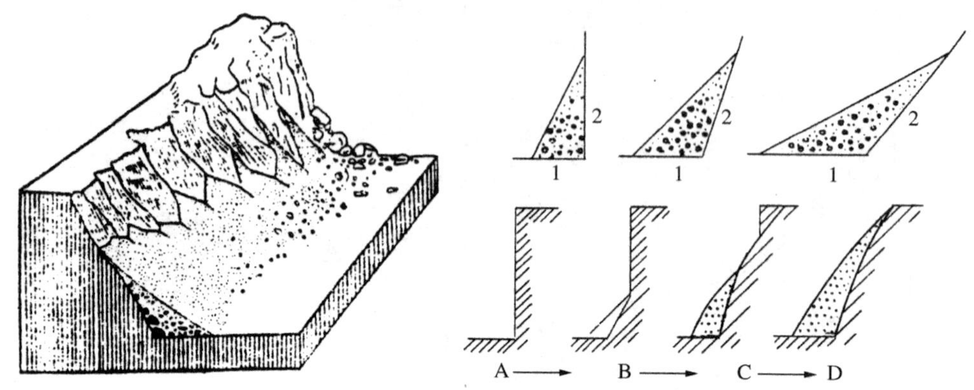

图 3－2　岩块崩落与倒石堆

崩塌作用在斜坡上塑造成峻峭的陡崖地貌,而这种陡峻地形又能加剧崩塌的发生,结果使悬崖后退,高度降低,坡地逐渐变和缓,崩塌作用也渐趋消亡。

三、滑坡及其地貌

斜坡上的岩体、土体沿着坡体内一定的软弱面(面)以整体模式向下、向前快速滑移称为滑坡。滑坡体滑动初期的滑动速度很缓慢,一天只有几厘米或更慢,快速的滑动一小时可以达到数米。滑坡多发生在山地的较陡斜坡上。河岸、库岸、湖岸和海岸斜坡上也有滑坡出现。产生滑坡的斜坡坡度,一般为 20°～40°,过陡的斜坡其重力作用主要表现为崩塌,通常对滑坡影响最大的是坡脚被掏蚀或挖掘后使坡地形态发生改变的地方。

1. 滑坡地貌形体

滑坡有自己独有的地貌形体,现已发现有数十种滑坡地貌特征,形成一定的地貌形体组合,主要有半环状后壁、月牙形洼地、滑坡台地和前缘丘等独特地貌(图 3－3)。

1) 滑坡体　从较陡的斜坡上滑落的岩、土块体,称为滑块体。由于整体下滑,岩土体基本还保持着原有组合结构。滑坡体上的树木随土体滑动而东倒西斜称之为醉林。

2) 滑动面　滑坡体移动所经过的面,称滑动面。一般是弧形面,其上可见到擦痕和磨光面。有时滑动面上下能出现明显的滑坡所造成的揉皱结构,厚数厘米到数米不等,故称滑动带。

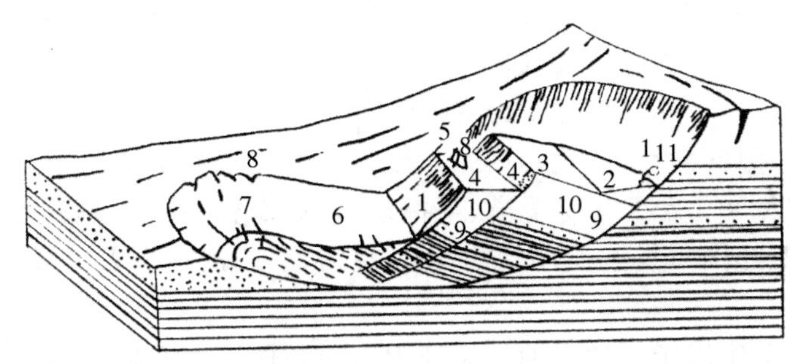

图 3-3　滑坡地貌形体结构示意图(据严钦尚等)

1. 滑坡壁;2. 滑坡湖;3. 第一滑坡台阶;4. 第二滑坡台阶;5. 醉林;6. 滑坡凹地;7. 滑坡鼓丘和张裂缝;8. 羽状裂缝;9. 滑动面;10. 滑坡体;11. 滑坡泉

3) 滑坡壁　　滑坡体滑动后,在后面和两侧常形成陡峭的后壁和侧壁,平面上呈藤椅形,有时只有后壁,这种陡崖地形称为滑坡壁。陡壁高度代表滑坡体移动的距离,从数十米至数百米,坡度 60°～80°,壁上有时留有垂直方向的擦痕。

4) 滑坡台地(滑坡阶地)　　一般滑坡体经过一次(级)滑动后,常形成一级台地面和一个陡坎,即台地面与陡坎相间地形。由于滑动时间的先后,或滑动次数不同,可以形成多级滑坡台地。

5) 滑坡洼地　　在滑坡体后部与滑坡陡壁之间,常形成凹地,多为月牙形,有时积水成湖,称滑坡湖。

6) 滑坡舌和滑坡鼓丘　　滑坡体前缘的舌状突出部分,称为滑坡舌。当它向前滑动时,如果受到阻碍,就会因挤压而隆起,呈丘状地形,叫滑坡鼓丘。鼓丘内土层常有褶皱构造形态。丘的后面,地势相对低洼,常积水成湖塘。

2. 影响滑坡地貌形成的因素

影响滑坡形成的因素很多,主要有岩性、构造、地貌、流水、地震及人为因素等。

1) 岩性和构造因素　　松散沉积层中发生的滑坡多和黏土夹层有关,基岩中的滑坡多发生在千枚岩、页岩、泥灰岩和片岩等岩石分布区。这些地层岩性软弱,亲水性和可塑性强,遇水容易软化,有利于滑坡的形成。滑坡多沿着斜坡内的地质软弱面(断层面、节理面、裂隙面、软弱夹层或岩层不整合面等)滑动。另外,当岩层倾角与坡地倾向一致,而岩层倾角小于斜坡坡度时,很容易沿层面形成滑坡。新构造运动区常发生滑坡。

2) 地貌因素　　斜坡坡度超过边坡休止角时容易发生滑坡。松散土层的滑动坡度多在 20°以上,基岩的滑动坡度多在 30°～40°之间,地形上的临空能为滑坡提供滑移空间,也是滑坡形成的必要条件。

3) 流水因素　　降雨或融雪时,有一部分水渗透到松散堆积层或岩石裂隙中，降低土粒间的黏结力，增大润滑作用，促使滑动，雨季产生的滑坡占总数的90％以上。岸边流水的掏蚀，能使岸坡上的岩土体支持力减小而发生滑坡。

4）地震因素　较大的地震能使斜坡的土石内部结构遭到破坏，土石沿原有裂隙或新生的裂隙面滑动。一般认为，五级以上地震就能引起滑坡。

5）人为因素　人工开挖渠道、采掘矿石、修路活动，能破坏斜坡平衡，造成滑坡。在斜坡上部堆积废渣土，增加了斜坡负荷，引起滑坡。人工爆破能促进岩土体滑动。

总之，滑坡是作用于斜坡上的一系列因素综合作用的产物，形成滑坡的主要原因是重力，但通常需要由暴雨、地震、流水等因素的诱发，促使本来平衡的土石体发生向下滑动。

四、错落及其地貌

在斜坡体之下具有一向外缓倾斜的、岩层软弱的底垫层时，由于荷载增大或底垫层的强度降低而产生一种以压缩为主的变形，使上覆的岩土体在重力作用下，沿着陡倾的破裂面，发生整体下坐式的现象，称为错落。它的主要特点是垂直位移量大于水平位移量，错落破裂面的坡度很陡（约 45°～70°），错落体基本上保持原来的结构和产状。

1. 错落地貌形体

错落发生后，形成一定的地貌，主要有如下两种。

1）错落台地　错落体在形态上呈台阶状，台地面的坡度有时较大、有时较平缓，坡向不变。常常只有一级台地，多级的较少。错落体的基部常由于挤压而形成鼓丘现象。

2）错落陡崖　又称错落壁，是分布在错落体后缘的几乎直立的陡崖，坡度常在 70°左右，实际上是错落破裂面的出露部分，从错落崖的高度可以知道错落体向下错位的距离。

2. 错落的形成因素

错落的形成与地质、地貌、流水等因素密切相关。

1）地质环境　一般在断层、节理或片理十分发育的岩石分布区，特别是有两组断层或节理构造线相交的陡坡处，最容易发生错落。

2）地貌条件　要有大于 35°～40°的陡坡。在河流峡谷段，以及海蚀崖、湖蚀崖等陡岸，常出现错落地貌。

3）流水侵蚀　河流的侧蚀常使坡脚受到破坏，引起错落。水流在错落破裂面附近活动，使摩擦阻力减小，促进错落发生。

另外，地震和人工爆破的震动，使陡坡的岩土体结构遭到破坏，易引起错落。人为开挖路堑等活动，使高陡斜坡的坡脚稳定性受到破坏，造成隐伏的倾斜软弱底垫层下端处于临空状态，也常造成错落。

五、坡地蠕动及其地貌

斜坡上的松散堆积物或表面岩层在重力作用下，顺坡向下发生长期缓慢的移动现象，称为蠕动。它的明显特点是：蠕动的速度极为缓慢，每年仅几毫米至数厘米；蠕动体和不动体之间不存在明显的滑动面或界面，两者间的形变量和蠕动量是渐变过渡的。蠕动主要出现在15°～35°的坡地上，坡度较大的坡地，难以保存黏土和水分，而小于15°的坡地，重力作用不明显。斜坡物质蠕动减小了与下垫面之间的黏结力，增加坡面滑坡、崩塌、错落发生的频率和强度。

蠕动的发生主要决定于重力和岩土体的内在因素，地下水则起了润滑剂的作用，促使斜坡表面岩土体的蠕移。由于蠕动过程十分缓慢，短时间内无法察觉，经过长期积累，其变形是很可观的。小则使电线杆倾倒、墙体扭裂；大则使厂房破裂，地下管道扭断。

根据蠕动的规模和岩土体性质，可以将蠕动划分为两大类型，即松散层蠕动与岩层蠕动。

1. 松散层蠕动

斜坡上的岩石松散碎屑或表层土体，由于冷热、干湿的变化而引起体积胀缩，并在重力作用下顺坡向下发生极其缓慢移动的现象，称为松散层蠕动、或者岩屑蠕动。发生松散层蠕动的基本因素包括：较强有力的温差变化和干湿的变化、一定的黏土含量、一定的地面坡度。

松散层蠕动坡的特点是表面相当平坦，呈微波状或小阶梯状，这是它的微地貌特征。

2. 岩层蠕动

斜坡上的岩体在自重的长期作用下，发生岩层向临空面的十分缓慢的由松弛、张裂、弯曲至倒转的变形现象，称为岩层蠕动。引起岩层蠕动的原因，在湿热地区主要由于干湿和温差变化造成，在寒冷地区是由冻融作用所致。

发生岩层蠕移的斜坡，稳定性小，各种生产建设以避开为宜。后部减重，前部阻挡和加速地表排水，对防治岩体表层蠕动很有效。

在山地地区，坡面物质的运动常有发生。在发生快速的、大规模式的块体运动时，可以摧毁道路、桥梁及其他工程设施，甚至破坏或者掩埋农田或村庄，给人类的生命财产带来很大的危害。

第二节　流水地貌

在塑造地貌形体的一切外力因素中，地表流水是一个最普遍、最活跃的因素，它作用的痕迹在地表随处可见。

地表流水主要来自大气的降水，同时，也接受地下水或冰雪融水的补给。大气降水至地表后，一部分水被蒸发，另一部分通过土壤与岩石中的孔隙和裂隙渗入地下成为地下水，其余部分在重力作用下沿地表由高处向低处流动，成为地表流水。地表流水按其运动形式可分为坡面流水和谷地流水，后者又可分为沟谷流水和河谷流水两种。坡面流水和沟谷流水为暂时性流水，河谷流水为经常性流水。它们的共同特点是顺着地表的坡向流动，在流动过程中以其所有的能量对地表产生一系列不同方式的作用，相应地形成各种流水地貌形体。

研究流水地貌，了解地表形态的特征、成因和发育规律，对于水利、交通和农田的建设以及流水侵蚀危害的防治、保持水土等都具有现实意义。

一、流水作用

地表流水在重力作用下，对地表产生作用力的大小取决于流水动力 P 的大小。

$$P \propto \frac{1}{2}MV^2$$

式中：M 为水量，V 为流速。

流水动力的大小与水量和流速的平方成正比。图 3－4（横坐标刻度为 1 个当量值，纵坐标为 5 个当量值）示意出水量与流速对动力大小的影响程度：如果流速不变，当水量增加一个当量值时，水的动力能增加二分之一强度（直线 P_1）；当水量不变时，流速增加一个当量值，水的动力呈抛物线 $x^2=2py$ 的趋势增加（曲线 P_2）。可见，流速的增加远比水量的增加对动力强度加强的效果显著的多。流速的加快与减慢，受地面坡度的影响，坡度增大，流速加快，动力也显著增加；坡度减小，流速减慢，动力随之减小。水的动力的大小变化，对地表物质作用的形式相应地发生变化。

流水对地表物质的作用主要有三种形式：即侵蚀作用、运移作用、沉积作用。这三种作用与流水动力 P 和流水所受阻力 L 密切相关。

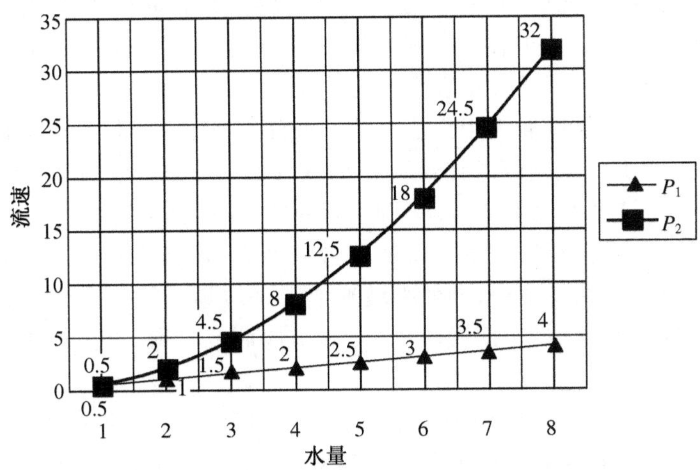

图 3-4 水量、流速变化与水流动力大小关系的示意图

（P_1 曲线为流速不变时，水量增加一个数量级，动力增加的趋势；P_2 曲线为水量不变时，流速增加一个数量级，动力增加的趋势）

当 $P > L$ 时，流水作用表现为侵蚀；

当 $P = L$ 时，流水作用表现为运移；

当 $P < L$ 时，流水作用表现为沉积。

1. 流水的侵蚀作用

陆地水体流动及其所运移物质一起在运动中破坏地表、使地表组成物质移离原位的作用，称为流水的侵蚀作用。地表流水，自身构成一个复杂的、不断变化的、开放性系统。据地表流水空间形式，流水侵蚀作用可以分为坡面流水侵蚀作用和谷地流水侵蚀作用，前者又称为面状侵蚀作用，后者又称为线状侵蚀作用。根据流水侵蚀作用的性质，流水侵蚀作用可分为机械的物理侵蚀作用和化学溶蚀侵蚀作用。前者是本章研究的主要内容，后者在可溶性岩石地貌章节中讨论。

(1) 坡面(地)流水侵蚀作用

当大气降水或冰雪融化时，地表水在地面倾斜不大而且坡度比较一致的坡面上常常形成一定厚度的层状水流，称为坡面水流。它在流动过程中比较均匀地冲刷整个坡面，这就是坡面侵蚀，又称为面状侵蚀，是一种分布广泛的暂时性流水侵蚀作用。

坡面水流在流动过程中，由于得到雨水或冰雪融水的补充，流量会逐渐增大。当流量增大到一定量后，成层的流动便不再能够保持，水流会自动汇集，以相互交错的细小股水流呈密集网状流经整个坡面，而且剥蚀和运移地表物质顺坡向下移动。虽然这种小股水流的动力很小，但它们能够进行巨大的工作，运移走风化产物的细小颗粒，将其沉积在坡脚，在那里形成分选性较好的沉积物，其粒度一般随着离开坡脚的距离减小。由于坡流冲刷，土壤上部最肥沃的一层（腐殖质层）被破坏掉，造成很大的危害，在坡耕地中表现最为严重。

坡面水流冲刷的强度取决于许多因素：坡面坡度、长度和组成坡面的物质成分、大气降水的性质、春季融雪的强度、坡面小地貌和植被覆盖情况（有无草被，或耕地或森林）。植被的有无对坡面水流冲刷强度的影响比上述任何一种因素都大。在天然森林条件下和在有密实草本植被覆盖的地表，坡面水流冲刷作用即使在陡坡上也会完全停止。在耕地中，即使平坡地或者缓坡地（2°～3°），坡面水流冲刷也很强烈。不合理地开垦坡地，砍伐森林，无节制地放牧牲畜，会急剧增大坡面剥蚀的强度。

坡地的表面总是存在起伏不平，有大小不等、形状差异、深浅有别的相对封闭的低洼地，各个单股的细流在途中遇到这种低洼地时，便自动汇合形成较大的水流束，这些水流束具有较大的“动力”，它不仅利用原有的洼地，且开始开拓自己本身的开放性水流道，切入坡面，发育出浅沟、细沟（或称犁沟），这时坡面上开始出现沟流——线形（带形）侵蚀。在长度大或相对高度显著的坡面上，往往能同时观察到上述坡面过程中的许多过程，同时它们在坡地的一定地段的分布中表现出一定的规律性——垂直带性。如上部的坡面流、束流冲刷，中部的沟流冲刷，下部的坡积物的堆积。

坡面侵蚀过程导致坡面变缓、坡面高度降低、山体规模减小、地势起伏减缓，一种地貌形体或形态要素和缓地转变为另一种形态要素，地貌类型缓慢地转变为另一种地貌类型，如山地—丘陵—平原。

理论上讲，地表在面状流水侵蚀作用下是均匀下降的。

(2) 谷地流水侵蚀作用

汇集于谷地中的流水，在流动过程中发生的侵蚀作用，也称为线状侵蚀。它包括沟谷与河谷流水侵蚀，前者是间歇性流水侵蚀，而后者是经常性流水侵蚀。线状侵蚀的直接结果就是不断加深和拓宽谷地，形成及发展线状延伸的凹地，即沟谷与河谷。根据线状流水对谷地侵蚀的方向，线状侵蚀分为以下三种。

1) 下切侵蚀（深向侵蚀）　下切侵蚀（简称为下蚀）是指流水在自身重力、携运物质的重力、动力作用下对谷地垂直向下的切割（下切）侵蚀，其结果是加深谷地，因而又称为深向侵蚀。流水下蚀的强度决定于水流的流量、流速以及挟带物质的含量。同时，在很大程度上也受到谷地岩石性质和纵向坡度的影响。当水量大、流速快、挟带物质含量适中、流经地区岩性较弱、纵向坡降大等情况下，流水的下蚀力就强，反之就弱。

但是，在某一特定的时间和地点，流水的下蚀深度会受到某个基面的控制。在这个基面上，它的下蚀强度十分微弱，把这一基面称为侵蚀基准面。由于地球上大多数河流流向海洋,所以海洋水面是河流的共同侵蚀基准面——终极基面。湖面、水库面、主支流汇合处的主流水面就成为该河流或支流的侵蚀基准面。就一条河流各段而言,造成急流或瀑布的坚硬岩石形成的陡坎可作为其上游河段的侵蚀基准面。这些可以称为地方性或者区域性侵蚀基准面。

2) 向源侵蚀　谷地流水在其流动过程中存在着一种向谷地源头方向伸展侵蚀的力量,故称向源侵蚀(或溯源侵蚀)。向源侵蚀通常是在下蚀的过程中体现出来的。

向源侵蚀的结果具有加深主要是加长了沟谷或河谷的作用。向源侵蚀的过程如图3-5所示。假定,AB为一均匀斜面,即岩性均一、坡度均一、降水量和降水强度相同、地表阻抗相等。当雨水降落后沿坡面流动,B处只有雨水,A处除雨水外,还有从斜坡上方汇流下来的水,水量增大,侵蚀力增强,因此在斜坡的下部最先出现了明显的凹地(假设为曲线Ab之间)。凹地形成后,使原来均一的斜坡下段变陡,促使流速进一步加大,因而流水的下切作用加剧。Ab剖面凹地经长期侵蚀以后,在Ab剖面的中段以下坡度变得比较平缓,而在其上段坡度仍然很大,流速很快,这时流水强烈下切的地段已经不是Ab剖面中段以下,而是移到Ab剖面的上段。强烈下蚀的结果使b逐渐后移到 b_1,剖面Ab扩大为 Ab_1。同理,更进一步发展,b_1 就会移至 b_2……,依此类推。在向源侵蚀中,若遇到抗蚀力强的岩石或横断裂,则可能形成岩坎或陡坡;若遇到抗蚀力软弱的岩石或断裂,则可能形成坑穴。

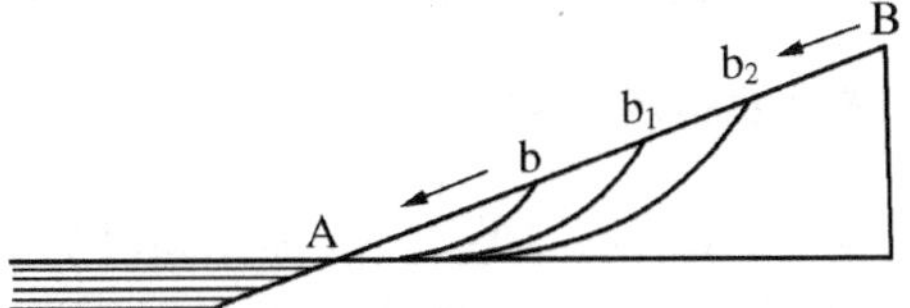

图3-5　线性水流向源侵蚀与谷底纵剖面变化示意图

侵蚀基准面的变化,尤其是下降,会导致水流向源、深向侵蚀作用的复活。

3) 侧向侵蚀　侧向侵蚀(侧蚀)是指谷地流水在运动中的扩张力对谷地两侧或河岸的侵蚀,又称为旁向侵蚀(旁蚀)。在河床弯曲处,水流受惯性离心力作用,表层水流涌向凹岸,对凹岸进行掏蚀、冲刷,凹岸坡脚形成洞穴,容易产生崩岸,开始后退,促使弯道曲率和河谷宽度增大(图3-6)。当水流由弯道进入比较顺直

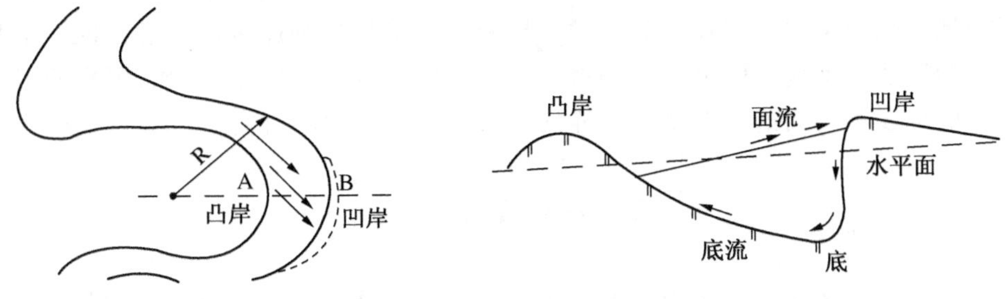

图3-6　流水侧向侵蚀原理图

的河段，河流两岸可能同时受到侧向侵蚀(侧蚀)。侧向侵蚀的结果，使得谷地展宽、谷地面积增大，相应地两侧山丘的面积减小，改变地貌形体和地貌景观。

河流的侧向、深向、向源侵蚀是同时进行的，但是，在河流的不同地段或同一地段处于不同的时期与不同的发育阶段时，它们的主要侵蚀方向则不相同，或以深向侵蚀为主，或者以侧向侵蚀为主。一般情况下，对一条大的河流来说，常常是上游段以深向和向源侵蚀为主，中、下游段以侧蚀和沉积作用为主。也有例外，如四川嘉陵江，上游以侧蚀为主，下游以深向侵蚀为主。

2. 流水的运移作用

水流在其运动的过程中把地表风化物质和侵蚀下来的物质带走的过程称为流水的运移作用。在流水运移物质的过程中，各种物质的形体、在水体中的空间位置受到不断的改造与分选。流水运移的方式是多种多样的，主要有悬移、推移、跃移和化学溶解运移。在一个河段(谷段)这几种运移物质的方式同时进行，尤其是悬移和推移。

水流运移物质由于相互间冲撞、摩擦等原因，具有良好的磨圆度，这是流水运移和沉积物质的独特特征，磨圆度与运移的距离和岩性有直接的关系。

3. 流水的沉积作用

流水运移的物质，当运移能力减弱时，就发生堆积，称为流水的堆积作用，悬移物质的堆积专称为沉积作用。流水运移能力减弱是由于所经地面坡度减小，多种原因引起流速减慢、水量减少、泥沙量增多等水文条件改变而引起的。运移能力的减弱一般是逐渐连续进行的，所以，首先沉积的是粗粒物质，然后是较细物质，更细小的则被运移到较远地方沉积下来。河流运移物质沉积的基本规律是：上、中游地段沉积粗大砾石与沙粒，下游沉积细小的泥沙；河床上沉积粗大砾石与沙粒，河滩地沉积细小的泥沙。

流水的侵蚀、运移和沉积三种作用，是在相互联系的统一过程中进行的。在侵蚀的同时就提供了运移和沉积的物质，如果无侵蚀也就无所谓物质运移与堆积。当某一地貌系统发生侵蚀过程时(即物质、能量的输出)，则通过运移过程这一中间环节把物质和能量输入邻近的另一地貌系统，并发生沉积过程。侵蚀、沉积的强度在不同的地段和不同的时期是不一样的，其主次关系是变化的。

二、沟谷流水地貌

沟谷流水由坡面流水作用发展而成，属暂时性线状水流。分水岭以下，以面状流水的侵蚀作用为主，坡地上也存在一些线状水流形成的浅沟或者细沟。在基岩山地，坡地可能由不同性质的岩土物质构成，由于抗蚀能力的差异，坡地各段坡度很不相同。当坡地上的小股水流进一步集中，侵蚀力量加强，便形成下切较深的沟谷。

沟谷流水水文系统独特，大气降水和冰雪消融时及以后一段时间有水流动，流量变化异常，尤其在暴雨时，暴涨暴落，流量变化悬殊，流速快，水流含沙量大，而且颗粒大小混杂。沟谷流水在流动过程中的侵蚀作用与沉积作用形成的地貌，统称沟谷地貌。

1. 沟谷的发育

基岩地区沟谷发育速度慢，沟谷发育过程中受构造因素可能使发育中断。黄土地区由于土质疏松、黄土沟谷发展迅速，较短的地质时期内可以形成典型的沟谷系统。沟谷在干旱、半干旱地区分布尤为广泛，黄土高原某些地区，植被稀少，暂时性线状水流形成的沟谷迅速发展，地面遭受强烈切割，沟槽纵横交错，水土流失严重。在此期间，新构造运动的影响不明显，可以把沟谷的发育看成完全的外动力过程。

按照侵蚀沟谷的纵横剖面形态特征和演变过程，可以把沟谷发育分为切沟、冲沟和坳沟三个阶段，在不同阶段具有典型的形体特征。

(1) 切沟

通常发育在裸露的坡地上，水流顺坡流动，往往聚成多条股流，侵蚀后形成大致平行的细沟。细沟的深度为 3～100 cm，宽度等于或略大于深度。侵蚀细沟的横剖面呈 V 字形或凹字形。有些细沟沟坡陡峭，常常是垂直的，它们的沟底坡降与坡地的坡度一致。通常，各个细沟彼此相距数米，形成独立系统。细沟被不断侵蚀扩大，发展成为较大的沟谷，称为切沟。切沟的宽、深约 1～2 m，横剖面呈 V 字形，沟缘较明显，沟底纵剖面与沟身所在的坡地大致平行(如图 3-7 所示)。若沟床受组成岩石差异影响或大块石砾阻塞，可形成阶梯状的陡坎。在陡坡上切沟出现的数量比侵蚀细沟要少得多。但不是每个细沟都会发育成切沟。

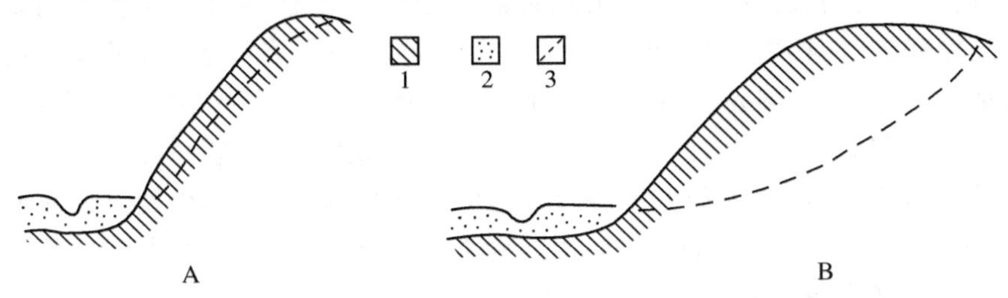

图 3-7　切沟(A)与冲沟(B)的沟底与坡地坡形的比较

1. 构成沟坡的岩石；2. 沟底沉积物；3. 沟底的纵剖面(线)

(2) 冲沟

在水量丰富的情况下，部分切沟在流水下切过程中加深、加宽，发展成为冲沟。冲沟的深度、宽度为数米至数十米，长度可达数千米至数十千米，由于侧蚀作用加强，横剖面呈宽底V形或称为深梯形。有的冲沟的沟坡很陡，常常是垂直的，有明显的沟缘。冲沟与切沟的区别不仅在于大小不同，而且在于纵剖面。冲沟是活动性侵蚀形态，最活跃的是沟头，在水流的向源侵蚀作用下，沟头不断向地势高处发展，增长着的沟头可以有各种各样的形式。在土质疏松的黄土地区，沟头有掌形、圆头形、折钩形、剑形、葫芦形等等形体，空间三维形体如巷道，两侧坡地如墙壁陡直。在基岩分布地区，沟头形体如盆，称为集水洼地(盆)，平面图上呈椭圆形，圆形或(常常是)齿轮形。有的沟头有高1～3 m的陡坎。

(3) 坳沟

随着冲沟的增长和纵剖面的塑造，向源和下切侵蚀减弱，纵剖面坡度相当平缓，不再有明显的沟缘，沟坡后退而冲沟展宽，冲沟转变为坳沟。坳沟沟底一般都已开垦为农田。

应当指出，由于气候、地形、岩石、构造和植被等因素及其组合特征的不同，各地侵蚀沟谷的发展程度和演化阶段颇有差异。在同一区域内，各条冲沟可能处于不同发育阶段，对于同一冲沟系统，不同地段的冲沟所处发育阶段也可能有所差异。

切沟属于一种微地貌，在地理环境研究中有重要意义。在地形图甚至是大比例尺地形图上，却不能全部表示或表示不出来。但在大比例尺航空相片上，可以清楚观察到。

在大比例尺地形图上，短小而狭窄的冲沟，用单线或双线的冲沟符号表示。这种表示方法较明显、生动。在制图综合和虚拟建模时，应该注意：① 等高线过冲沟底部弯曲的顶点与冲沟符号重合；② 表示斜坡的等高线在与表示冲沟的符号相接时，一般有一个明显的转折，它表示沟缘；③ 两壁陡峭、长而宽的冲沟使用陡崖符号，或陡崖符号配合等高线表示，由于沟壁陡峭，所以表示斜坡的等高线在陡崖处中断，而谷底同高程的等高线重出现时则向地势高处有“移位”或者不同高程等高线在陡崖两侧“相接”。对于规模更大一些的冲沟用等高线表示，过沟底的等高线一般呈尖锐的转折，显示沟底的狭窄的特点；表示沟壁的等高线彼此靠得很近，以反映沟壁的陡峭。在冲沟的制图综合中，正确反映沟缘位置(即棱线位置)是十分重要的。图3-8是用各种方法表示冲沟的黄土地区地形图，由西南向东北伸展(高程点825.4—字母A—高程点817.2一线)的用等高线表示的大型冲沟两侧的沟坡上发育了规模较小的冲沟。

按照沟谷的地貌环境可以分为坡地沟谷和平地沟谷两种，前者根据地貌单元和地貌部位又分为山坡沟谷、谷坡沟谷、扇形地沟谷、阶地沟谷等等。根据成因可

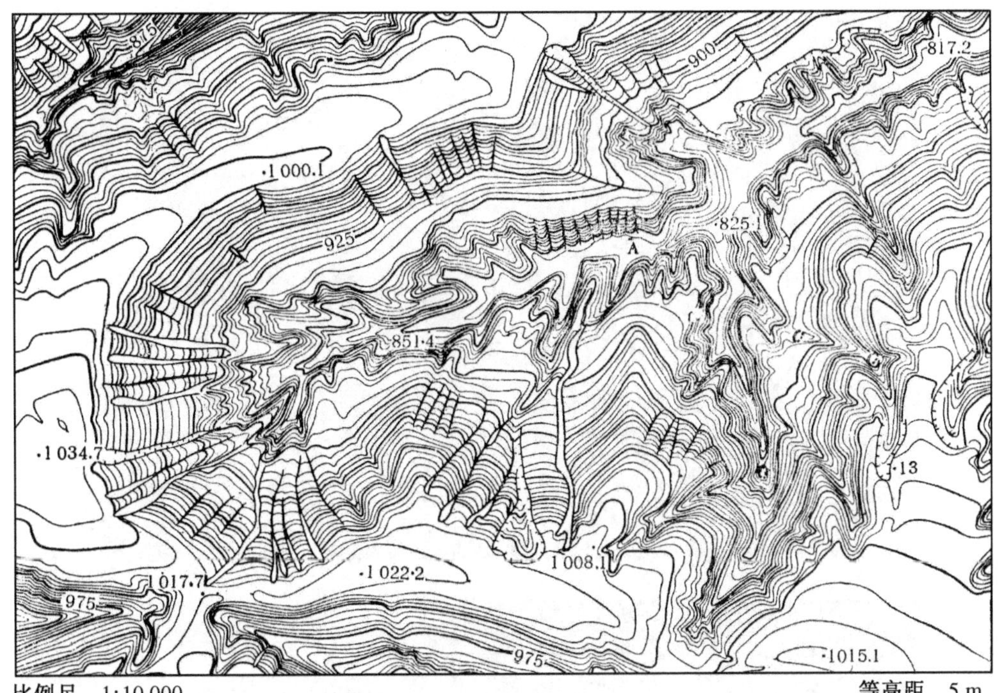

图 3－8 冲沟地貌地形图

以分为侵蚀沟谷和断裂(断层)沟谷。根据组成物质,可以分为岩石沟谷和沉积、堆积物沟谷。不同成因、不同组成物质、不同地貌单元和地貌环境发育、不同发育阶段和不同发育速度的沟谷,具有不同的形体特征和组合图案,构成复杂的沟谷系统,他们是区域地理环境的重要动态因子。

2. 扇形地地貌

在降雨或暴雨时,山地的冲沟中常常形成洪流。由于洪流的流量、流速及其产生的运移动力很大,运移大量泥沙等碎屑物质向冲沟的沟口方向流动。出了沟口,到达平缓坡地或者平原,坡度骤减,洪流运移能力显著减弱,从而发生泥沙物质在沟口外大量的堆积。洪流出沟口后不受沟壁约束,迅速分散成很多放射状散流,因此洪流所挟带的物质呈放射状堆积下来,形成一种以沟口为顶点的扇状展开的堆积地貌——洪积扇(图 3－9)。洪流出沟口后,以沟口为起点物质堆积量由多呈放射状逐渐减少,洪积扇的纵剖面曲线呈上段陡下段缓的凹形。洪积扇高于其周边地面,横剖面曲线呈上凸形。

河谷流水(如山区河流)在出山口处也形成扇状地形,称为冲积扇。洪积扇与冲积扇统称为谷口扇形地地貌。在地形图上,表示扇形地的等高线的弯曲方向与

图 3－9　洪积扇航空相片

表示谷地的等高线的弯曲方向相反，自沟口向外围呈向外弯曲的半圆形。等高线水平距离由扇顶向边缘逐渐增大，反映出扇形地表面呈凹形斜坡的特征（图 3－10）。当地图比例尺缩小，只能以一条等高线表示洪积扇时，这一表示规律显得尤为重要,否则会歪曲此种地貌的外形特征及其分布规律。

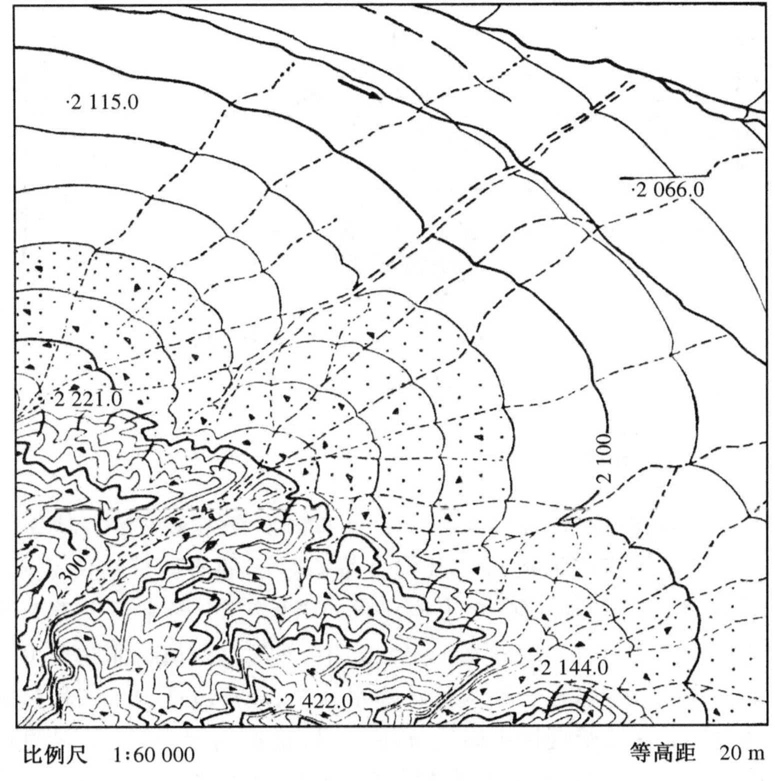

图 3-10 洪积扇与洪积平原

在山麓地带,往往有多个洪积扇与冲积扇相互连接起来,形成围绕山麓带状的缓倾斜的坡地,称为山麓洪积-冲积平原。它不仅在干旱气候区的山麓地带分布广泛,而且在大的断层崖下也常形成,如江西省庐山东南麓沿温泉断层崖下就发育这种地貌。

扇形地形成以后,受到构造运动的影响,会发育新的扇形地,新老扇形地的组合结构受构造上升运动的速度、幅度和方向的差异性的控制。如果扇形地形成后山体继续上升,山前地带相对下降,在老扇形地面可形成新的扇形地,后者局部地覆盖在老的扇形地上面,这就形成了垒叠式的扇形地(图 3-11a);如果上升地区范围扩大,使原来老扇形地也被抬升,那么水流在老扇形地上进行下切,并在它的下方形成了新的扇形地,新老扇形地以沟谷相连,呈串珠状,称为串珠式扇形地(图 3-11b);如果地壳不等量上升,其方向又与沟谷方向平行,则新的扇形地轴线位置不断向一侧移动,以致新老扇形地向一侧垒叠,形成不对称的形态,称为不对称垒叠式扇形地(图 3-11c)。扇形地不同形式的组合是新构造运动的一种地貌表现,研究这种组合模式有助于对新构造运动情况的了解。

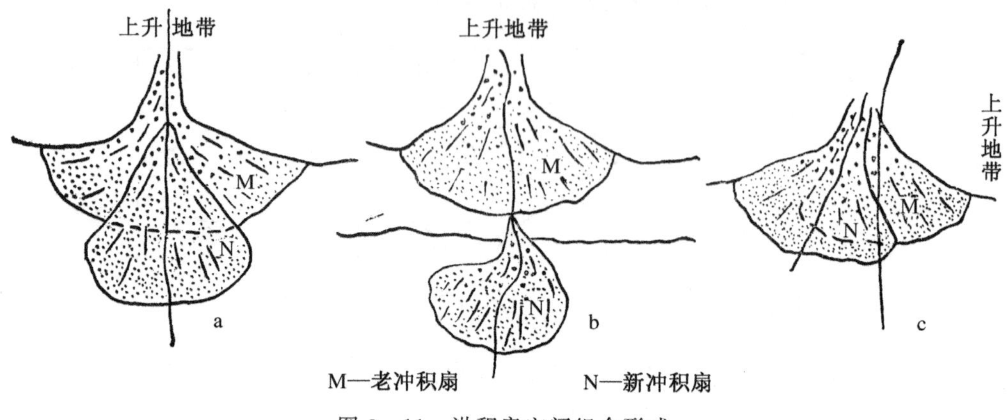

图 3-11 洪积扇空间组合形式

3. 山地沟谷流水地貌组合

在山地区域，沟谷流水形成的地貌广泛分布。发育完善的沟谷地貌组合垂直带性比较明显，按其纵横剖面的特征及侵蚀堆积过程的不同分成三个基本部分：① 上游段，为比较宽大的集水盆，在山地丘陵的斜坡上部，经常可以看到倾斜的半圆锥体的小型洼地，降雨时四周的水汇于洼地中，然后由一出口倾注于下方沟谷主干，这就是集水盆（汇水盆）地。集水盆在降水强度、地势坡度、岩性、植被等因素影响下可以发展扩大，盆坡受侵蚀不断向周围后退（也有崩塌、滑坡引起的），同时产生侵蚀物质，为下段的扇形地的发育提供了重要的物质来源。② 中游段，沟床下切深、沟坡陡峭、沟床纵向比降大、急流跌水发育，为沟谷主干。③ 下游段，洪流运移物质发育以沟口为顶点的洪积扇。在黄土高原地区，只存在数量众多、形体各异、排列组合有序的沟谷主干，沟谷向源侵蚀速度快，有些沟谷上游的集水盆甚至缺失。

4. 泥石流

泥石流为山区常见的一种突发性自然灾害现象，它是发生在小流域的固液混合的流动体，是由大量土粒、砂粒、石块等固体物质与水混合组成的具有强大的破坏力的一种特殊流动体。

（1）泥石流形成的条件

在构造破碎、风化剥蚀或冰融作用活动强烈的沟谷系统内，往往存在大量砂砾等松散的碎屑固体物质，又经过崩塌、滑坡等块体运动，进入沟谷，它提供了物质条件。暴雨和洪水浸润和冲蚀松散固体物质并与之融合成为流体。因而，暴雨和洪水提供了动力条件。沟头为圆环形体的洼地，有利于松散固体物质与水流的聚集，陡峻的沟坡、比降大的沟底为流体状态物质提供快速运动的有利条件。泥石流按激发因素,可分为冰川泥石流、暴雨泥石流和地震泥石流等。按物质组成的差别,泥石流有三种物源类型：① 碎石土,由分化作用、崩塌作用、滑坡作用、冰川作用、融冻作用、地震作用、断裂作用、人工碎石和弃渣等各种内外动力而产生。② 黄土,黄土为风尘堆积,经黄土化而形成的松散岩体,并不只是分布在黄土高原,在西藏高原东南部、横断山脉、天山、昆仑山、大兴安岭、祁连山、岷山等地区都有分布。③ 黏质土,包括黄壤、红壤、砖红壤、红色石灰土和部分黏质泥砾堆积层等,其共性是质地黏重、色红或黄,是泥石流细粒物质的主要来源。

(2) 泥石流地貌特征

泥石流多发生于具有一定坡度的山坡和沟底比降在100%～400%的沟谷内。在泥石流发育的沟谷的源头和上游地区,沟谷快速被蚀深、展宽、沟槽顺直,横剖面多呈宽而陡的梯形。中游地段,大多表现为峡谷,若岩土性质单一则沟谷顺直,谷壁陡而光滑;若岩性多变,则沟谷或宽或窄,常会出现多级跌水。下游地段,以堆积作用为主,黏性泥石流(固体物含量40%～66%,以粉沙和黏土含量为多)堆积为舌状体的垅岗;稀性泥石流(固体物含量15%～40%,粉砂和黏土含量小)堆积体呈扇形,扇形沿流动方向的倾斜度小。

三、河谷流水地貌

经常性水流的长期作用,使地表出现河谷。河谷最基本的形体组成可分谷坡与谷底两大部分。谷底比较平坦,由河床、河漫滩组成;谷坡分布在河谷的两侧,常有阶地发育。谷坡与谷底的交界或转折明显或逐渐过渡,称为坡麓。谷坡上缘与其上方坡地(山的坡面)交界或转折明显或逐渐过度,称为谷肩或谷缘(图3-12)。

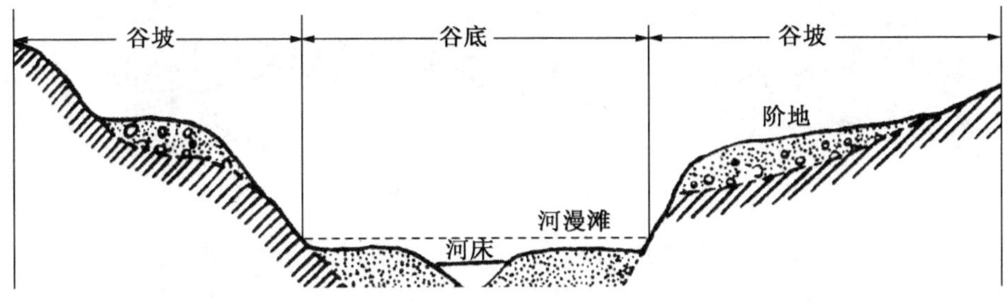

图3-12　河谷组成单元

对于大江大河,一般规律是：上游河谷较狭窄、多峡谷、两岸山嘴交错突出,河床(谷底)坡度大,水流湍急,水力动力很大;中游河谷宽展,河漫滩和阶地发育;下游大多为平原区,坡度和缓,多曲流汊河,大河河口段常有三角洲发育。

1. 河床地貌

河谷底部被水流(河流)充占的部分称为河床,枯水期河水占据谷底较小部分,洪水期占据面积最广,甚至整个谷底被水流占据。

(1) 河床(谷)纵剖面

从河源至河口河床(谷)最低点的连线(谷底线)的剖面为河床(亦为河谷)纵剖面。一般河谷的上游段或山地石质河床的纵剖面坡降较大,中下游河段或平原冲积河床的纵剖面的坡度较缓。河床纵剖面的形成、发展和起伏形态受气候、水文、岩性和植被、构造运动及地质构造等多种因素影响,高低起伏随时空变化。从总体上看,多数河流的河床纵剖面趋势线呈凹形(图 3-13)。

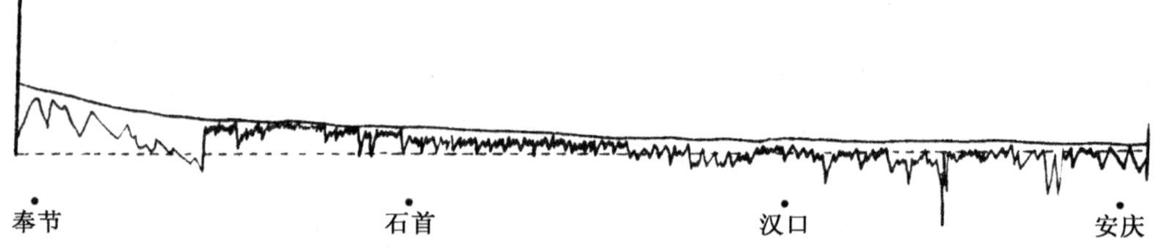

图 3-13　河床纵剖面(长江河谷,重庆奉节至安徽安庆段)

(2) 浅滩与深槽、江心洲

河床上分布着各种形态、不同规模的泥沙堆积体,其高度在平水面以下者,统称为浅滩。浅滩之间水深较大的河段称为深槽。浅滩与深槽交替分布,使河床上出现纵向波状起伏的微地貌(图 3-14)。

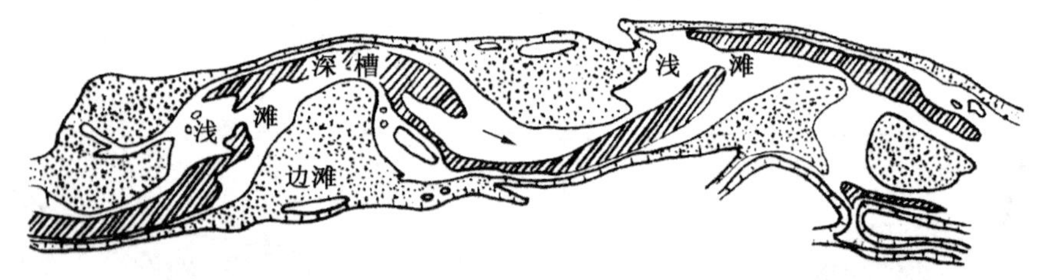

图 3-14　浅滩与深槽

分布在岸边的泥沙堆积体称边滩,它主要分布在宽浅河床、展宽河段两侧的回流区和弯曲河段的凸岸边,与河岸相接连,平面上向上游一端宽大而向下游延伸逐渐束窄呈流线型伸长。

心滩分布在河心,主要分布在缩窄河段上游的壅水区和迅速展宽河段的下游区,或有支流汇入的河段,也可能是河流自然裁弯取直的原河漫滩部分。洪水期,心滩被淹没,表面会沉积大量细小泥沙,使其不断淤高,当其超过平水位时,它就转变为江心洲。心滩和江心洲平面上大都呈心形，上游端宽大圆滑，下游端缩窄尖锐。随着河床时空变迁，江心洲可能靠岸并入河漫滩成为河漫滩的一部分。心滩的形成原因是多种多样的。在航空相片上，心滩和边滩的形态是判断河流流向的重要标志之一。

山区河流以深向侵蚀作用为主，则出现石质或砾质浅滩和石质深槽，石(岩)槛与壶穴。石质滩是由基岩或粗大的乱石组成，多处于崇山峻岭的山谷河段中，常形成急流险滩、瀑布深穴。石质滩河床在平面形态上曲折多变，河面时宽时窄，纵剖面坡降很大，横断面两岸陡峻。石质深槽与石质浅滩相间分布，深槽沿地质构造破碎带或软弱岩石处发育。如长江三峡三斗坪附近有 8 个石质深槽，其中长木沱深槽长为 980 m，深度低于吴淞海平面 36 m(长江口)。岩槛横亘于河底的坚硬基岩处，它与下游河床形成一个明显转折的陡坡，常发育瀑布或跌水，成为上游河段的地方侵蚀基准面。岩槛的形成与构造、岩性有关，断层活动带或岩脉露头处、坚硬岩石出露处，常常形成岩槛。岩槛又称裂点，由构造因素发育的称为构造裂点，若某地域构造运动往复式进行，则可能发育循环裂点；由岩性差异发育的称为岩石裂点。

壶穴是石质河床上被水流冲蚀的深潭。壶穴分布在山区石质河床上，因地壳间歇性抬升引起河流向源侵蚀，或基岩节理充分发育，或构造的破碎带。山区河床纵剖面坡降大，水流速度快，能冲击岩石、掏蚀河床，尤其是节理密集处或破碎带，则形成深潭，其后产生的水流漩涡挟着砾石对河床的磨蚀，能形成更深更大的壶穴。

(3) 河床的平面形态类型

河流流经的流域地貌条件不同，河床的平面形态也各异，主要有顺直微弯型、弯曲型、分汊型和散乱型 4 类。一般情况下，平原地域的河流在松散的泥沙沉积物(冲积层)中流动，不受河岸基岩约束，河床通常表现为弯曲形、分汊形和散乱形；山地丘陵地域的河流流动在峡谷中，受谷坡约束，河床的平面形态通常与河谷的平面形态一致，主要表现为顺直微弯形、弯曲形。

1) 顺直微弯型　　顺直微弯型河床段顺直或略弯曲、河床曲折率(系数)小于 1.5；河床两岸有边滩交错分布，横断面上边滩与深槽并列；剖面上深槽与浅滩相间(图 3-14)。

顺直微弯河床多分布于比较狭窄的顺直河谷，或两岸抗侵蚀性强的河谷中，河漫滩由黏土组成，滩地高而植被好，河床平面摆动受到限制。河床组成物质的抗冲性差，随着主流的摆动下移，边滩、深槽也相应的下移，河岸附近时而成为边滩，时而成为深槽，故这类河型对港口码头和取水工程都不利。

2) 弯曲型(曲流型或蜿蜒型)　　弯曲型河床是最常见的河型。完整的曲流由三个弯道——河(床)湾组成，每个弯道由弯顶和弯翼组成(图 3-15)。曲流在河谷纵向上的直线距离称作弯距(L)，主流线弯顶的法线处的弧半径称为曲流半径(r)，半径的倒数称为弯道曲率 $1/r$(程度)；由弯顶到河谷纵轴的距离称为弯曲矢高 h，弯道区的陆地区域称为迂回区；弯曲量的两倍值是曲流带的宽度 B，沿河床轴线量取的曲流长度 L'与其在河谷纵轴上的直线距离 L 之比(L'/L)称为弯曲系数；曲流河床的弯曲系数平均大于 1.5。

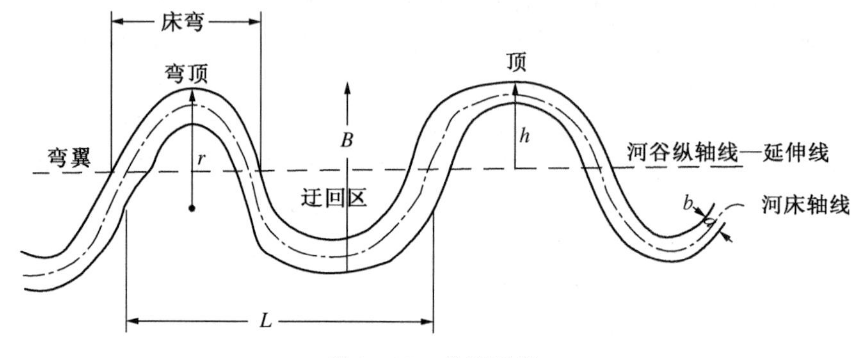

图 3-15　曲流要素

河床曲折率等于或大于 1.5，平面上河床蜿蜒曲折，深槽紧靠凹岸，最深点位于凹岸顶点偏下游处，河弯的曲率半径愈小，水深愈大。河床横断面不对称，凹岸深槽与凸岸边滩相对应，深槽与边滩延伸很长，均呈圆弧形。上下边滩由浅滩相连，浅(心)滩位于两个反向河弯之间转折点，通常称其为过渡段(弯道的衔接段)浅滩(图 3-16)。

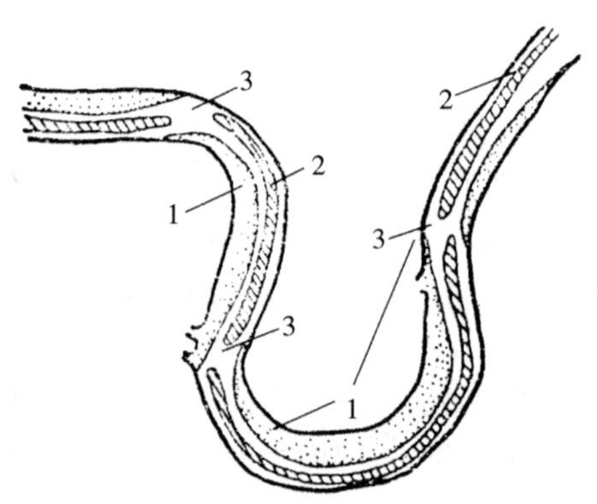

图 3-16　弯曲型河床的平面形态

1. 浅滩；2. 深槽；3. 深槽与浅滩过渡区

弯曲型河床多分布于河谷宽广、坡降小、河岸地势较低平的地区，这里曲流横向摆荡回旋有足够的地域。横向环流在弯曲河型的形成和发展中的作用是主要的。在横向环流的作用下，凹岸受到侵蚀、凸岸发生堆积，这是弯曲河床发展过程中最主要的特征。当弯曲河床发展到一定阶段，上、下两个反向河弯按某个固定点，呈 S 形的不断扩张，河曲颈部(两弯道之间的蚀余部分)愈来愈窄，当水流冲溃河曲颈部后便引起自然裁弯取直。裁弯取直后，废弃的旧曲流便逐渐淤塞衰亡，成为马蹄形(牛轭)湖。新河床因流程缩短，比降增大，往往迅速拓宽，发展成为主河床。例如 1971 年 7 月，长江在石首县六合垸裁弯取直，使原来长达 20 多千米的河曲缩短到不足 1 km，一个月后，新河床河面已拓宽到1 km左右，流量约占 70%，成为长江的主流所在。

冲积平原的弯曲河流，河床不受谷坡约束，可以自由地在宽广的谷底迂回摆动，这种曲流称为自由曲流（河曲）。山区河流虽然受到河谷基岩谷坡的约束，但常发育为刻切于地面以下深处的河曲，称为深切河曲（嵌入式河曲）。若深切河曲在下切过程中同时进行较强的侧蚀，使河床的弯曲不断增加，河曲颈部的宽度逐渐变窄，也会发生自然裁弯。被废弃曲流环绕的基岩被孤立一侧，成为离堆山（图 3-17）。

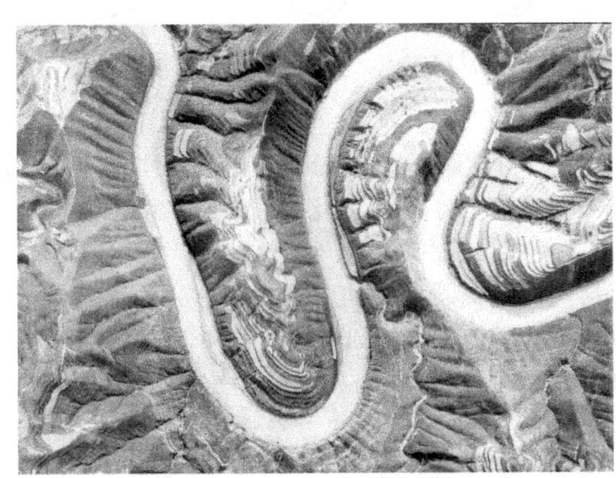

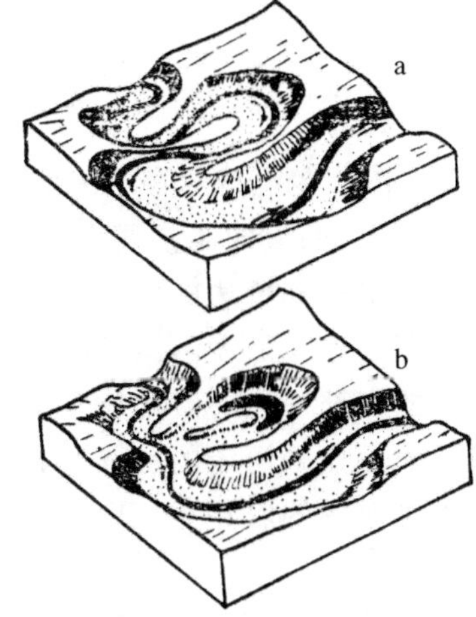

图 3-17 深切河曲及离堆山形成示意图

a. 深切曲流阶段；b. 形成离堆山阶段

若地壳继续抬升，河流下切、废弃河床相对抬高，则废弃河床发展为高位废弃河床（曲）。

由于河曲的扩展，河流长度增加，使河床坡降减小，侵蚀能力减弱，曲流摆动的宽度发育到一定程度不再拓宽，这时河床将在谷底一定范围内（称为曲流带）摆动。

在平面上河床弯曲形态各不相同。在平原河流（床）中最常见的是由圆弧组成的弧形曲流（图 3-18），在准平原及舒缓丘陵地区发育甚广的为正弦波形曲流，Ω 形曲流则大多发育于河漫滩平原地区。在 Ω 形曲流中，迂回区在形成曲流颈的弯翼基部被缩窄，有的地区会发育箱形曲流和倾倒曲流。此外，常常还可见到具有复合弯道的复合曲流。

自由曲流的形状、大小和动态由河流水量和动态决定。据研究，自由曲流的曲率半径（R）与河床的宽度（W）成正比。

$$R = f(W)$$

河床宽度与曲流弯距之间存在着确定关系：曲流弯距与河床宽度之比值通常

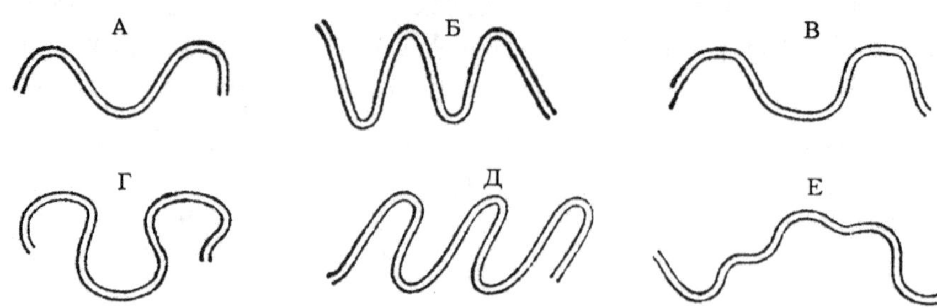

图 3-18 曲流平面形态(据 С. Г. Боч, 1986)

А. 弧形;Б. 正弧波形;В. 箱形;Г. Ω形;Д. 倾倒曲流;Е. 复合曲流

为 6～12。客观自然存在表明,水量小而流速缓(平原的)的河流,比之水量丰富的急流河流,曲流的曲率要大些,而曲流带宽度却小些。因此,每条河道都有确定的、取决于水量和流速的曲流极限、曲率半径及曲流带宽度。

图 3-19 是表示离堆山和废弃河曲的等高线图。离堆山的图形为马蹄形或半圆形的底部平坦的谷地所围绕,其内部是一组近似椭圆形的封闭等高线。由于废弃河曲原先是河床的一部分,土质肥沃、水分充足,在南方山区常是种植喜湿的竹、水稻等作物的农用地,因此在地形图上识别废弃河曲常可根据一些植被符号来进行。

3) 分汊型(江心洲型)河床　　分汊型河床上下游紧邻两段的宽窄不同,窄段为单一河床,宽段则由一个或几个江心洲(滩)间隔成二股或多股汊道(图 3-20)。分汊型河床横断面为复式断面,汊河的水深和河宽均不及分汊前的单一河床,故汊河入口处的河床多与上游单一河床相接。各股汊河内的河床微地貌与单一河床相似。

分汊型河床主要分布在缩狭段上下方的开阔河段,这里由于壅水或水流扩散,淤积加强,沉积心滩,继而淤高成江心洲。此外,水流对边滩及沙嘴的切割也能形成汊河。汊河衰亡,江心洲与河岸相连,则分汊河段又变为单一河床。在汊河发育过程中,如果洪、枯水期主流动力轴线(断面最大流速点的连线)在两汊道间交替通过,往往可以使汊河维持稳定状态。

4) 散乱型(游荡型)河床　　散乱型河床河道顺直,河身宽浅,水流散乱,沙滩高差不大却数量众多,汊道密布,无固定主河床。散乱型河床是严重淤积性河床,主要分布在水流中沙多水少、水位暴涨暴落、河岸及河床的抗冲性很弱、而河床纵比降较小的河段。散乱型河床主河床摆动不定,沙滩冲淤多变,床面迅速淤高,故也称其为游荡型河床(图 3-21)。黄河下游孟津至孟县段为典型的散乱型河床,该段河床平均每年淤高 10 cm 以上,现代河床底部高出平原(两侧)地面 10 m 以上,已经形成典型的“地上河”。柳河口附近的河床,一昼夜之间来回摆动的距离可达 6 000 m(图 3-22)。

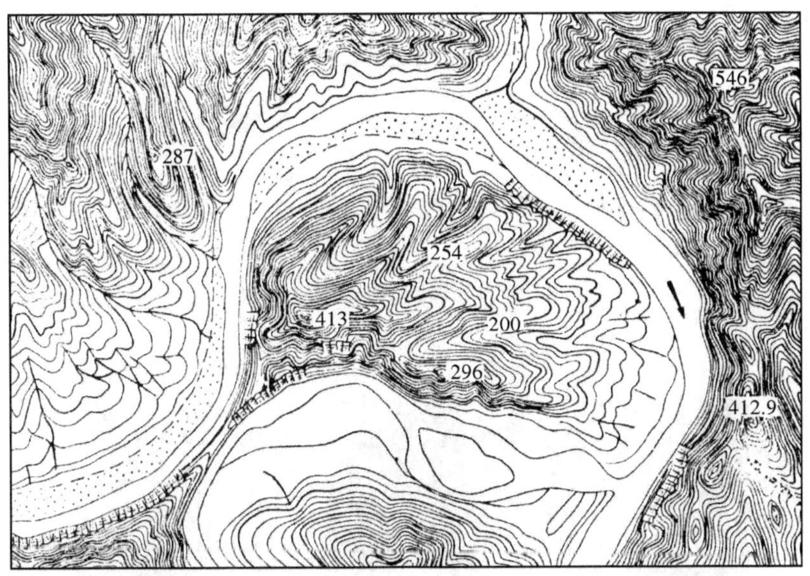

比例尺　1:50 000　　　　等高距　10 m

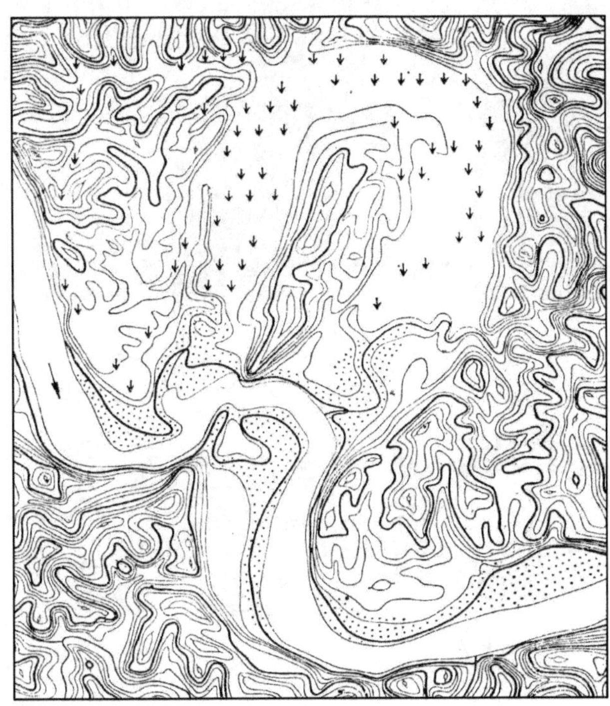

比例尺　1:50 000

图 3-19　离堆山与废弃河曲等高线图

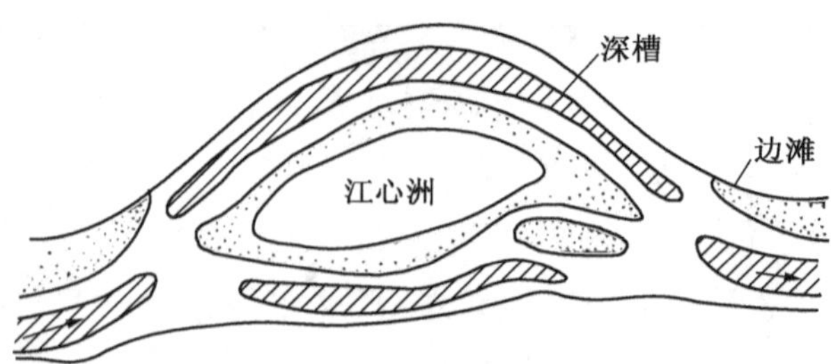

图 3-20 分汊型河床的平面形态

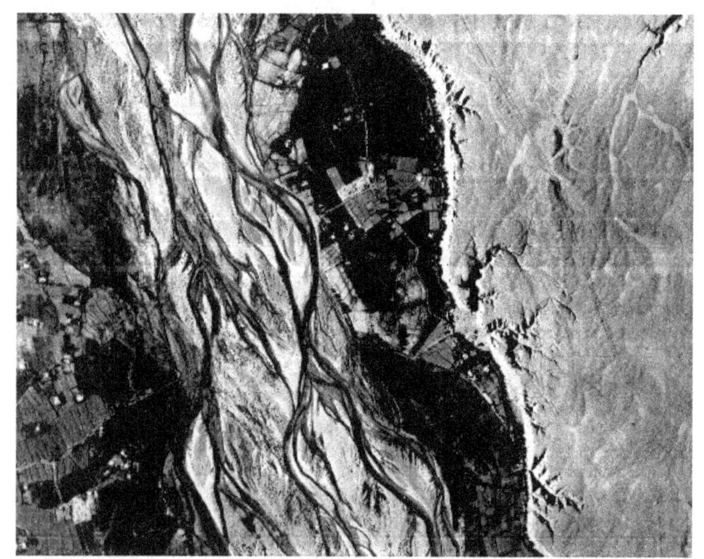

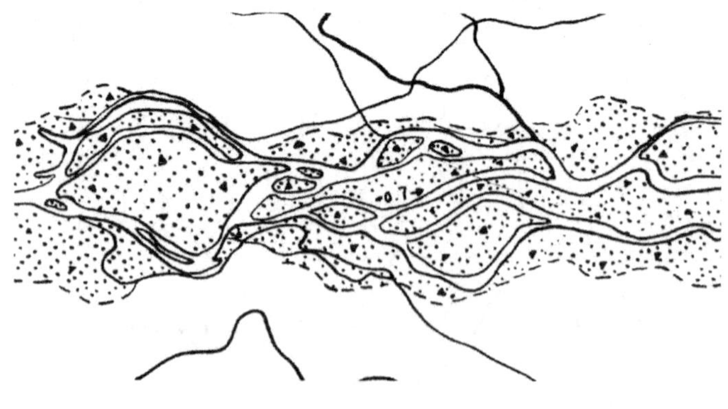

图 3-21 散乱型河床

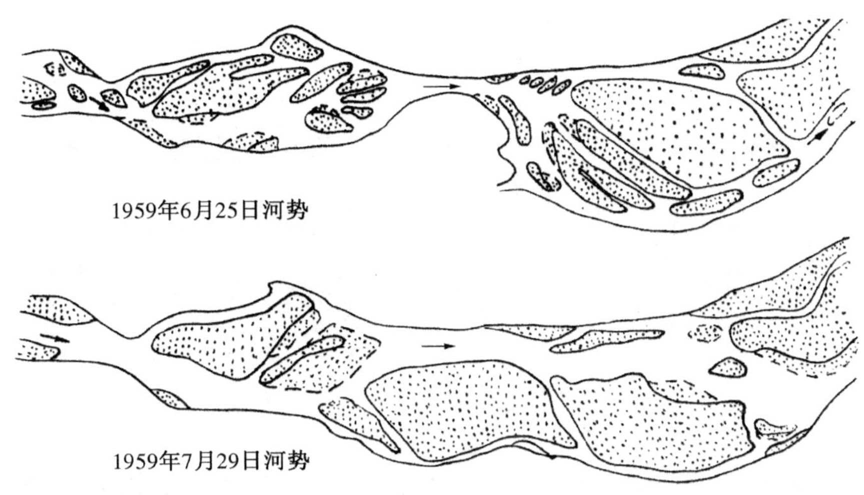

图 3-22 黄河下游某河段的河床变迁

游荡型河流对航运、防洪和取水工程等都是不利的，要利用这种河流资源，必须进行整治，使其向较有利于合理利用的方向转化。

2. 河漫滩地貌

当洪水泛滥时，除河床以外，部分或全部谷底也被洪水淹没，被淹的谷底滩地称为河漫滩。河流中下游的河漫滩宽度往往比河床大几倍到几十倍。极宽广的河漫滩也称为泛滥平原或冲积平原。山区河流的谷底受岩岸的约束，河漫滩不十分发育，宽度较小，河漫滩常限于在河流凸岸。由于山区河流洪水位高，所以河漫滩高度也比平原河流为高，可分出高河漫滩，低河漫滩或数级河漫滩。一般洪水淹没的谷底滩地为低河漫滩，特大洪水淹没到的谷底滩地为高河漫滩。山丘地区的河漫滩虽宽度小，但地势平坦，土质肥沃，便于引水灌溉，可开发为良好的农业用地。

(1) 河漫滩的形成和发展

河漫滩是河流侧向侵蚀和河床横向移动的产物。河漫滩的形成一般经历三个阶段。

1) 河床浅滩(又称原始浅滩)　河谷的发育是从V字形谷开始的，河谷狭窄，谷底几乎全部为水流占据(图 3-23a)。随着河流侧向侵蚀的进行，凹岸后退，河谷逐渐展宽，凸岸堆积粗大砾石，逐渐形成小的边滩(图 3-23b)。它的绝大部分在平水期水位下，只有近坡麓的小部分露出水面，洪水期全部淹没，堆积的物质为粗大的砾、砂，称其为河床相粗粒物质。

2) 雏形河漫滩　由于河流侧向侵蚀的不断进行，河曲弯道逐渐增大，河谷

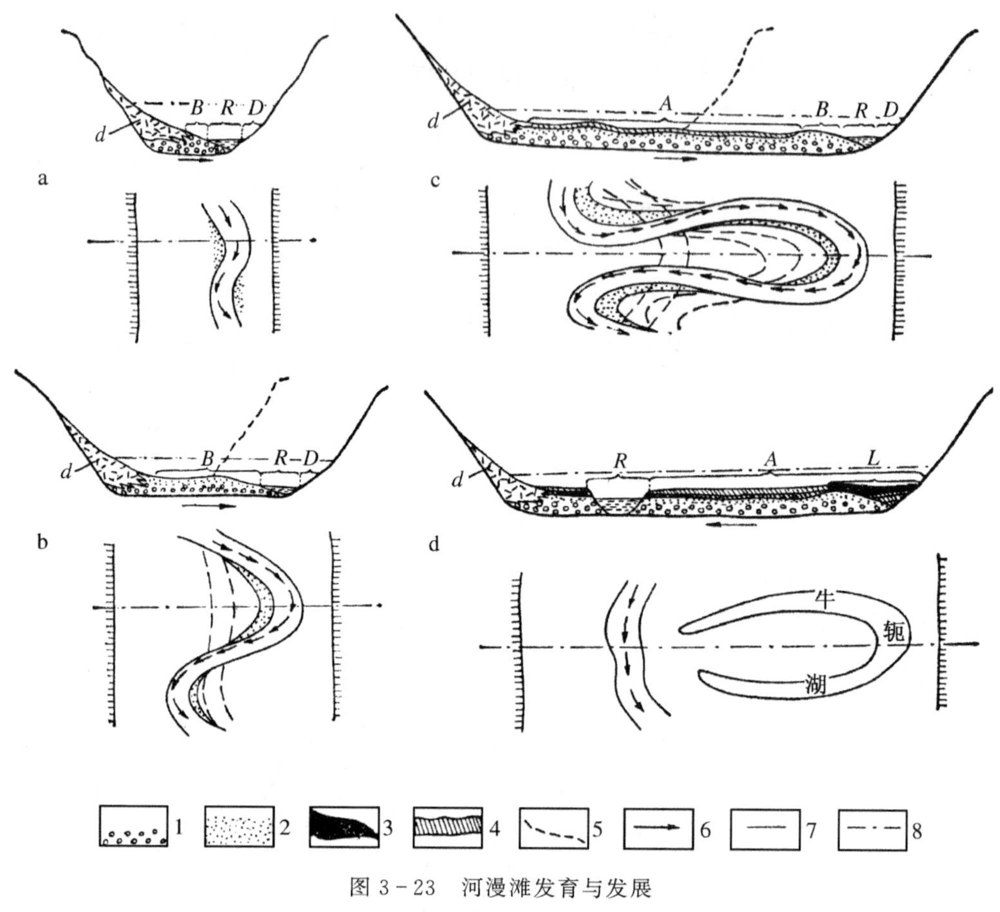

图 3-23　河漫滩发育与发展

⟶表示河床迁移方向；……前期河谷空间位置
A1—河床相堆积物；A2—河漫滩相堆积物

加宽，凸岸的边滩随着泥沙堆积的增多而加大、增高(图 3-23c)。平水期时大部分露出水面，洪水期时全部淹没。但是，滩上的水较浅，水流也很慢，开始细粒物质的沉积，称为雏形河漫滩。

3）成熟河漫滩　　由于河流侧向侵蚀的长期进行，河谷更加扩宽，河曲更加弯曲，雏形河漫滩加宽增高，洪水期间滩地上水深更小，流速缓慢，沉积的是悬移质细小泥质、粉沙黏土类物质(河漫滩相颗粒)，在沙砾层上，形成黏土层，这样，雏形河漫滩就发展成为河漫滩(图 3-23d)。随着河谷的不断加宽，河漫滩规模不断扩大。

河漫滩相沉积物与河床相堆积物上下(交替)分布的特征称为河漫滩组成物质的二元结构，它是河床侧向移动的结果，但是，河漫滩的二元结构是同一地貌时期形成的堆积物的两个不同的沉积相。

(2) 河漫滩类型

由于河床类型不同，相应出现不同类型的河漫滩，可分为河曲型河漫滩、汊道型河漫滩以及堰堤型河漫滩。

1) 河曲型河漫滩　　在弯曲型河床中，凹岸侵蚀、凸岸堆积作用主要发生在洪水期，这时河床的移动往往是跃进式进行的。一次特大洪水使河岸发生大量坍塌，相应地在凸岸堆积成一条顺岸弯曲的弧形沙坝，又称滨河床沙坝；平水期堆积物较少，成为分隔前后两次洪水期的两列沙坝之间的洼地(图 3-24)。沙坝分布在横向环流最明显的地段，一般在河流凸岸弯曲最大处稍向下游一点的地方发育得最好，宽度和高度也最大，往上和往下沙坝逐渐变低缓，以至消失。沙坝横剖面呈不对称形态，向河床的坝坡呈缓坡，背向河床的坝坡为陡坡。沙坝的高度和坡度视河流洪水量的大小、含砂量的多寡而异，一般高度约 1～3 m，规模大者高度可达 4～5 m。沙坝通常由砂、粉砂、泥粒等组成。

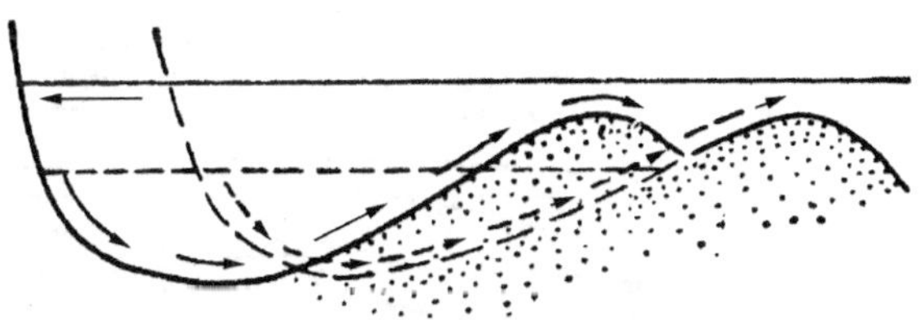

图 3-24　滨河床沙坝的形成

随着河曲不断的横向发展，凸岸部位形成一组弧形垄岗状沙坝与弧形洼地相间的扇形体，称为迂回扇。组成迂回扇的多条垄岗向河流下游方向辐聚，向上游则逐渐辐散开来。所以，可以根据垄岗聚散分布情况大体上可以恢复河床移动和河曲发展过程，在航空相片和遥感影像上据此可以判断河流的流向(图 3-25)。

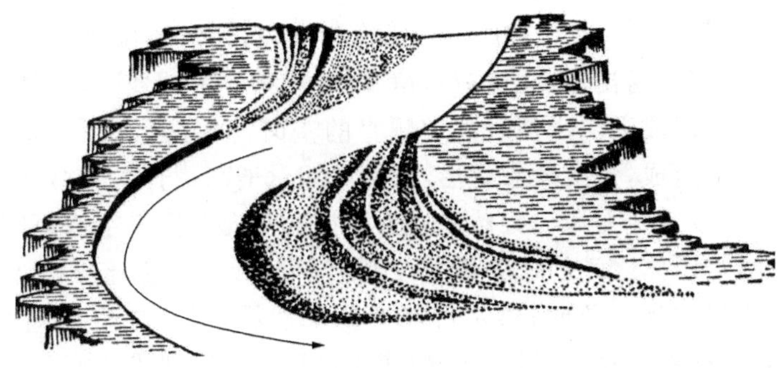

图 3-25　迂回扇示意图

2) 汊道型河漫滩　　汊道型河流往往分为多股水流。假设水下江心滩将河床分为两个汊道，则江心滩两侧河道形成的横向环流的水流辐合上升，由水流自凹岸带来的侵蚀物质使得水下心滩泥沙加积增高增大，发展为露出水面的心滩。心滩头部受上游流水顶冲，位置不断下移，心滩下游端接受沉积，形成向下伸展的浅

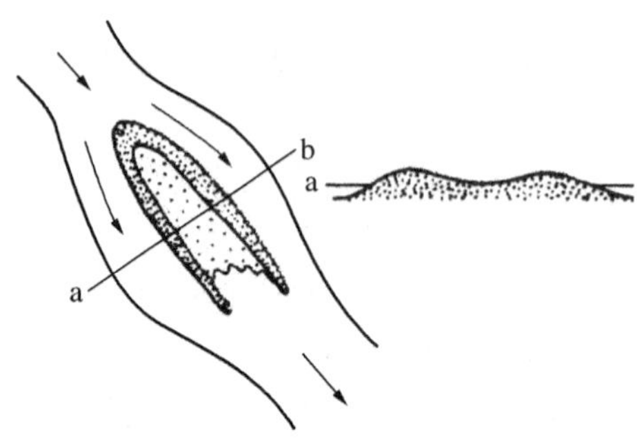

图 3－26　心滩及附属砂嘴

滩和附属砂嘴(图 3－26)。

汊道型河床往往水流散乱，河汊密布，沙滩众多，由于水位暴涨暴落，在沙滩上出现多条垄岗与洼地的组合与相间分布，垄岗与洼地的延长方向与堆积沙滩时的水流方向平行。在发育这种地貌的区域，可以从垄岗和洼地的走向变化追索汊道变化情况(图 3－27)。

图 3－27　汊道河漫滩

3）堰堤型河漫滩　　在比较顺直或微弯的河段，若河床位置在相当长时期内变动不大，洪水期河水溢出河床，流速迅速降低，运移能力减弱，大量悬移质在两侧岸边附近沉积下来形成沿河床伸展的较顺直的垄岗，称为天然堤。天然堤沉积物主要由粉砂和黏土组成，每次洪水泛滥，天然堤相对增高，与此同时，河床也不断淤高，久之可能发育成为地上河。天然堤成为堵挡两侧支流汇入主流河床的障碍，有些支流在天然堤与山体之间的地势低处及其沼泽地低处与主流平行流动很长，才找到出口汇入主河。高水位时，洪水可能冲断天然堤，堤坝决口后洪水呈扇形展开，其中的浮悬和推移的物质沉积下来形成决口扇。平直河段的河床横向移动，天然堤(砂坝)的轴线也随之移动，从而形成一系列平行垄岗，垄岗之间为浅沟和湖泊或者沼泽地，发育成为堰堤型河漫滩。

(3) 河漫滩的地貌特征

从地貌形体上看，河漫滩地势起伏和缓。滨河床部分地势较高，主要表现为各种形体的沙堤(或称沙坝)，高度一米至数米，通常为自然堤(或称天然堤)或者迂回

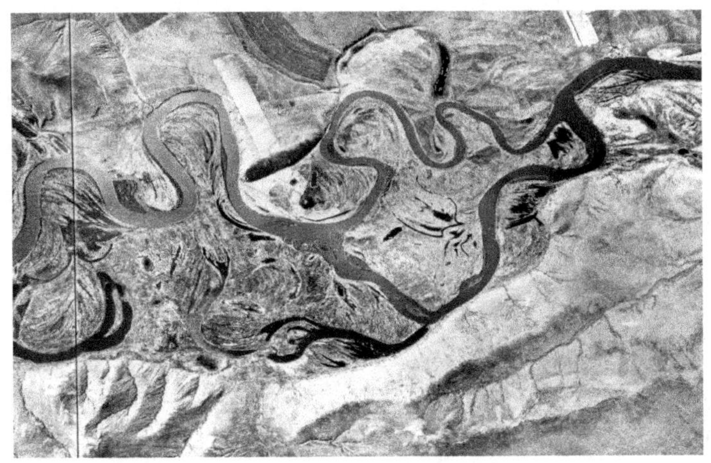

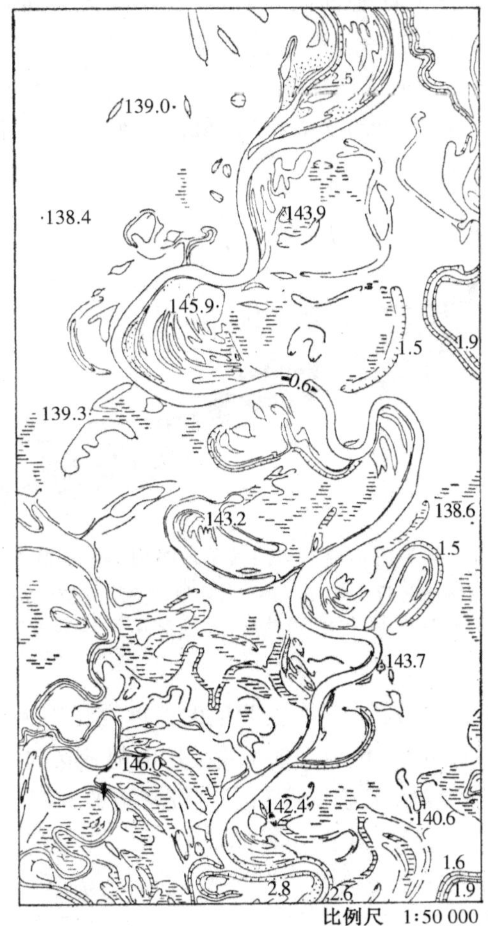

图 3－28　长江荆江河段河漫滩(局部)的地形图表示

扇，这种地貌只出现在较大的河流。其他部分地势低平，分布有废弃河床发育的马蹄形（弯月形）湖泊、洼地积水发育的湖泊，统称为河漫滩湖泊；弯曲形小河（支）流，称为河漫滩河流；沼泽等微地貌形体。在地形图上（图 3 - 28），等高线少而稀疏，显示小高地的、小洼地的封闭等高线较多，该地形图上高程点显示地表相对高度在 5 m 左右，迂回扇表现为等高线（因高度较低，所以常用间曲线和助曲线表示）呈弧形弯曲封闭。

3. 河流阶地

由于河流下切，原来河谷底的一部分相对抬升到洪水位以上，在谷坡呈阶梯状的地形，称为河流阶地。

阶地的形态要素包括阶地面、阶地陡坎、阶地的前缘和后缘（图 3 - 29）。阶地的高度，即河床平水期水面与阶地面的垂直距离，有阶地前缘高度、阶地后缘高度以及两者的平均值三种高度表示。阶地的宽度，即从阶地前缘至阶地后缘的距离，阶地的坡度是指阶地面倾向河床的倾斜度。谷坡上若有多级阶地，其级数顺序的排列是从下而上，反映它们形成的相对年龄，最低一级最新，最高一级最老。

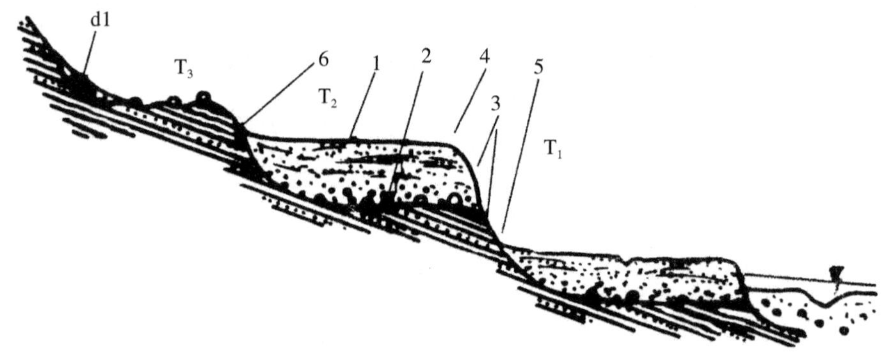

图 3 - 29　河流阶地要素与河流阶地类型（据杨达源，2001）

T_1：第一级阶地，所示为堆积阶地；T_2：第二级阶地，所示为基座阶地；T_3：第三级阶地，所示为侵蚀阶地；1：阶地面；2：基岩与阶地基座；3：阶地前坡；4：阶地前缘；5：阶地坡麓；6：阶地后缘；d1：坡积物

阶地沿河谷分布不是连续的，同一级阶地的宽度变化很大，其相对高度也不完全相等。河流阶地有的很宽阔，构成河谷台地，是山地地区重要的地貌资源，是耕地集中分布地带，也多是交通、工业发达和人口较密集的地区。

（1）阶地的成因

河流阶地的形成首先必须先有宽广的谷底，而后河流下切侵蚀，谷底相对抬升到某一高度而不被洪水淹没。引起河流下切侵蚀作用加强的原因是多方面的，所以阶地形成有多种成因。成因不同的阶地形态和结构有差别。

1）地壳运动影响形成的阶地　这种原因的阶地是分布最广泛的、最常见的一种河流阶地。地壳运动的影响主要是升降运动。在地壳相对稳定或缓慢下降地区，河流作用以侧蚀为主，使河谷扩宽，发育成熟的河漫滩。而后，地壳上升，河流下切侵蚀加强，河床降低，靠近谷坡保存下来的原河漫滩部分，则发育成为阶地。

地壳的动、静交替运动可能形成多级阶地。

构造运动具有地区差异性，使阶地也有地区差别。在大面积地区，地壳运动相对稳定后，构造抬升区内的河流均有阶地形成。但是，由于抬升幅度在区域内有差异，同一时期（同一级）阶地的相对高度在各地域也就不同。若构造抬升幅度最大的地区在河口地段，上游地段上升幅度很小或趋近于零，河流下切侵蚀深度自下游到上游逐渐减小至消失，形成的阶地的高度也自下游至上游递减以致近于零。

同一河流不同地段的构造上升幅度不同，阶地高度也不同。如长江三峡河段地区，构造上升幅度大，该段的上、下游地区上升幅度小，所以同一时期形成的阶地，三峡地段的阶地高度大（图 3－30）。

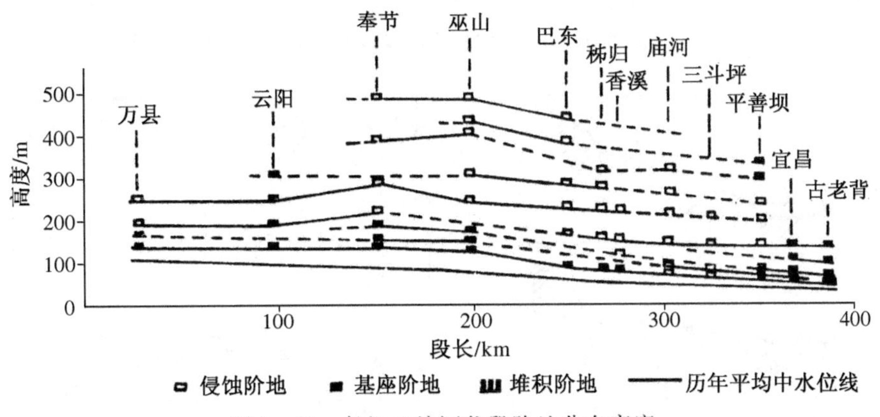

图 3－30　长江三峡河谷段阶地分布高度

河流上游地区上升，下游地区相对下降，则上游有阶地形成，而下游堆积，不可能形成阶地，如果堆积作用十分强烈，堆积物可能将原来的阶地覆盖，形成埋藏阶地。

先期形成的阶地，受到后期构造运动的影响，往往发生变形或遭到破坏。

2）气候变化影响形成的阶地　长期的气候干湿变化或冰期和间冰期交替，均可形成阶地。

3）河曲移动影响形成的阶地　河曲移动形成的阶地，称曲流阶地。河曲沿纵轴自上游向下游移动，并沿横轴左右移动中下切侵蚀河漫滩，形成阶地。形成曲流阶地必须具备的条件是：地壳相对稳定，河漫滩十分发育，河曲才能自由地移动，河流在自身水重力下切侵蚀。河曲阶地在河流两岸分布不对称，高度不等，分布无连续性，同一级阶地沿河延伸不远。这种阶地在四川盆地的一些河谷中分布较多，尤以嘉陵江中下游较典型。

4）侵蚀基准面变化形成的阶地　　侵蚀基准面下降，从河谷口开始下切和向源侵蚀，形成阶地。阶地沿河分布的范围延伸到向源侵蚀所达的地方。阶地高度从河口向上游逐渐减小，到达裂点处阶地消失(图3－31)。

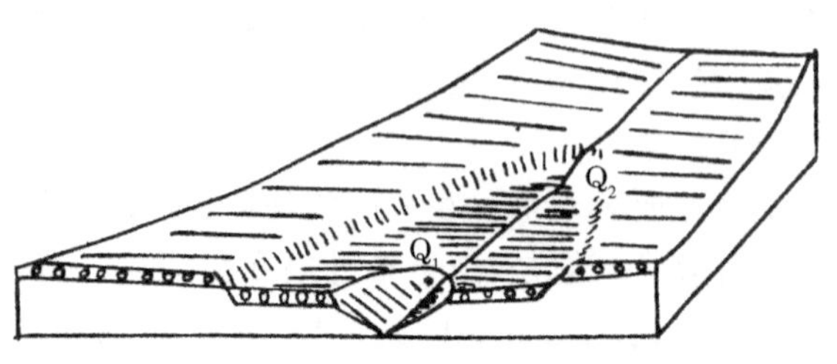

图 3－31　侵蚀基准面变化与向源侵蚀发育的阶地

河流袭夺，河床中的岩槛、瀑布陡坎被切穿，壅塞湖泊被切开，天然堤被冲溃等，都可以使河流的某些地段的侵蚀基准面下降，水流下切侵蚀加强，形成局部性分布的阶地。

(2) 阶地类型

根据阶地的形态和物质结构特征，阶地可分为以下 5 类。

1）侵蚀阶地　　阶面和阶坡(陡坡)均为基岩组成，有的阶面上有极薄的粗粒冲积物(图 3－32a)。它是在水流较长期的强烈侵蚀下，形成宽谷后，地壳上升，河

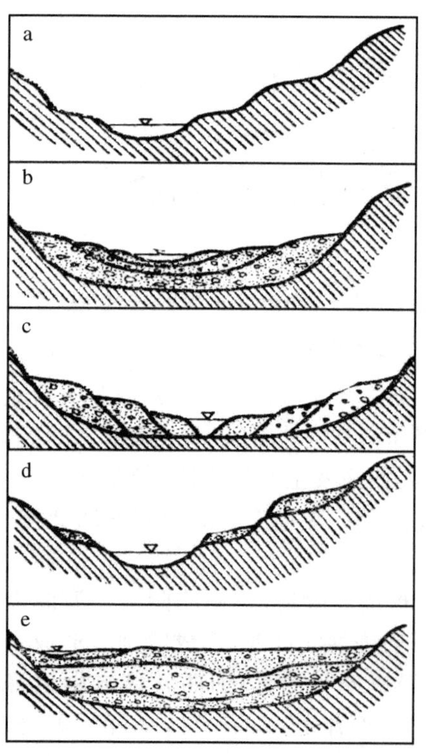

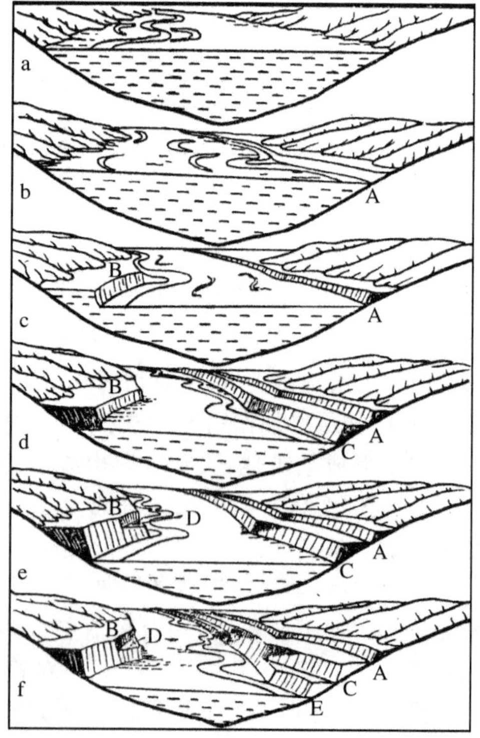

图 3－32　河流阶地类型与曲流阶地(右图)(据严钦尚等)

流下切形成的,阶地面主要是侵蚀作用所致,故称为侵蚀阶地。这种阶地见于山区河流的谷坡,呈断续分布。

2）堆积阶地　　这种阶地的阶面和陡坎均由河流堆积物组成,故称堆积阶地。在长期的水流作用下形成宽阔的河谷地,谷底河漫滩很宽,冲积层很厚,后来地壳上升,河流下切,河漫滩变成堆积阶地。根据河流下切深度不同和多级堆积阶地之间接触关系,堆积阶地可分为两种。

i）上叠阶地(图 3－32b)：新阶地叠在老阶地之上,冲积层的厚度一次比一次少,河流下切达不到原河谷底,而且每次下切深度都比前一次小。

ii）内叠阶地(图 3－32c)：新阶地套在老阶地之中,河流下切深度每次都达到原河谷底,但冲积层的厚度也是一次比一次减少。

iii）基座阶地(图 3－32d)：这种阶地以基岩为基座,其岩顶面覆有河流冲积物。基座阶地的形成是由于构造抬升,河流下切,并切过原先河谷的底部。

iv）埋藏阶地(图 3－32e)：早期形成的阶地,被后期河流冲积物所掩埋,就形成埋藏阶地。

v）扇形地阶地：山前或谷口水流沉积形成冲积锥、洪积扇、冲积扇及冲积扇平原,受山体继续抬升影响,扇面上水流下切,即使在水量很大时水流仍在谷中流动,将堆积体转化成为阶地。这在断块山地的山麓发育普遍,如江西庐山、天山山麓地带。

(3) 阶地的地形图表示

在地形图上,根据谷地中谷坡等高线间水平距离的变化可以判读出阶地来,等高线密集处表示阶地坡所在(有时也用陡岩符号表示),而阶地面处则等高线明显地稀疏,等高线间距大处反映出阶地平坦的特点。图 3－33 是阶地在地形图上的显示,一条由西流向东南的河流北岸有三级阶地。有居民地和道路分布的为一级阶地,平均高程 1 180 m。那里地势平坦,水源条件好,而且不受洪水威胁,所以道路、城镇等分布于阶地上。高程点 1 246、1 254 所在为二级阶地的平台面,与一级阶地高差 60 m 左右。再向上为三级阶地,高程 1 295 m,与二级阶地高差约 50 m。南岸为两级阶地,同北岸的一二级阶地相对应。河谷明显地不对称。

在河流阶地形成过程中和阶地形成以后,由于流水的侵蚀,阶地中发育横向沟谷,阶地被切割得支离破碎,成为许多断断续续的小高地,或呈孤立的小丘,或呈长条状垄岗,但是这些相邻的小高地的顶部比较平坦,高程基本相同,组成物质近似,显示出原来平坦阶地面的特点。

阶地面平坦、不被洪水淹没的地貌特点是人类活动能够利用的资源,例如长江中下游地区,农村聚落都选择在阶地面上建设、大型工业场地选址也在阶地面上,山地地区更是如此。阶地的类型预示了地基承载力的强度,在工程设计时必须给

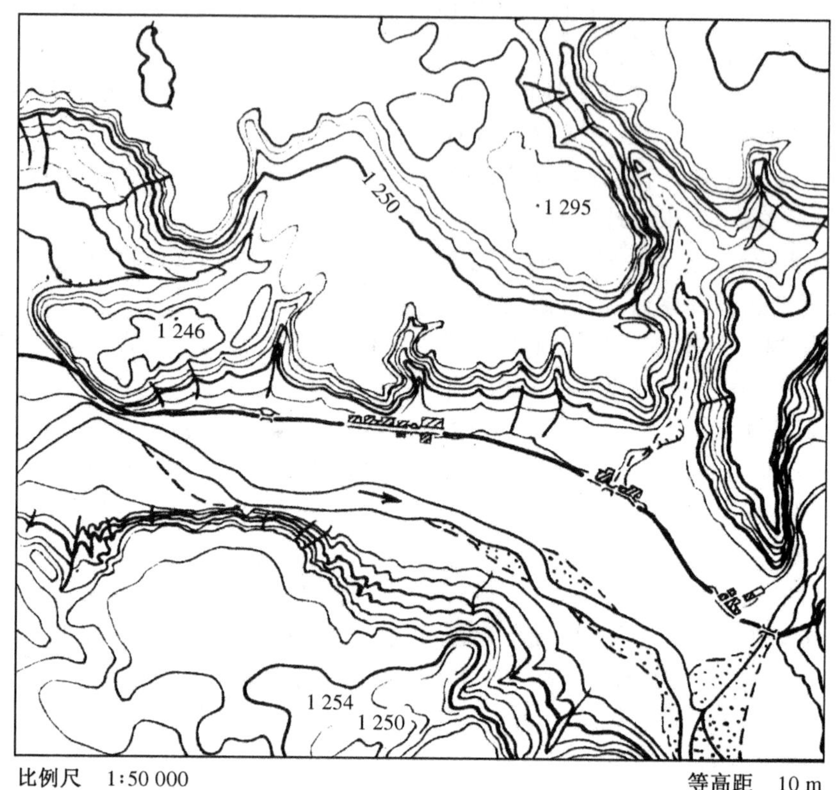

图 3-33　阶地的地形图表示

予足够的重视。

4. 河谷类型

河床、河漫滩和阶地的发育,表明河谷在水流作用下是不断发展的。河谷的发展是一个漫长的过程。河谷的形态反映河谷发育的时空特征。据河谷的发展及形态将其分为三类。

(1) V 字形河谷

V 字形河谷又称青年期河谷,处于河谷发育初期阶段。特征是谷地窄且深,谷坡陡峭甚至直立,为顺直形坡面,谷底几乎全部被河床占据,河谷与河床的平面形态相一致(图 3-34a)。平常所指的狭谷就是泛指这类谷地。V 字形谷发育于山地地区,除岩性、构造运动及地质构造影响外,主要是流水强烈下蚀的结果。如横断山脉的怒江、澜沧江、金沙江河谷与山岭的相对高差达 2 800 m 左右,长江三峡两岸绝壁高耸,气势雄伟,其中瞿塘峡相对高度约 600 m,而江面最窄处仅 30 m 宽。

图 3-34　河谷类型的等高线图形

(2) 河漫滩河谷

河漫滩河谷的谷底宽广而平坦,谷坡亦较陡,河谷横剖面呈 U 形或屉形,由 V 形谷发展而成。它是随着河曲的发展,侧向侵蚀加强,凹岸后退,凸岸浅滩不断扩大,河谷加宽,逐渐形成稳定的河漫滩,成为河漫滩河谷。河床的平面形态与河谷的平面形态不一致(图 3-34c)。

(3) 成熟河谷

河漫滩河谷经过长期的发展,造成谷地开阔,谷坡存在有阶地的河谷,称其为成熟河谷。成熟河谷表明地壳相对稳定,河流侧向侵蚀与河谷发展经历了较长时期,河谷发育进入成熟阶段。

河谷两侧谷坡不对称,一侧谷坡为缓坡、一侧谷坡为较陡的坡甚至为陡崖,一侧谷坡有阶地,另一侧谷坡无阶地,或者两侧谷坡阶地级数不等,在自然河谷中是比较常见的,人工河——渠道两坡对称性明显。造成河谷不对称的原因是多方面的。地球自转偏向力的影响、岩性和地质构造的影响、地壳不等量升降运动的影响、局部地区受小气候影响(高纬度地带的东西向河流,因南北两坡所接受的太阳热量不等，向阳坡受热多，积雪融化快，雪水对谷坡起着坡面冲刷、泥石流等侵蚀作用，使谷坡变缓，背阳坡相反，所以谷坡较陡）。长江自宜昌以下河谷明显的不对称，河流紧靠南岸谷坡，而北坡阶地与河漫滩相当广阔。

此外，个别地段因受曲流的侧蚀作用、滑坡等因素影响，也可引起河谷局部的不对称。

河谷的不对称性是成熟河谷的重要特征之一，大比例尺图上有多条等高线表示谷坡时，等高线的疏密变化就可以反映这一特征，等高线密集的一侧谷坡坡是陡坡，等高线稀疏的一侧谷坡坡为缓坡。随着地图比例尺的缩小，只有一条等高线通过谷底时，则陡岸处的等高线往往靠近河床，而缓岸处的等高线距离河床较远（图 3－34c）。

四、河口地区地貌

河流流入海或流入湖，与受水水体相互作用的地段，称为河口地区。河流在河口地区的作用发育的地貌，称为河口地貌。

1. 河口及其分段

对于入海河口而言，河流与海水相互作用，并不局限于口门附近，河流影响的强度，自口门向外海逐渐减弱，而海洋作用的强度，则溯河而上也不断减小。根据水动力特征的不同，从陆向海，可以把河口区分为近口段、河口段和口外海滨段（图 3－35）。

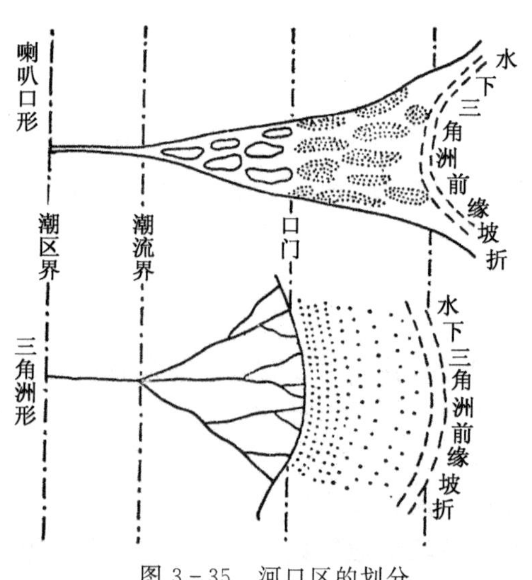

图 3－35　河口区的划分

1）近口段　　指从潮区界到潮流界的河段，前者指河水位受潮汐顶托的影响，影响的最远地点；后者指海洋涨潮时海水形成的潮流沿河道上溯到达的最远地点，即潮流速与河流速相抵消，潮水停止倒灌处。此河段，河水受潮汐的顶托有涨落的变化，河床内的水流动态表现为向着海洋的单一流向，在地貌上完全为河流地貌形体。

2）河口段　　从潮流界到口门一段，具有双向水流特征，既有河流的向海洋的汇入，也有潮流沿河道的上溯，水体动态、性态复杂，河床形体不稳定，河流在此沉积作用明显，发育沉积地貌，开始分叉，出现河口沙岛、沙洲（图 3－35）。

3）口外海滨段　从口门到水下三角洲前缘坡麓为止。以海洋理化作用为主，除潮汐作用外，还可能有波浪和海流的影响。地貌形体表现为水下三角洲或浅滩。

上述河口区的分段界线，随着河流洪水位、枯水位和潮流动力的消长，其位置也发生变动。如长江河口在枯水大潮时期，潮区界上移到安徽大通，离口门达 616 km，而在洪水期则下移到距口门约 500 km 的芜湖；潮流界上移可到镇江、扬州一带，下移可抵江阴附近。黄河的潮区界一般离口门 10～20 km，远小于长江。所以不同的河流或同一河流不同季节的河口区分段界线，离口门的远近都是不相同的。

2. 河口水理化特征和沉积作用

入海河口地区的水动力结构复杂，既有河流作用过程，又有海洋作用过程。河流进入河口地区，河流作用逐渐减弱，水面比降减小，并渐渐趋于零，水流变为惯性流。这惯性流与周围海水相混合，水流展宽，并在侧向水体和底部阻力的作用下，流速急剧降低，这是河口地区水流变化的基本规律，从而导致河流运移泥沙的大量沉积。河流和海洋水流结合而成的双向水流，是潮汐河口水动力的重要特征，它们两者互相接触、交替和叠加，造成河口区的流场十分复杂，局部地段往往会出现流速的增大或减小的交替现象。

河流注入受水盆地，两者水体混合引起了含盐度、密度、生物和化学等一系列变化，影响到河口区的水动力与沉积状况。

波浪对河口区的岸、滩既能产生侵蚀，也可促进堆积，是发育河口沙体的重要因素之一，从而影响或改变着泥沙沉积体的形态类型和结构。

3. 河口三角洲地貌形体

三角洲是由河流补给的泥沙沉积体系，分布于河流注入海洋或湖泊的地区，通常把河口区由沙岛、沙洲、沙嘴等发展而成的冲积平原叫做三角洲。世界上许多三角洲的平面形态多呈三角形，顶端指向上游，底边对着外海，故早在公元前 5 世纪，就用三角洲一词来描述尼罗河河口平原，而后成为专有地貌学名词。

（1）三角洲形成的基本条件

三角洲的发育，主要取决于河口地区水流理化形态变化。因此，河流、海洋、构造、气候和流域自然地理等因素，都在不同程度上深刻地影响着三角洲的沉积特征和形态类型。形成三角洲的有利条件是：

1）丰富的泥沙来源。这主要取决于河流输沙量的大小。据统计，世界上多数河流年输沙量与年径流量的比值，大于 0.24 时可形成三角洲，小于 0.24 时则往往发育三角港(图 3-36 中的)——喇叭口形。

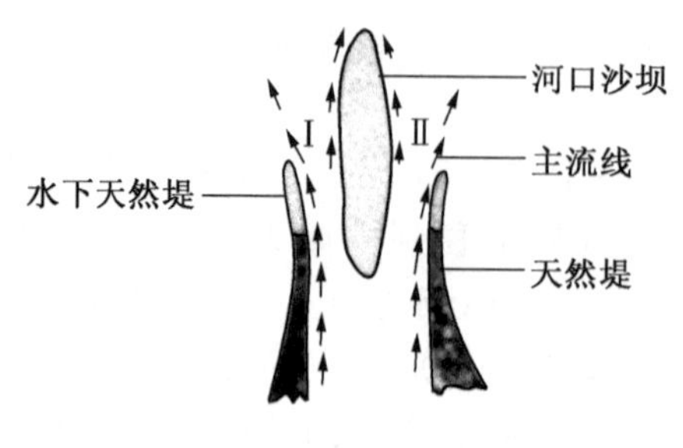

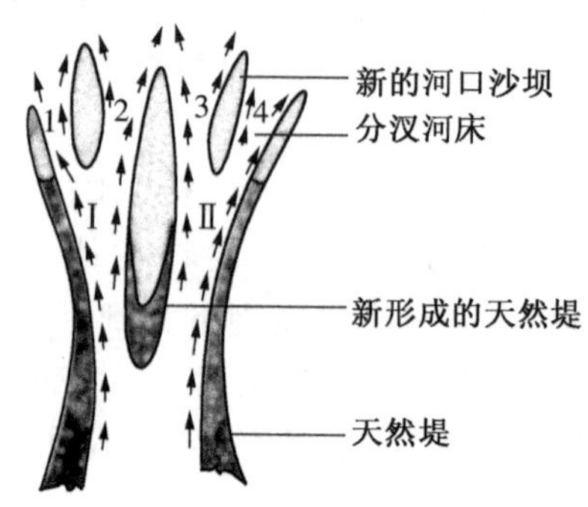

图 3-36　河口的分汊和河口沙坝的形成(据 A. J. Scott and W. L. Fisher, 1969)

2) 海洋的侵蚀运移能力较小,使得河流携带的大量泥沙,不能被波浪和海流带走,在河、海相互作用的河口地区沉积,促使三角洲的发展。

3) 口外海滨区地势平缓,水深较浅。这对波浪具有消能作用,造成河口地区水动力能量较弱的沉积环境,有利于泥沙的堆积和三角洲的发育。

(2) 三角洲的发育过程

河口地区河流比降减小,水面展宽,水体混合,流速急剧降低,造成泥沙迅速大量沉积,形成河口沙坝,或称拦门沙。在河口两侧则发育了河口沙嘴或水下沙堤。这是三角洲的胚胎阶段(图 3-36)。在沉积物的分异沉降过程中,砂、粉砂和黏土同时沉积,其中砂所占的比例向海减少,黏土所占比例则向海相对增长。

随着河口沙坝的出现与发展,又大大地缩小了过水断面面积,迫使河流分流,发展新的汊道。汊道口又会产生新的河口沙坝,引起汊道再度分流,发育新的汊道,与此同时,河口沙坝不断接受沉积,逐步积高,向海扩展,出露水面成为河口沙岛。上海崇明岛就是由长江河口沙坝进一步演化而成。它与由废弃的汊道、港湾转化而成的湖泊、沼泽和天然堤等共同组合为三角洲平原,并与向海延伸的水下三角洲部分紧密相连,两者构成一个完整的三角洲沉积体系。这一过程反复进行,致使三角洲不断向海扩展,还可产生多汊道的三角洲。如俄罗斯伏尔加河三角洲大小汊道达 500 条。由此可见,河口沙坝的形成和河流的分汊,是三角洲发育的主要模式。

(3) 三角洲的形体类型

世界各地的三角洲类型多种多样,可从不同角度进行分类。按照三角洲发育因素、沉积相和泥沙体分布特征,可将三角洲列成一个统一的成因系列进行分类,分为高度建设性三角洲和高度破坏性三角洲两类。高度建设性三角洲是在河流作用强于海洋作用的环境下形成的,外形呈长带形或扇形,如密西西比河三角洲和黄河三角洲；所谓高度破坏性的三角洲则是在海洋作用较强，河流作用较弱的环境下形成，其外形表现为弓形、尖头形或直线形，如尼罗河（埃及）三角洲、尼日尔河三角洲和塞内加尔河三角洲。

根据河口水流、波浪和潮汐作用的相对强度，可把三角洲分为河流型、波浪型和潮汐型三种类型，它们之间还存在着一系列过渡型三角洲。根据汊道、沙洲（岛）的分布结构、海岸形体等的空间组合形式，通常划分为如下几种类型。

1）鸟爪形三角洲　河流作用占优势的河流型三角洲，平面形态常呈鸟足状。如美国密西西比河三角洲（图 3－37），河流输沙量大，波浪和潮汐作用微弱，三角洲上的分流水道有可能积极地向海前展，堆积形成长条形的河口沙坝，其中主要汊道向前推进迅速，这些从不同方向、从不同速度向海伸展的汊道和河口沙坝，从整体看形如鸟爪，故称鸟爪形三角洲。

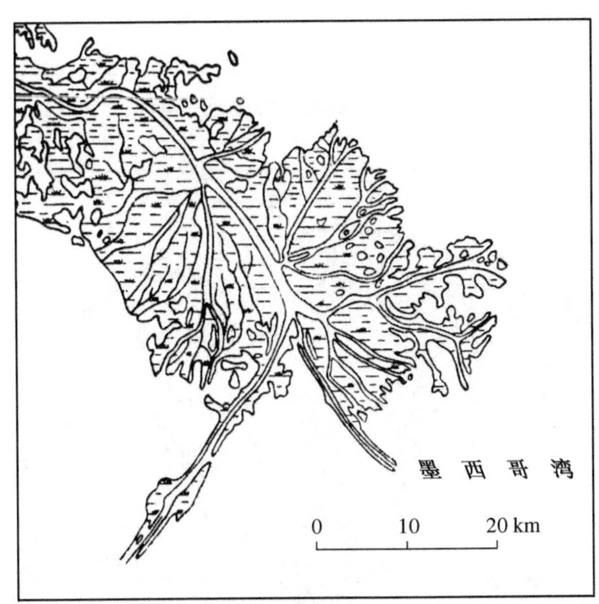

图 3－37　美国密西西比河三角洲

2）扇形三角洲　河流为主的单一三角洲体，河流呈放射状分汊，汊道众多，各汊道多次改道、摆动，使整个三角洲岸线向海推进，其河口沙坝又经波浪改造，彼此连接，造成形体呈舌形或扇形的三角洲，称为扇形三角洲。如伏尔加河（俄罗斯）三角洲和黄河三角洲就属于这一类型。

3）尖头形三角洲　波浪显著的控制着三角洲前缘的形态，其前缘沉积物大多经波浪改造、运移和重新分配，形成大体平行于海岸线分布的沙坝或沙滩，其中河口附近沙体堆积较多，发育成向海凸出呈弓形、鸟嘴形或尖头形三角洲。如意大利的台伯河、西班牙的埃布罗河三角洲（图 3－38）。埃及尼罗河三角洲所处环境是波浪作用已与河流作用几近相等，但仍具有波浪型三角洲的一般特点（图3－39）。

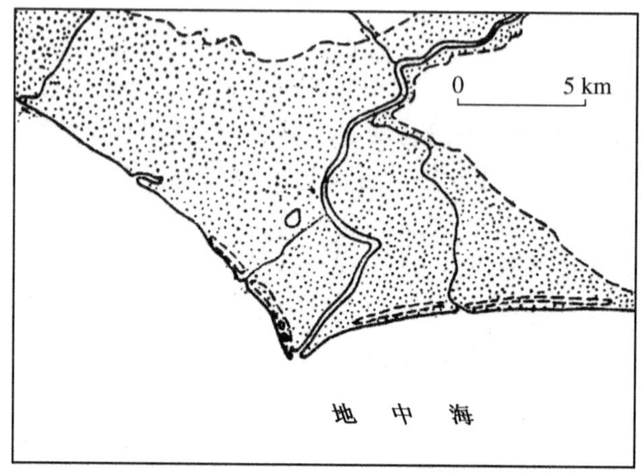

图 3－38 台伯河口尖头形三角洲

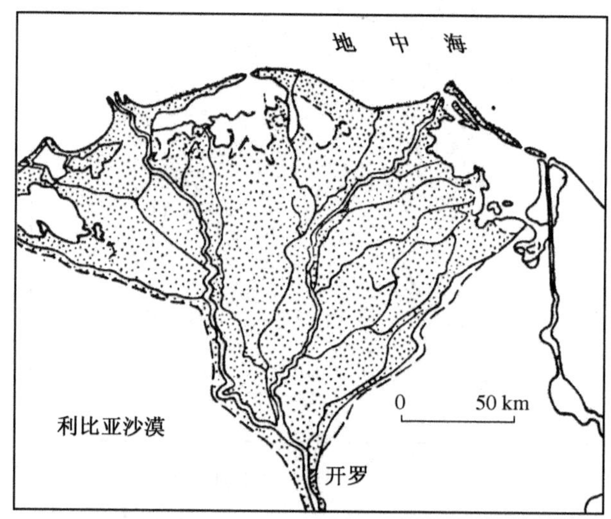

图 3－39 尼罗河口三角洲

4）指形三角洲 三角洲的发育以潮流作用为主，一般在近岸部分由涨潮形成的泥滩；向海部分在落潮作用下，在分流的河口内及出海口地段上，形成一系列与潮流方向平行的带状或指形沙垅（坝），如巴布亚新几内亚的巴布亚河（图3－40），印度恒河-布马普特拉河等。

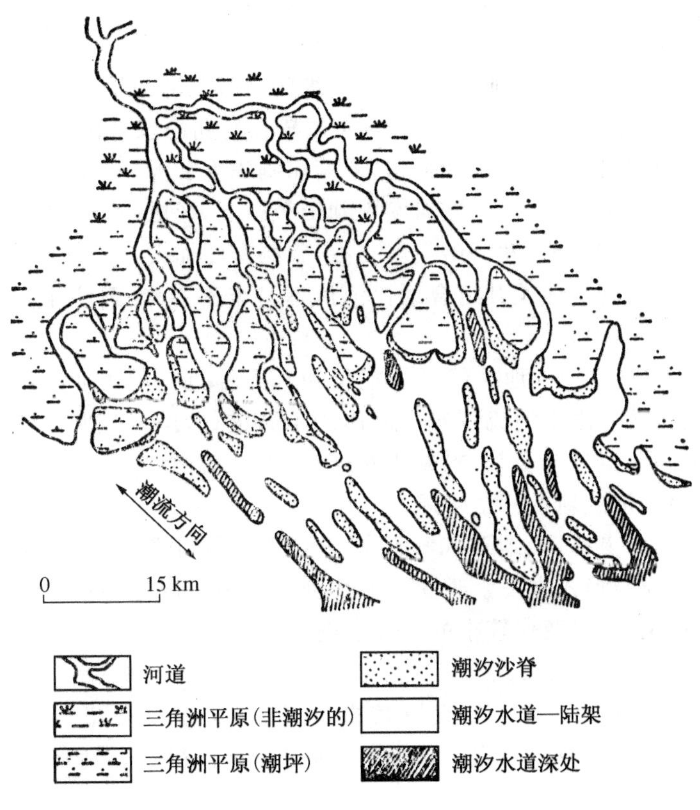

图 3-40　指形三角洲——巴布亚湾巴布亚河口三角洲

五、河(谷)系的发育与发展

1. 谷地的空间形式

某一地域范围内通过一条主干河流注入海洋或湖泊的各种不同水量的河流(水体)之总和称为河系(水系),相应的河谷也称其为河谷系统。在每一个河系中,区分出主流和各个支流,主、支河流的空间组织形式称为河网。因此,承载主、支流的谷地的平面组织形式相应地称为河谷网(系统)。河流的平面位置也表达了河谷的平面空间信息。水系的发育发展促进谷地的发育发展,河系的平面图案也是河谷的平面图形结构。河流是一种动力,河谷是这种动力作用的结果。

(1) 河(谷)系发育过程

源头河流不可再分支的定义为第一级支流,两条一级支流汇合成为第二级支流,两条二级支流汇合成为第三级,依此类推。河系发育过程不同,河系的支流分级多少也不同。河系发育可划分为三个阶段，各阶段地貌特点如下。

1）支（谷）流发育阶段　地面切割深度小，支流多而短，只有一级支流——细流、股流，河网密度小。谷地发育为浅沟、细沟、切沟、冲沟及其系统。

2）河（谷）系发展繁盛阶段　流域经过较长时期的流水作用，河流数量和规模迅速扩充，下切侵蚀和向源侵蚀强烈，地面切割深度加大，河道伸长，发育出很多新支流，河网密度增大。主河的支河发展到四级以上，形成一个大的自我封闭的河网系统——流域。相应地，发育出很多支谷，谷网密度加大，谷地形体复杂多样，河流作用所塑造的谷地形体及其组合远比河流本身丰富多彩，河流主谷与支谷构成完整的谷网系统（谷系）。

3）河系合并阶段　地面经过长期侵蚀，高度降低，起伏度减小，河床加宽，河流堆积物层很厚。由于河流侧向侵蚀作用不断进行，同一流域内侵蚀力弱的支流被侵蚀力强的支流抢夺合并，支流相对减少；相邻流域之间的河流也发生抢夺，原河系面貌改变，形成新的河系格局。

河（谷）系发育受地质、地形和气候等条件的控制与影响，随着这些条件的变化，河系发展方向与形式也发生改变。上述河系发展情况是指在一个较长的时期内，地壳相对稳定，气候变化较小的条件下进行的。

（2）河系（谷系）结构模式

1）树枝状河系（谷系）　支流较多，主流与支流及支流与支流间锐角相交，组合形式如树枝。多见于岩石性质较均一，地壳较稳定，地形较平坦的地区（图3-41a）。

2）羽状与格状河系（谷系）　支流与主流呈直角或近于直角相交成格状的河系（图3-41b）。多发育在褶皱构造地区，如主流沿向斜轴发育，支流顺向斜两翼发育，一般呈直角汇入主流。在裂隙发育的水平岩层地区，多形成格状河系。

3）平行状河系（谷系）　各条河流平行相间排列，在地貌上呈平行的谷岭。它们主要受构造和山岭走向的控制，如在平均数行褶曲或断层地区，河流常呈平行排列。在单斜岩层或掀斜构造上升区，也常发育这种河系（图3-41c）。

4）放射状河系（谷系）　断块山体、火山等独立山体中发育的河流（谷），顺坡向四周外流，形成放射河系，又称辐射状河系。我国海南岛五指山河系、江西庐山河系、安徽黄山河系、东北白头山天池河系，都属于放射状河系（图3-41d）。

5）辐聚状河系（谷系）　发育在盆地中的河流，由周围山地向盆地中汇集的河系，称辐聚河系。如我国四川盆地、塔里木盆地河均属于这种河系形式（图3-41e）。

6）星状河系（谷系）　又称星点状水系，地面河流短小，似乎断断续续，泉流和积水洼地、小湖泊星罗棋布，故称星状水系。主要在岩溶地区发育，此外在草地沼泽、冰缘冻土区，也可形成湖泊棋布、河流短小而众多的星点状河系。这种水系在我国藏北高原、云贵高原、湖北恩施地区发育典型（图3-41f）。

7）辫状河系（谷系） 又称网状河系，主要发育在三角洲上，河流分汊、汊河交错，在水流较小而河谷很宽广的河段也常有这种河系（图 3－41g）。

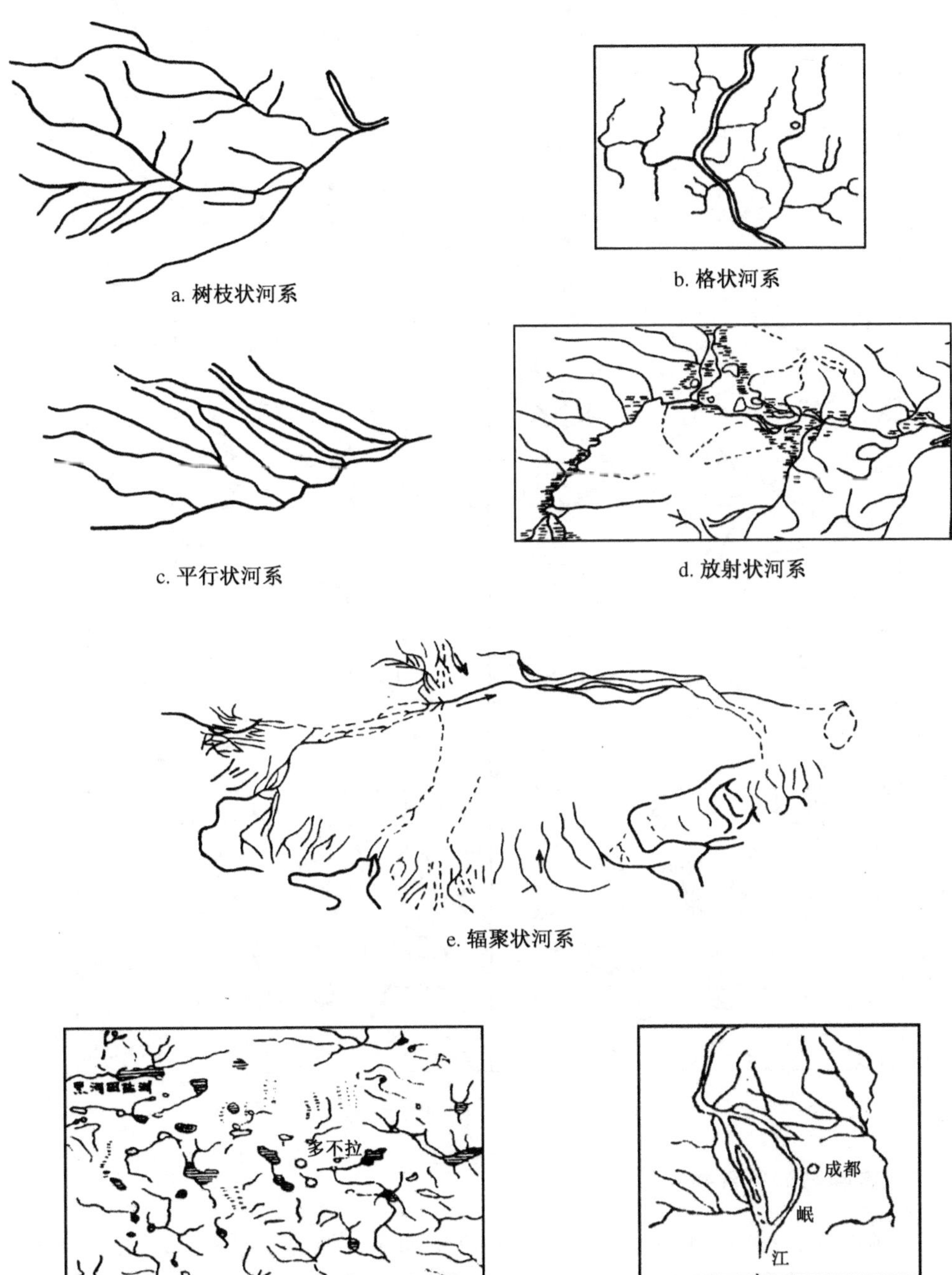

a. 树枝状河系 b. 格状河系 c. 平行状河系 d. 放射状河系 e. 辐聚状河系 f. 星状河系 g. 辫状河系

图 3－41 河系（谷系）平面图形（据严钦尚等，1980）

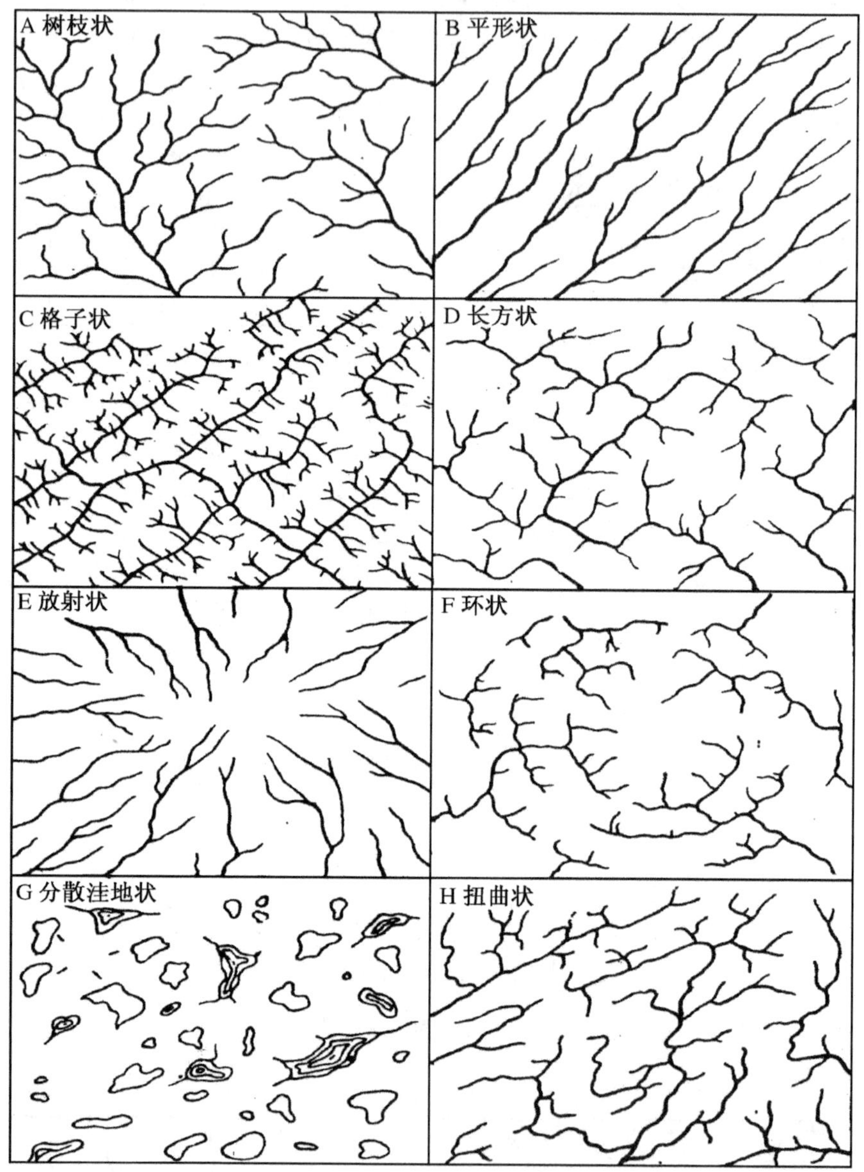

图 3-41 河系(谷系)平面图形(续)

2. 河流袭夺与河谷合并

河流袭夺又称河流抢水。相邻流域的河流向源侵蚀的速度不同,速度较快的,源头向分水岭伸展的速度也快,切穿分水岭,把分水岭另一侧河流的上游抢夺过来称为河流袭夺。河流袭夺是河系发展变化的一种现象,是分水岭变迁的结果。河流发生袭夺后，河系和河流地貌特征均要发生变化。

(1) 分水线(点)的迁移

分水岭是指相邻两个流域之间的山岭和高地，分水线是分水岭顶部最高点的连线(也是山脊线)。根据分水岭的相对稳定性，可分为稳定分水岭和不稳定分水岭。前者多分布于平原地区，不易因河流侵蚀而发生移动，后者多在山区，形态明显，常因两侧的自然条件不同，受侵蚀向另一侧移动。按分水岭的坡面形态特征主要是坡度不同，分水岭可分为对称分水岭和不对称分水岭两种。自然界中常见的是不对称的分水岭。形成不对称分水岭的原因是多方面的，有地质构造的原因，如不对称褶曲山岭、单斜构造形成的单面山山岭、背斜谷两侧的次成山山岭等均系不对称分水岭；基准面控制的原因，分水岭两侧河流距离分水线的水平距离近于相等，但是基准面高低不同，分水岭不对称；两侧河流侵蚀基准面高低近于相等，但是，距离分水线远近不同，造成分水岭不对称。由于分水岭两坡不对称，坡度不同，使河流溯源侵蚀速度不同，坡度大的一侧侵蚀速度快，分水线(点)向缓坡一侧移动(图 3-42)。

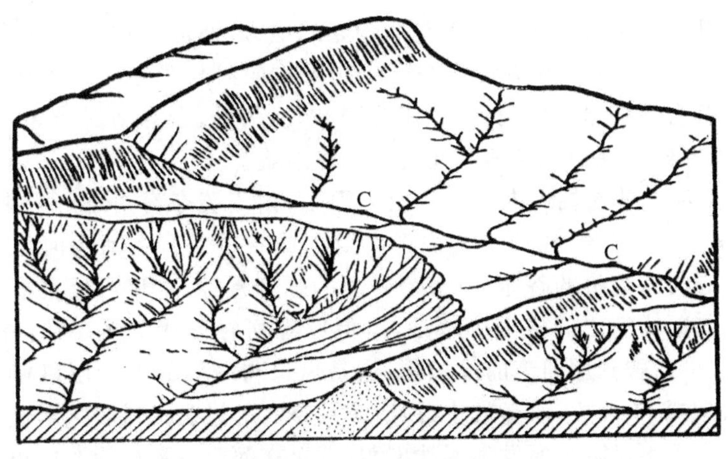

图 3-42 分水线移动图示

分水线(点)迁移，由于岭谷格局不同，其迁移形式也不同。平行河流之间分水线，因两河侧蚀力强弱不同，分水线向弱方移动。相反流向的两条河流之间分水线(点)，因两河溯源侵蚀速度不同，分水线(点)向慢的一侧移动。流向垂直的两条河流之间分水岭，因一河向源侵蚀，一河侧向侵蚀，分水线向侧蚀者一侧移动。不论哪种迁移形式，不断进行的结果，最后都可能使分水岭被破坏、切穿，发生河流袭夺。

(2) 河流袭夺后的地貌特征

河流袭夺现象常发生在两条近于直交流向河流之间(图 3-43)，而且袭夺后产生显著的地貌特征。河流袭夺以后(图 3－43),袭夺它的河流叫袭夺河(S),被袭夺的河流叫被袭夺河(C)。被袭夺的上游流入袭夺河的一段称为改向河,它的原来的下游流向不变,但因上游被袭夺而称断头河。

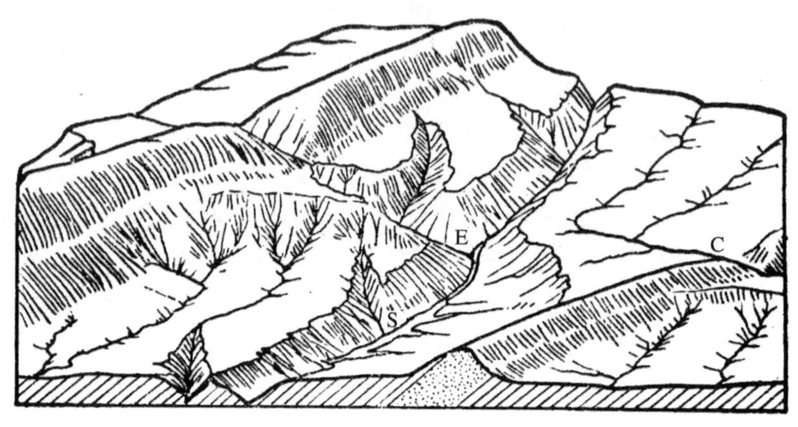

图 3－43 河流袭夺图示

1) 袭夺河上的地貌标志　　在发生袭夺的地方,河流往往形成突然的转变,角度有时可达 90°,这种河弯称为袭夺弯。如果改向河与袭夺河在袭夺河弯处河床高差较大,就会在那里产生裂点(急流或瀑布)。另外,袭夺河因袭夺了它河,水量增加,下蚀加强,往往形成新的阶地或谷中谷地貌。

2) 被袭夺河上的地貌标志　　在改向河上,由于袭夺弯附近产生裂点,相当于侵蚀基准面下降,因此,在那里往往产生阶地或谷中谷。在断头河与袭夺弯之间,原为被袭夺河所流过的谷地,由于袭夺河的强烈侵蚀,水流可反流汇入袭夺河成反向河,它与断头河之间成为分水地点,但原有河谷形状仍然存在,称为风口。在风口上往往可以找到原河流的堆积物,这是风口与一般的山岭垭口相区别的一个重要证据。在断头河中,水量较小(因源头被夺),与过去水量较大形成的河谷不相适应,并且由于水量减小而发生泥沙堆积,甚至在河床中形成沼泽或小湖泊。在野外,往往可以发现断头河中近代河谷中所没有的砾石,它显然是在河流袭夺以前由较远的上游挟带来的。

以上所述是河流袭夺后有可能出现新的地貌形体。由于河流袭夺的具体情况差异以及距发生袭夺时间的长短等因素影响,上述地貌形体有的表现清楚,有的则不容易察觉,甚至完全消失。

河流袭夺的实例很多。图 3－44 是分水岭移动的地形图,从等高线图形可以分析出 B 河与 C 河原先是一条河流,B 河是 C 河的上游,后因某些原因引起 D 河对 B 河的袭夺,在地貌上发育了近 90°的袭夺弯谷地。D 河是袭夺河,B 河为改向河,C 河为断头河(因为在 C 河上原来有一支流流入,因此该断头河不甚典型),A

处等高线图形反映了明显的原有谷地形态，此处即为风口。

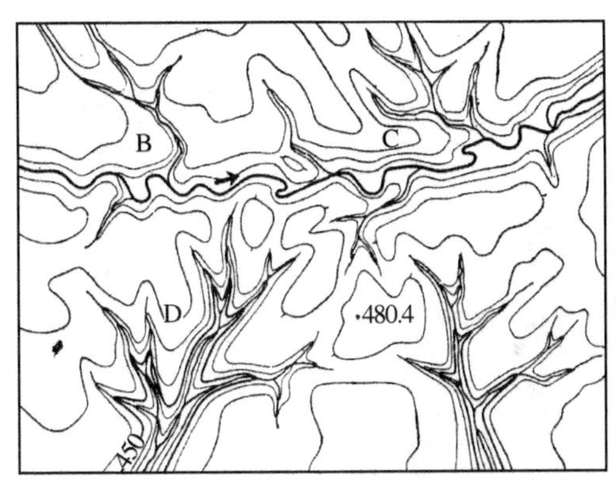

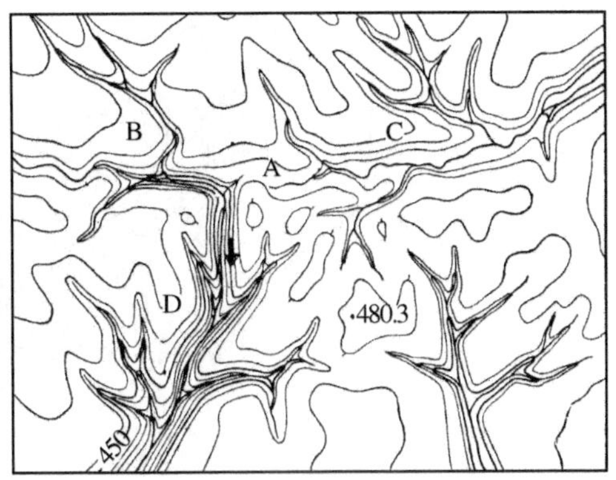

图 3-44 分水岭移动与河流袭夺地形图

图 3-45 是我国某地一河流袭夺地貌，图中主要显示河流袭夺后在河谷中遗留的风口——河谷分水线（点）的等高线图形。图上 A 处正是风口所在地。原先 A 处两侧的河流均由西向东流入较大一级河流中（图上由双线表示），后因西部有河流袭夺该河上游，在“分水岭”古河道处形成风口，西侧为改向河，东侧为断头河。

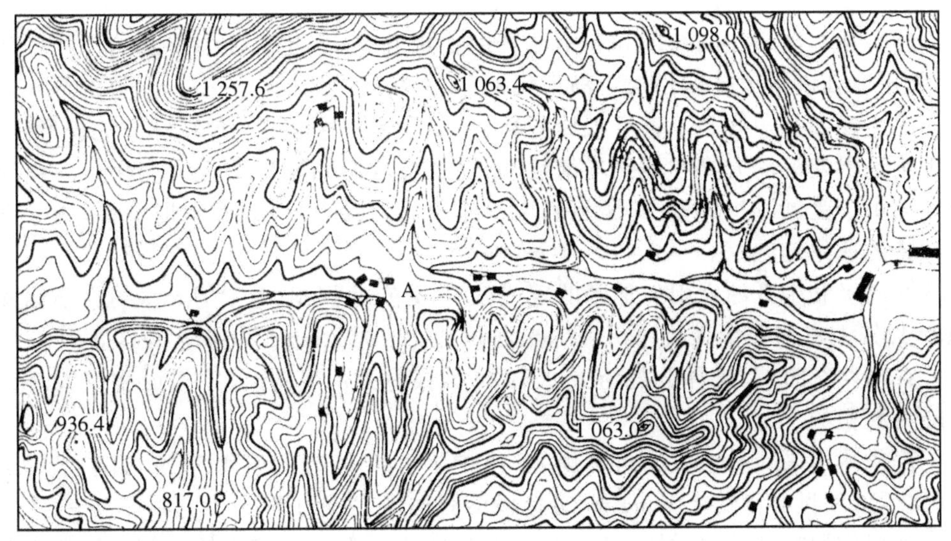

比例尺 1:50 000 等高距 20 m

图 3-45 河流袭夺地形图

谷地的发育是通过河流的侵蚀、运移、堆积来实现的。由于各地区条件不同，谷地发育程度不可能完全一样。事实上，各条谷地有自己的环境条件，因此也有它自己的发育特点(图 3-46)。

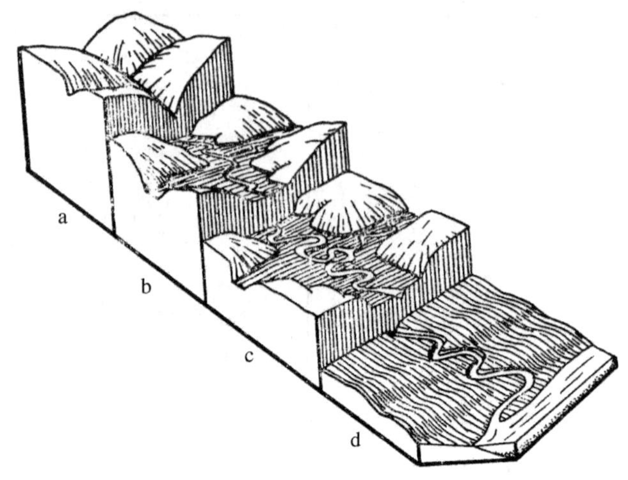

图 3-46　谷地发育模型

第三节　冰川地貌

冰川冰和冰川在高纬度和高山地区的地貌发育中,起着极为重要的作用。现代,冰川冰在南极大陆和格陵兰岛大规模存在,在高山地区以许多小块体的形式存在。冰川冰和冰川既是一种巨大地貌动力之一,其本身也是一种特殊的地貌形体。冰川进退引起海面升降和地壳均衡运动,以及造成海陆轮廓的重大变化。冰川流经地区由于受到冰川的侵蚀、搬运和堆积作用,以及冰川消失或者退缩,形成一系列独特的冰川地貌。

在南极和中低纬度山地地区的现代冰川,分布面积 1 630 万 km^2,约占陆地面积的 11%左右。我国现代冰川和冻土面积约 22.5 万 km^2,约占全国总面积 23%强。在第四纪时期,世界上曾经历过几次冰期(称为古冰川)。冰川面积最大时约占陆地面积的 1/3。

现代冰川是一种宝贵的自然财富,集中了全球 85%的淡水资源,如果冰川全部融化,可使世界洋面上升 66 m,会淹没沿海地区大片的平原,因此并非是一件好事。冰川作用在第四纪时期,具有重要地貌作用,对陆地地貌形体及其发展变化有着深刻的影响。

一、冰川和冰川作用

1. 冰川的形成

冰川冰和冰川形成在雪线以上。一个地区的高度如果没有超过雪线，就不可能形成冰川冰；没有冰川冰的运动，就不可能有冰川。

(1) 雪线

雪线是年降雪量等于年消融量的零平衡线(图 3 - 47)。雪线以上，年降雪量大于年消融量，形成终年积雪区，也称积累区。雪线以下，年降雪量小于年消融量，为季节性积雪区，亦称消融区。雪线以高度表示，因各地的地理位置、温度、降水量和地形条件不同，对应的雪线高度也各异。

图 3 - 47　雪线

全球范围内，雪线高度受气温影响的总的分布趋势为，雪线高度由赤道向两极随纬度增高而降低。由赤道向北极，赤道的非洲，雪线高度为 5 700～6 000 m；中纬度的欧洲阿尔卑斯山，雪线高度为 2 400～3 200 m；北欧斯堪的纳维亚地区，雪线高度为 1 100～1 900 m；在北极地区，雪线已经抵达海平面。雪线高度与降水量多少有直接的关系，降水量大，雪线高度低；降水量小，雪线高度高。赤道带降水量大，非洲的干鸭山和乞力马扎罗山，雪线高度为 4 570～5 425 m；位于南纬 20°～25°南美的安第斯山，雪线高达 6 400 m。地形对雪线高度的影响主要表现在坡度和坡向，在坡度大的地貌部位，不利于积累雪冰，雪线高度高；在缓坡地段，雪冰积累量大,雪线位置低。太阳辐射在阴坡弱且时间短,冰雪融化速度慢,雪线位置低;阳坡雪冰消融量大,因而雪线高度高。

(2) 成冰作用

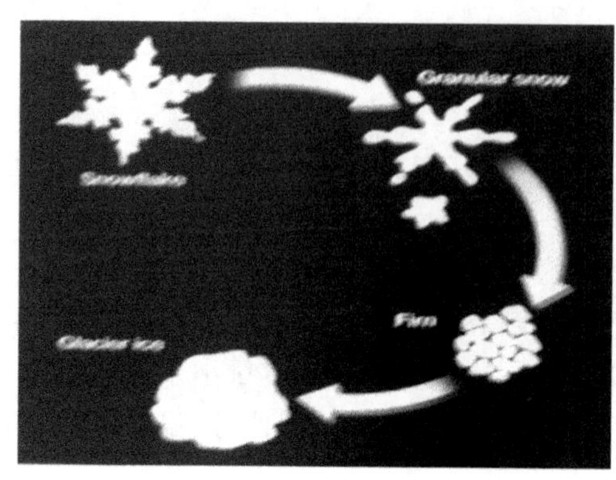

图 3-48　冰川冰的形成

雪线以上的终年积雪,经过一系列的"变化"而形成冰川冰。这个变化过程为成冰作用。成冰作用经历两个阶段:一是由新雪变成紧密的粒雪;二是粒雪在压力或热力作用下形成紧密的冰川冰(图 3-48)。

冰川冰积累到一定厚度,地面具有一定坡度,冰川冰就发生运动。这种顺坡运动的冰川冰就是冰川。当气候变冷或者降水量增加,冰川冰积累量和供给量增加,冰川规模增大。

(3) 冰川的运动

冰川不同于自然界其他冰体的最主要的特征,是冰川存在缓慢的运动。在低温条件下,冰晶体相互结合十分紧密。当冰层厚度达到某一临界厚度时,冰层下部受到上部冰层的较大压力,使冰的融点降低,这时,下部冰层的内部则是冰、水和水汽三相共存的物质状态。在缓慢增加压力作用下,冰晶体之间的相互位置就可以变动,冰就产生塑性变形。因此,在冰川中可分为上下两层,上层容易断裂,是脆性带,下层是塑性带。塑性带的存在是冰川运动的根本原因(图 3-49)。

导致冰川运动的因素主要是重力和压力。由地面坡度引起的冰川冰的流动为重力流;由冰体重力引起的流动为压力流。前者多见于山岳冰川,后者多见于大陆冰川。

冰川运动的速度取决于冰川的厚度、地形坡度或冰面坡度。冰川的厚度越大,其静压力也越大,冰川运动速度越大。地面坡度越大,或冰面坡度越大,冰川运动速度也越大。

冰川运动速度是非常缓慢的。山岳冰川速度一般为每年几米到一百多米,例如中国天山冰川流速每年 10 m 至 20 m,珠穆朗玛峰北坡的绒布冰川,中游最大流速每年也只有 117 m。但是,冰川运动也有爆发式快速前进的情况,例如喀喇昆仑山南坡的库西亚冰川,1953 年在不到三个月的时间内突然向前挺进 12 km,平均每天前进 113 m,每小时前进 4.7 m。冰川运动的速度在冰川各个部分是不同的。从冰川的纵剖面来看,中游流速大于下游。从横剖面来看,冰川中央流速大于两侧。从垂直剖面来看,冰川下层塑性流速大于上部冰层(下层流速最大的部位是在离冰床一定距离的冰中)。但在山岳冰川中,有时因冰体坡度较大,冰川上层在重

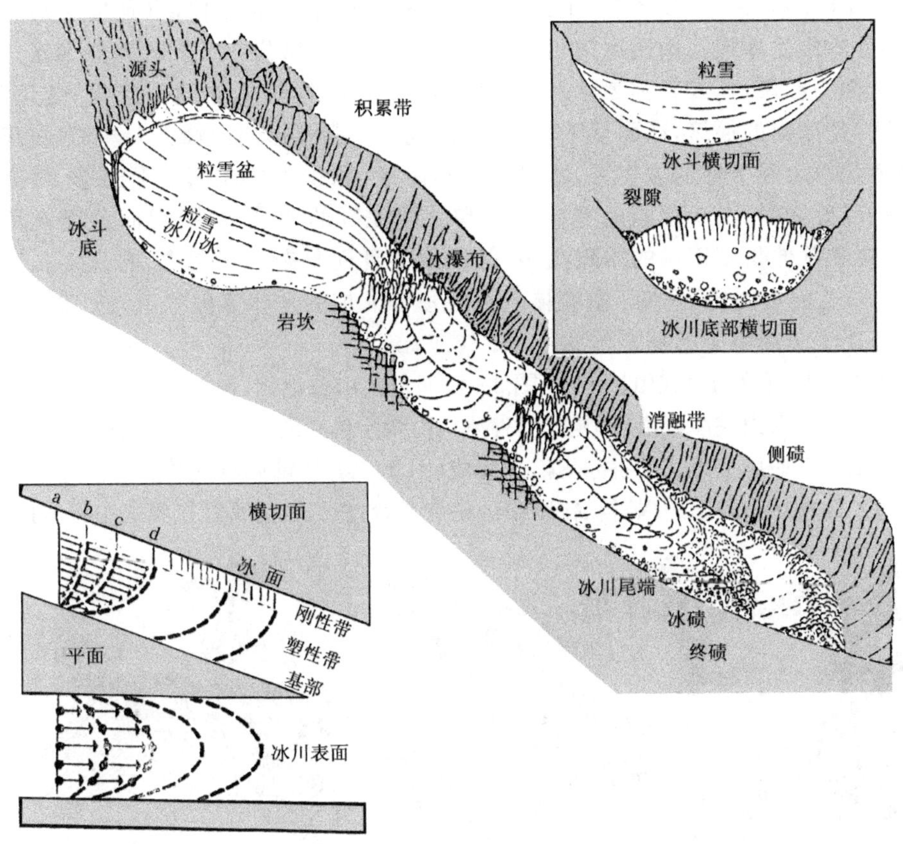

图 3-49　冰川运动

力影响下，其流速反而大于下部冰层。由于冰川各部位的运动速度不一致，使冰川表面及冰体内产生一系列的冰川裂隙和冰内褶皱。

冰川运动是顺着地面或冰面倾斜方向前进的。但由于冰川冰具有可塑性，冰川在前进道路上如果遇到阻碍，也可逆坡而上，越过阻碍继续前进，这也是冰川运动的一个特点。

2．冰川的类型

根据冰川的形态、规模、运动特点和所处的地形条件的不同，可把冰川分为山岳冰川和大陆冰川两大类。

(1) 山岳冰川

山岳冰川主要分布于中低纬高山地区。它呈舌状沿山坡洼地、山间谷地向下缓慢流动。按其形态、发育和地形特点的差别，山岳冰川又可进一步分为以下几种。

1）山谷冰川　山谷冰川是山岳冰川中规模最大的一种，也是发育最完善的、典型的山岳冰川。山岳冰川可以明显地划分为两部分：积累区和消融区。积累区又称为粒雪盆，或者称为冰盆，冰雪积聚在盆形洼地中，在这里降雪“变化”为冰川冰，是冰川的摇篮，冰面呈下凹形，等高线呈半圆弧形向山峰方向弯曲（突出）；消融区是沿山谷下伸的冰川舌，冰川舌是消融区，冰川舌的冰面呈上凸形，等高线向地势低处弯曲，由于强烈的差别消融和冰面泥砾的无规律性，因而冰面坑洼不平、深度和延伸长度不一的冰隙众多，等高线散乱而复杂。在我国，有许多长度在20 km以上的大冰川，例如：喀喇昆仑乔戈里峰北坡的音苏盖提冰川，长42 km；天山主峰托木尔峰南侧的托木尔冰川，长36.7 km。

山谷冰川可分为单式山谷冰川（图3-50）、复式山谷冰川、树枝状山谷冰川。单式山谷冰川由一条山谷冰川组成；复式山谷冰川由两条单式山谷冰川汇合而成；树枝状山谷冰川则由三条以上单式山谷冰川汇合而成（图3-51）。前两种又称为阿尔卑斯型山谷冰川。树枝状山谷冰川以喜马拉雅山区最为发育，故又称为喜马拉雅式山谷冰川。

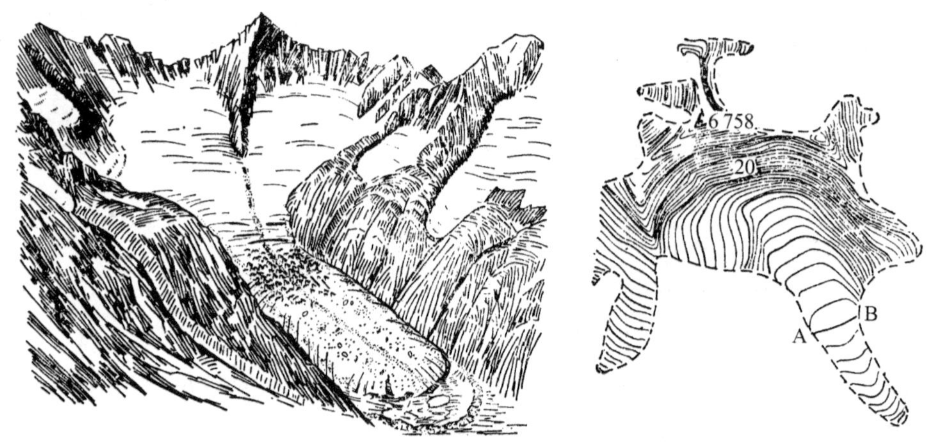

图3-50　单式山谷冰川素描与等高线图

山谷冰川在山岳冰川中的数量不是很多，但往往由于它规模（面积）很大，所以成为冰川研究的重点对象，当冰川冰供给量增加，冰川舌规模增大，向山体下方伸展；反之，冰川舌向山体上方退缩。

2）悬冰川　冰川厚度较薄，一般为一二十米，面积很小，很少超过1 km^2，但是数量众多、分布相当广泛的一种冰川。它分布在山坡上比较平缓或相对低洼的地方，呈饼形依附（悬挂）在坡地上（图3-52）。

3）冰斗冰川　这类冰川的特点是没有冰川舌，或者仅有一条短小的冰川舌。冰斗冰川的平面形状为椭圆形或半圆形、扇形、三角形，面积一般为几平方千米，其大小介于山谷冰川与悬冰川之间（图3-53），分布于谷源三面由陡坡环绕，一面开口的洼地中。

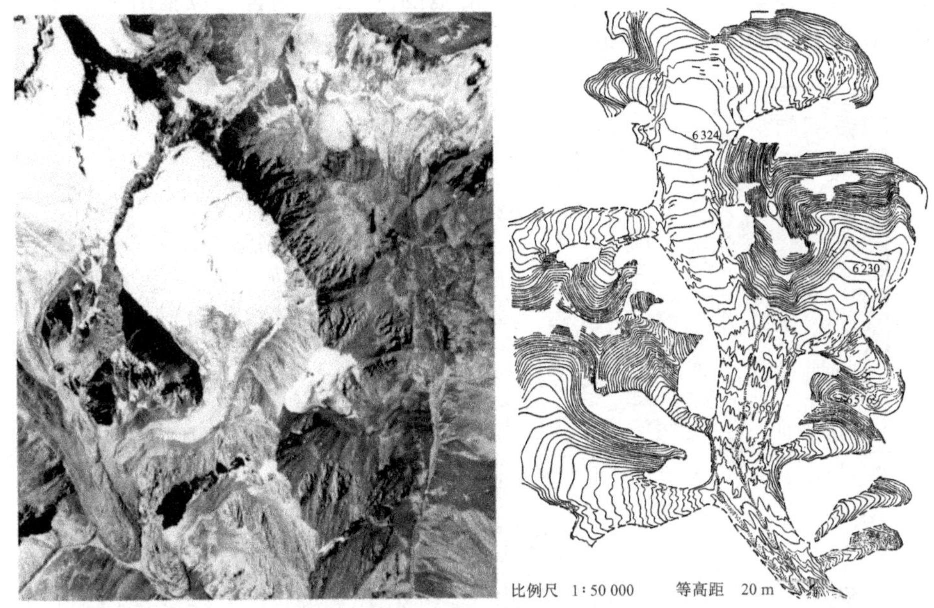

图 3-51 树状山谷冰川航空相片与等高线表示

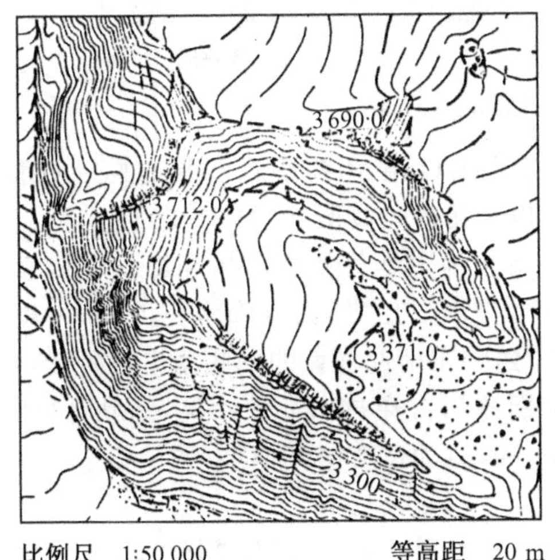

图 3-52 冰斗冰川航空影像与等高线表示

图 3-53 悬冰川等高线表示

4）平顶冰川 在高山顶部比较平坦的山顶夷平面上发育的冰川是平顶冰川，又称为冰帽。平顶冰川犹如冰雪制成的帽子覆盖在山顶，四周有不明显的冰川舌下伸。由于它位于山体的最高处，没有岩石裸露，所以平顶冰川没有表碛。冰川表面上层是粒雪，下层是冰川冰。由于受地形限制，它不可能积累很厚的冰川冰。这类冰川数量不多。图 3－54(间断等高线的范围内)是我国喜马拉雅山区的平顶冰川,其边缘向下伸出不太明显的冰川舌,成为河水的源头。

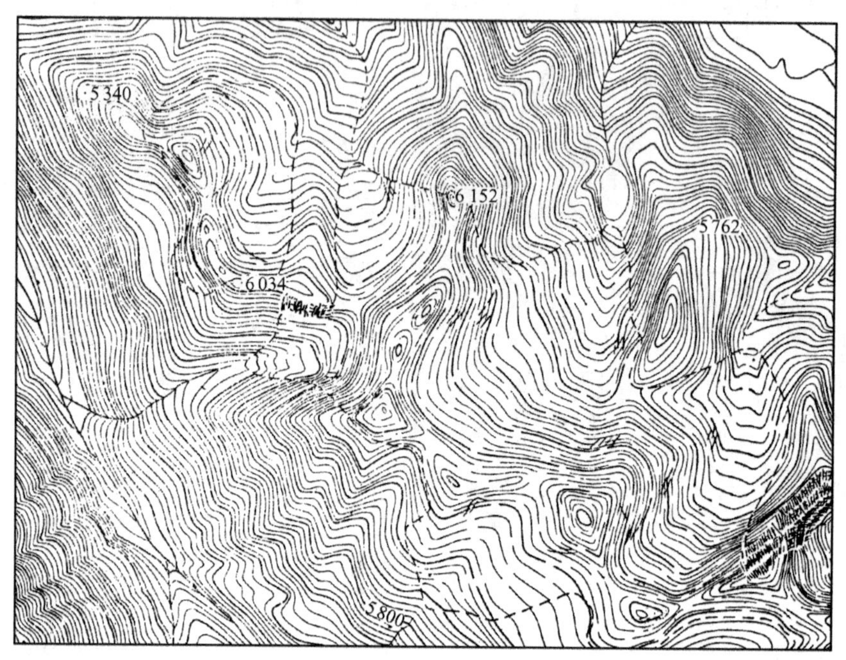

图 3－54　平顶冰川等高线表示

5）山麓冰川　　山麓冰川是山谷冰川流出山口,在山前平原上漫流的一种冰川,又称山麓冰泛。它是山谷冰川向大陆冰川转化的过渡形态(图 3－55)。

根据降水和成冰的气候条件,山岳冰川又分为大陆气候性冰川和海洋气候性冰川。前者冰的积累和消融较微弱,活动力也微弱。后者,大气降水充沛,冰雪积累量和消融量都很显著,冰川活动力强,我国西藏东南部发育的一些冰川主要受印度洋湿热气候控制,发育了海洋性冰川。个别冰川舌穿过山地针叶林,达到针-阔叶混交林林带中,冰川尾端最低高度在 2 400 m,运动速度快,活动力强。

(2) 大陆冰川

大陆冰川是面积最广、冰层厚度最大的一种大型冰川,南极和格陵兰分布世界规模最大的大陆冰川,整个陆地被冰川覆盖,仅个别山峰露出冰面,成为冰原岛山。大陆冰川的运动基本上不受下伏地形的影响。在大陆冰川中,冰面凸起如盾的叫冰盾。冰盾的中央为积雪区,边缘为消融区,冰川自中心向四周运动,另一种是表面起伏较大,规模也更大的冰川,称为大陆冰盖,冰盖的面积可达几百万平方千米,厚度可达千米以上,南极冰体最厚达 4 350 m(俄罗斯科研人员自 1988 年以来连续测绘,测得南极冰盖下最大的湖泊——东方湖水面上的冰体厚度,湖水最大深度

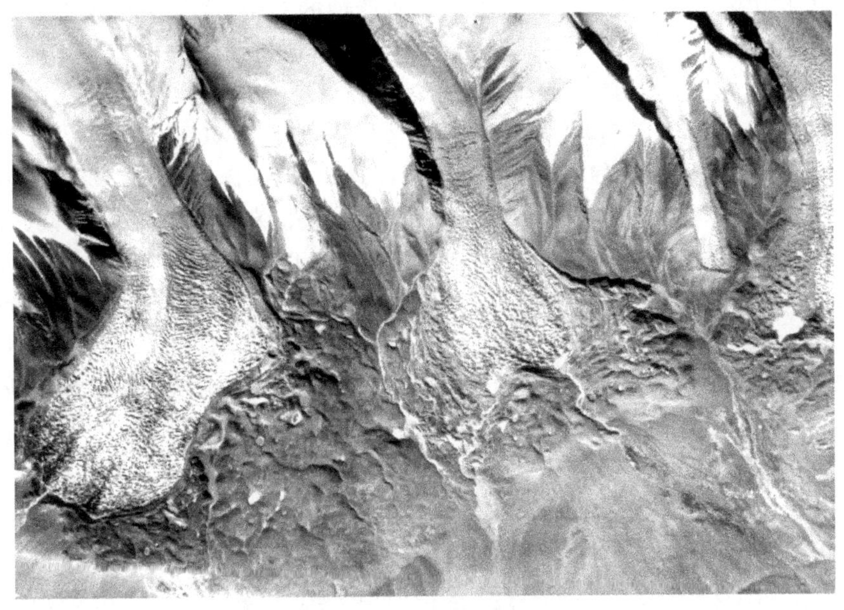

图 3-55 山麓冰川航空影像

1 200 m，冰厚度仍然在增加）。在第四纪冰期时，冰川曾广泛覆盖北美及欧洲大陆。现代大陆冰川主要分布在两极地区，如南极、格陵兰、冰岛等地，随着南极和北极探险和科学考察的进行，已经逐渐揭开他们的面纱。

3. 冰川作用

冰川的存在和运动对地表必然产生改造作用，这种作用叫做冰川作用。但由于冰是一种固体水，能融化、能冻结，会运动，所以冰川作用具有许多特点。

（1）冰蚀作用

冰川的运动速度虽然缓慢，但巨厚的冰川对地表产生强大的压力，给改变地貌以一种巨大的侵蚀力。冰川的侵蚀力比河流的侵蚀力要大 10～20 倍。

在冰川运动过程中，由于冰层的静压力很大（如冰层为 100 m 厚，则其静压力为 90 t/m^2），使冰川床底基岩被压碎，松散的岩石碎块被冻结在冰川底部，并被冰川从岩床上挖掘出来进入运动的冰体中，这种作用称为冰川的挖掘作用，或叫冰川的掘蚀作用。冰川所携带的基岩碎块沿途对冰床和两侧基岩进行磨锉，不断地挖深床底和开宽谷地，这种作用称为冰川的磨蚀作用，或叫刨蚀作用。冰川的掘蚀、磨蚀作用的结果就形成一系列的冰蚀地貌。“千湖之国”的芬兰境内的大大小小的形态各异的湖泊就是冰川这种作用的结果。W. K. 汗布林在《地球动力系统》著作中，分析了这种作用“一条 20 km 长的山谷冰川，其侵蚀深度可以比原先的河谷深 600 m。冰蚀掉这样大量的岩石，不能简单地理解为是这 20 km 长的冰川的功劳，而是流过此山谷的数千千米长的运动冰体所侵蚀的结果”。如果冰体在每次冰期中占据了这条山谷，每天流动的距离为 0.3 m，那么通过山谷的整个冰体的长度大约有 72 000 km。经过如此长的冰流的侵蚀，可以把山谷侵蚀加深 600 m。

在冰雪覆盖地区，新雪、粒雪在风力作用下，沿地表运动，对地表形态亦产生侵蚀作用，以及山坡凹地冰雪的冰冻风化作用，总称为雪蚀作用。冰雪积聚在山坡凹地，与雪线以上的冰川的冰冻风化作用一样，使基岩裂隙扩大，发生崩塌，改变凹地形态，形成雪蚀凹地，雪蚀作用可在雪线以上进行，也能在雪线以下地区进行。所以，雪蚀作用的范围比冰蚀作用的更大。在第四纪冰期时，形成的一些较大的雪蚀凹地，被保存下来到现代。现在，在研究冰蚀作用的时候，加强了对雪蚀作用的调查，利用地貌图表现其分布。因为它对第四纪冰期时的地貌和现代地貌的形成和发育都有深刻地影响。

(2) 冰川的运移和堆积作用

冰川在运动过程中，挟带着许多冰冻风化、掘蚀和刨蚀作用产生的岩石碎屑以及巨石向下运动，冰川运移和堆积的这些物质称为冰碛，其中直径大于 1 m 的岩块叫冰漂砾。

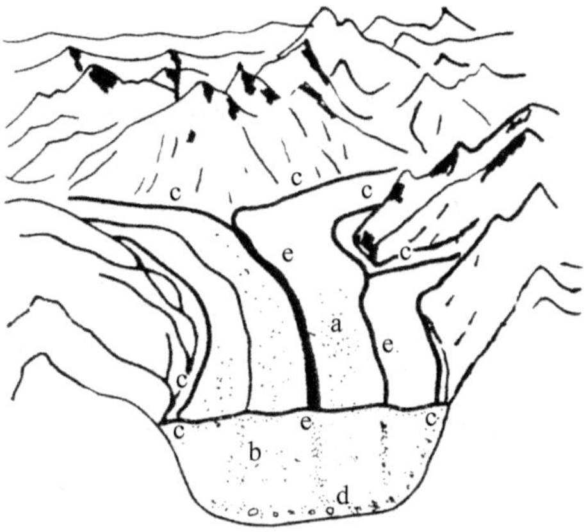

根据冰碛在冰川体内的位置，可分为表碛、内碛、底碛、侧碛、中碛(图 3-56)。冰碛的来源，一部分是冰川运动中侵蚀谷底和谷壁所获得；一部分是由于冰川作用地区强烈的寒冻分化作用产生的分化岩屑，在重力作用下崩落到冰川中；另外一部分是冰川发生前由其他外力作用(如流水、分化、重力作用等)产生的堆积在谷地中的岩屑。这些物质在冰川运动与堆积中发生移位。由于冰川是固体，冰碛在被搬运和堆积过程中基本上没有受到“加工”，因此冰碛物质带有明显的棱角。当冰川消融后，堆积下来的冰碛物没有分选性，泥砾混杂，没有沉积层理。随冰川一起运动的冰碛也称其为运动冰碛，运动冰碛由于冰体融化而停积下来，成为堆积冰碛物。

图 3-56 冰川舌(消融区)的运动冰碛分布

a. 表碛；b. 内碛；c. 侧碛；d. 底碛；e. 中碛

二、冰川地貌形体

冰川地貌形体分为冰蚀地貌(侵蚀地貌)和冰碛地貌(堆积地貌)。冰蚀地貌的主要形态有冰斗、冰川谷、角峰、刃脊。冰碛地貌主要是尾碛堤和侧碛堤。

1. 冰蚀地貌

(1) 冰斗

冰川融化消失后,原冰斗冰川、山岳冰川的粒雪盆(冰盆)显露出一个三面陡峭且封闭一面开放的围椅形或剧场形基岩裸露凹地,这种地貌形体称为冰斗(图 3-57～3-58)。在冰斗出口处(图 3-58 中的 A 处)有一个类似门槛的"堤坝",称为冰槛。冰川完全消融后,冰斗内往往积水成湖,成为山地上部非常特殊的地貌形体。

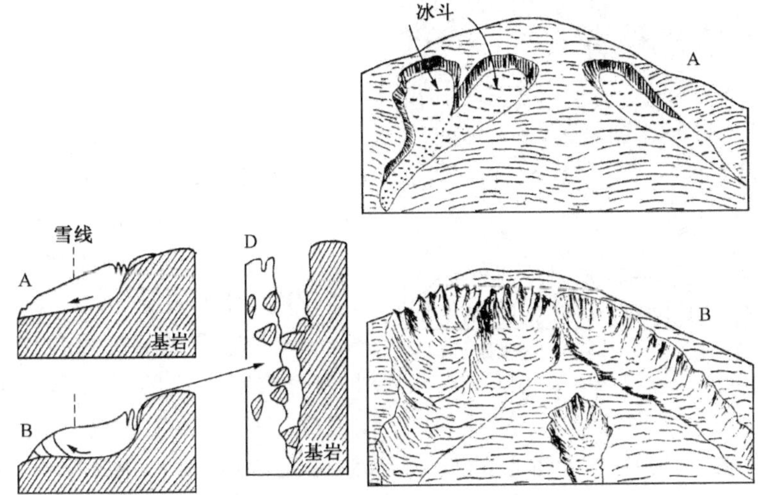

图 3-57 冰斗的形成与形体特征示意图

图 3-58 冰斗的航空影像

当气候转暖而雪线间歇性上升时，会沿山坡向上在不同高度上形成一系列的冰斗，最上面的冰斗是形成时代最新的冰斗——现代冰斗，下部分布不同时代形成的不同高度和规模的冰斗，冰斗槛高程大致代表当时的古雪线高度。当地壳运动使山体上升时，则雪线相对下降，这样，古冰斗就会上升，冰斗之间的相对高差则表示了地壳运动的幅度。所以，研究冰斗的分布，对于了解山地的气候变化和地壳运动的特点是很有意义的。

图 3－59　冰斗等高线图形

在地形图上，冰斗的周壁用半圆形密集等高线表示，稀疏等高线表示冰斗底部低凹平坦部分，中央往往有一条或几条闭合等高线表示的洼地（图 3－59）。

(2) 角峰和刃脊

山岳冰川区的寒冻风化作用非常强烈，发育狭窄尖锐的刀刃形山顶和角锥体山峰。三个（或三个以上）冰斗或粒雪盆之间的山峰，常形成金字塔形的孤立尖峰，称角峰（图 3－58、图 3－59、图 3－60），冰斗或粒雪盆或冰川谷（山谷冰川）之间的山岭，顶部基岩裸露、狭窄尖锐、巨石参差交错呈锯齿形，称刃脊（图 3－58、图 3－59、图 3－60）。角峰和刃脊的山坡形态均以凹形坡为主。

(3) 冰川谷

冰川谷一般是在原来河谷基础上经山谷冰川侵蚀雕刻加工而发育成的。冰川退缩或融化后，冰川侵蚀作用形成的谷地地貌显露出来，冰川谷的典型形态是具有“U”字形（抛物线形）横剖面，底部呈开阔圆弧形，谷坡陡立，所以冰川谷又称 U 形谷（图 3－60）。

图 3－60 等高线图形表现了冰蚀地貌的典型形态特征。通过谷底的等高线基本上呈圆弧形弯曲。沿谷底纵轴，相邻两条等高线之间距离较大，沿横轴方向同一高程的等高线离开河床符号距离亦较大。谷坡等高线密集，显示坡度甚陡，从谷壁到谷底坡度明显转折，显示了冰川 U 形谷横剖面的特征。从河流与等高线相交处可以发现两者不是垂直相交，等高线向上游弯曲呈不明显的锐角与河流相交。这个特征反映冰川谷目前正被流水作用改造，将出现明显的 U 套 V 的（谷中谷）复合形谷地。谷地平面形状十分平直。

悬谷是冰川作用的山地中一种普遍的谷地地貌形体，是主冰川谷的支谷。冰

图 3－60　冰川侵蚀地貌等高线图形

川作用时期主、支冰川的冰量不等，冰川对谷地的侵蚀力也不同。主冰川冰量大，侵蚀强度大，谷底被蚀低到更低的海拔高度，而支冰川冰量相对较小，侵蚀力量较弱，冰川消融后，支冰川的谷底则“高悬”在主冰川谷的谷坡上，两者之间有一明显的陡坡，表现在地形图上等高线在该处平直通过，而不像河流作用支谷那样等高线直接向支谷上游伸展。图 3－60 也反映了悬谷的等高线特征，支谷“高悬”在主谷之上，高差达几百米。表 3－1 列出一般河谷的形态与冰川谷的形态的简单对比，从中可看出两者的区别。

表 3－1　河谷的形态与冰川谷的形态的简单对比

山区河谷	冰川谷
1. 横剖面呈 V 形或梯形	1. 横剖面呈 U 形
2. 谷底尖锐、狭窄、谷壁陡峭	2. 谷底宽平，谷壁陡峭，能明显区分谷底和谷壁
3. 谷底纵剖面起伏小	3. 谷地纵剖面起伏大
4. 河谷平面形状弯曲、山嘴交错	4. 谷地平面图形平直，两侧山嘴切平
5. 谷地自下而上，由窄变宽	5. 谷地宽度变化不大，呈等宽形，谷源有开敞的冰斗地貌

2. 冰碛地貌

冰川消失后，被冰川运移的运动冰碛堆积所成的地貌是一些高度不大的丘陵。

运动冰碛的堆积物是一种由砾、砂、粉沙和黏土组成的混杂堆积，结构疏松，粒度差别悬殊。冰碛堆积物中的砾石磨圆度差，颗粒形状多呈棱角状和半棱角状，颗粒岩性与冰川源头和冰川下伏基岩性质一致。冰碛物一般缺乏层理构造，山岳冰川形成的冰碛地貌主要是侧碛堤和尾碛堤。

(1) 尾碛堤

尾碛堤又称为终碛垅(堤)，形态非常特殊，呈一条向下游突出的弧形堤坝，很易识别。冰川舌尾端在某高度停顿较长时间，冰川搬运来的冰碛物在尾端堆积，就可能形成一条横拦谷地的向地势低处突出的弧形丘陵(自然堤坝)，其内侧往往积水形成湖泊，称其为尾碛湖。

冰川尾端在某一海拔高度的停顿决不意味冰川停止运动。从积累与消融的关系来说，它是冰川积累与消融处于平衡状态的反映，这种平衡是一种动态平衡，即冰川冰不断从粒雪盆(冰盆)输送到冰川舌，而在冰川舌部分，冰川冰在运动过程中同时在不断消融，冰川冰的供给量与消融量在数量上达到平衡，这时从冰川舌尾端的位置来看，在某高度处于一种稳定状态。实际上，冰川体内部的冰川冰一刻也没有停止向冰川尾部运动。如果冰川舌均速后退，并不构成明显的尾碛堤地形。只有当冰川舌在某处有较长时间的停顿，冰碛被运送到冰舌尾端聚集时才能形成尾碛丘陵。如果气候间歇性逐渐变暖，冰川舌是非均速后退则可以形成多道尾碛堤，尾碛堤之间的距离反映了气候变暖的经历时间长短，尾碛堤的规模反映冰碛物量的多少和冰川舌尾部停留时间的长短。由于冰川尾端呈圆弧形突出，所以横拦谷地的尾碛堤大致也呈弧形向下弯曲。图 3 - 61、图 3 - 62 表示尾碛丘陵，在图上可以粗略地判读出两条大的尾碛堤(又称尾碛垅)：第一条是高程注记 4 113 m 处的弧形丘陵；第二条位于4 100 m 等高线内侧，它是由一系列小的弧形丘陵组成，实际上这些小的弧形丘就是许多条尾碛堤。在图上尾碛堤明显地被近代流水切割。在尾碛堤内侧是一个由于尾碛堤堵塞谷地而形成的冰水湖泊。

比例尺　1:50 000　　　　**等高距**　20 m

图 3 - 61　尾碛堤等高线

对尾碛堤的研究具有很大的科学意义。尾碛堤的位置反映了冰川达到的范

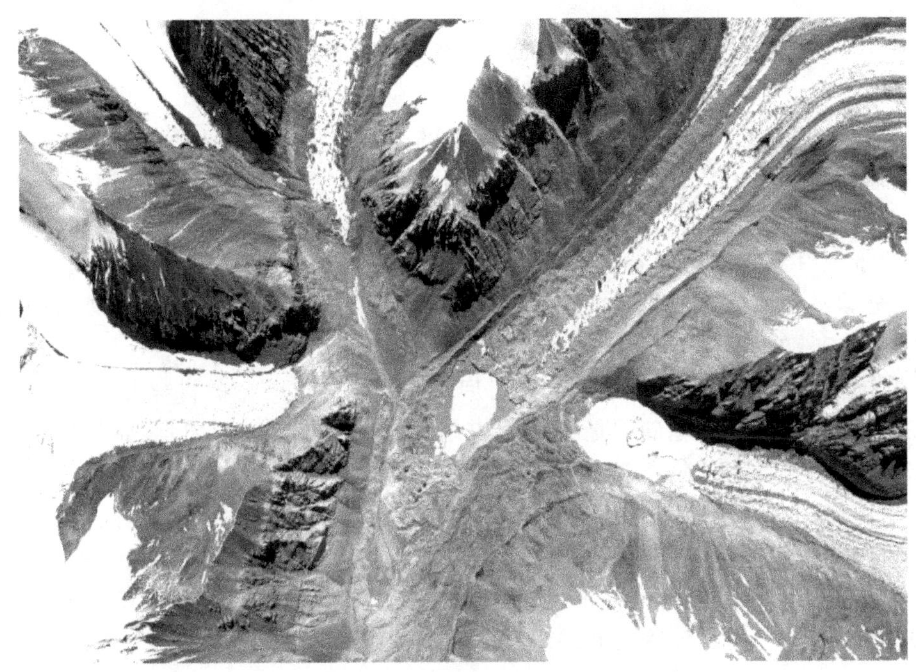

图 3-62 现代冰川地貌、冰川侵蚀与冰碛地貌

围,同时还可了解冰期中气候波动对于冰川前进和后退情况的影响。

(2) 侧碛堤

随着冰川消融向山体高处上升,原聚集于冰川舌两侧边缘的大量碎屑物质出露冰体,形成了与冰川流向平行的长条状冰碛物组成的堤岗,叫做侧碛堤。一般高度为数十米。侧碛堤的上游源头开始于雪线附近,下游末端与尾碛相连(图 3-62)。

(3) 冰碛丘陵

冰川消融后,原随冰川运动的表碛、中碛、内碛和底碛以及冰下流水沉积物都停积在冰川谷底,统称为基碛。这些基碛物质受冰川谷底地形起伏的影响或受冰内冰碛物质分布不均的影响,形成高低起伏的波状丘陵,称为冰碛丘陵。冰碛丘陵广泛分布于大陆冰川作用区,高差可达数十米或数百米,在山岳冰川作用区,冰碛丘陵规模较小,相对高度多为数米至数十米。

(4) 鼓丘

由冰碛物组成的一种流线型丘陵,平面上呈蛋形,长轴与冰流方向一致,高度数米至数十米,长度数百米至数千米。鼓丘内有时含有基岩核心,常位于迎冰坡端。它在山岳冰川中很少见,在大陆冰川区则往往成群分布于尾碛堤以内。

三、第四纪冰期

在地质历史上，全球气候曾有三次明显的冷暖变化。气候寒冷时期，降雪量增加，发育大规模冰川，叫冰期；气候变暖，冰川大规模消退，叫间冰期。前两次冰期发生在前寒武纪和石炭二叠纪，地质历史久远，对现代地貌的影响完全消失。第三次开始于三百万年前的晚新生代，一直延续到第四纪。第四纪是一个气候巨变的时期，全球不少地区曾经历了多次冷暖交替。相应地出现了冰期与间冰期，冰川作用造就了丰富的地貌形体和堆积物。

我国卓越的地质科学家李四光在对庐山进行了 3 次严谨的科学考察和长时间研究后，以庐山地区为基础曾把我国境内划分出 4 个冰期：鄱阳、大姑、庐山和大理冰期，分别与欧洲阿尔卑斯山区的贡兹、民德、里斯和玉木冰期相对应。但是，由于古冰川作用遗迹往往受到后期外力作用的改造与破坏，使原有的冰川地貌形体和堆积物分布特征受到不同程度的变化，个别地区容易引起不同学者的意见分歧，如中国东部第四纪古冰川问题的争论仍然存在。在考证古冰川活动证据时，应从冰蚀、冰碛、冰水、冰缘地貌之间的组合和相关分析综合进行。

第四节　冻土地貌

在极地及其附近地带，在中低纬度高山、高原地区，地温常是零度或零度以下，降水少，缺少冰雪覆盖，土层上部常发生周期性的融冻，土层下部形成多年不融化的冻结层，这样的土称为多年冻土或者永冻土。冻土地区的主要外力作用是融冻作用，以融冻作用为主形成的地貌就称为冻土地貌。

一、冻土和融冻作用

1. 冻土的基本性态

冻土是指温度保持 0℃以下，含有冰的土层或岩层。温度很低而不含冰的土层，不能称为冻土，只能叫低温寒土。根据冻结时间的长短，冻土可分为季节性冻土和多年冻土（又称永冻土）。

多年冻土一般可以分为上下两层，上层为冬冻夏融的活动层，下层是终年（多年）不融的永冻层。活动层有两种状态，即夏季融化后为季融层，冬季再冻结则为季冻层。如果某年的冬季气温较高，地温也随之较高，冻结深度小于夏季融化厚度时，在季冻层的下面就会出现一个未冻结的融区。相反，如果某年的冬季较上年为冷，而夏季又较上年为凉，这样，夏季的融化深度可能小于冬季的冻结厚度，便在季融层的下面保留一层没融化的隔年冻结层。所以，各年因温度变化的差别，在活动层和永冻层之间出现隔年融化和隔年冻结层(图 3-63)。

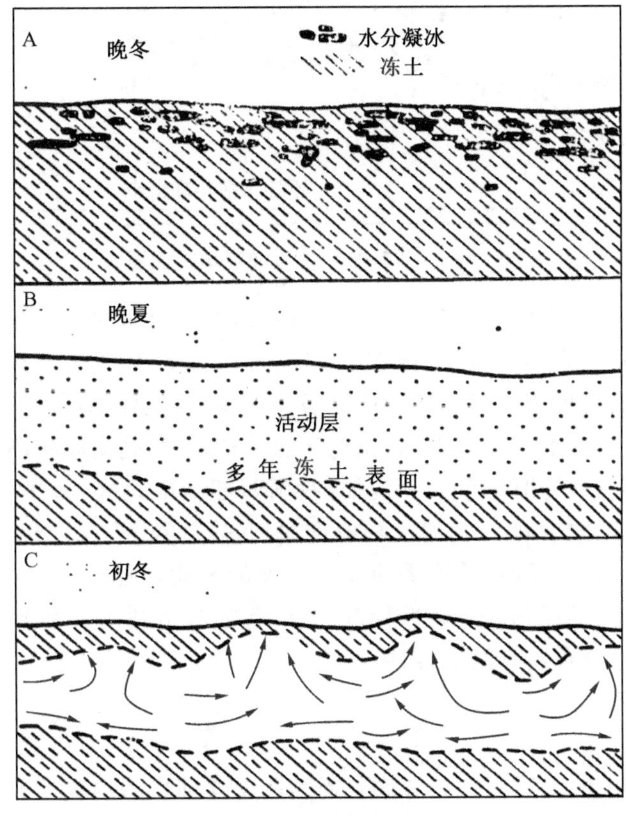

图 3-63　多年冻土层

2. 冻土的分布

冻土在地球上的分布具有明显的纬度水平地带性和高度垂直地带性。在水平方向上，自高纬到中纬，多年冻土的埋藏深度逐渐增加，其厚度则不断减小，由连续多年冻土带过渡为不连续多年冻土带，乃至季节冻土带(图 3-64)，例如，极地地区多年冻土层顶面与地表一致，其厚度可达千米以上，年平均地温低到－15℃；延续至多年冻土带南、北纬 60°附近，冻土的厚度百米左右，地温增高到－3～5℃；冻土分布的南边界限在南、北纬 48°左右，冻土层的厚度仅 1～2 m，地温接近 0℃。全球多年冻土有 3 500 万 km^2，占地表 24%。

我国冻土分布较集中地区在北纬 48°以北的黑龙江省北部地区、西部海拔

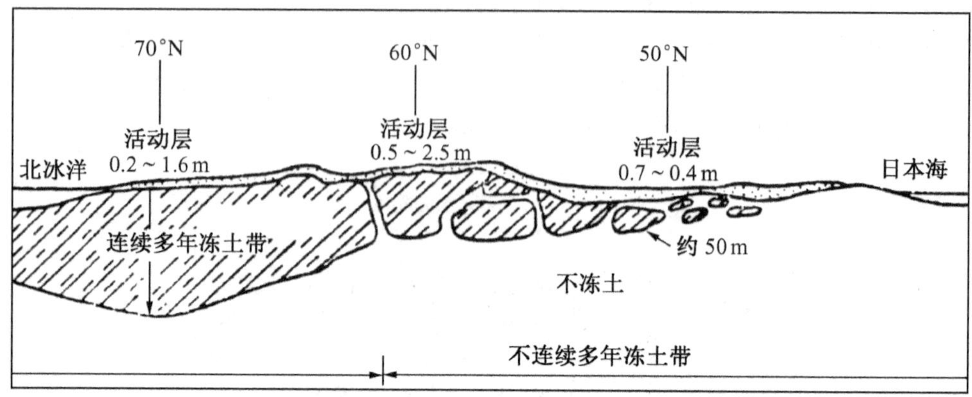

图 3-64 北半球多年冻土纬度地带性图式

4 300～4 500 m 以上的高山与高原区，面积共约 250 万 km^2，占全国面积 1/4 左右。我国东北的北部，属于北半球多年冻土带南部边缘地带范围，冻土层厚度 20～30 m。研究冻土地貌对我国的社会经济建设有着重要的意义。

冻土在垂直方向上即在高山、高原地区的分布，主要是受海拔高度的控制。海拔愈高，冻土埋藏愈浅，厚度愈大。例如，我国西部高山地区，海拔每升高 100 m，冻土埋藏深度一般减少 0.2 m，厚度一般增加 30 m 左右。

冻土的分布、埋深及厚度，除受纬度和高度的影响与控制、具有明显的纬度和高度地带性外，还受海陆分布、岩性特点、地形条件和植被等许多非地带因素的影响。所以，冻土的分布还有区域性特点。

3. 冻融作用

土层和岩层中的水反复冻结和融化而引起土体和岩体的破坏、扰动、变形甚至运动的作用，称冻融作用。冻融作用有冰冻风化、冰冻扰动和冻融泥流等三种主要表现形式。

所谓冰冻风化（也称冻融风化）则指土层或岩层裂隙中的水，在冬季或夜晚温度下降发生冻结时把岩石胀裂，并因冻结膨胀产生压力而把裂隙附近的岩石压碎成块石和更细的物质。冰冻风化是冻土区一种最普遍的冻融作用形式。冰冻扰动（也称融冻扰动）是指在多年冻土活动层内发生的，因受冻胀挤压而引起的一种土层结构的塑性变形现象。冻融泥流是指冻土层上部解冻时，融化的水使松散土层达到饱和状态，这种饱含水的土层，因具有可塑性，在重力作用下，而发生沿斜坡蠕动的现象。

冻融作用是冻土区一种主要的营力，通过冰冻风化、冰冻扰动和冻融泥流等形式，造成多种多样的冻土地貌形体。

二、冻土地貌形体

1. 石海与石河

1）石海　在较平坦的、排水较好的山顶或和缓的山坡上，冻融风化作用形成的石块，直接覆盖在基岩面上，这种布满块石的地面称为石海。石海的块石层，由粗大的石块组成，因块石层的透水性好，不易保存水分，块石被冻融分解缓慢；即使有少量细粒物质也是多被融水带走，所以，块石层很少有细小的碎屑物质。

2）石河（石川）　在不太陡的浅沟或谷地里，大量冻融风化块石，在重力作用下，沿着下伏的湿润土层面，徐徐向下滑动，呈带形的块石群体，称为石河（图 3－65）。石河运动多发生在春季以后的升温时期，因在这时其下伏的土层开始解冻，变成湿润的土体，湿润的土层面便成为块石运动的滑动面。石河运动速度缓慢，如我国昆仑山石河运动的年平均速度不超过 20～30 cm。

图 3－65　山区谷底石河

2. 构造土

构造土又称多边形土、几何形土或冰冻结构土，是冻土层表面物质在冻融作用和冻融胀力推挤的作用下，运移、分选而成的具有一定几何形态的构造和微地貌现象。它是多年冻土的地貌标志之一。有石质多边形土或石环等多种形式。

石质多边形土是一种以细土或细小碎石为中心，边缘为砾石圈围成的，具有不规则几何形态的构造土（图 3－66）。石质多边形土是冻融分选作用所形成的。冻融分选包括垂直分选和水平分选。垂直分选的结果是粗砾升到表面。粗细物质组成的土层，冬季地表冻结时，因颗粒间的孔隙水结冰而向上膨胀，整个地面上升，其中的砾石也随之被抬高，在抬高砾石的下面自然产生一个空隙，这个空隙马上就会被周围没有冻结的细粒物质所填满。这样，在下次解冻时，砾石不能落回到原位，而被抬高了。这种作用的长期进行，活动层下部的砾石就被抬升到地表。水平分选的结果是，到达地面的砾石再被挤移动到边缘集中。水平分选是由于土层物质粗细与含水量不同而引起的。细粒土含水量较多，冻结时膨胀较厉害，成为膨胀中心。膨胀中心区的砾石，也随着土体在水平方向的膨胀而向四周移动。到土层解冻时，细粒土松散开，而砾石则因惰性而不能回到原处。随着冻结与融解的多年反复进行，膨胀中心附近的砾石就被推压移动到土体边缘集中起来，从而形成网络状的石质多边形土。

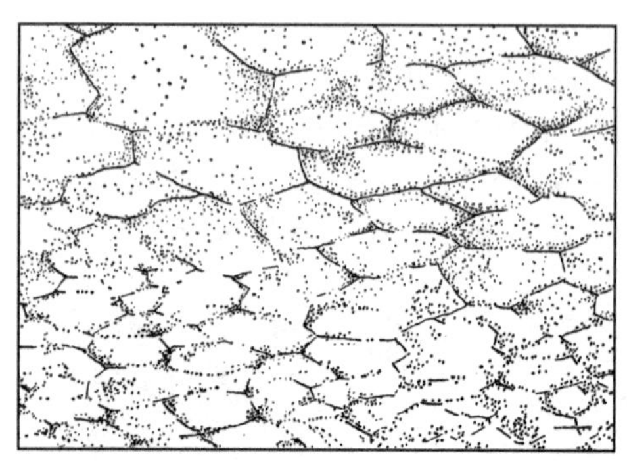

图 3-66 多边形土

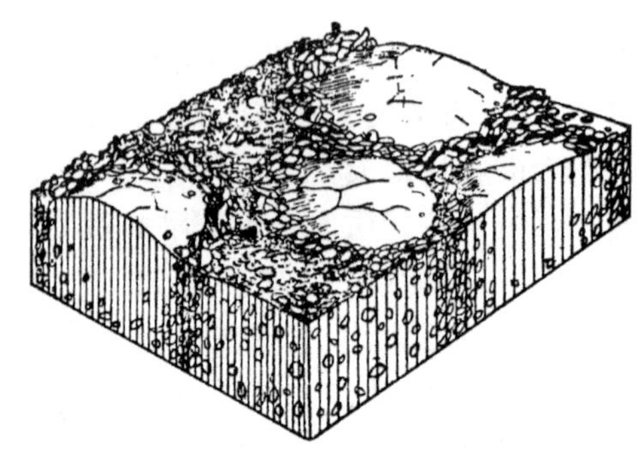

图 3-67 石环

在水平地面上，如果石质多边形体之间互不接触时，多边形体的石链就会加宽，最后形成趋近于圆形的石环(图 3-67)。石环的直径大小差别很大，在高纬度地区可达几十米，中低纬度的高山高原地区一般为几十厘米到几米。石环形成的速度是很快的，如祁连山某冰川边缘，冰川刚退缩不到两年，在冰碛物中就发育了大量石环，大的直径可达 4～5 m。

由于形成石环必须要有一定比例的细粒土(一般不少于总体积的25%～35%)，并且土层还要有较充足的水分，所以石环多发育在平坦湿润地带，如河漫滩、洪积扇边缘。在斜坡地上，冻融分选在重力和冻融泥流等作用参与下，则形成椭圆形的石环、窄长带状的石带。

3. 冰核丘和冰丘

(1) 冰核丘(冻胀丘)

在冻土地区，冻土层的冻融层中所含的水分，又在地下慢慢凝聚冻成冰体——冰透镜体，由于冻结膨胀作用使土层产生鼓胀隆起(图 3-68)。冰核丘多为球体、椭球体，顶部扁平，多方向不一的张裂隙，周坡较陡，可达 40°～50°。冻胀丘的形成是由于土层中所含水分不均匀所致，下部未冻结的岩土和地下水从冻结压力大的地方向压力小的地方集中，结果就会在冻结深度小的地方把地面胀鼓起来，形成冻胀丘。如果冻胀丘内的地下水冻结成冰透镜体，它对地表也有明显的地貌作用，使地表隆起更高。一般一年生的冰核丘规模较小，高数厘米至数米；多年生的冰核丘高可达十余米至数十米，直径 30～70 m。青藏公路昆仑山垭口的冰核丘高约 20 m，长径 70～80 m，短径 30～40 m，还在不断发展中。冰核丘的冰透镜体夏季消融，会引起地面下沉，出现洼地，常引起地面变形，使道路翻浆等。多年生冰透镜体，深入到多年冻结层里，规模很大，高达 10 至 20 m，底部长 150 至 200 m，它们可存在几十年或几百年。

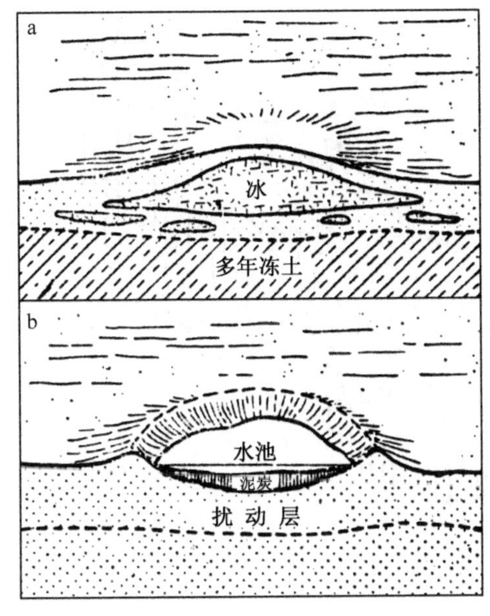

图 3-68 冰核丘

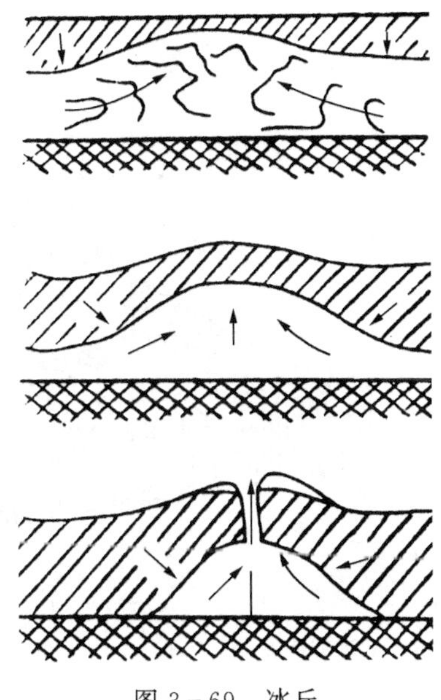

图 3-69 冰丘

(2) 冰丘

冰丘是在寒冻季节溢出冻结地表的地下水和冒出冰面的河湖水，经冻结后重新形成的冰丘体(图 3-69)。冰丘体的成因与冻胀丘相似。它主要是由土层冻结后产生的承压水，从薄弱地方或从裂隙冒出地表和冰面，再冻结而形成的。春末冰丘停止发展，并转向消融，直到融解消失。冰丘的生成与消失，可以影响交通道路和工程建筑的稳固性。

4. 热融地貌

热融地貌又叫热力喀斯特地形，是指冻土层上部局部融化而产生的各种负地形。在冻土地区，由于气候转暖或人为作用，如砍伐森林、开垦荒地、修库蓄水、开挖水沟、铲除草皮进行工程建筑等，破坏了地面原有的保温层，使土层中温度升高，引起活动层深度加大，永冻层上部的地上冰发生融化，融水沿着土粒间的缝隙排出，土体体积缩小，冰冻层以上的土层因重力压缩而产生沉陷，从而形成各种热融地貌，如沉陷漏斗、浅洼地、沉陷盆地等。它们积水后，形成热融湖，分布于多年冻土发育的平原或高原区。热融现象可引起路基沉陷，路面松软，水渠垮塌等不良地貌灾害现象发生。

在山坡上，由于热融土体沿冻融面滑动，产生热融滑坡，也常产生地貌危害。

青藏铁路、青藏公路、川藏公路都穿越青藏高原的冻土区。在工程建设中研究不同地段的地质、地貌、水分、冻土特征采取工程措施，对于保证交通的畅通是十分重要的，需要进行实验研究和科学论证。图 3 - 70 是冻土地貌组合。

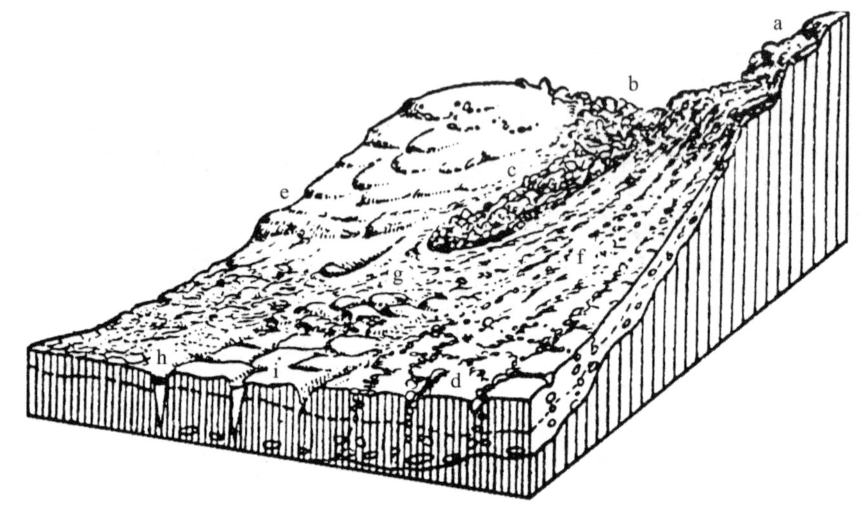

图 3 - 70　冻土地貌组合(据 С. Г. Б оч,1986)

a. 山原阶地；b. 石河；c. 石带；d. 石环；e. 泥流舌与泥流阶地；f. 多变形土；g. 冰丘；h. 冰楔

第五节　风沙地貌

风对地表松散碎屑物(沙质土)的吹蚀、运移和堆积过程所形成的地貌，称为风沙地貌或风沙地貌。风沙作用及其所形成地貌，虽然可出现在诸如大陆性冰川外缘(冰缘区)，湿润区植被稀少的沙质海岸、湖岸和河岸，但主要还是分布在干旱和半干旱地区，特别是其中的沙漠地带。风沙地貌分布区自然地理特点是，太阳辐射强烈，昼夜气温剧变，物理风化盛行；降水少、变率大而又集中，蒸发强，年蒸发量常数倍、数十倍于降水量；地表径流贫乏，流水作用微弱；植被稀疏矮小，疏松的沙质地表裸露；特别是风大而频繁，风成了塑造地貌的主要动力，所以在这类地区风沙地貌特别发育。

一、中国风沙地貌分布特征

1. 空间分布

中国风沙地貌主要分布在东经 75°～125°之间，北纬 35°～50°之间的西北、华北北部和东北西部的地带内，面积 109.5 km^2，约占全国总面积 11.4%。其中大致在乌鞘岭和贺兰山（甘肃省）以西地区分布比较集中，占其总面积的 90%，该区以东呈面片状分散分布。

2. 气候特征

气候上属于干旱少雨、风力强大而频繁的干旱和半干旱区。年降雨量都在 400 mm 以下，贺兰山以西则在 200 mm 以下，其中巴丹吉林沙漠在 50 mm 以内，新疆东部戈壁和塔克拉玛干沙漠的中部和东部不足 10 mm，而柴达木盆地的芒崖仅 5 mm。

大气降水高度集中，往往以暴雨形式在很短时间内结束，极端情况下，几年内只降一次雨。空气非常干燥，相对湿度低，蒸发量比降雨量高好几倍。

气候上的另一特点是温差显著，天气经常晴朗，地面增温和冷却速度快，幅度大。年平均较差达 60～70℃，甚至更大。日较差也达 35～50℃。

3. 地势特征

除小部分分布于内陆高原以外，绝大部分都分布在巨大的内陆盆地中，如塔里木盆地中央的塔克拉玛干沙漠、准噶尔盆地内的古尔班通古特沙漠等。这些地区属内陆流域，盆地内覆盖着厚度很大的由河流冲积和湖泊沉积的沙泥质沉积物，如古尔班通古特沙漠南线一般有厚达 200～400 m 的沉积物。

4. 地表景观特征

几乎无常年性河流与湖泊，植被只有稀少低矮的荒漠草和灌木，甚至缺乏草、地衣，基岩、石块、沙大面积裸露。地表非常破碎。

二、风沙地貌发育的动力

干旱气候区风沙地貌的形成主要受物理风化作用、风力作用、暂时性流水作用影响。

1. 物理风化作用

在干旱气候条件下，温度变化幅度大、速度快，所以岩石物理风化作用进行得非常剧烈。岩石层层剥落，地表风化碎屑物质丰富，这种由于强烈物理风化作用形成的岩屑，为风力作用和流水作用提供了十分有利的物质条件。

2. 风力作用

风经过松散物质组成的地面，风速达到使得地表沙土物质离开原地，挟带有沙粒运动的风称为风沙流。风的地貌动力表现为风蚀、风运和风积三种作用。

(1) 风蚀作用

风蚀作用分为吹蚀和磨蚀两种方式。风吹经沙质地表时，由于气流的紊动作用和风力对地面沙粒的直接冲击力，把沙土吹离原地，称为吹蚀。据观测，风速一般达到4～5 m/s，就能起沙(0.2 mm粒径)造成吹蚀，风速增大时，大的沙粒亦能起动。

风携带着沙粒前进，与地表发生碰撞和摩擦而破坏原地物质，沙粒之间也互相摩擦，这种过程称为磨蚀。一般磨蚀作用以距地面0.5～1.5 m的高度范围内最为强烈，向上逐渐减弱，这是因为风所携带的沙主要集中在这一高度的缘故。

(2) 风的运移作用

风力作用于地面能把地表的松散沙粒或基岩表面的风化产物吹扬起来以风沙流的形式进行长距离运移，风挟带沙粒运动的方式，主要有三种(图3-71)。

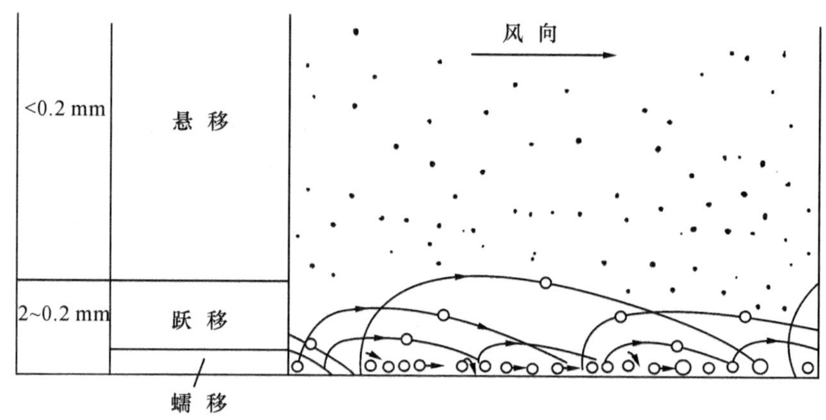

图3-71　风力运移作用

1) 悬移　　在风力作用下，小于0.2 mm的细小沙粒，能够长期悬浮在运动气流中移动，这是因为风的紊动向上分速大于细小沙粒的沉降速度，沙粒就在气流的向上分力支撑下而呈飘浮状态。

2) 跃移　　沙粒降落时，与地面碰撞，或反弹回空中，再在风的推动下被加速，沿一定的轨迹前进，在重力作用下再下落到地表，称为跃移。沙粒的弹性跳跃高度可达1.5～2.5 m。跃移沙粒的粒径多在0.2～0.5 mm间。

3) 蠕移　　又叫推移。跃动中的沙粒在降落时对地面产生冲击，使地表较大沙粒(粒径多在0.5～2 mm间)在受到冲击后，获得能量，缓缓向前蠕动。低风速时，这些沙粒时行时止，每次只移动几毫米，而到高风速时，整个地表沙粒好像都在缓缓蠕移。据研究，高速跃动的沙粒，它的冲击力可以推动6倍于它的直径的沙粒，或二百多倍于它的重量的地表沙粒。

风是地球上最广泛、最有效的运移营力之一。但是,风的能力主要限于搬移小于 2 mm 的细小而松散的碎屑物质,如细沙、粉沙、黏土粒等。当地表的细小物质被吹走以后,留下的是粗颗粒的砾石和碎石屑,成为地面的保护层。只有在强大的风力作用下,碎石屑或砾石才会被吹成定向排列的堆积体。在吐鲁番盆地内,由于通过达坂城谷地的风力特别强烈,因此,直径达 4 cm 的砾石被堆成 30 cm 高的砾石堆。

沙的起动与风速及其运移的颗粒大小(粒径)成正比。实验测定风速与沙砾颗粒粒径之间又呈正相关关系(表 3－2)。

表 3－2 新疆莎车地区沙粒粒经与启动风速(吴正,1987)

运动沙粒的最大粒径/mm	0.1～0.25	0.25～0.5	0.5～1.0	>1.0
风速(距地面 2 m 高)/(m/s)	4.0	5.6	6.7	7.1

对于 0.2 mm 以下某一粒径的沙粒,随着风速的增大,可以从蠕移转为跃移,从跃移转化为悬移。

当起沙风吹经沙质地表时,松散沙粒被吹扬起,被携带入气流中而随之运移前进,就形成风沙流。当风力减弱或遇障碍物的阻拦时,由于重力作用,风所携带的沙粒脱离气流而发生堆积,风蚀和风积地貌的形成和发展,就是风沙流活动的结果。

风所运移的沙粒,经常降落到地面。下落到地面的沙粒具有很大的冲击力,常能激起地面其他沙粒进入空中,或自己反弹跳起,回到空中。被激溅起来的沙粒,又能引起连锁反应。因此,风沙运动一旦开始,便能很快发展为强烈的风沙流运动。

风的运移作用主要表现为风沙流的活动,其主要特点是:第一,绝大部分沙粒集中于近地面 30 cm 以下的气流层中,顺着地面前进,离地表愈高,含沙量愈少;第二,气流中沙粒的大小,随高度的增加而减小;第三,气流中含沙量的多少,随风速而变化,风速愈大,气流所运移的沙量也愈多;第四,沙粒移动的速度和距离,是悬移大于跃移,跃移大于蠕移;第五,风沙流中含沙量的多少,直接影响沙粒移动的速度,含沙量多时,能增加风沙流的负载量,增大沙粒间的内摩擦,使沙粒移动变慢,反之,则沙粒移动增快。风沙流的速度小于风速。

(3) 风积作用

风沙流运动中,因遇到障碍物或风动力状况改变,无力携带沙粒前进,发生沙粒物质的堆积过程,称为风积作用。

植物、山体、建筑物和地形的起伏等,都是风沙流运动中的障碍物,能使风速降低和沙粒堆积。

当风沙流在运动中遇到较冷的空气层时，它就会向上抬升，这时一部分沙子由于惯性而不能随气流上升，就沉降下来。如果两个流动速度和含沙浓度不同的气流相汇时，则形成另一种气流状况不同于接触前的风沙流，这时含沙气流之一便会减弱运移原有沙量的能力，多余部分的沙粒就会发生堆积。

风蚀、风运和风积是互相联系的统一过程。吹扬和运移是紧密相连的运动过程，吹扬起来的沙粒和尘埃，随之就被运移走了，它们之间没有一个明显的界线。磨蚀作用是在运移过程中进行的，没有运移作用，磨蚀就不会发生。没有风蚀就不会有风沙流出现，也就没有风积。自然界中，这三种作用往往是同时或交替出现的，在风的活动范围内，常表现出三个动态不同的地带；即风蚀为主的地带，风蚀和风积大致相等的地带，风积为主的地带，反映出风力作用的地带性规律。

3. 暂时性洪流作用

干旱区，谷地中常年有水的河流极少甚至不存在。但是由于这里降水多呈暴雨形式，短时期的暴雨对地表形态的影响却十分显著。暴雨形成的洪流，冲刷山坡形成数量众多的沟谷并带走大量碎屑，在沟口形成各种规模大小不等的扇形地。暂时性流水形成的无数冲沟是干旱区坡地地貌形态的一个显著特征，沟谷数量多、密度大、地表切割（沟谷）深度小，地面错杂零乱、崎岖不平。干旱区这种地面切割十分破碎的地貌称为水蚀劣地。在地形图上，等高线图形十分零乱，呈细小锯齿弯曲，上下相邻等高线互相套合性差（图 3－72）。

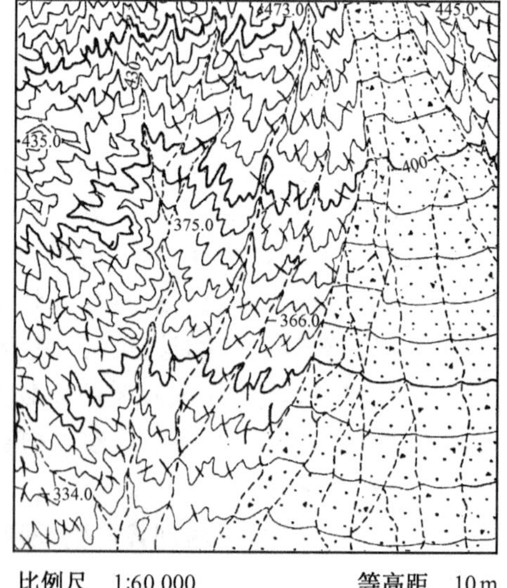

比例尺　1:60 000　　等高距　10 m

图 3－72　劣地航空影像与地形图表示

三、风蚀地貌形体

风对地表组成物质的吹蚀和磨蚀作用，形成各种风蚀地貌，由于岩性、岩层产状等因素的差异，具有种种不同形体。

1. 风蚀洼地

松散物质组成的地面，经风吹蚀后，能形成宽广而形体不大明显的洼地，其形态多呈椭圆形，成排分布，并沿主风向延伸，有时也呈马蹄形。洼地的背风壁较陡，迎风壁较和缓(图 3-73)。

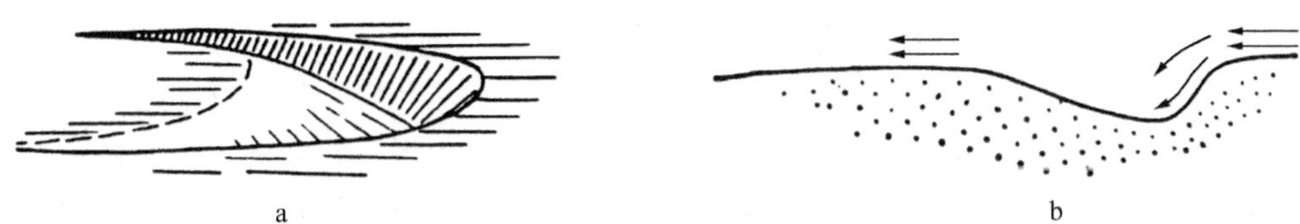

图 3-73 风蚀洼地

2. 风蚀蘑菇和风蚀柱

突起的孤立岩石，在长期的风力作用下，能形成上部大下部小的石蘑菇形体。含沙气流对岩石的磨蚀主要集中在离地面一定高度的范围内，因此岩石下部受到的磨蚀作用远较上部为强，经过长期的磨蚀，就形成上粗下细的形态。如果岩石露头的下部岩层较软而上部岩层较硬时，这种地貌就更易形成，更加明显。垂直节理发育的岩石，经风的长期吹蚀，裂缝逐渐扩大，可形成一些孤立的石柱，叫风蚀柱(图 3-74)。

图 3-74 风蚀蘑菇和风蚀柱

3. 风蚀城堡

风蚀城堡多分布在岩性软硬相间的沉积岩(主要是砂岩、泥岩等)地区,是在流水侵蚀的基础上由于岩性软硬不同导致差异性风力吹蚀,所形成的层状墩台,高度多数为 10～30 m。由于岩层水平,墩台顶部多平坦,亦有呈宝塔状的。在有些地区常伴有风蚀穴、风蚀蘑菇石和风蚀柱等地貌形体聚合体。

新疆准噶尔盆地西北部的乌尔禾的“风城”是风蚀城堡的典型代表之一。

4. 风蚀谷与风蚀丘

风蚀丘是垅岗状小丘。有的风蚀丘长度很大,高度仅数十米,呈栅栏状相互平行排列,称为长丘。风蚀长丘由软硬相间成层的砂页岩组成的长轴褶皱经长期风力侵蚀作用而成,长丘组成物质是岩石不是沙粒,这类地貌在由倾角大、岩性差别明显、薄层的砂页岩组成地段发育最典型。图 3 - 75 中西北—东南向排列的若干封闭等高线所表示的长条形垅岗小丘就是风蚀长丘的图形。在它的东侧是由砾石组成的地面,西南侧是干旱区石质山地。风蚀丘之间为风蚀谷,是风对沟谷长期风蚀改造、加深和扩大的结果。

风蚀劣地是指在风的吹蚀作用下形成的一种支离破碎地面的总称,其正向地

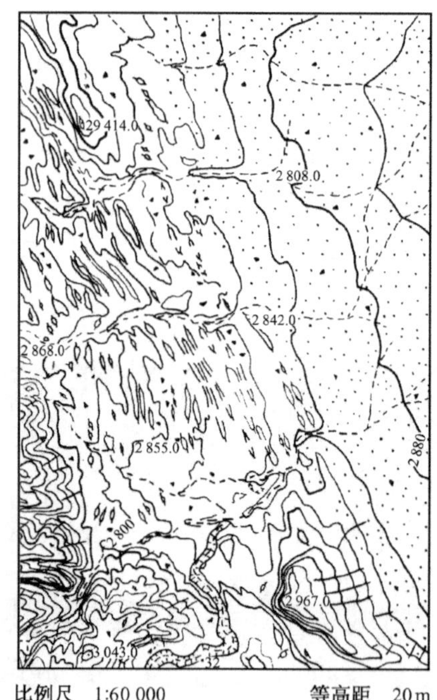

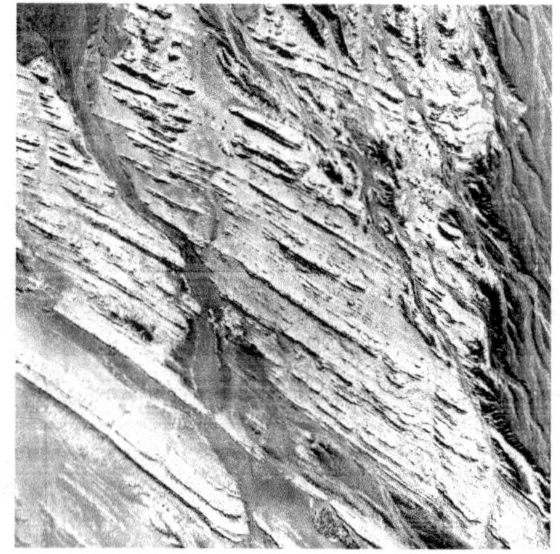

图 3 - 75　风蚀丘与风蚀谷

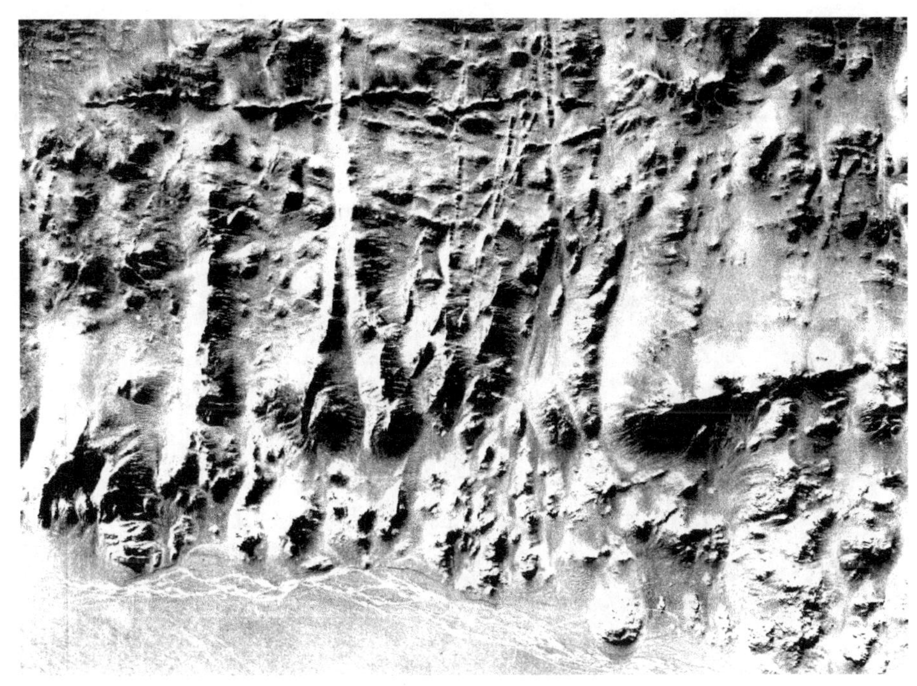

图 3-76 风蚀谷与风蚀丘

貌也称为风蚀小丘。丘体很小，一般仅数米长，高度不超过 10 m。每个小丘在航空相片上的平面形状似蝌蚪，迎风面陡峭，背风面平缓(图 3-76)。在我国柴达木盆地西北部，风蚀劣地一般发育在倾伏褶皱的倾伏端。这里岩层走向变化大，经风蚀作用后，形成这种崎岖不平的破碎地面。

5. 风蚀雅丹

在干涸的河湖相泥质岩层区，常因干缩裂开，定向风沿着裂隙不断吹蚀，裂隙愈来愈大，使原来平坦的地表发育成许多不规则的风蚀垄岗和沟槽，这种地貌称为雅丹，雅丹在维吾尔语中意为"陡壁小丘"。以罗布泊洼地西北部的古楼兰附近最为典型，高起的风蚀垄岗多为长条形，排列方向与主风向平行，比高多在 4～10 m，有长有短。风力吹蚀形成的沟槽的深度由数米到十余米，长数十米到百米不等，走向与主风向平行。近年来，经过地貌工作者实际考察研究，认为水蚀作用在雅丹形成中也有着重要作用(图 3-77)。

四、风积地貌形体

风沙流的堆积作用形成各种风积地貌，它们的普遍形态是各种形体的沙丘。

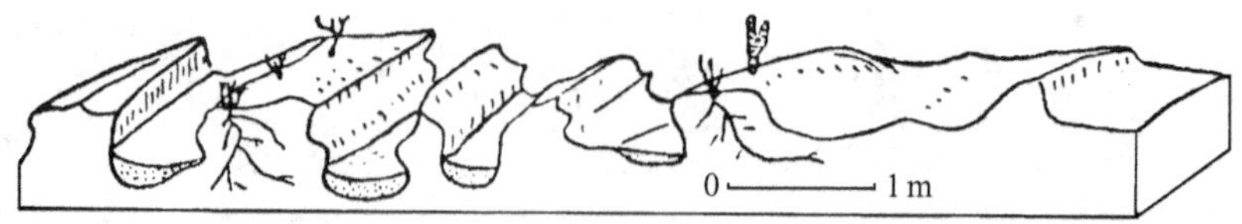

图 3-77　雅丹地貌(陡壁小丘)

沙丘的形态比较复杂,而且都是处于动态变化中。固定及半固定沙丘、流动沙丘等分类,主要是说明沙丘的动与不动及移动速度的相对快慢。

沙丘移动规律是极为复杂的,它与一系列因素有关,如风向、风速、沙丘本身的高度、地表物质的粒径和成分、地面植被和水分条件等。植被覆盖程度对沙丘活动程度起着决定作用。沙丘分布区域的植被覆盖度在15%以下,是流动沙丘;沙丘植被覆盖度在15%～40%之间,为半固定沙丘;沙丘植被覆盖度在40%以上,则为固定沙丘。在植被、水分条件较好的地方,一般多固定、半固定沙丘,沙丘移运速度相当缓慢;而在植被遭受破坏的地方,沙丘移动速度较快。在流动沙丘中,个体高大的沙丘一般移动速度较慢,而在沙漠边缘,沙丘移动较快。

风积地貌的形成以及形态特征和分布,均与当地气流结构密切相关。

1. 信风型沙丘地貌

是由单风向或数个方向近似的风的作用下形成的沙丘地貌,主要的有新月形沙丘和纵向沙垄等。因单向风常发生在信风区,故称信风型。

(1) 新月形沙丘

新月形沙丘在平面上呈半月形(图 3-78a),一般高度由 10～30 m 左右,宽约 100～300 m,它的纵剖面不对称(图 3-78b),迎风坡较缓,坡度约 10°～20°,为凸形坡;背风坡较陡,坡度 28°～33°左右,为凹形坡。背风坡与迎风坡转折有一个尖锐的弧形丘顶。在背风坡两侧,有近似对称的两个尖角,称为两翼(翼角),它指示了风向。

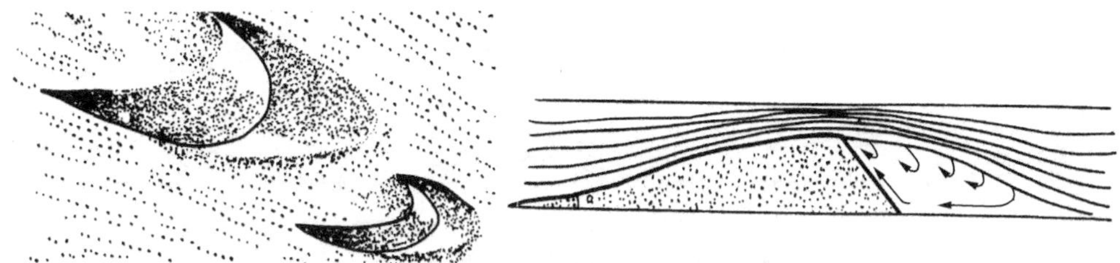

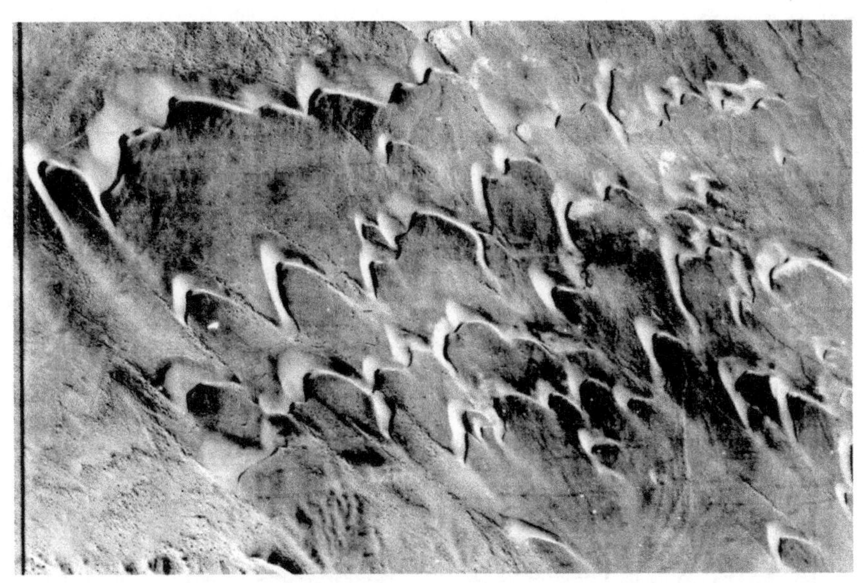

图 3-78　新月形沙丘与新月形沙丘链

新月形沙丘通常是由盾状沙堆发育而成(图 3-79)。风沙流在地面堆积出现沙堆(图 3-79a),加大地形起伏,从而改变了近地表层气流的动力结构。在沙堆的背风一侧,气流形成涡流,地面形成马蹄形凹入(图 3-79b)。风沙流携带沙粒从迎风坡翻越丘顶后,因重力作用沿背风坡下滑,落在洼地内。其中部分沙粒又被涡流吹向两侧,这样就形成新月形沙丘(图 3-79c)。新月形沙丘随着沙粒不断从迎风坡越过丘顶,在背风坡下滑堆积,沿主要风向向前移动,是一种流动沙丘 。

新月形沙丘是我国沙漠中最基本、最简单的类型之一,它是在沙源较少、风向单一的风力作用下形成的。主要分布在沙漠边缘和绿洲内部。由于新月形沙丘个体较小,所以在一般地形图上(1∶2.5 万、1∶5 万)都只采用符号表

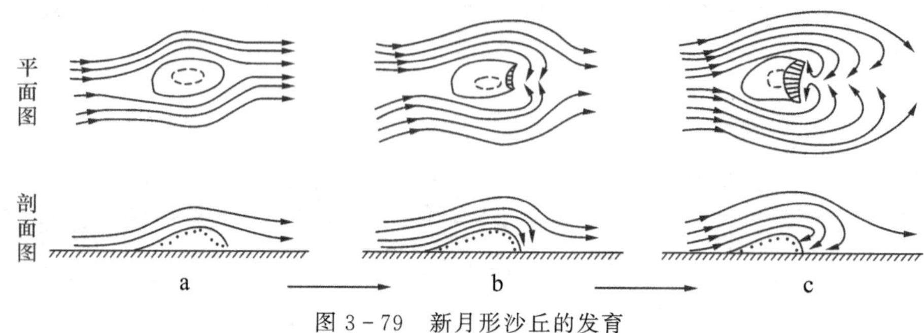

图 3-79 新月形沙丘的发育

示,等高线只是反映沙地的基本起伏形状。图 3-80 是我国内蒙古地区沙漠边缘的新月形沙丘。

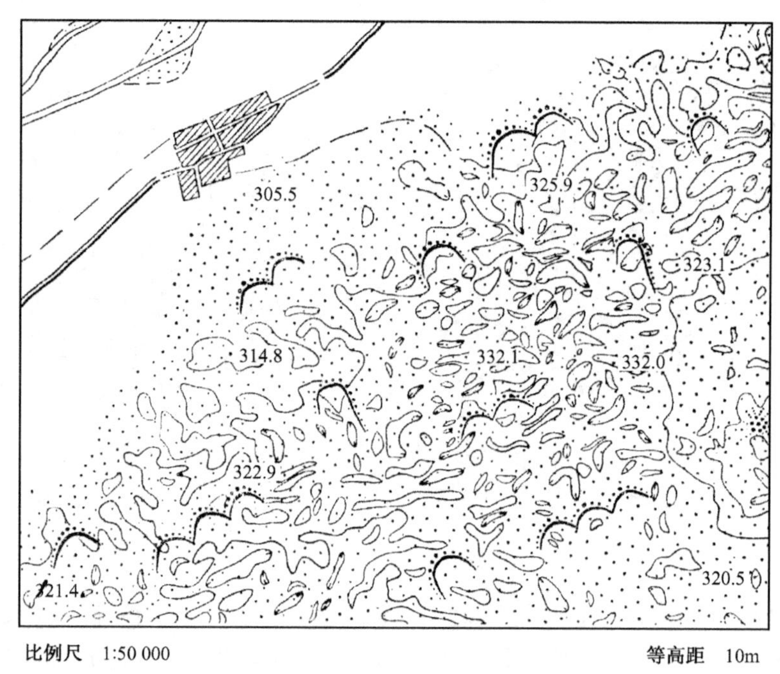

图 3-80 地形图上符号表示的新月形沙丘

(2) 纵向沙垄

大致顺着主要风向延伸的长堤状沙丘,称为纵向沙垄或沙垄。它的高度不等,由 10~20 m 到 100 多米,长几百米到几千米。沙垄的纵剖面具有波状起伏形态,横剖面的两侧斜坡比较对称或略呈不对称,顶部圆滑。

沙垄的形成是由于两个锐角相交的风向相互作用的结果,沙垄沿着风的合力方向延伸。图 3-81 是采用封闭的长条形等高线表示的沙垄。

它的等高线图形与风蚀长丘图形相似,但物质组成不同,在地形图上易于

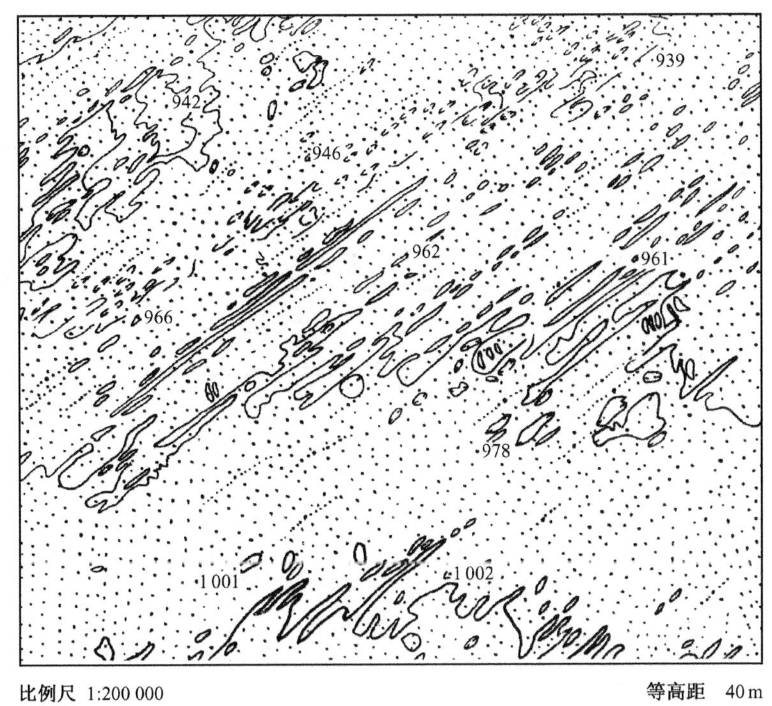

图 3-81　封闭等高线表示的沙垄

区别。图 3-82 表示的是一种高度不大的沙垄，与图 3-81 沙垄形态差异在于这里沙垄顶部向西缓缓倾斜。

在植被条件较好的地区，由同一方向延伸的灌丛沙丘相互连接而成的沙垄是半固定沙垄(图 3-83)。灌丛沙丘形成的沙垄，沙垄间互不平行，如果呈锐角相交接在一起，形成树枝状沙垄。这种沙垄一般延伸距离很大，有的长达数千米。古尔班通古特北部沙垄高度为 10～20 m，中部高 40～50 m，最高可达 70 m，沙垄间距离从百余米至一二千米不等。

在航空相片上，沙垄的形态特征反映清晰，一般表现为暗色调沙地表面上突出的灰白色调沙垄。树枝状沙垄脊呈灰白色色调，垄间由于植被覆盖呈现灰黑色或黑色色调。

此外，还有一种从新月形沙丘发展演变成的沙垄(图 3-84)。

2. 季风型沙丘

在沙源丰富、形成年代较久和风向不变的条件下，新月形沙丘则发展演变成新月形沙丘链(图 3-85)。它由彼此相距很近的新月形沙丘的两翼彼此连接起来，形成一条条沙丘链。沙丘链的长度，短者几十米，长者几百米，甚至更

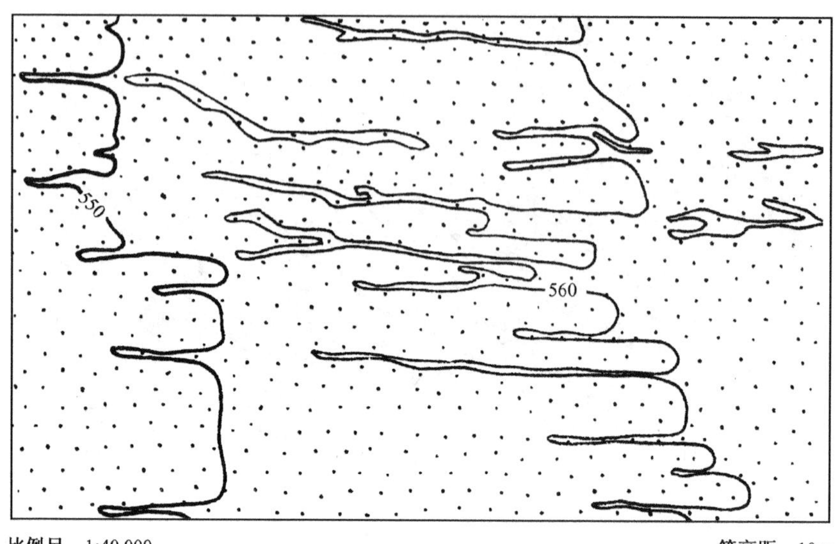

图 3－82　沙垄的等高线图形

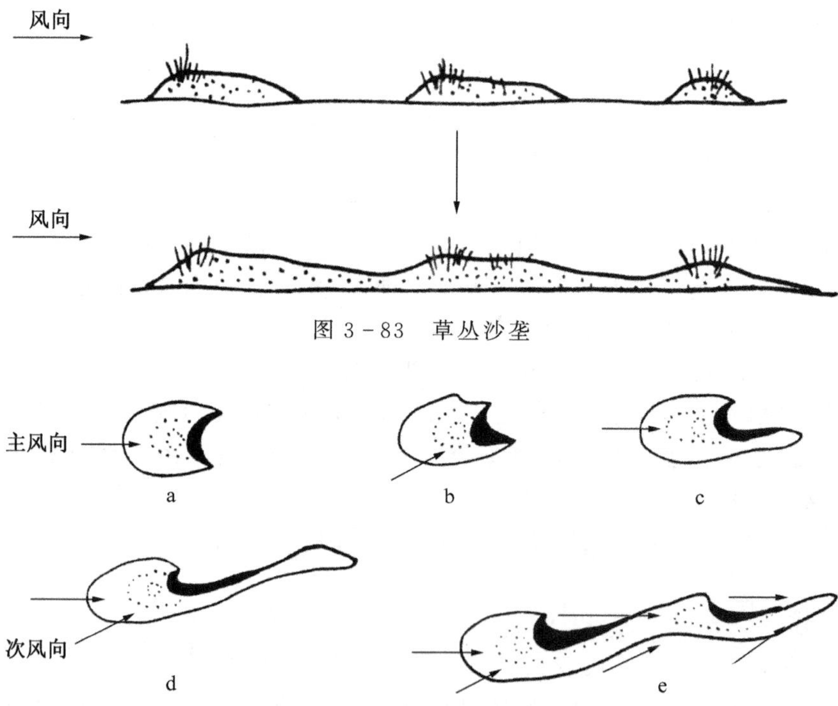

图 3－83　草丛沙垄

图 3－84　新月形沙丘与沙垄的发展

长；沙丘链的高度一般为 5～20 m，也有高达 30 m 的。

沙丘坡面上叠加了小形的沙丘，成为复合形沙丘，例如复合新月形沙丘、复合新月形沙丘链、复合沙垄（图 3－86）。

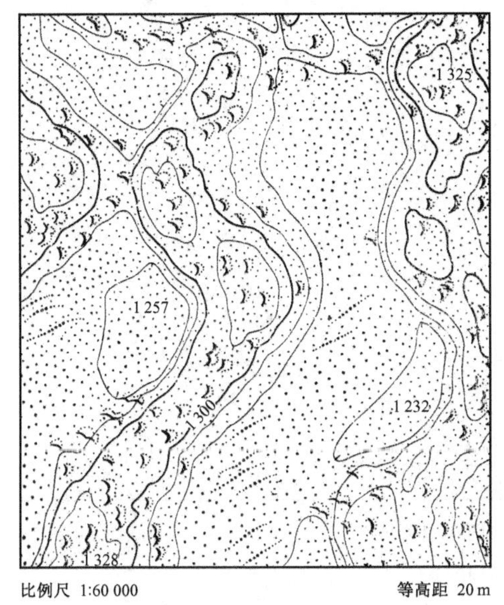

图 3－85 复合新月形沙丘链

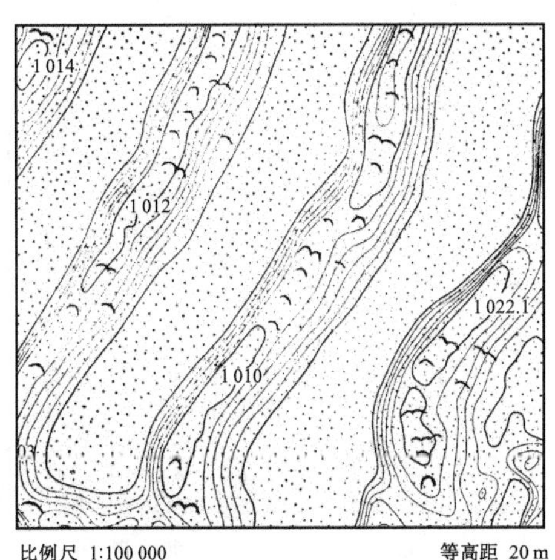

图 3－86 复合沙垄

3. 对流型沙丘地貌

沙漠地区空气对流时，其上升气流和下降气流的运动不是直线地进行的，而总是螺旋状移动，并受地球偏转力的影响。在螺旋状上升的龙卷风的作用下，地面被吹蚀成一个个圆形洼地，而洼地之间则是分隔它们的丘状高地，总称为蜂窝状沙丘（图 3－87）。

这种沙丘一般比较固定，只是本身形态受风力而有变化，所以可以把它们看作是半固定型的风积地貌。

4. 干扰型沙丘地貌

当主要气流向前运动，遇到山地阻碍而发生折射，引起气流干扰时，形成的沙丘地貌，称为干扰型风积地貌，其中主要的是金字塔沙丘，或称角锥状沙丘（图 3－88）。

金字塔沙丘特点是丘体呈角锥状，具有尖锐的顶部，狭窄的侧棱和三角形斜面，斜坡坡度一般为 25°～30°，金字塔沙丘的棱面至少有三个以上。沙丘的高度很大，小于 100 m 称金字塔沙丘，大于 100 m 叫金字塔沙山（图 3－89）。

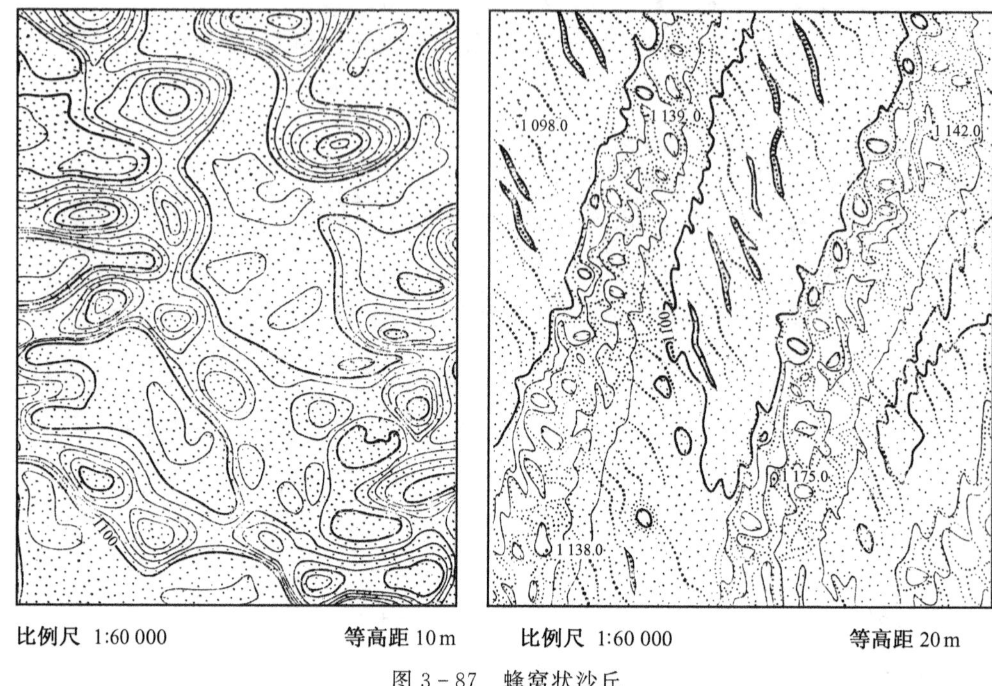

图 3-87　蜂窝状沙丘

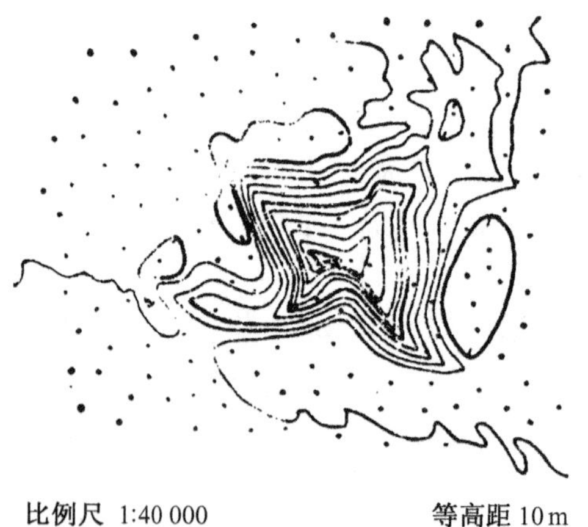

图 3-88　金字塔形沙丘

图 3-89　金字塔沙山

金字塔沙丘是在多风向，而且风力相差不大的多股风的作用下发育起来的，尤其在主向风向前运动中遇到阻碍而引起气流发生干扰时最易形成。

五、荒漠类型

气候干旱，降水稀少，地面植被极其稀疏或没有植物覆盖，受到风力强烈作用的地区称为荒漠。干旱荒漠按照地貌形体与地表组成物质的不同，分为以下四种类型。

1. 石质荒漠

在干旱地区，遭受强烈风化和风蚀的裸露的基岩地表，称为石质荒漠或岩漠。岩漠大多分布在干旱区的山地边缘或山前地带，昆仑山北麓和祁连山山麓都可见到。它的主要特点是，山地边缘分布着山麓剥蚀面，其上有一些坚硬岩层构成的残丘——岛山，表现为宽广的石质荒漠平原。裸露的基岩，久经风化破坏和风沙袭击，形成各种风蚀形态，如石蘑菇、石柱、石城堡、摇摆石等。在石漠边缘地带，原来的沟谷经风化和吹蚀，使其加深扩大，成为风蚀谷。山地边缘或盆地四周，分布有洪积扇或洪积裙，这种洪积物不仅覆盖了山麓地带，甚至有一部分被剥蚀而降低后退的山岭也因洪积物堆积而几乎被掩埋。

岩漠地貌的形成，不单纯是风力作用，风化作用和水的作用（特别是暂时性洪流和片流）也起了重要作用。在构造稳定的干旱区，例如北非、澳大利亚西部、我国新疆西部和内蒙古阿拉善高原西部，都可见有规模较大的石质荒漠平原（图 3－90）。

2. 砾质荒漠

砾质荒漠的重要特征是：地面无细粒物质，主要是砾石碎石。这是在强烈的风力作用下，吹走了细沙和尘土，留下了粗大砾石覆盖着整个地表，形成面貌一新的一片广大的砾石荒漠。蒙语称为戈壁，非洲称石漠，阿尔及利亚称砾漠。

砾漠上的砾石有的是早期的各种沉积物（洪积、冲积、冰积等），有的是基岩风化崩解的残积物。在风沙流的磨蚀作用下，砾石被改造成带棱角的风棱石和风磨石。

这类荒漠分布在蒙古大戈壁、俄罗斯的曼格什拉克、巴尔干、北非的阿尔及尔，我国西北的河西走廊、塔里木、准噶尔和柴达木盆地山前地带等地。

3. 沙质荒漠

沙质荒漠是荒漠中最常见的，面积最大的一种类型。它的最重要特征是荒沙覆盖着整个地表面，在长期的强烈的风力作用下，形成不同形式和大小规模的风沙地貌，主要是风积地貌，部分有风蚀地貌。

我国沙质荒漠面积约有 71.1 万 km^2，约占全国国土面积的 7.4%。分布在新

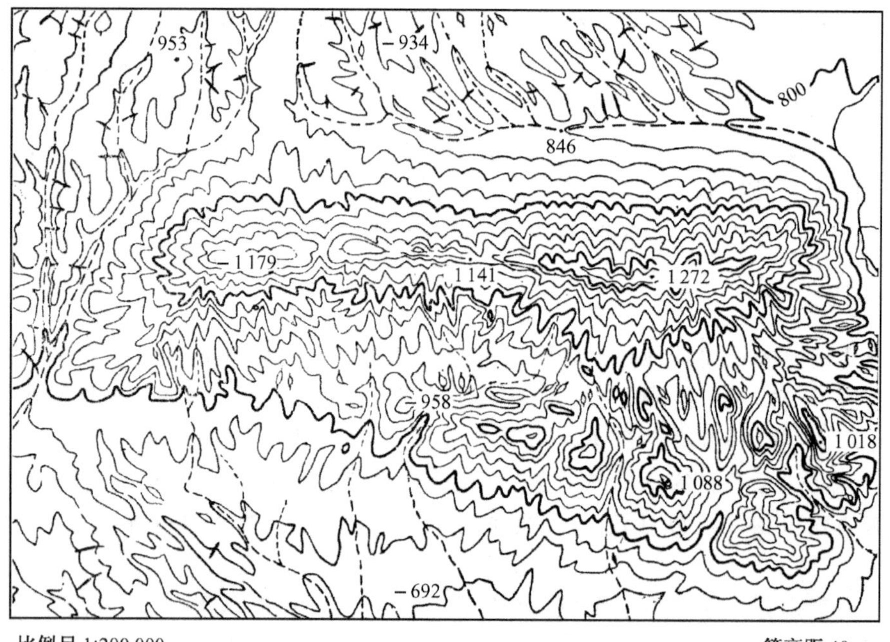

比例尺 1:200 000 等高距 40m

图 3－90 石质荒漠

疆、内蒙古、青海、陕西、宁夏、吉林、辽宁和黑龙江等省区。新疆南部塔克拉玛干沙质荒漠是我国最大的沙质荒漠，面积 32.7 万 km^2，约占全国沙质荒漠面积和的一半。全球陆地面积有 1/10 是沙漠，非洲最著名的沙质荒漠是撒哈拉大沙漠。中亚、澳大利亚中部、南美等地都分布有沙漠。

沙漠的沙子来源可能是当地松散沉积物或基岩（砂岩）风化物，也可能是风从附近地区运移而来，或者两者沙源兼有。我国的准噶尔和塔克拉玛干沙漠，沙子主要来自古河床冲积物；腾格里东部和阿拉善北部的沙子，主要来自砂岩风化物。

沙质荒漠的形成时代一般要比砾漠晚，并且常分布在砾漠的外围，或覆盖在砾漠之上。

4. 泥质荒漠

泥质荒漠常形成于干旱地区的低洼地带或封闭盆地中部，是由流向洼地或者湖沼的暂时性洪流所携带的黏土质淤积而成。由于强烈蒸发而干涸，变成泥漠。有的土干如砖，十分平坦，甚至可做机场使用；有的发育有干缩网状裂隙，称为龟裂地。一般泥漠表面平坦，植物极稀少，面积不大，是一种附属于沙漠或砾漠中的荒漠。

有的泥漠洼地中常有大量盐分，如氯化物、硫酸盐和碳酸盐等，由于盐分吸水而膨胀，经常处于潮湿状态中，有盐渍化现象，称为盐沼泥漠。

中亚泥漠常分布在沙漠边缘，或近山麓和高地边缘。柴达木盆地的泥漠，也有类似的分布情况。

世界上荒漠的形成，主要取决于干燥气候，副热带干燥区和温带大陆内部干燥区是荒漠的主要分布地带。可以分为两类荒漠带。第一，副热带荒漠带，形成主要与南北纬15°～35°副热带高压控制区的干燥气候有关。在这个高压带内，对流层气流下沉，空气绝热增温，相对湿度减小，空气非常干燥，降水很少；主要的风是吹向低纬的干燥的信风，气候干热，因此这一地带内分布着世界上著名的荒漠，如非洲的撒哈拉荒漠，亚洲的卡拉哈里荒漠，墨西哥荒漠和澳大利亚中部荒漠及南美阿德卡马荒漠等。副热带荒漠是副热带干燥气候下的产物，故又把它称作气候荒漠和信风沙漠。第二，温带荒漠带。温带荒漠主要是指中亚荒漠、蒙古的大戈壁，我国西北部荒漠和美国西部大荒漠而言。这些荒漠的形成主要是由于它们处在温带大陆内部，距海很远，或受山脉阻隔、地形闭塞，来自海洋的湿润气流达不到，并受北方高压冷气团的影响，因而这些地区终年处在极其干燥的气候条件下，夏季炎热，冬季严寒，形成温带荒漠。由于地貌条件在温带荒漠的形成中有着重要作用，因此常称它为地貌荒漠，或内陆荒漠。

现代，全球陆地荒漠化面积在逐渐扩大，主要原因是人口增加、过度放牧、砍伐森林，忽视人与自然生态的关系，而造成自然环境的恶化。

第六节　海岸地貌

陆地和海洋之间的界线称为海岸线，地图上海岸线是涨潮时的高潮线的位置，是某一特定时间海水面的高度。海岸是海洋与陆地动力和物质相互联系相互作用的地区，波浪、潮汐、海流以及气候变迁，构造运动等原因，均会引起海岸上升或下降的变化，所以，海岸是具有一定宽度的“带”。海岸带由海滨、潮间带和水下岸坡三部分组成(图 3-91)。

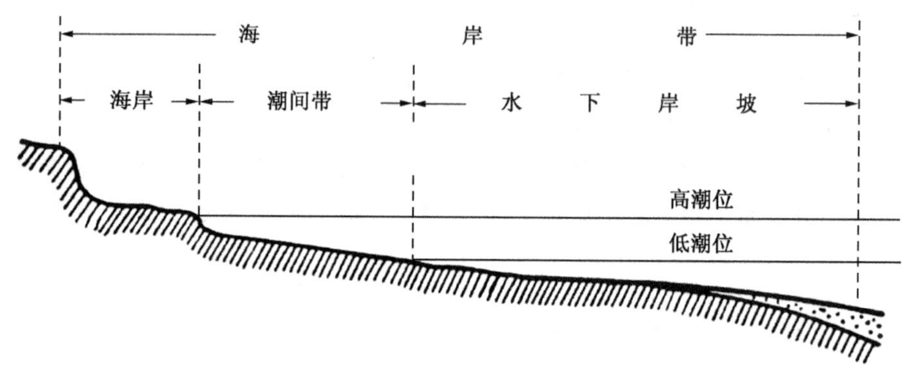

图 3-91　海岸带的组成结构

海滨是指现代海岸线(高潮线)以上的狭长的陆上地带，大部分时间裸露于海平面之上，它的上限以最大波浪或特大高潮作用所及的地方为界。

潮间带是高潮面与低潮面之间的地带，高潮时淹没于海水面下，低潮时出露在海水面以上。在平缓海岸，高潮线与低潮线之间的水平距离可达 15～20 km，水位高度变化可达 16 m 以上，如遇风暴则变幅更大。

水下岸坡又称为水下斜坡，是指低潮线以下直到波浪有效作用于海底的下限地带(一般相当于该海区波浪 1/2 波长的水深处)，是浅水波浪长期作用的地带。

我国是一个幅员辽阔，海岸线绵延漫长的国家，岸线长达 1 800 余 km。因此，海岸地貌的研究不仅在科学上，而且在国民经济和国防建设上都有意义。

一、海岸地貌动力

在海陆相互作用地带，最活跃的动力因素是海水运动。海水运动主要有三种形式，即波浪、潮汐、海流。对海岸地貌发育起着很大影响的是波浪和潮汐，尤以波浪作用更为重要。

1. 波浪作用

波浪是海岸带最普遍、最主要的动力，其作用力的大小取决于波能的大小，如下式。

$$E = \rho g \frac{1}{8} h^2 L$$

式中：E 为波能；ρ 为海水密度；g 为重力加速度；h 为波高；L 为波长。由此式可见，波能的大小与波高的二次方和波长成正比。

俗话说“无风不起浪”，即波浪是由风的压力所引起的海水规则的波状起伏运动。一般在深海远洋中的波浪，水质点的运动轨道呈圆形，即水质点在原处作方向垂直的周期性圆周运动，将波形向陆地海岸传递的同时，也向海底传递。这种波浪为深水波浪（图 3－92）。

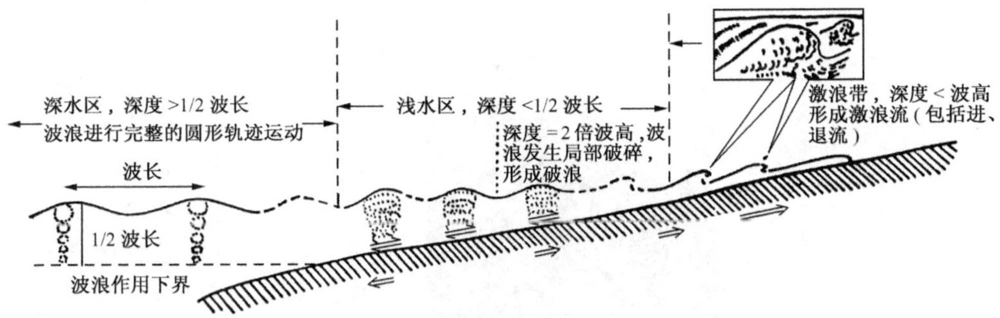

图 3－92　深海波浪中水质点的运动

由图 3－92 可见，随着水深的增加，波高在逐渐减小。据测定，在水深等于波长的地方，波高仅为海面波高的 1/512。例如波高 10 m，波长 200 m 的巨浪，在水深 200 m的地方，仅能激起 2 mm 的波高。显然，这里波浪运动已经十分微弱，波能很小。只有在水深等于 1/2 波长的地方，波浪才比较显著，波高达 41 cm。因此，将这一水深作为波浪作用的下限，即海岸的下界。同时，也是浅水区与深水区的分界线。

波浪进入浅水区，水质点向海运动的下半周就会受到海底的摩擦和阻挡，使水质点的运动轨道呈扁圆形（图 3－93）。越近海底，波浪与海底的摩擦越强，扁圆轨道越来越扁，最后在同海底接触处，水质点只有来回的摆动。

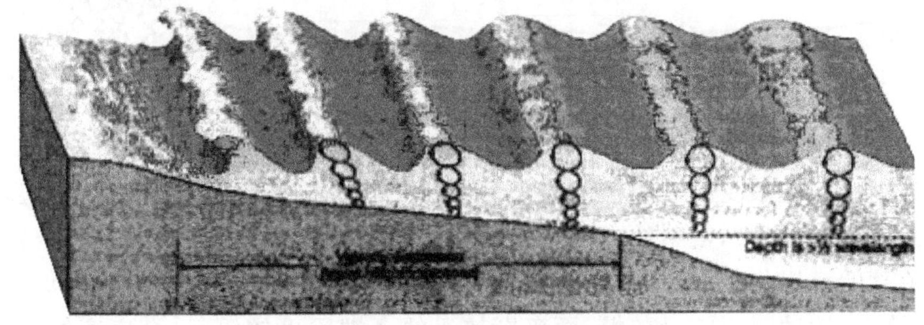

图 3－93　浅水处波浪中水质点的运动

浅水区水质点的运动速度在一个周期内是不同的；前半周期向岸运动时，它经过的轨迹长，速度快；而后半周期向海运动时，受到后浪的顶托，所经过的路程短，速度慢。这样，在同一波浪周期内，向岸速度大于向海速度。愈近海岸，水深愈浅，轨道变形愈烈，水质点向岸速度也愈大于向海速度。

水质点运动速度的变化反映到波形上，使波浪呈前坡陡、后坡缓的不对称形，波峰缩短，波谷拉长。如此发展下去，前坡愈来愈陡，在水深相当于两个波高的地方，波浪将发生局部破碎（图 3－94）；然后，变成波长、波高、波速较小的波浪，继续向岸推进。最后，在水深相当于一个波高的地方，波峰在运动中超过了波浪的坡脚，于是就发生前倾、翻转、散碎，形成激浪，产生一股向岸的片状水流，称为激浪流，它犹如万马奔腾向岸推进，称为进流。在海滨达到一定高度后，由于能量逐渐耗尽，速度减慢，最后又在重力切向分量（沿岸坡分力）的作用下退回海中，称为退流。由于水质点退入海滩中受下一个激浪的顶托，退流的速度较小。

图 3－94　波浪运动中的破碎与激浪流

由于进流动力强大，粗大的砾石和沙粒被推向岸边；而退流弱，只能将细小的泥沙带回海岸（图 3－95）。海岸带物质的这种移动过程，叫做波浪的分选作用。

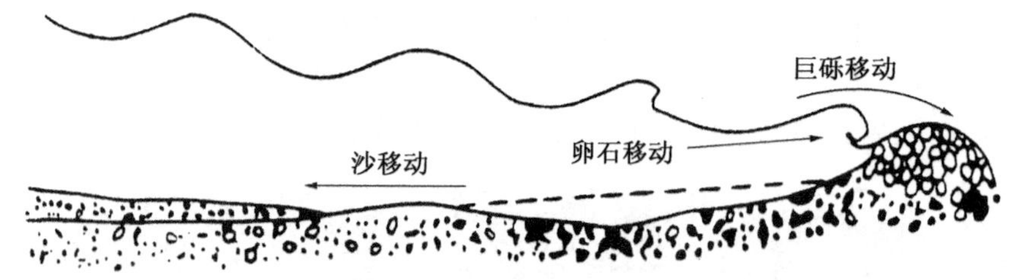

图 3－95　海岸带物质的分选性移动

在浅水区，波浪受海底摩擦的影响，除发生变形外，还要发生折射。如果波浪前进到平直的海岸带，波射线（又叫波向线，反映波浪前进方向的线，与波峰线相垂直）与平直的海岸斜交时，在同一列波峰线的近岸一端，由于水浅，波浪运动受海底的阻力较大，运动速度将会减慢；而离岸较远的一端因水较深，受海底摩擦的阻力小，运动速度较快。这样，就使得波峰线偏离原来的前进方向，发生弯曲，逐渐趋向与海底等深线平行，亦即与海岸线平行(图 3-96)。

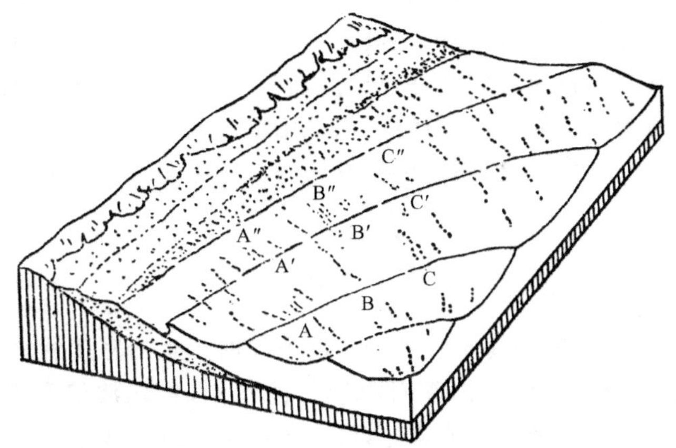

图 3-96 波浪在平直海岸的折射(虚线为波射线)

如果波浪进入弯曲的海岸带时，虽然波峰线同样逐渐变得与海底等深线平行，但在水深迅速变浅的岬角(向海突出的基岩海岸)处，波射线发生辐聚；而在水较深的海湾则发生辐散。这样就导致波峰线在岬角前缩短，波能集中，形成拍岸浪，从而发生强烈侵蚀，形成陡峭的海蚀崖；而在海湾处波峰线拉长，波能分散，造成泥沙的堆积，形成海滩(图 3-97)。

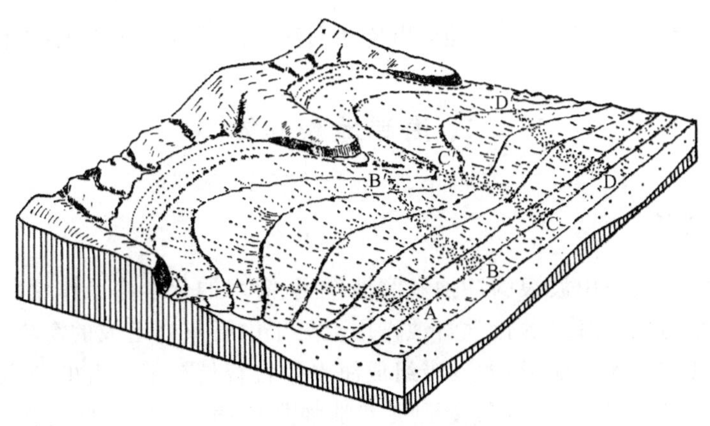

图 3-97 波浪在弯曲海岸的折射
(A—A、B—B、C—C、D—D 线表示波峰线，宽度表示波能强度)

2. 潮汐作用

潮汐是海水在月球和太阳引力作用下所发生的周期性海面垂直涨落和水平流动。习惯上称前者为潮汐，称后者为潮流。潮汐会加强或者减弱波浪的作用。潮汐对海岸带的作用主要有两方面，涨落潮引起海面的定期升降，能使波浪作用范围扩大，但在同一高度的作用时间却缩短了，与无潮海岸相比，其侵蚀强度稍小，原因是无潮海岸的波浪是长期作用在同一高度上的。另一方面，涨落潮流具有一定的流速，它能够冲刷和运移海底泥沙，并进行堆积。一般来说，当涨潮流速大于退潮流速时，在海岸地带发生泥沙堆积作用；而在涨潮流小于退潮流速情况下，则在海岸地带或河口地区发生侵蚀作用。南美亚马逊河口深槽就是在退潮流速很大时冲刷而成的。

3. 海流作用

海流是由于盛行风或因海水温度和盐度不同而产生的密度的水平差异所引起的方向相对稳定的海水流动。海流对海岸带的作用，较之波浪和潮汐要小得多。因为海流的流速很小，特别是底流流速，仅有 10～20 cm/s，只能运移细小的泥沙，加之受海底的摩擦影响，作用就更显微弱。

海岸带还有一种特殊的海流，即风的增水、减水流，又称为风海流。当风从大陆吹向海洋时，会使近岸水面降低（可达 3～6 m）造成减水现象；而当风由大海吹向陆地时，又会使近岸海面升高（约 3～5 m），形成增水现象。这种水流能使海面发生暂时性升降，影响海岸地貌的发育。特别是增减水流时，近岸海底会产生向海运动的底流，可以把海岸带的泥沙运移到深水区，促使海岸带加速后退。

海底地震和火山引起海啸波浪，当传递到浅水区后则具更大的破坏力。

二、海岸地貌形体

1. 海岸侵蚀地貌

海岸侵蚀地貌是由波浪的冲蚀和磨蚀作用、海水的化学溶蚀作用所造成的，其中以冲蚀作用为主。海水的化学溶蚀作用仅见于由石灰岩组成的海岸。

拍岸浪具有巨大的能量，尤其当组成海岸的岩石具有很发育的节理时，在波浪的猛烈冲击下，岩石裂隙中空气受到突然地强烈压缩，对裂隙的侧壁产生强大压力；当波浪后退时，压缩在裂隙中的空气迅速膨胀，从而又使岩石松动崩溃。波浪的磨蚀作用是波浪在运动过程中挟带的泥沙和砾石，随着进流和退流的往复运动，对海岸的岸坡和沿海浅水地段的海底进行磨蚀破坏的一种作用。

海岸侵蚀地貌主要是海蚀崖和海蚀平台。

波浪不断对岸坡冲蚀和磨蚀，在岸坡的基部形成凹槽，称为海蚀穴，又称为浪蚀龛。随着海蚀穴的扩大，上部悬空岩体发生崩坠，形成具有陡峭岸坡的海蚀崖

(图 3－98、图 3－99)。崩坠下来的岩块在波浪作用下被击碎和搬走。上述这种作用不断进行,促使海蚀崖逐渐向陆地方向后退,而在海蚀崖前方发育成一片向海洋方向倾斜的、由波浪进退流往返冲刷的侵蚀平台,称为海蚀平台(波蚀平台或波切台)。细小的碎屑物质被退流带到浅海的远处沉积,形成海积平台(波积平台或波筑台)。

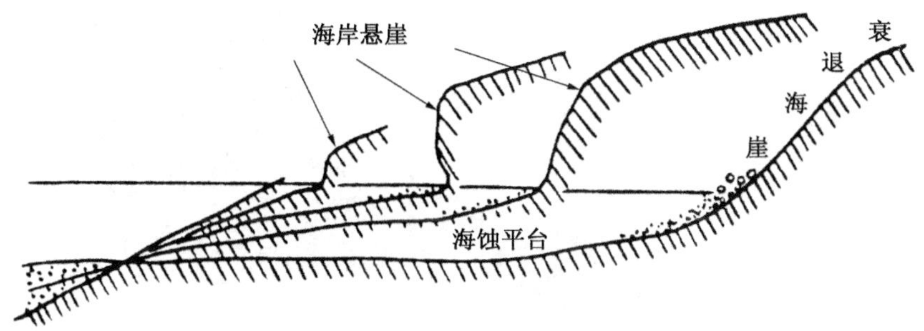

图 3－98　海蚀平台示意图

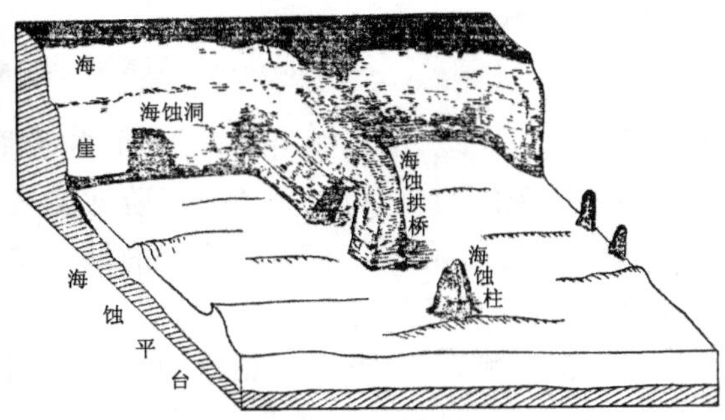

图 3－99　海蚀地貌航空相片与素描图

海蚀崖的后退不可能永无止境地继续下去。因为随着海蚀崖后退,海蚀平台的斜面相应地扩大,这样就将使波浪在通过海蚀平台过程中消耗更多能量,当波浪最后达到海蚀崖时,已无力冲蚀岸坡,这时波浪对海蚀崖的破坏作用相当微弱,于是海蚀崖的后退过程实际上趋于停止。

图 3－100 是地形图上用石质陡壁符号表示的海蚀崖地貌。在海蚀崖前方分布有明礁和暗礁。整个海岸,岬角与小湾密布、岸线曲折,由于波浪折射使波能集中和分散,清楚地反映出岬角侵蚀、海湾堆积(图中点符号)等地貌。

在海蚀平台形成后,若地壳不断上升或海面相对下降,原来的海蚀平台被抬升到高处而不受波浪作用,形成海岸阶地(图 3－101)。海岸阶地如同河流阶地一样,是阶梯状形体,阶地面要比河流阶地宽广得多。阶地的陡坎即为原来的海蚀崖,阶地面就是原生的海蚀平台。如果该区地壳间歇上升,在海滨地带可能出现高

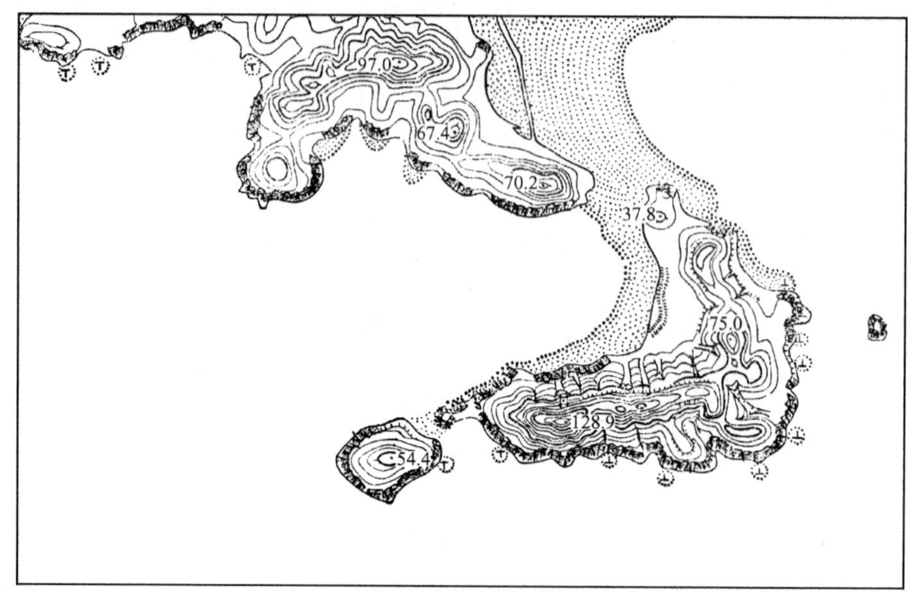

图 3-100 海岸侵蚀地貌地形图表示

度不等的数级阶地，地貌面由陡、缓相间的坡面组成。在地形图上，等高线相应地有密集和稀疏的明显变化(有的海岸阶地陡坡以岩壁符号表示)。海岸阶地由基岩构成，阶地面上没有或仅有厚度不大的堆积物，称海岸侵蚀阶地。由堆积物组成的阶地，称为海崖堆积阶地。

突出的海岬两侧，若存在相向的波浪作用，可使两侧海蚀穴成为拱门状，称为海蚀拱桥。海蚀拱桥进一步受蚀，使拱桥顶板崩塌，其外侧形成脱离海岸的孤立岩体小岛，称为海蚀柱 。海蚀柱也可由海蚀崖后退过程中离岸小岛再经海蚀作用而形成。

2. 海岸堆积地貌

海岸碎屑物质在波浪作用下，沿海岸作平行或垂直于海岸线的移动，在运动过程中，由于各种原因(如碎屑数量的增加，波浪的波射线与海岸所交的角度发生显著变化等)发生明显的泥沙沉积作用，形成海岸堆积地貌。

(1) 海岸物质横向移动及其形成的地貌

当波浪的波射线以垂直角度进入平缓的海岸浅水区，海岸碎屑物质作垂直海岸方向的运动，这种运动轨迹称为海岸物质横向运动或泥沙横向运动。横向移动的结果是粗大颗粒物质向岸移动，细小颗粒物质则向海洋方向移动(图 3-102)。

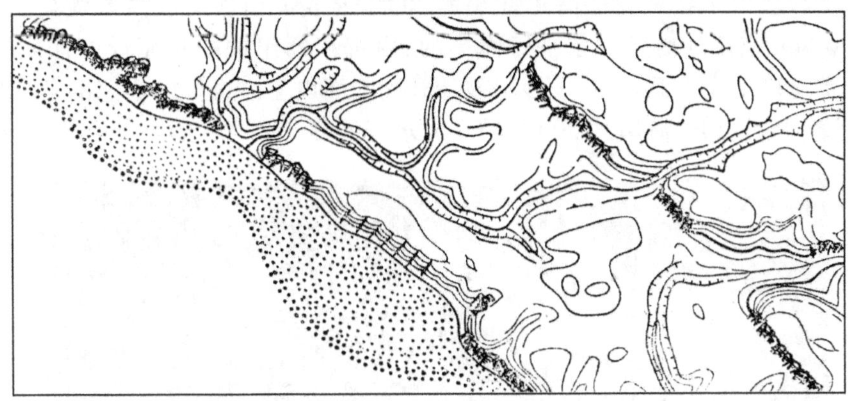

图 3-101　海岸阶地的地形图表示

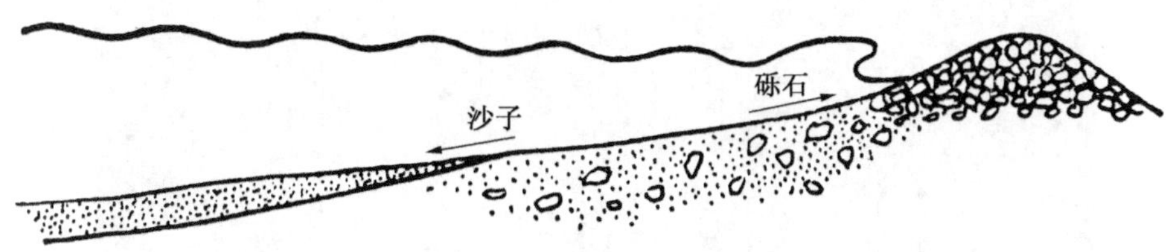

图 3-102　泥沙物质横向移动与沿岸沙堤地貌

波浪破碎后形成的激浪流(拍岸流)的进流速度大,能携带粒径较大的砾石向岸移动,而退流速度小,无法运移粒径较大的碎屑,只能携带细小的沙粒,在远离海岸的海底沉积。由于海岸物质的横向移动和堆积,在某些地区有可能形成平行于海岸的垄岗状沙堤,沿海滨延伸的称为海岸沙堤或沿岸沙堤。在地形图上用“岸垄"符号表示(图 3 - 100)。

水下沙堤是水下堆积地貌。它形成于浅水区破浪带,是破浪作用的产物。当水深相当于 1～2 个波高时,波浪便发生破浪,然后又以较小的波浪要素(波长、波高、波速)的波浪继续向前,在相当于 2 个新的波高深度处又形成破浪……破浪的产生,使部分波能损耗,发生沉积作用,形成堤状的水下堆积地貌,称为水下沙堤(图 3 - 103)。

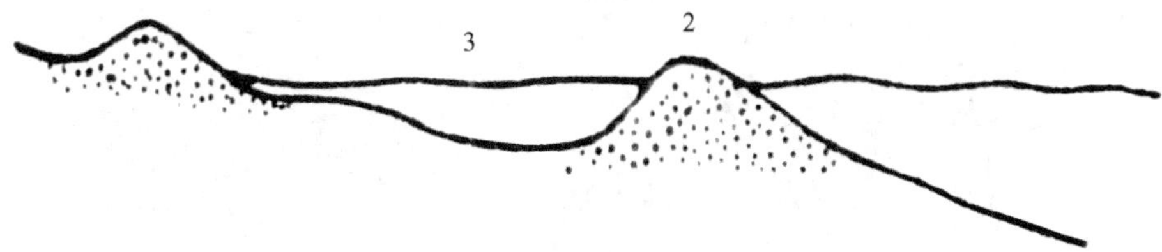

图 3 - 103　泥沙物质横向移动与水下离岸沙堤地貌

水下沙堤由于各种原因有可能出露水面,形成离岸沙堤或离岸堤(离岸坝)(图 3 - 104)。离岸沙堤是一条平行海岸的、由沉积物组成的长而低的沙质岛屿。沿海地带海底地壳上升,使水下沙堤被抬升到水面以上。也可以产生相反情况,若陆地下降、海面上升,海岸沙堤可能转变成水下沙堤。

图 3 - 104　离岸沙堤与泻湖

离岸沙堤与陆地之间往往是近似封闭的水域,它与外海之间仅存在一条非常狭窄的通道。这种水域称为潟湖(图 3 - 104,图 3 - 105 中 L 处),潟湖水面平静,具有浓度很高的盐分，并逐渐向沼泽方向发展。离岸沙堤向海的一侧，由于波浪的冲蚀，岸线比较平直，而其靠潟湖的一侧，岸线相对多曲折（图 3－104）。这些都是在测绘地貌时应予注意的细部形态。

图 3－105　潟湖地形图表示

(2) *海岸物质纵向移动及其形成的地貌*

当波浪前进方向与海岸线斜交时，波浪作用的方向与泥沙颗粒的重力切向分力作用的方向不一致，泥沙颗粒沿波浪作用力和重力切向分力两者的合力方向移动，其移动路线呈 Z 形，结果使泥沙物质沿海岸线移动，称为海岸物质的纵向移动，或者称为泥沙物质沿岸运动。

图 3－106 表示纵向移动的过程，在波浪作用力方向与海岸线斜交的情况下，1 处泥沙颗粒本应沿波浪作用力方向移动至 M 处，但在重力的影响下，泥沙颗粒实际上是沿着它们的合力方向移动至 2 处，当泥沙随退流向海洋方向移动时，由于同样原因，实际上不是沿 2—M′方向，而是回返到 3 处，这样，在波浪作

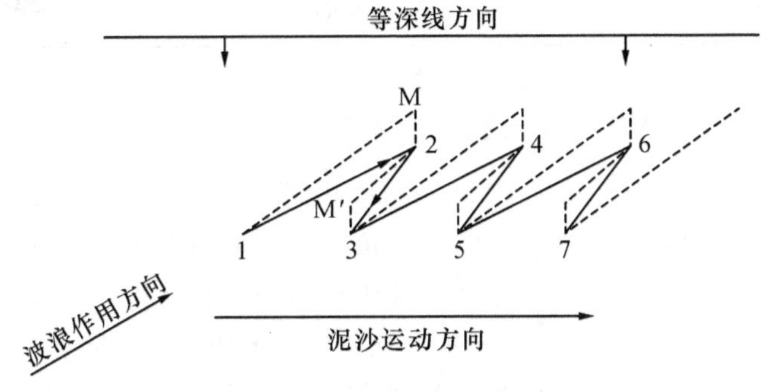

图 3－106　泥沙物质纵向移动的原理

用下，泥沙颗粒沿着Z形路线从1处依次移动到2,3,4,5,6,7…这种泥沙物质的纵向移动，假若持续时间久，就会形成一股流向稳定、规模庞大的泥沙流，称为沉积物流。

海岸物质纵向移动是普遍存在的一种海岸物质运动形式。由于其他因素影响，沉积物流的具体情况不尽相同。当进流与退流的动力大致相等时，物质就沿岸平行移动。若两者不等，那么碎屑物质不是被逐渐推向陆地，就是向海洋方向运动。

影响沉积物流的最主要因素是海岸延伸方向与波射线方向的夹角变化。波射线与海岸夹角愈小，纵向移动速度愈大。但是，当交角过小时，波浪通过浅水区的距离相应增大，能量消耗也大，不利于纵向移动。当海岸与波浪交角增大(最大为90°)，横向移动将代替纵向移动。从理论上说，当夹角等于45°时，沉积物流速度最快，运移能力最强。由于各地海岸的结构等具体情况复杂，所以不同海岸最有利于沉积物流发育的角度也是不同的，一般来说，这个角度变化在35°～50°之间。

沉积物流在运动过程中，当海岸发生弯曲或者波浪运动方向发生改变(即角度增大或减小)时，会直接影响它的运动速度和运移物质的能力，于是发生沉积作用，在海岸不同部位形成各种堆积地貌。对某一局部海岸地区而言，常年盛行风向一般是比较稳定的，所以波浪的方向变化也不大，在海岸转折的地方最易形成堆积地貌，其中最普遍的是各种形体的沙嘴(图3-107)。

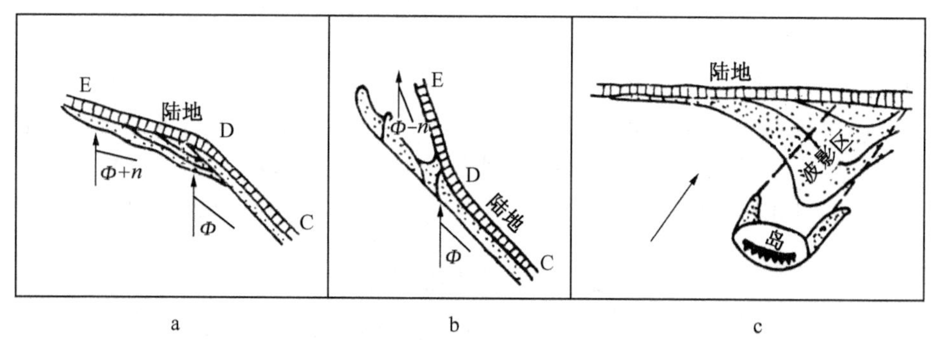

图3-107　反映三种常见的海岸堆积地貌

图3-107a图揭示发生凹形海岸处的堆积过程：DC段海岸线大致与波浪成Φ角，这时产生一股与Φ角相适应的泥沙流，自C向D运动，但当其到达D点以后，由于海岸线的方向改变，使海岸线与波浪前进方向的夹角大于Φ，这时，泥沙流的运移能力明显下降，于是在海岸转折处前DE段形成沙泥质海滩。

图3-107b图揭示发生在凸形海岸处的堆积过程：DC段海岸线与波浪夹角为Φ，而DE段海岸线方向改变，造成海岸线与波浪前进方向的夹角减小，同样也

使运移泥沙的能力降低，形成一端与陆地相连，另一端伸向海中的沙嘴。沙嘴的形状变化最多，它总的延伸方向受沉积物流运动方向决定，而其细部特征则受次要风向、海岸其他情况影响而变化（如河口地段潮流影响等）。沙嘴发育多种形态，大致有三角状、钩状、镰刀状等等，分布位置也不同（湾内、湾口、岬角等）。

图 3－107c 图揭示连岛沙坝的形成过程：岸外近距离内有岛，在岛屿-海岸之间形成波影区（由于岛屿阻挡，波浪能量因折射而削弱的海区）。波浪在遇到岛屿或岬角后发生折射，当波浪进入屏障的后方能量大大减弱，运移能力降低，发生沉积，并逐渐自岸边向岛屿延伸。在岛屿向海的一面受到冲蚀，同时形成两股泥沙流，在岛屿后方形成一个或两个沙嘴，最后与海岸相连，形成连岛沙坝，被沙坝连接的岛屿称为陆连岛。我国山东的烟台连接芝罘岛就是一个实例。

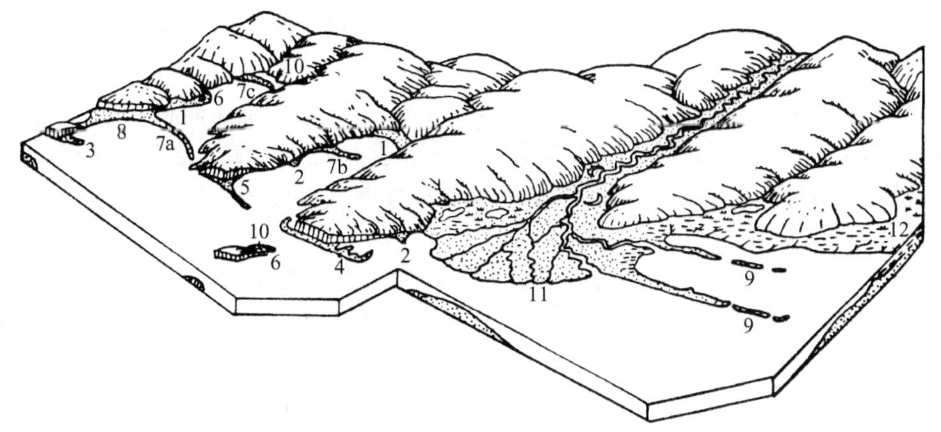

图 3－108　海岸堆积地貌形体

1. 海滩；2. 角滩；3. 沙嘴；4. 翼状沙嘴；5. 剑状沙嘴；6. 弧状沙嘴；7. 拦湾坝（7a. 湾口坝，7b. 湾中坝，7c. 湾内坝）；8. 连岛坝；9. 离岸堤；10. 泻湖；11. 三角洲；12. 泥滩

三、海岸形体类型

海岸的形体类型既受海洋的影响（海面变化、沿岸波浪动力作用特点等），同时又受陆地地形和地质构造条件的制约，在某些地区，还有生物活动参与，所以海岸形体是比较复杂的。

我国海岸的基本轮廓受地质构造影响的表现特别明显。长江口以北海岸线穿过几个不同的隆起带和沉降带，这种构造上的明显差异，表现为山地海岸与平原海岸相互交替分布；杭州湾以南，沿岸丘陵起伏，海岸岬湾密布、岸线曲折，岛屿星罗棋布，明显地反映出受东南沿海的褶皱、断裂、岩性的影响。

1. 山地海岸

山地海岸主要由岩石组成,又称岩石或基岩海岸。主要受海岸动力的侵蚀作用,又称为侵蚀海岸。我国浙江、福建、广东、广西绝大部分海岸,山东、辽宁大部分海岸,台湾东部海岸,都属于这一类型。

山地海岸基本形态特征(除断层海岸外)是岸线曲折,有众多的岛屿和深入山地的海湾。由于各地山地海岸发育的具体条件不同,因此,在形态上有局部差异。图 3-100 就是山地海岸的一种类型。具有陡峭的海蚀崖,在海蚀崖基部分布有明礁和暗礁,沿海海水深度大,波浪侵蚀作用强烈。在局部的海蚀崖下出现沙质海滩、砾石海滩。在海湾内,由于沉积作用旺盛,发育了大片的沙泥质海滩。

根据地质构造、海岸线与山岭和岛屿组合特点,山地海岸可分为纵海岸、横海岸和断层海岸三种。

横海岸(图 3-109a)的特征是山丘及岛屿走向与海岸线延伸相垂直(或成较大角度相交),海湾深入陆地,平面图形呈漏斗形或喇叭形。海岸线曲折,岬角与海湾交错分布,沿海岛屿、暗礁。这类海岸以西班牙西北部的里亚斯海岸为代表,故又名里亚斯型海岸。

纵海岸(图 3-109b)是指海岸带岛屿及陆地的山丘走向与海岸线一致。山地(半岛)、岸线、岛屿三者相互平行排列。这类海岸以原南斯拉夫西南亚得里亚海的达尔玛提亚为代表,又称为达尔玛提亚型海岸。

断层海岸(图 3-109h)的特点是海岸受断层控制,海岸线平直,沿岸岸坡十分陡峭,海水深度大,海陆高差显著,潮间带不明显,水下岸坡极陡,我国台湾省东海岸就是典型的断层海岸。

另外,还有峡湾海岸,冰后期海面上升,海水淹没冰川谷地形成的水深而港湾狭长的特点(图 3-109d),挪威海岸和新西南海岸就是峡湾海岸;冰蚀丘陵被淹没,则形成所谓岛礁型海岸(图 3-109c),见于芬兰西南部、美国东北部等处;沙丘被淹没发生在咸海,以哈萨克斯坦、乌兹别克斯坦海岸为代表(图 3-109e)。图 3-109f 展示了第聂伯河河口的溺谷型海岸;图 3-109g 展示了我国杭州湾的三角湾海岸。

2. 平原海岸

海岸地带地势平缓,海拔低于 50 m,主要由沙、泥物质组成,又称为沙泥质海岸。它的特点是海岸线平滑呈圆弧形,沿海水深浅,海底向海倾斜平缓,堆积地貌(海滩、沙堤、沙嘴)发育,又称为堆积海岸。根据组成海岸的泥沙物质颗粒差异,可分为沙质海岸(图 3-110)和泥质海岸(图 3-111)。我国苏北沿海大部分是泥质海岸,台湾西海岸是沙砾质海岸,河北北戴河沿海局部地段是沙质海岸。

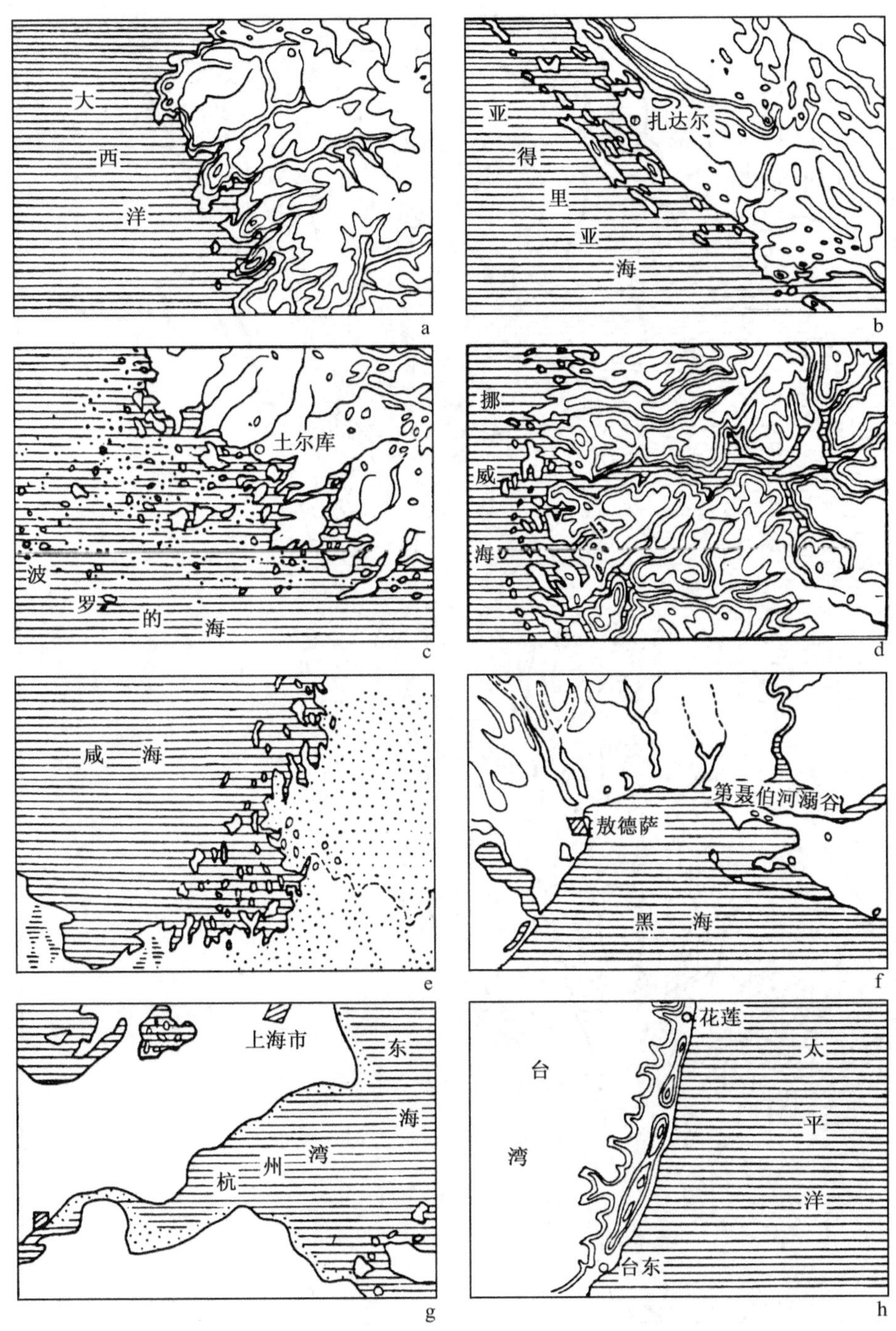

图 3-109 受地质构造与原始陆地地形等影响的海岸类型

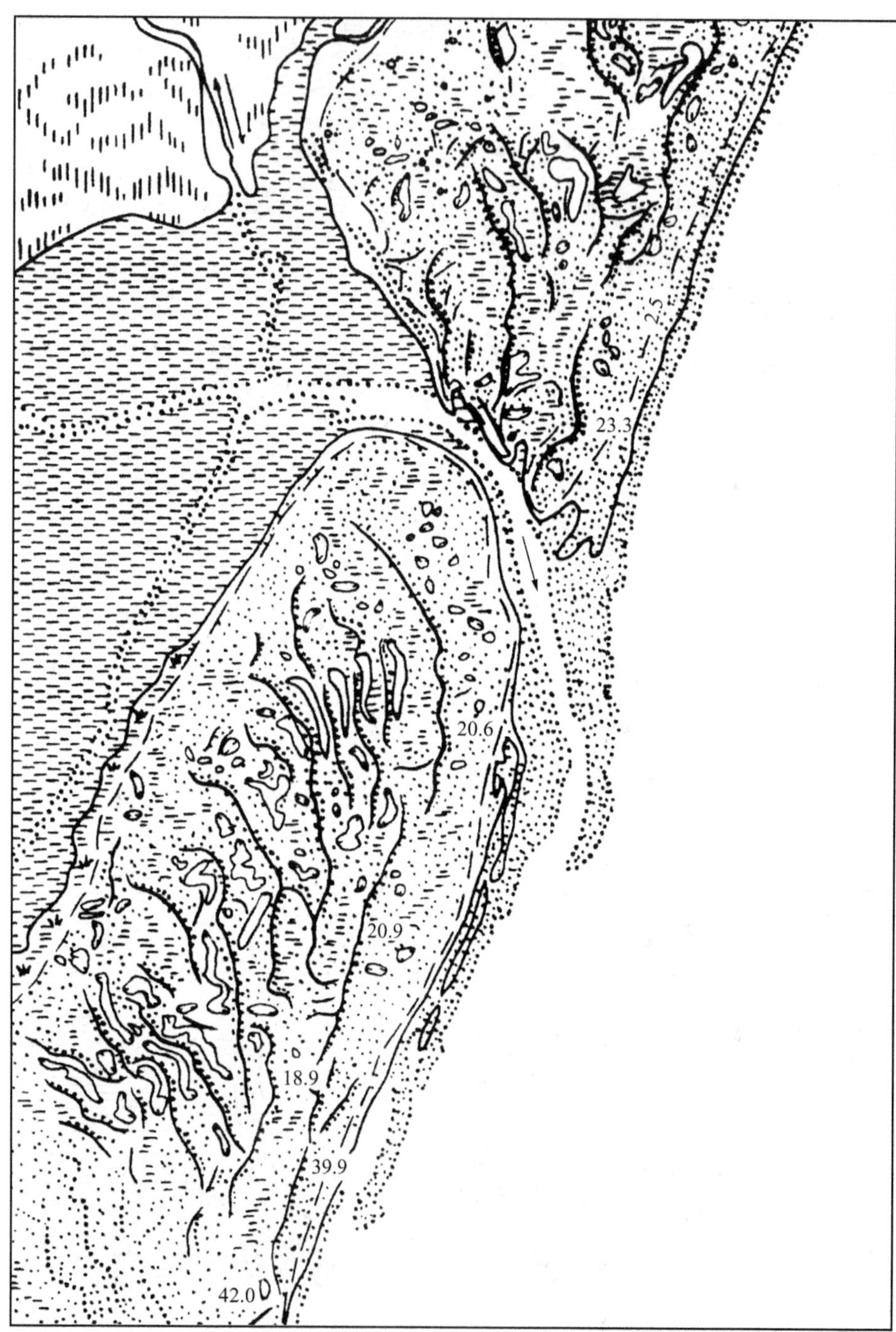

比例尺 1:50 000

图 3 - 110　沙质海岸

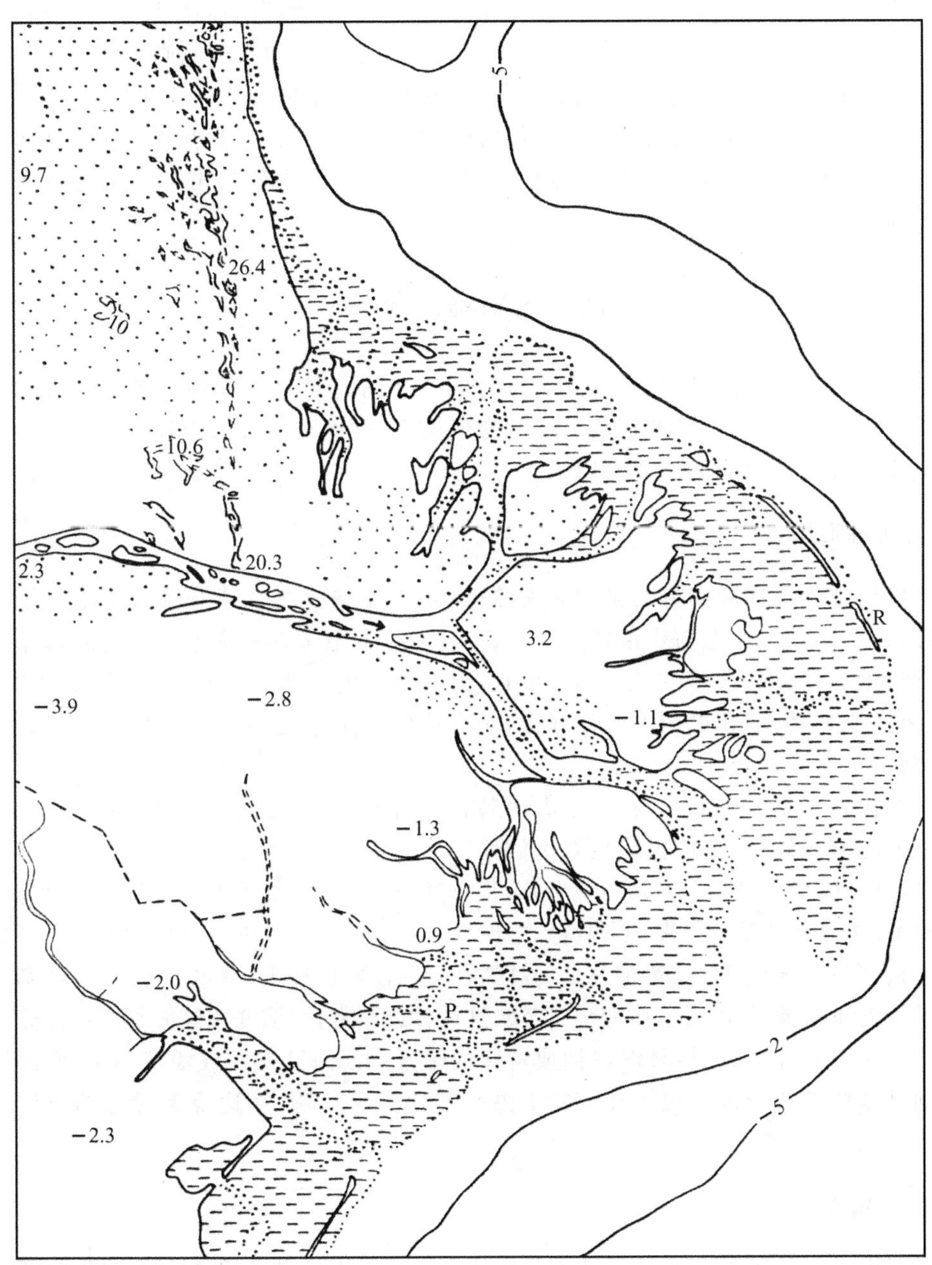

比例尺 1:100 000

图 3－111　淤泥质海岸

在大河河口，这里是河流与海洋相互作用的地段，形成河流三角洲海岸以及其他河口堆积地貌。图 3-111 是扇形三角洲海岸。河口明显地向海洋方向突出，岸线呈半圆形。地图上清楚地表示了高低潮线间由淤泥质构成的潮间带及其上面的潮水沟（图 3-111 中 P 处）。在低潮线附近出现离岸沙坝（图 3-111 中 R 处），高潮时成为离岸沙质岛屿。在图北部，沿海陆地由沙粒组成，其上有微小的波状起伏（26.4 m 高程点所在南北向延伸体）。三角洲淤泥物质主要是由河流运移至河口堆积而成的。

四、生物海岸地貌

生长在海岸带的某些生物，通过自身的生命活动对海岸地貌的发育起着明显的影响，甚至生物体本身就形成特殊的海岸景观，这类海岸称为生物海岸。生物海岸主要是红树林海岸和珊瑚海岸。

1. 红树林海岸

红树林生长在潮间带的淤泥质海滩上，是热带和亚热带特有的盐生木本植物群丛，种属不同但生态与生活环境相似。高潮时，树冠漂荡在海水中；低潮时，露出下部树干和复杂的根系，有的高达 30 m，也有低矮的灌木。红树是一种“芽生”植物，果实成熟后，即在母树上萌发胚芽，孕育成熟后下落泥中，很快就可长出根系，繁殖快速。

红树林喜淤泥质海滩，在中国海南岛和雷州半岛，有玄武岩风化壳的细小物质沉积的海湾和泻湖，是红树林最繁茂的地方。

海岸红树林带树冠相接，根盘节错，很难通行，它阻碍和削弱波浪和潮流对海岸的冲击，并加速淤泥的积累，形成特殊的红树林淤泥质海岸。随着红树林不断向外繁殖生长，海滩不断加积，其后侧早期的红树林带在通常情况下，潮水不能到达，逐渐发育了土壤和泥炭后，以后土质变干、变淡，红树林逐渐衰亡，演变成滨海平原一部分。

在航空相片上，红树林海岸构成特殊的图案。浅海区呈灰或浅灰色调，而红树林则呈黑色点状影像。红树林带的中央是连片的黑色调，而边缘是稀疏的散列的黑色点状影像（图 3-112）。

2. 珊瑚海岸

珊瑚是一种不能移动的低等腔肠动物。珊瑚分布在热带和部分副热带以及一些暖流影响的温带海洋地区，大致在南北纬 28 度之间。生长在岩石、沙、淤泥等各种底质上，有分泌石灰质（$CaCO_3$）的特殊功能。

珊瑚是一种形体微小的动物，对生活环境要求十分严格。最适宜珊瑚生长的环

图 3-112　红树林景观(上)与航空影像(下)

境是：水温在 20℃左右，海水清净透明，含盐度 35‰，水深不超过 40～60 m，有充足的氧气和光照条件的地方。现代造礁珊瑚生长的主要生态条件是浅水、暖水(18～36℃)、正常盐度(27‰～40‰)、光照、为珊瑚虫提供浮游生物食饵的丰富养料、可以附着的稳定基底等(R. N. Ginsburg　1972，G. Reading　1978)。珊瑚与小绿藻等共生，也限制它们只能生长在光能透过的，一般不超过 20 m 水深的浅水中。大量珊瑚聚成群体，并在生长时分泌碳酸钙将自己与下面的死珊瑚碳酸盐残体胶结在一起，有的造礁珊瑚由红藻连续成为坚固的骨架，从而成为块状岩质的珊瑚礁体(图 3-113)。

我国南海的东沙群岛、西沙群岛、中沙群岛、南沙群岛及南端曾母暗沙，大都是珊瑚类型的海岸，台湾海峡澎湖列岛的 64 个岛屿的海岸大多有珊瑚生长发育。

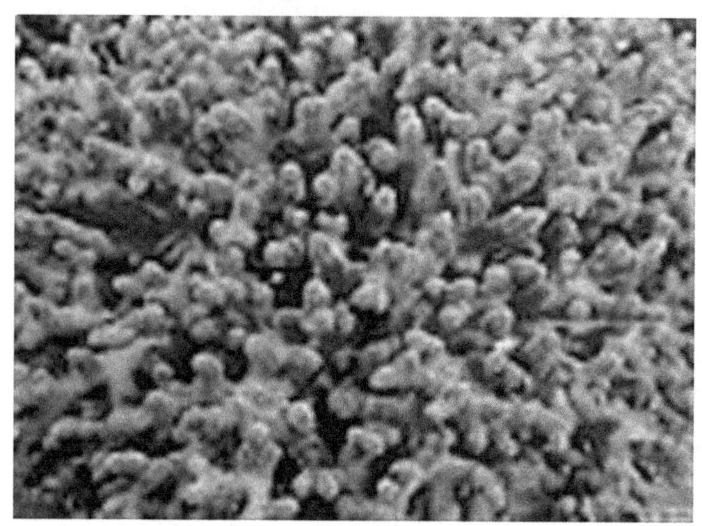

图 3－113 珊瑚礁结构

第七节 人工地貌

人类为了生存、生活和发展的需要，与自然界展开了相互斗争，人类改造自然以提供物质和精神生活的产品，随着人口的增加，这种斗争愈演愈烈。人类在改造自然中，改变了某些区域或局部的地表自然形态，展现出以人类的力量为标志的地表特征。如填海(湖)造陆、建设工厂和开采矿产、劈山填谷、构筑道路和建造房舍；坡地改梯地、耕地挖坑以蓄水养鱼；自然堤经人工加固加高，同时导致河床抬高；修筑水库大坝，河道蓄水，人工水渠（例如中国古代大运河、成都都江堰渠道灌溉网、现代南水北调中线工程），城镇建设几乎完全改变了自然地表面貌；这里仅介绍由人类长期的农业活动而造成的形态特征非常明显的地貌。它是在一定的自然条件下，人们根据自然规律和社会需要，有目的的长期劳动、改造自然的结果。

一、未改变自然地貌基本形体的人工地貌

人类在改造自然的活动中，只是在原来自然地貌基础上叠加上人类活动痕迹，而塑造出一种新的地表形体，而未改变基本的地表起伏特征。

1. 梯田

梯田是构筑在山地、丘陵斜坡上的阶梯状可耕作农用地。在我国黄土高原、四

川盆地东部丘陵和山地区、云贵高原大面积集中分布，其他地区亦有分布（图 3－114）。

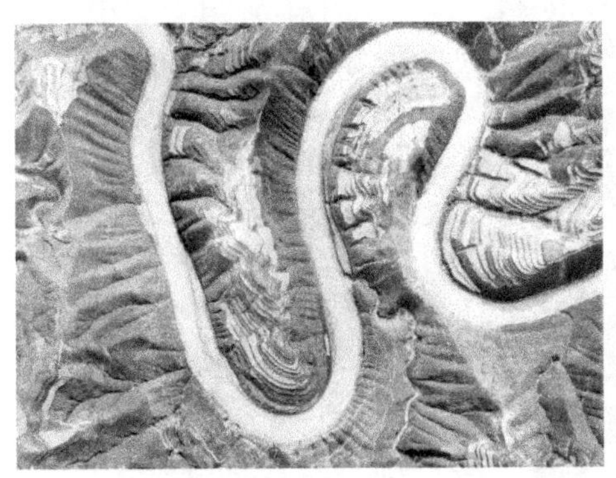

图 3－114 梯田航空影像

梯田分为两种：水平梯田和斜梯田。前者，梯田面平整，纵横各方向高程基本相同，在我国南方为多，可作栽种水稻。后者，梯田面呈明显的倾斜，连续延伸为波状起伏。在航空相片上呈明显的条带和独特的图案，在地形图上，出现相互平行的一组群集性田(陡)坎符号时，可推断为梯田地貌。梯田面一般数米至数十米宽，梯田陡坡一般不超过 5 m 高。

2. 桑基鱼塘

这是珠江三角洲及某些沿海地区分布的一种人工地貌。地表形态特征是由成群有规律排列而分布的狭长形池塘和池塘间高出池水面数米的宽窄不等的土堤构成。人类将海滩用堤坝分割而建造或者挖地为塘以养鱼，塘泥堆成土堤(基)种植桑树养蚕，蚕粪作为鱼饲料，塘泥又可肥地。天津塘沽为代表的盐田亦步亦趋具有相同的地表形态(图 3－115)。

二、改变局部自然地貌形体的人工地貌

人类为了生存和发展的需求充分利用自然能源而构筑工程，结果改变了该处自然地貌形体，创造出新的地貌形体。

1. 黄土淤泥坝

在我国黄土高原谷地中，尤其是在干沟、冲沟的沟口或其他部位人工建造的一种很特别的地貌，原意是作为水土保持和扩大耕地面积的一项工程。横拦谷地修一道堤坝用以蓄积径流和泥沙。结果，一方面使谷底淤积了大量泥沙、将谷底由低

图 3-115　珠江三角洲桑基鱼塘

填高，改变了原来狭窄的“V”字形谷地，形成宽平底面的谷地；另一方面由于筑坝拦水，泥沙淤积建造了新的地方性基准面，减缓了坡降，减弱了水土流失和流水对坡面尤其是谷底的侵蚀(图 3-116)。

图 3-116　黄土淤泥坝

2. 填海(湖)造陆

沿海或沿大湖周围填海或填湖造陆,使局部地域自然面貌发生明显的变化,水域减小而陆地扩大,岸线延伸方向及形体改变,伴随出现海堤或湖堤,堤的高度一般略高于当地 30 年、或 50 年、或 100 年一遇的台风、海潮、洪水引发的高水位,以阻挡水的淹漫。堤身或为混凝土或为土质或为混合质。

例如,香港新机场选址大屿山赤角岛(图 3-117),需夷平赤角岛屿和填海而成,面积为 1 248 hm^2。完全改变了该处自然的海岛景观和地貌分布。又如武汉市在 20 世纪 90 年代之前还以百湖之市引以自豪,享誉国内外,而今仅仅留存 30 余个湖泊,且湖的周围被填埋,改变了水体与陆地的空间存在与分布及其平面形体。

图 3-117 中国香港填海造陆图(据香港地图)

3. 水库

人类为了防洪、灌溉、发电、生活等活动的需要,在河谷宽阔段下游方向的狭窄处建筑横拦谷地的蓄水堤坝。坝体一般为圆弧形向上游端凸出,堤坝高度依蓄水位决定,例如长江三峡大坝建成高度为 187 m。大型堤坝还建有溢洪道,这是为了确保堤坝的安全,由于坝址上游蓄水导致主支流部分河段水面抬高,水面扩展,淹藏了原谷地底部及部分谷坡,甚至山体和洼地,某些个别山体成为库岛,形成新的人工地貌景观,如北京十三陵水库、浙江千岛湖、安徽太平湖、长江葛洲坝、三峡工程等。三峡水库大坝建设,为了保留长江航运的功能,在名为坛子岭的山体中人工开挖出人工航道——临时船闸和永久船闸,新造了 2 条人工谷地(图 3-118),改变了此处的自然面貌。

随着农业发展和城市化引起的剧烈变化，在流水的剥蚀面上最能看出人类对地形的影响。由风力、波浪、水流所形成的地貌，也很容易受到人类活动的影响。只有冰川迄今未受到人类活动的直接干扰，仍保持着完整的面貌，也许这最后一个大自然占优势的领域，最终也将成为人类活动引起气候变化的牺牲品。

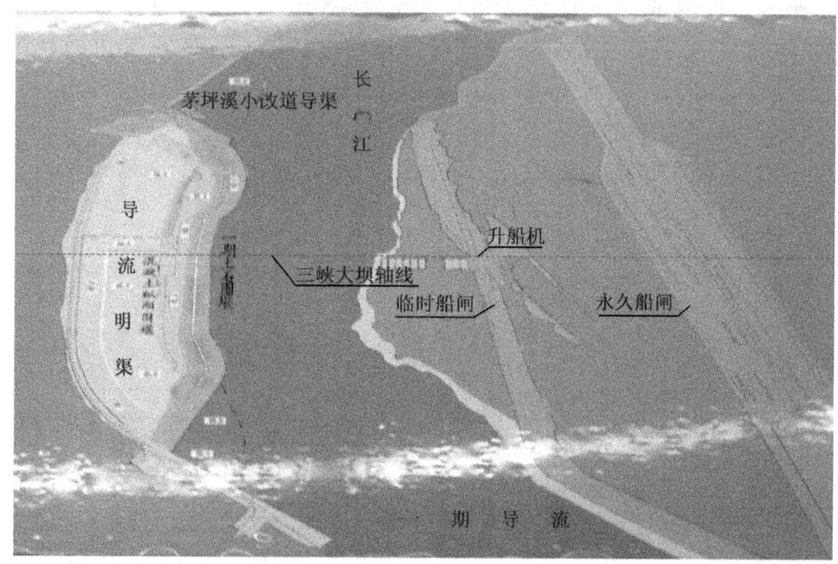

图 3-118 长江三峡电站水库修建船闸开挖“坛子岭”设计施工图

第四章 岩石地貌

早在古代，人们就已经注意到了构成独特地貌形体的岩石对该地貌形体的发育及其形体特征的形成有极其重要的控制作用和影响。我国著名的地理旅行家徐霞客(1586～1641年)把花岗岩构成的黄山描述为“乱峰列岫，争奇并起”；“四顾奇峰错列，众壑纵横，真黄山绝胜处”；把钙质胶结红色砂岩构成的丹霞山地貌描述为“但见绝壁千霄……望落日半规，远近峰峦，青紫万状”；“高严矗然独上，四旁峭削如城”；“百崖盘峙，中剖而开，并夹而起，远近不一，离应同形”；描述广西桂林附近石灰岩山丘为“石峰森立”；“石峰攒丛，有溪盘绕其间”；描述浙江雁荡山的流纹岩山地为“夹溪皆重岩怪峰，突兀无寸土，雕镂百态”，“峰峰奇峭，离立满前”。丁文江(1887～1936年)把《徐霞客游记》中的有关描述称为“名胜分标、殆等于地表之分类”。

近代，在《地貌学》教材中均独立列出岩溶地貌、黄土地貌的章节，在讨论影响地貌发育与发展及其形体特征的因素中将岩石列为重要因素之一。1984年R. J. Chorley等编著的《地貌学》一书中新列一章“Lithology and Landform”，专门讨论岩石与岩性对地形(地貌)的特殊影响。但我国至今仍未有一部《地貌学》教材中专列“岩石地貌”一章来研讨各类岩石及其性质的差异发育的独特地貌。事实上，地貌形体的形态特征，虽然受控于动力的雕琢，但也受到地貌形态所依附的岩石性质(基体)的控制。从地貌发育是由组成地貌形体的物质的运动这种新观念出发，地貌形体的形体特征理论有其另一方面，即地貌形体的实质是其组成物质某些特性的显示。岩石是构成地貌形体的物质，岩石的物质成分、岩石的结构构造、岩石的产状与破碎程度、岩石的物理与化学稳定性等对风化与剥蚀作用、地貌的形体特征及其发展变化的速度、区域地貌类型、地貌结构与组织等均有重要的影响。“岩石地貌”主要讨论特定岩性的地貌形体显示和由特定地貌形体与特定岩性相结合而构成的地貌类型。

第一节 砂质岩石地貌

砂质岩石是地表出露比较广的一种沉积岩。它的颗粒粒径0.5～2 mm，矿物成分组成主要为三类：① 各种岩石碎屑，石英、长石和重矿物；② 白云母；③ 黏土矿物。常见的砂质岩石有石英砂岩(含石英碎屑颗粒 90%以上)、长石砂岩(含石英颗粒少于 75%,长石颗粒多于 25%~70%以上,主要来源于花岗岩类岩石)、碎屑砂岩(也叫硬砂岩,含石英颗粒少于 75%,长石颗粒少于 10%,多为基底胶结)。砂岩的化学成分取决于所含碎屑成分、胶结物成分。一般情况下,砂岩的 SiO_2 含量可达 78%左右,纯净石英砂岩的 SiO_2 含量可达 95%~99.5%。

一、砂质岩石与地貌发育

砂岩的特性是硬而且脆(表 4-1)。它的抗压强度比抗剪强度大 10 倍左右,比抗张强度大 30 倍左右。在砂岩受挤压变形的时候,经常是最先沿弯曲的部位出现张裂隙,随后沿与作用力大致成 45°相交的最大剪切面形成剪切断裂——X 断裂。对于地貌塑造来说,在砂岩的多项特征中,最重要的是砂岩的胶结物质成分、节理构造和层理构造,以及砂岩的透水性。

表 4-1　岩石的平均强度

岩　石	抗压强度/(kg/cm^2)	抗张强度/(kg/cm^2)	抗剪强度/(kg/cm^2)
花岗岩	1 478 (370~3 790)	30~50	150~300
大理岩	1 020 (310~2 620)	30~90	100~300
石灰岩	960 (60~3 600)	30~60	100~200
砂　岩	740 (110~2 520)	10~30	50~150
玄武岩	2 750 (2 000~3 500)	—	100
页　岩	200~800	—	20

硅质胶结的碎屑岩,由于抗化学风化强、节理稀疏而抗蚀性最坚硬。这种岩石出露区地表切割密度比较低,常在 1.9 km/km^2、3.1 km/km^2、5.3 km/km^2 左右(相应的最大降水强度分别为 24 h 44 mm、75 mm、122 mm)。这种岩石常构成外表为赭色的支离破碎的悬崖、单斜山山岭和陡崇的山丘。武汉的龟山、蛇山、珞珈山等,南京的紫金山单斜山山顶部分,庐山山体东部海拔 1 443.5 m 的五老峰、大月山等就是硅质胶结的石英砂岩、砂砾岩构成的,山岭东坡为高几百米的悬崖峭壁。

铁质胶结的砂岩有比较高的渗透率，顺裂隙有比较快的化学风化和流水深切，因而厚层铁质胶结砂岩出露区常发育陡峭的悬崖与深邃的谷地。中国湖南张家界几百万平方千米范围内，近水平的厚层石英砂岩被强烈侵蚀切割，形成独特的石英砂岩峰林峡谷奇观，每个石峰是近水平砂岩层堆叠起来的石宝塔或石柱子（图 4－1）。

图 4－1　福建武夷山(a)、浙江雁荡山(b)、湖南张家界(c)、江西庐山北部(d)砂岩石柱地貌

厚层状的钙质胶结的砂岩与砂砾岩出露区，遭受强烈的侵蚀和溶蚀作用后，成为由方山、奇峰、龙脊、赤壁、岩洞、巨石和峡谷管道、清水潭等组成的又一种独特的山水景观。在我国广东北部仁化县丹霞山区，这类岩石地貌不仅典型，而且被研究较早，所以在我国特称这类岩石地貌为丹霞地貌，或红层地貌。钙质胶结的碎屑岩，容易被化学风化，岩体中留下溶解孔洞；泥质胶结的碎屑岩，物理化学性质软弱，往往发育成谷地。

二、丹霞地貌

我国秦岭、大别山以南，青藏高原、云贵高原以东的南方地区，分布着不同地质时代形成的红色岩层,通称“红层”。在热带与亚热带的高温多雨的气候条件下,经过特定的风化、流水的侵蚀作用,往往形成丹崖峭壁、石峰林立的地貌。

丹霞地貌形成受多种条件约束。首先,组成物质是从中生代侏罗纪到新生代古近纪的陆相含钙的红色岩系,一般堆积在坳陷或断陷盆地中,岩层倾角一般小于20°,富有垂直节理。第二,红层堆积成岩后随周围地面整体抬升,未被后期地层所覆盖。第三,露出在地面的红层,在湿热气候下风化,再经流水切割和剥蚀,形成形态奇特的山丘。在我国,主要分布于四川盆地、滇中—元谋地区、滇西兰坪—思茅地区、南阳、洞庭和鄱阳内陆断陷盆地、武陵山与武夷山之间的江南地区(如湘西沅江两岸、衡阳、赣西、赣南、大别山南侧等);秦岭、秦巴之间汉江流域、长江以南粤东北、赣东南和闽西南、苗岭、海南岛、桂中南等小型红色盆地。

红层岩石每套都由红色砾岩、砂砾岩、砂岩、粉砂岩、砂质页岩和泥质页岩等交互组成,主要是红色砂岩、粉砂岩和页岩,厚度可达 1 000 m 以上,颗粒之间的填充物或胶结物是氧化铁,故为红色,单层很厚、固结坚硬、透水性强,有的砂岩层具有交错层理,在断面上出现红纹交织,犹如绣锦,又称为“锦石”。河流以嵌入式曲流的形态萦绕回环于红层中,切割形成深达 200～400 m 的峡谷,峡谷之间成为岗丘。这些岗丘或为平顶高地,或为孤立岩峰和岩柱,形态奇特,独树一格,以广东北部仁化的丹霞山(图 4-2)最典型,故又称为“丹霞地貌”,即为丹霞式丘陵地貌。在这里,顶部平齐,四壁陡峭的桌状山(方山地形)称为“寨”;体积较小的独立的岩峰,高的称为“岩”(600 m 左右),低的称为“石”(300～500 m);岭状的孤立高地(长条形单山岭)起伏如“龙”,称为“龙岭”或“龙(蛇)形岭”。红层中钙质丰富的岩层,往往发育出许多岩洞。悬挂在崖壁上,形成峰林陡峭壮观,红崖丹壁,色彩绚丽的画面。

图 4-2　广东仁化丹霞地貌照片

丹霞地貌的“寨”、“岩”、“石”、“岭”相互组合，形成奇特的岗丘地貌，犹似峰林。福建武夷山、江西上饶盆地南侧的圭峰、广东仁化的金鸡山是典型的丹霞地貌景观。

丹霞地貌中的寨、岩、石的区别主要基于规模大小，其次是外部特征及相互关系。与方山地貌(参阅第五章第一节)形态的差别不仅在于山(丘)体大小，还在于岩层倾斜，丹霞地貌中的岩层倾角可达15°左右。两者的岩性和岩石颜色的差别是不能通过等高线图形特征得到的。这暴露了等高线表示地貌的缺陷，当然比例尺也是重要因素，尤其是当比例尺度小于1：10 000时。丹霞地貌中的“岭”是沿一组纵向断裂(节理)发育在谷地之间的正向地貌，如果岩层呈水平状况，未经风化的石块不易坠落，保留在山体上部，与横向节理分割后形成的石柱“岩”、“石”相配合。“岭”为狭窄的山岭，与一般山岭相比较，不仅宽度窄，形态也明显不同(图4-3)。丹霞地貌的共同特征是具有陡峭的崖壁。

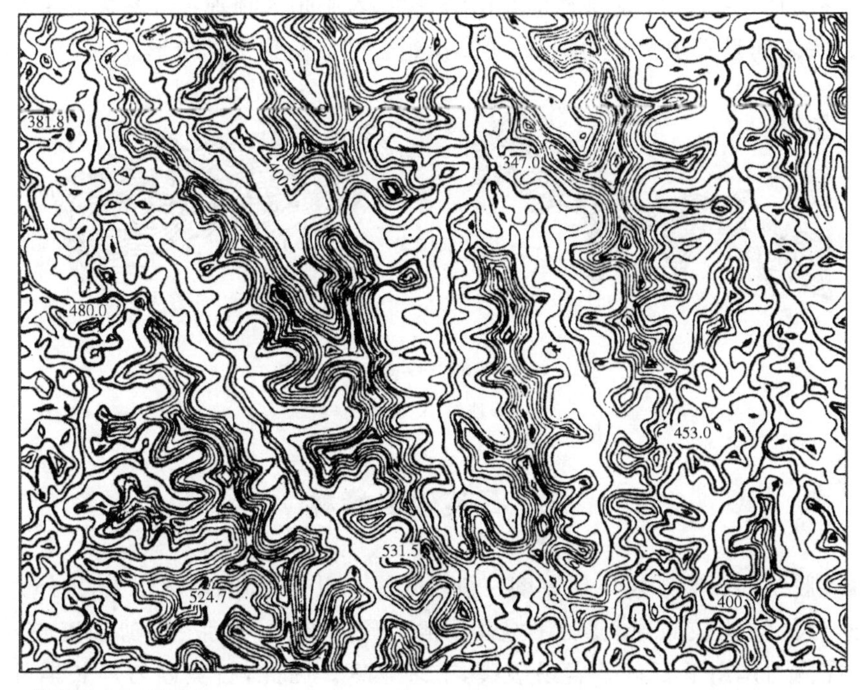

图4-3 龙岭(窄脊)—丹霞岗丘等高线表示

在图4-3中，表示山坡最下部的两条等高线(380 m、400 m)距离较大，反映了坡度明显变缓、谷底宽平开阔的特点。负向地貌(谷底)的形态也很特殊，谷源为岩壁环抱呈圆弧桶形，河谷纵剖面坡度非常小，在地形图上表现为相邻等高线间距离很大，通过河流的两相邻等高线间隔距离较大，谷底平坦宽敞，狭窄的河床与宽广的谷地不相协调。这些特征显然是受下伏水平岩层构造控制的，陡峭的谷坡主要是岩石受风化侵蚀,沿节理崩裂而成。丹霞正向地貌山坡受垂直节理控制,坡度很陡,山麓堆积了大量的陡坡崩塌物质,因而山坡呈凹形。

丹霞地貌与石灰岩峰林地貌(参看第四章第三节)在外形上虽有些相似,但两者还是有明显区别。丹霞地貌的岩峰是沿垂直节理分割岩峰而成,因此它的形态不一定是圆筒形,有的成峰,有的成窄岭。石峰之间很少出现圆形洼地和盆地等负向地貌。

另外,在红层大片出露区,受断裂(节理)构造的控制,谷地多直角拐弯,主沟谷与支沟谷、主谷与支谷常组合为格状或平行状图案,谷地中发育的水系有与之相应的组合特征(图 4 - 3)。

图 4 - 4 表示龙领与一般山岭的等高线图形的区别。图 4 - 4 中的 b 图表示普通山岭形态,沿山顶方向有较大波状起伏,山头之间具有明显的鞍部,等高线组合图案呈椭圆形;图 4 - 4a 是丹霞地貌山岭形态,在平坦的顶部孤立突起高度不大的山头,山头之间是平坦狭窄的鞍部,等高线组合图案呈狭窄的带形。

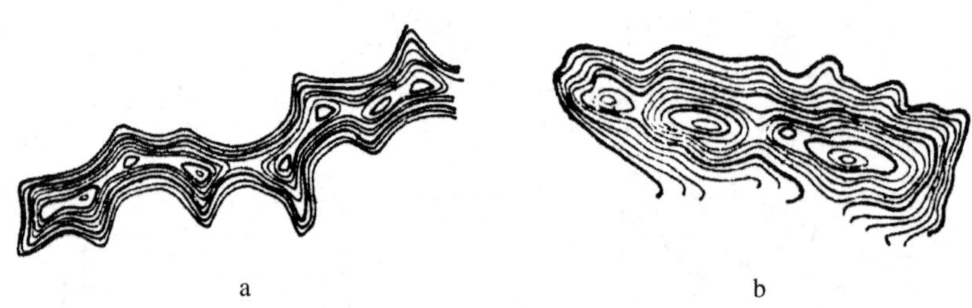

图 4 - 4　龙岭与一般山岭比较

a. 丹霞地貌;b. 普通山岭

三、石英砂岩峰林

硅质胶结的石英砂岩单层厚度一般在 0.5 m 以上,和总厚度较大,抗外力剥蚀作用强,岩体结构较致密,透水性差,异常坚硬。但是,抗张、抗剪强度却小(表 4 - 1)。在内力作用下石英砂岩易破裂,节理丰富。因此,石英砂岩经长期外力作用,上覆盖层被剥去后,往往发育蚀余的正向地貌,且出露在山体或岗丘的上部(顶部),如武汉地区的龟山、蛇山、磨山等山丘。在垂直断裂发育好的中山、低山地区,由于其抗压和抗风化剥蚀能力强,由断裂及河流切割形成的沙岩峰体和砂岩石柱林群体矗立挺拔,成为各显姿态的奇特砂岩峰林地貌。

湘西大庸、慈利、桑植一带,张家界地区、索溪峪、天子山、武陵源被誉为石英砂岩峰林地貌典型代表区。张家界青岩山地区,在 133 333 km^2 的范围内连绵重叠着千座岩峰,最高峰"兔儿望月"海拔 1 334 m,最低处的止马塌只有 300 m,高低错落，形体悬殊。有的峰体高峻，顶平如桌面，似高台，有的峰顶尖峭、挺拔（例如“金鞭岩”）。站在最高峰，举目眺望，数千座峰峦群立如林。张家界石英砂岩峰林地貌的形成，与三组节理裂隙直接相关，三组节理走向分别为北东向，北西向和近东西向。其中北东和北西向发育良好，节理走向几乎直交，发育成为棋盘状的沟谷、河谷纵横交错的现象，谷地之间即为石英砂岩岩峰，由于谷壁垂直陡峭，形成峻、险的柱状山峰，分散成林分布。规模较小的柱状砂岩石柱分散成林分布区域我们称其为“石柱林”，塔状的可以称其为“砂岩石塔林”，在张家界有典型分布（图 4－5）。

图 4－5 湖南武陵源石英砂岩峰林地貌

第二节 花岗岩和玄武岩地貌

花岗岩是陆地的基底构成物质，在各个地质时代的造山运动中都有花岗岩产生。岩浆岩按成因分类为喷出岩和侵入岩，按矿物结晶情况分类为结晶岩和非结晶岩，依 SiO_2 含量可分类为酸、中、基性和超基性岩等多种分类方法。岩浆喷出地表称为火山活动（喷发），火山岩可泛指火山喷发的熔浆及火山喷发的碎屑物（火山渣、火山弹等）冷凝及堆积凝结形成的岩石。有人将火山喷发形成的熔岩归入岩浆岩，而将火山碎屑岩归入沉积岩类中。本书将其统归为岩浆岩，理由为它们都是以岩浆活动为动力形成的岩石。本节主要讨论在地表常见且其构成独特地貌景观的花岗岩、玄武岩地貌。

一、花岗岩地貌

在地质历史上，各个地质时代的构造运动中都有酸性岩浆侵入地壳后凝结形成的花岗岩。虽然花岗岩在地壳中产出的深浅不一。但是，在地壳上升幅度和面积广大的地区，若上覆沉积岩及变质岩被剥去就会露出大面积的花岗岩体。在我国南方的高温多雨的气候条件下，花岗岩构成的山地与丘陵，形态独成一格。我国许多名山都是以花岗岩为主体，如五岳中的西岳华山、南岳衡山，山东崂山、浙江普陀山和天台山、安徽的黄山和九华山、江苏吴县灵岩山、辽宁千山、江西庐山秀峰、秦岭太白山、河南鸡公山、天山博格达峰等。

1. 花岗岩分布

花岗岩在地表分布是比较广泛的。在我国，尤其在云贵高原以东、秦岭大别山在内的东南部花岗岩分布相当广泛，特别是在广东、福建以及桂东南和赣南、湘南一带更为集中。花岗岩出露面积，在闽、粤两省都各占去总面积的30%～40%，桂、湘、赣三省分别占去总面积的10%～20%。在我国东南部，从西北至东南依次出露加里东、海西、印支、燕山各期花岗岩(图4-6)。燕山期出露最广，它们在构

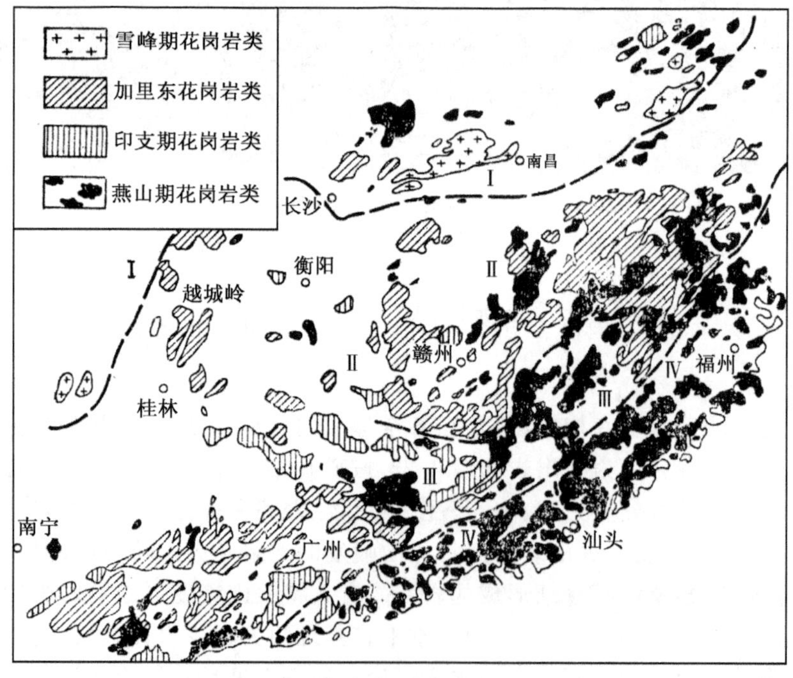

图4-6　我国东南沿海局部地区花岗岩分布

造变动中侵入,又因先后多次的构造变动而抬升,特别是断块抬升,剥去沉积岩盖层后出露地表。

2. 花岗岩岩性与地貌发育

花岗岩是块体结构的岩石,坚硬致密,孔隙率约为1%,抗压强度和抗剪强度比较高(表4-1),地表容易被散流与暴流冲蚀。在具有厚层风化壳的花岗岩丘陵上,往往形成强烈割切的沟谷。在花岗岩山地顶部,表层风化层被冲蚀走后,岩体球状分化而层层剥落,发育出巨大的"石蛋"散布在山顶。在花岗岩山麓的低地,则多出露泉水,甚至积水成为沼泽。修建公路时,应选择较高的坡地通过。

组成花岗岩的长石、石英、云母等矿物结晶程度高,呈现良好的镶嵌结构,岩性固结坚硬,抵抗侵蚀的能力很强,所以能形成高峻的山地,如秦岭太白山(3 768 m)、浙江天目山(1 507 m)、广东罗浮山(1 282 m)等都具有或高或低的陡崖峭壁,矗立于群山之上。花岗岩中的各种矿物膨胀系数不同,如石英和长石可相差近1倍。在冷缩热胀的进程中,花岗岩表层容易产生裂隙,矿物颗粒间失去固结力而成松散分离状态,有利于层状风化和层状剥蚀的进行。所以花岗岩形成的山丘,其形态大都起伏和缓,形体似馒头状,如武夷山的关岭、浙江的天台山地区的花岗岩丘陵地貌。

花岗岩具有丰富的三维直角节理,因而岩体内存在许多裂隙,地表水和地下水沿着节理活动,逐渐发育了比较密集的沟谷和河谷,在节理交错或断裂交汇的地方,往往形成小型盆地,如江西兴国的杨村盆地、福建的大坪盆地、粤北仁化的长江汙盆地。五岭山地中的小盆地,当地群众称之为"垌田"。在盆地中,冲积砂土层较厚,水源充足,成为高产的水稻产地。

花岗岩的节理,对山坡发育影响很大,节理的多少和组合形式在很大程度上决定山坡的形态。在节理或断裂密集的地方,往往出现陡崖,这是在重力作用下崩塌的结果。花岗岩岩体表层因变温会发育层状节理,节理面往往与坡面平行,从而支配了坡面坡度的大小。

总之,花岗岩的岩性,一方面是固结坚硬,孔隙率小,透水性比页岩差,只有页岩的1/5,花岗岩属于不透水的岩石,容易产生地表散流与暴流的冲蚀。另一方面又多交错节理,容易风化。所以,在具有厚层风化壳的花岗岩丘陵上,往往形成强烈割切的沟谷,花岗岩丘陵的冲沟密度一般比其他岩石丘陵大得多。

3. 花岗岩峰林

我国东南部的一些花岗岩山体,以岩株构造为基础,又受断块抬升,地势高峻、山体顶部岩体裸露,沿节理、断裂所进行的寒冻、雪蚀和流水作用强烈,形成群峰林立的外貌,如黄山、华山。第三纪初,秦岭山地隆起,渭河谷地下陷,伴随着产生多组纵横交错的断裂，北 20°西、北 30°西、南北向、北 10°东多组节理发育，以北 20°西为主。秦岭山体被分割成多个断块，华山断块在长期流水剥蚀作用下，岩体上覆盖层剥蚀消失，花岗岩出露地表，华山由白垩纪燕山期斑状黑云母花岗岩“岩株”构成。华山断块继续上升，在外力和多组断裂与节理构造的控制下，形成了今日华山挺拔、陡险的地貌景观。华山以奇拔峻险冠天下，岩株主体南峰（落雁峰）海拔 2 000 m似一通天石柱直插云天，上部则分离成各具姿态的四峰，即东峰朝阳峰、西峰莲花峰、中峰玉女峰、北峰云台峰，最高峰 2 645 m。北魏郦道元所撰《水经注》中称它“远而望之若花状”，故称“华山”，以险峻的奇峰峭壁为特点，山体周围的崖壁，受花岗岩岩体侵入形态的支配，五峰之间的崖壁，多是在节理控制下发育形成，南、东、西各式各样峰体基本上在同一高程上。部分山顶由于四周侵蚀作用尚未深入，而仍保持平缓的顶面。

黄山山峰以奇著名于世，山顶尖锐、山坡悬崖千丈、峰峰不同为特色的地貌景观。有些峰顶亦残留下了平缓的顶面，而南北两侧均有断层，沿线有温泉出露，南侧断层崖形成瀑布带。黄山群峰如林，峰多岭少是地貌的一大特色。黄山山体有名的山峰有 72 座，它们多受北西向、北东向，还有东西向和南北向各组节理的控制，许多峰体都受冻裂作用和球状剥蚀，松树树根亦有助于机械侵蚀。黄山山体沿节理发育的谷地（沟谷）较大的有 36 条，正是这些沟谷，把山体分割成峭壁奇峰，群峰如森林，峰多岭少，如莲花峰（1 873 m）、天都峰（1 829 m）、光明顶（1 841 m）、九龙峰、鸡公峰等，黄山山坡崖壁坡度多在 60～70 度之间（图 4－7）。

图 4－7　黄山花岗岩峰林、柱林

其次，安徽天柱山也是花岗岩峰林地貌典型代表，主峰天柱峰（1 490 m）、飞来、天狮、莲花、鼓槌、复盆等42奇峰千岩竞秀，麒麟、杓药等16岩，霹雳、鹦鹉等53怪石石无不怪，以及十八岭、四十八寨等镶嵌其中，群峰林立。李白诗云："奇峰出奇云，秀水含秀气……"

总之，多种方向的节理对花岗岩山地地貌发育起着决定作用，太阳辐射、大气、水、生物的外力作用，尤其山顶部分，发育出巨大的石蛋，如黄山、福建九仙山、广西大容山，也是花岗岩独特地貌景观（图4-8）。大多数花岗岩出露区常为由柱状山丘，像形奇峰怪石、深邃谷地、飞瀑跌水以及巨石堆砌等构成的奇特山丘景观。有的花岗岩出露区却形成特殊的近于封闭的小盆地，如安徽南部有比较多的花岗岩盆地。

图4-8　花岗岩石蛋

4. 花岗岩丘陵

花岗岩物质构成的丘陵，分布面积最为广泛。在我国东南部集中连续分布（图4-9），在其他地区则呈零星分布，如江西庐山东南部。在丘陵的顶部和坡面上出现次圆形花岗岩巨大岩块（称为球状石蛋），有些在风化壳被侵蚀去后，也出露馒头状的凸形缓坡的岩丘，或间有球状石蛋。它们形态独特，是花岗岩地貌的主体。丘体之间是浅平宽展的谷地，在谷坡上往往有泉水出露。

花岗岩丘陵的另一奇特景观为，在湿热气候环境中，具有厚达10～80 m的红色风化壳，尤其是在温高多降水的地区，分布高度可以超过海拔1 000 m，它是第四纪以来长时期风化作用所形成。风化壳可分三层，上部为含铁丰富的红土层，由黏粒含量较多胶结紧实的土层组成，透水性差；中部为网纹砂土层，长石、云母已经分解，含砂砾较多，固结性差，并含有岩屑，色呈黄白；下部为碎石层，花岗岩结构仍然保存，长石、云母还未完全分化，含砂更多，还有大量的球状分化的石蛋，透水性差。风化基岩面凹凸不平，风化壳呈楔形沿节理伸入岩体内部，球状风化在岩面上进行。

以花岗岩为核的红土丘陵最容易发生散流冲刷与面流侵蚀，因为风化壳物质粘结，表层不透水，中下部结构松软。据江西兴国水土保持所的观察（1957年4月至1958年4月），侵蚀量19 680.06 t/km^2。地表散流侵蚀深度与坡度有关，据测定坡度增加1度，坡面侵蚀深度增加0.01～0.02 cm。

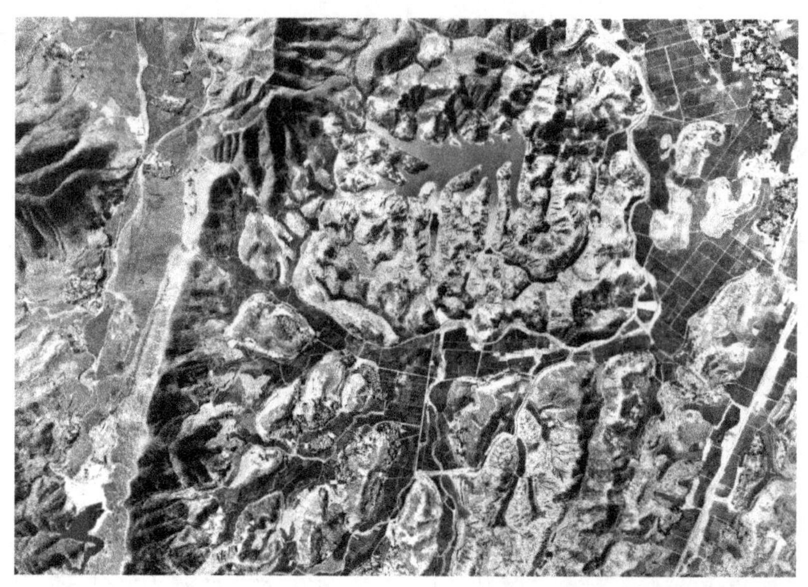

图 4-9　中国东南沿海(局部)花岗岩丘陵地貌航空影像(浅色调)

坡形对散流冲刷量也有显著影响。在凹形斜坡上，坡面上部即坡顶与坡壁转折处，散流冲刷量最大，因而网纹层出露最快，面积亦较广，散流集中，易形成暴流，产生大型冲沟与汇水盆地中的半圆形塌崖，若坡顶 5°～10°，坡脚 10°，坡面20°～25°，转折处为 25°～30°，则剥蚀深度依次为 0.6 cm/年，1.1 cm/年，0.4 cm/年。在凸形斜坡上，通常碎石层出露最快，但由于散流不容易集中，只能产生小型沟谷，切沟呈辐散排列。

花岗岩坡面的切沟进一步发展形成冲沟，在凹形斜坡上的切沟一般是冲沟的前身，因为那里暴流最容易汇集。在凸形斜坡上的切沟亦能发育为冲沟，但规模一般较小。冲沟沟头的进展速度一般都在 0.8～2 m/年。在冲沟沟头的集水盆中往往产生半圆形的崩塌崖，集水盆的平面形态及三维空间特征如瓢形，多位于凹形汇水盆中央的沟谷汇合处；筲箕形，崖壁弧长不断增长，窄口不断向冲沟下游移动，巷沟几乎不存在。

花岗岩风化壳的红土层、网纹层被剥蚀以后，碎石层裸露于地面，散流搬走细小颗粒，留下大块的花岗岩块，即所谓“石蛋”。我国东南沿海的一些花岗岩岛屿，顶部石蛋满布。石蛋形态在立方系统节理中呈圆形，在长方系统节理中呈方圆形，大小与节理间距相应。若坡顶出露石蛋时，表示水土流失已进入严重阶段，预示该地自然环境的变化及人类活动对自然要素的干扰已相当严重。

在我国热带自然环境下，发育一种孤立的馒头状的“花岗岩岩丘”，往往显露在红土丘陵或花岗岩台地之上，其顶部呈和缓突起，四周坡度多在 35°～40°，大致与岩体的层状节理相当。这种独特的岩石，发育在沿海小岛上，由于台风巨浪的剥蚀,形态完美,构成观赏性极强的优美旅游景观,如厦门鼓浪屿。

花岗岩组成的低山丘陵在地形图上具有特殊的等高线图形(图 4 - 10)。无论是山丘体还是谷地地貌,等高线均呈圆滑弯曲,尤其是通过谷底的等高线,弯曲舒缓。反映了谷地宽浅、谷底平缓的形态特征。等高线组合形态反映了花岗岩丘陵分布零乱、无规律的地貌特点。花岗岩丘陵区一级支谷或河谷及其河系呈现出钳形弯曲的特征,谷系大都发育为树枝状,间或有方格状水系。而一般由沉积岩组成的丘陵,除水平岩层外,都具有沿岩层走向分布的规律性。

图 4 - 10　花岗岩丘陵等高线图形

二、玄 武 岩 地 貌

玄武岩是常见的基性喷出岩,岩浆喷出地表后大面积覆盖地表或局部地区,这取决于喷出物质的量和覆盖前的地形。在我国,玄武岩山地从东到西,从南到北都有分布,例如黑龙江五大连池和云南腾冲火山群、浙江天目山和会稽山、江苏虎丘、云南鸡足山等,但是形态、高度、景观不同。

台湾岛上有以喷发安山岩为主的大屯火山群。

1. 玄武岩岩性与地貌发育

棱柱状节理(图 4-11)为玄武岩流中常见的一种原生破裂构造,尤其在大面积覆盖的碱性橄榄质玄武岩流中发育更为普遍。熔岩流动面称为冷凝面,在此面上,熔岩围绕若干冷凝中心点冷却收缩,从而在相邻冷凝中心连线的方向上产生张应力,柱状节理就是垂直于若干张应力的方向上形成的张节理,平面上成为许多排列整齐的四边形、五边形或六边形竖立的多棱柱形石柱,石柱之间相互分离裂开,石柱垂直于冷凝面。玄武岩石柱高数米或数十米,常构成绝妙的石柱林景观。

图 4-11　玄武岩棱柱状节理与石柱林地貌

玄武岩常见为隐晶质结构,极其致密而不透水,外力剥蚀在岩石表面或沿立方节理进行。

2. 玄武岩石柱林

玄武岩在岩浆冷凝时,由于体积收缩,裂开成为规则的五边形、六边形岩柱,群立如林,称为石柱林,以区别于由可溶性岩石(如石灰岩)受水溶蚀侵蚀形成的石林。

石柱林地貌就目前的资料,江苏省六合县城东北的桂子山石柱林堪称奇绝,石柱横切面多呈六边形、五边形,亦有四边形和七边形的,一眼望去,形状奇特,犹如一把筷子矗立在平原上,气势十分壮观(图 4-11)。此等景观在江苏省六合县马集平山采石场等地也可见到。

玄武岩石柱林地貌的另一典型是福建省漳州古火山——南定岛，它是高碱性橄榄质玄武岩形成的石柱林和玄武岩石柱丛——数个单体石柱组合成一个大的石柱丛，石柱丛成群体分散分布的地貌特征，可见高度在 20～50 m 的悬崖陡壁（图 4-12）。此外，在湖北省西部山区和内蒙东部亦有此地貌分布。

图 4-12　福建省漳州——南定岛玄武岩石柱林地貌

2. 玄武岩台地

基性玄武岩熔浆喷出地下后，沿地面流动，填低漫流，大面积覆盖地表形成顶部起伏和缓的熔岩高原或熔岩台地。如中国河北张家口以北的玄武岩台地（地理上称为坝上高原）、印度中南部德干高原、加拿大不列颠哥伦比亚高原（面积超过 50 万 km^2），而组成它的熔岩厚达 1 100～1 800 m，熔岩填满了过去的全部负向地貌形态，使其达到接近理想的夷平作用。

受流水作用和棱柱形节理的影响，熔岩高原或台地被分割为顶部平缓，四周陡峻的熔岩方山——桌状台地地貌。常见于我国东北敦化、密山一带，长江中下游的长江以南也常见，如江苏江宁县的方山、句空县的赤山、六合县的灵岩山等。

第三节　可溶性岩石地貌

可溶性岩石地貌即所称的岩溶地貌。明代地理学家徐霞客（1586～1641）曾大范围探险考察并详细记述中国石炭岩地区独特的地貌特征。19 世纪末，前南斯拉夫学者司威治(J. Cvijic)在研究了前南斯拉夫西北部名为Karst(喀斯特)高原的岩石发育的奇特地貌和水文现象后命名这类地貌为Karst,自那之后国际上把这类岩石地貌通称karst(德语)地貌。1966年在广西桂林的第一次中国全国岩溶学术会议上,中国学者把这类岩石地貌称岩溶地貌(喀斯特地貌)。

一、岩溶分布

在全球陆地上,岩溶分布的总面积约有5 000万km^2。在欧洲迪纳瑞克山区(Dinaric Mountains),包括斯洛文尼亚、克罗地亚、南斯拉夫、波斯尼亚等国家的碳酸盐岩景观是世界上著名的,这里的地貌主要是岩溶的岗丘及洼地、谷地[国外称为坡立谷(polje)];法国科斯高原的岩溶景观很有特色,以洞穴和盆地为特点;在意大利、英国、西班牙、高加索和克罗地亚地区都是以洞穴、岗丘为主。在美洲地区,碳酸盐岩岩溶有较广泛的分布,美国肯塔基州中部至密西西比高原地区,面积25 000 km^2范围内,有洼地60万~70万个,这一带为起伏不大的波状准平原,由于岩溶洼地、落水洞发育,因此又称为落水洞平原,地下各种岩溶洞穴通道系统发育,例如著名的猛犸洞(Mammoth Cave);加拿大的岩溶也有一定分布,闻名于世的尼亚加拉大瀑布(Niagara Fall)就是发育于白云岩地层上;古巴也有塔形的岩溶景观,但是不像我国南方那么典型。澳大利亚南部的努拉波尔(Nullabor)平原下面有碳酸盐岩分布,面积达20万km^2,发育有岩溶塌陷、落水洞、地下洞穴,地表发育有起伏3~5 m的溶沟溶槽和浅的洼地。亚洲地区,越南北部的夏龙湾有海上峰林岩溶景观,且与我国广西一带的岩溶景观相似;土耳其南部安塔利亚(Antalya)至帕姆卡里(Pamukale)一带,有大片碳酸盐岩分布;黎巴嫩有2/3的土地为岩溶地区,地表也有波立谷、洼地、漏斗、盲谷、落水洞,地下有湖及暗河。

中国的岩溶闻名于世,分布遍及全国,在西南地区发育了地球上最典型的岩溶景观。西南和华中地区(云南、贵州、四川、重庆、广西、湖北和湖南)是我国碳酸盐岩分布集中而又连成大片的地区,厚层碳酸盐岩分布的面积占54万km^2,加上有碳酸盐岩夹层的地层,裸露与半裸露的岩溶地区,面积达73.77万km^2,占这片地区总面积的41.86%。本区地处亚热带-热带气候,雨量充沛(1 000~2 200 mm)、平均气温高(16~22℃),适合于岩溶发育。由于地质构造的差异,发育了多种岩溶类型。桂林、石林、九寨沟和黄龙、黄果树、神女峰等典型的奇峰异洞所处的不同特征地带都发育于本区。华北地区,包括太行山、山西高原、吕梁山、鲁中南山地和燕山等地带,都有较多碳酸盐岩分布,例如济南的趵突泉、太原晋祠泉、娘子关泉等百个大泉,北京的云水洞、山东的青龙洞、河南雪花洞、北京西山、香山和太行山等地的奇特山峰,是本区典型的岩溶类型。东南地区,浙江新安江上游以及灵泉洞等、太湖周边低山和丘陵、江西的石钟山以及龙宫洞、江苏的善卷洞、广东肇庆七星岩和云浮黄龙洞等地都成了这些地区的奇峰异洞景观。东北地区，大兴安岭以东的太子河流域有较多碳酸盐岩分布，在辽东半岛金州、大连一带，发育地下岩溶洞穴为特色。新疆、蒙古一带的阿尔泰山、天山、昆仑山、祁连山和阴山，西藏珠穆朗玛峰，都有碳酸盐岩岩溶分布。台湾、海南及其南海诸岛碳酸盐岩以珊瑚礁石灰岩为特点，发育岩溶洞穴和岩溶塌陷。

碳酸盐岩岩溶在中国大陆上裸露、半裸露的面积约近 130 万 km^2。

二、岩溶地貌发育条件

可溶性岩石泛指可以能被溶蚀的岩石。岩溶的发育，以可溶的物质——可溶岩，以及可以溶解可溶岩的水的存在作为基本条件。

1. 可溶岩的岩性

可溶性岩石地貌的发育首先在于该类岩石的可溶，可溶性岩石泛指可以能被溶蚀的岩石。硫酸盐类岩石，如硬石膏($CaSO_4$)、石膏($CaSO_4 \cdot 2H_2O$)、芒硝($NaSO_4 \cdot 10H_2O$)等，以及岩盐类岩石组成的可溶性岩石地貌，分布面积小、规模体态小、变化特别快、形体在地表残留时间短。碳酸盐类岩石，包括石灰岩($CaCO_3$)、白云岩(白云石，$CaMg[CO_3]_2$)等，尤其以石灰岩最为典型，故也称石灰岩地貌。碳酸盐类岩石主要由海相沉积形成，故称为海相碳酸盐岩；少量为内陆湖相沉积的碳酸盐岩。

可溶性岩石的溶蚀速率，取决于岩石本身的化学成分、岩石结构(表 4－2)和岩石裂隙发育的程度。实验研究表明，若纯方解石($CaCO_3$)的溶解度为 1，随岩石中的 CaO/MgO 值增加，相对溶解度减少。当 CaO/MgO 值在 1.2～2.2 时(相当于白云岩)，相对溶解度变化是 0.35～0.82；当 CaO/MgO 值在 2.2～10.0 时(相

表 4－2　中国广西的不同结构碳酸盐类岩石与相对溶解度

(据金玉章，转引自杨景春，1985)

石灰岩类			白云岩类		
结构特征	CaO/MgO	相对溶解度	结构特征	CaO/MgO	相对溶解度
晶质微粒结构	18.99	1.12	细晶生物微粒结构	2.13	1.09
细晶质微粒结构	27.03	1.06	隐晶质向镶嵌结构过渡	1.44	0.88
鲕粒结构	21.04	1.04	细晶及隐晶质镶嵌结构	1.65	0.85
微粒-中粒结构	21.43	0.99	中晶及细晶质镶嵌结构	1.53	0.71
中粒晶质镶嵌结构	25.01	0.56	中晶质镶嵌结构	1.36	0.66
中粒、粗粒结构	14.97	0.32	中粗粒镶嵌结构具溶孔	1.73	0.65

当于白云质石灰岩)，相对溶解度界于 0.80～0.99 之间；当 CaO/MgO 值大于10.0 时(相当于石灰岩)，相对溶解度接近于 1。石灰岩比白云岩又比硅质灰岩、更比泥灰岩易受溶蚀。

岩石的透水性影响着水向地下运动的速率，关系到地下岩溶作用的进行。构造是控制岩石透水性的重要因素，背斜轴部或断裂破碎带中的石灰岩因张性构造破裂密集，利于地下水运动而易溶蚀发育典型的岩溶。质纯的石灰岩刚性较强，裂隙虽然稀疏，但开阔而深长，透水性亦强。泥质石灰岩刚性较弱，裂隙虽然密集，但较封闭而短浅，故透水性弱。而且，泥质石灰岩溶解后产生的残留黏土填塞在裂隙中，使得岩溶作用难以深入地下。厚度大的碳酸盐岩石，隔水层少，裂隙长而深度大，有利于岩石的溶解。此外，岩溶化程度本身也影响到岩石的透水性。在岩溶化强烈的地域，地下溶洞多而规模大，透水性也就强，对于后期的岩溶作用的深入进行创造了更有利的条件。

2. 水的溶蚀能力

岩溶发育的另一方面取决于水的溶蚀能力，硫酸盐岩类和卤化物岩类可以被水直接溶解。水溶解碳酸盐类岩石主要是水中的 CO_2 在起作用。水中 CO_2 的来源主要有三个方面：大气中的 CO_2，有机成因的 CO_2，无机成因的 CO_2。三者发挥的溶解力占全部溶蚀强度的 58%。实验表明，大气扩散进入水中的 CO_2，深受温度和大气压力的影响。温度高，水中 CO_2 含量就少；温度低，水中 CO_2 含量就多。压力小，水中 CO_2 含量就低，压力大，水中 CO_2 含量就高。比较两者的影响力，温度高的水离解度增大，即水中 H^+ 和 OH^- 增加，因此，碳酸钙的溶解不是减弱而是增强。还与水的流通量有关。地下水中的 CO_2 来自于大气和土壤中生物的活动(表 4-3)。水的流通量则与降水量、渗透量以及岩石的裂隙程度有关。总的来说，水的溶蚀力是随着地下深度的增加而减弱，原因一是深度愈大，生物地球化学作用逐渐减弱以至消失；二是水和岩石在相互作用过程中渐渐失去具有溶蚀性的碳酸。

表 4-3　不同植被下土壤中 CO_2 的含量(容积%)(转引自杨景春，1985)

地　　点	土层深度/cm	植被类型		
		热带雨林	竹　　林	开阔草地
西双版纳	0	0.60	1.00	0.80
	20	0.80	2.60	1.50
	40	1.40	2.80	1.40
	60	1.90	1.80	2.10
	100	2.02	3.40	1.40
	150	3.40	4.60	3.15
	200	4.00	6.00	2.40

流动的水具有增加溶蚀力的潜能，停滞的水很快会使岩溶水溶液达到饱和而失去溶蚀力。流动状态的水，由于几种不同浓度的岩溶水溶液混合，可能会使原来饱和的岩溶水溶液变为不饱和，获取溶蚀力。或者，流动的水，由于环境发生变化，岩溶水溶蚀力增强或者减弱。例如，温度降低或压力降低，都将使水中 CO_2 含量增加而获得新的溶蚀力。如果沿途温度升高或压力降低，也会使水中 CO_2 含量减少，造成碳酸钙的重新沉淀。流动的水，还有物理的侵蚀作用，尤其是流量大和夹着砂砾的流水，侵蚀作用就更加明显。

水的流动性与溶蚀力大小还取决于气候条件，在热带地区由于降水量大，不论地表水和地下水的循环都很快，含碳酸钙水溶液不易饱和，因此具有较大的溶蚀力。在寒带或高寒地区，以固体降水为主，而且土层长期冻结，水的流动性受到阻碍，故溶蚀作用很慢。在干旱半干旱地区，降水量少，含碳酸钙水溶液很快饱和，溶蚀力更加微弱。

石灰岩出露区的溶蚀速度率变化很大，大体上可据下列因子和方程式进行理论上的估算（M. M. Sweeting　1972）：

$$X = fnQT/(10^{12}AD)$$

式中：X 为单位时间溶蚀下降多少毫米；f 为一常数；n 为流域范围内石灰岩出露面积的比例；Q 为流域流量（m^3）；T 为出流水的硬度（ppm，1 ppm = 0.01 mmol/dm^3）；A 为流域面积（km^2）；D 为岩石致密程度，取决于计算所使用的单位（如对米来说是 1 000）。

不同气候区出露石灰岩的溶蚀剥蚀速率（表 4 - 4），特别鲜明地反映了温度与水中 CO_2 含量及 $CaCO_3$ 溶解度的关系（图 4 - 13）。冷、湿地区出露石灰岩的溶蚀剥蚀速率是暖、湿地区的 1/10 左右。一个地区的年降水量即水的流通量对该地区出露石灰岩的溶蚀速率有比较大的影响，如中国河北西北部暖温带半干旱地区，年平均温度 7℃左右，年降水量 400～600 mm，石灰岩的溶蚀速率为 20～30 mm/1 000年；广西中部，石灰岩的溶蚀速率为 120～300 mm/1 000 年（任美锷等　1983）。雅库克斯（L. Jaducs，1997）曾提出不同营力在不同地区岩溶剥蚀作用中相对强度（表4 - 5）。

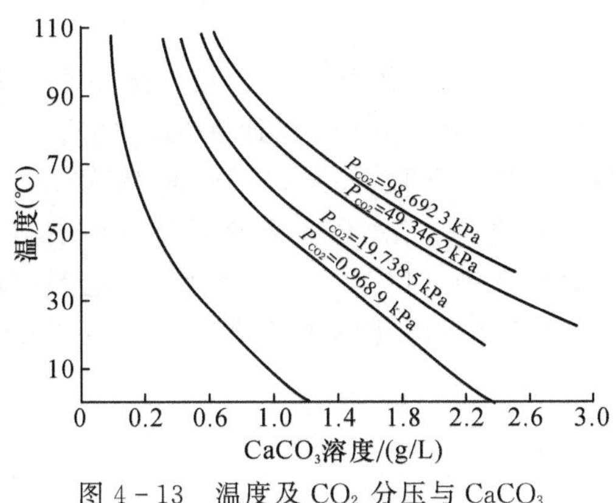

图 4 - 13　温度及 CO_2 分压与 $CaCO_3$ 溶解度的相互关系
（据 J. P. Miller，1961）

表 4－4　粗略估算的石灰岩出露区的溶蚀剥蚀速率(引自 R. J. Chorleyetal,1998)

当地气候特征	溶蚀剥蚀速率/(mm/1 000 年)
冷、湿(阿尔卑斯南部)	450(300)
冷、多水而湿(冰缘地区)	200(160)
温和山区(南斯拉夫;德比郡[英])	100(80;80)
热、湿(牙买加;西爱尔兰)	80(72;55)
暖、湿(东英格兰查尔克)	45(25)
冷、干	14
暖、干	6

表 4－5　相对的岩溶剥蚀作用(据 L. Jakucs,1977)

营　力	高山和冰　缘	温和地区	地中海气候地区	沙　漠	湿热带	全世界
大气 CO_2	2.70	0.60	0.48	0.30	0.36	4.47
无机 CO_2	0.30	0.81	0.96	0.15	1.80	4.02
生物 CO_2	1.80	4.86	6.60	0.00	36.00	49.26
无机酸	0.30	0.45	0.96	0.55	2.88	5.14
有机酸	0.90	2.25	3.00	0.00	30.96	37.11
总　值	6.00	9.00	12.00	1.00	72.00	100.00

三、岩溶地貌形体

岩溶地貌形体是由地表水与地下水在可溶性岩石区的溶蚀、侵蚀作用所发育的地貌形体。其中,在地表出露的有石芽、溶沟、溶斗、落水洞、岩溶洼地、岩溶盆地、岩溶谷地、干谷、盲谷、峰丛、峰林、孤峰,以及岩溶山地、岩溶丘陵、岩溶平原、岩溶海岸、岩溶沉积形成的石灰华和水池(四川九寨沟、黄龙有典型分布)等,隐蔽在地面以下的有岩溶管道、地下河(湖)、溶洞等地下水溶蚀侵蚀等蚀空形态以及其中的化学堆积物组成的各种形体如石钟乳、石笋、石柱、石灰华等(图 4－14)。

1. 石芽与溶沟

石芽与溶沟是溶蚀侵蚀在可溶性岩石表面发育形成的岩质沟壑——溶沟与遗留在沟壑间的岩石突起——石芽,是载负在其他岩溶地貌形体上的附生微地貌单元。单个石芽的长、宽度与相对高度自几十厘米到 20～30 米不等,

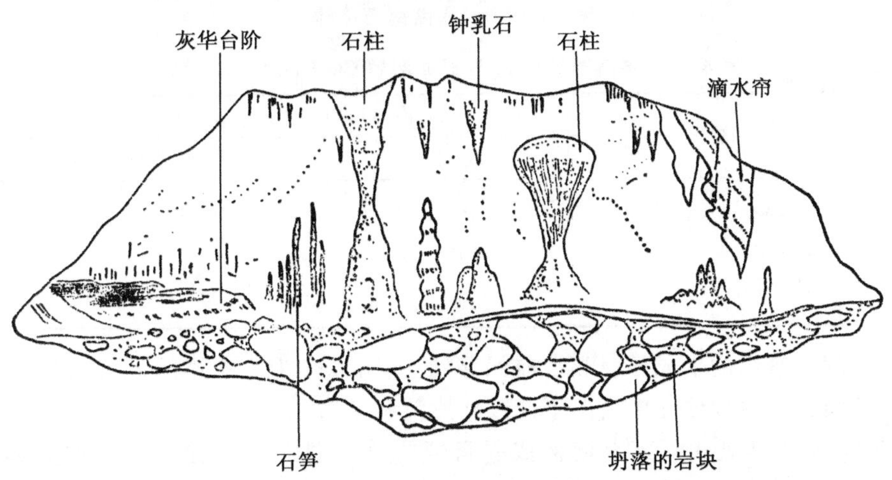

图 4-14 岩溶地貌类型示意图(原图设计王飞燕,稍修改)

较大石芽的岩壁上溶蚀发育更小一级的石芽与溶沟、或者形成的溶蚀坑洼而凹凸不平。

云南路南石林即为发育在缓起伏岩溶地面上的连片展布的高大的石芽(图4-15),又称为石芽林。溶沟通常是顺节理裂隙延伸,有时在斜面上可见到近于平行排布的溶蚀沟壑(也称溶痕或者刀砍状溶沟与石芽)。土壤层下与岩石接触的界面部位的地下水中的 CO_2 含量较高而溶蚀力强,所以许多地方目前裸露于地表的石芽、溶沟本是处于土壤层下而发育的(原为埋藏型岩溶)(表 4-6)。

图 4-15　云南路南石芽林

表 4-6　裸露岩石与土-岩界面溶解 $CaCO_3$ 含量的比较

不同气候	溶解 $CaCO_3$ 含量/(mg/L)	
	裸露岩石	土-岩接触界面
寒冷气候	45	100
温和气候	50^+	114
西印度群岛	90	85

按石芽、溶沟的生成环境和目前保存状态，可以分为全裸露的、半裸露的和埋藏的三种状态，并顺坡面由高向下连续地过渡和分布。

车轨式和棋盘式石芽与溶沟成平行或方格状排列。它是水流沿平行或者斜交的构造裂隙进行溶蚀冲刷形成，多分布在斜坡上，表示该地流水作用比较强烈。

2. 落水洞

落水洞是开口于地面而通往地下深处裂隙、地下河或溶洞的洞穴，是岩溶(岩溶)区地表水注入地下河或地下溶洞的通道。洞口宽数米至十数米，一般不超过 100 m，洞深几米至数百米不等。例如，法国的“牧羊人深渊”，深 1 122 m，比利牛斯山上的“马丁石”更深，达 1 138 m。

按落水洞的断面形态特征，落水洞可分为裂隙状落水洞，其形体狭长，呈倾斜和曲折形向地下延伸，且这种落水洞分布最广；二是竖井状落水洞；三是漏斗状落水洞。按其垂向延伸可分为垂直的、倾斜的、弯曲的等多种形式的落水洞。

3. 盲谷与干谷

地表河谷流水(图 4-16A′-A)注入落水洞,即转入地下,原河谷自然分为两段。在河流流入地下的前端(图 4-16B′-B)河谷底出现岩壁(图 4-16C′-C),河谷似被封闭,形如街巷的死胡同,这段河谷称其为盲谷,如湖北清江之源流经利川之后注入腾龙洞。以落水洞为界,原河谷的下游段衰变成为无水流动的干谷。盲谷是岩溶地区特有的地貌现象,在地形图上有特殊的等高线图形,在落水洞处用封闭的等高线表示强烈的深向侵蚀作用形成的局部椭圆形洼地。

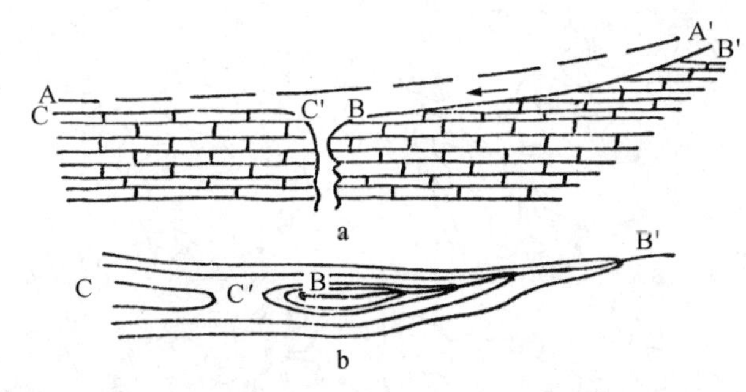

比例尺 1:40 000 等高距 10 m

图 4-16 盲谷的发育与等高线图形

地下水的岩溶作用形成的洞穴称为溶洞。地表河流注入落水洞后的地下河流成为伏流或暗河。伏流的岩溶作用使得洞穴扩大,引起洞顶的坍塌,伏流又可能转为地上明流,这种地下与地上岩溶的相互促进作用,加速岩溶过程的进行。岩溶地区，河流的明流与伏流断断续续，地上地下相互联通(图 4－17)，是一种有别于其他岩石地貌的独特现象。地上水通过落水洞大量转入地下，产生地上水的贫乏，是岩溶地区缺水的根本原因之一。

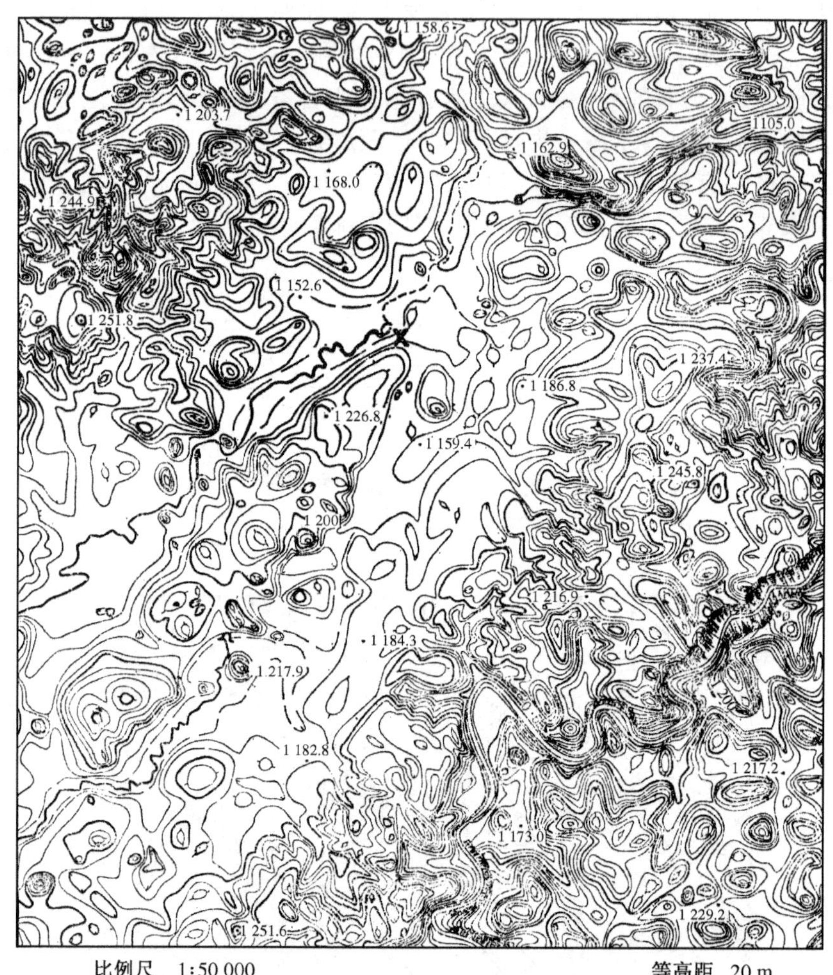

图 4－17　岩溶区河流的明流与暗流

4. 溶斗、岩溶洼地、岩溶盆地

(1) 溶斗

溶斗亦称为岩溶漏斗、圆洼地，是岩溶地面上的平面近似圆形的洼地。单体直径数十米，深数米至十多米。特点是溶斗底部与地下管道(落水洞)相沟通并排泄汇集的地表水，若它被堵塞则成为较深的积水潭(称为岩溶湖)。按成因，可将其分为溶蚀溶斗、沉陷溶斗、塌陷溶斗(图 4－18)。沉陷溶斗是上覆泥沙物质顺地下管道流失而引起地面沉陷。1986年夏暴雨时，武汉市武昌区陆家街发生过这类地面沉陷，造成数间房屋损毁。塌陷溶斗由岩石溶洞顶板坍塌而成。依照三维空间形体，分为漏斗状、碟状、井状，在大比例尺地图上，可以判别不同特征的这类地貌，地图表示方法有差异（图4-19）。

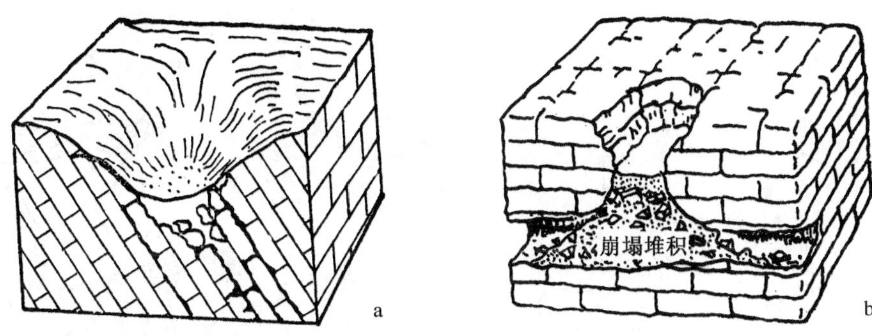

图4-18 溶斗类型（根据J. N. Jennmgs）

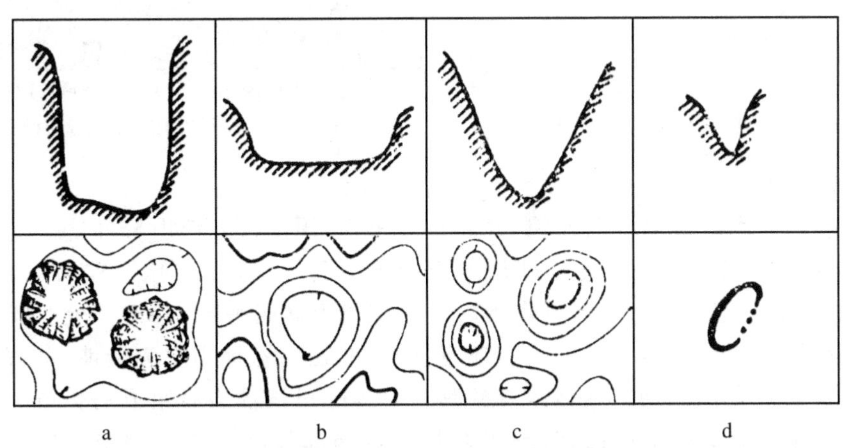

图4-19 溶斗形体的图形表示法（上排为垂直剖面；下排为等高线图形）
a. 井状溶斗；b. 碟状溶斗；c. 圆锥状；d. 溶斗的符号表示

多数溶斗发育于节理、裂隙的交叉部位，或者顺主要的破裂构造线成串珠式分布。当岩溶谷地底部的溶斗呈串珠状分布时，暗示着可能有地下河存在，因此可作为寻找地下水源的指示性地貌。

(2) *岩溶洼地*

岩溶洼地是四周由峰丘包围的封闭洼地，空间规模远大于溶蚀漏斗，直径可达几百米到千米，深几十米到百米，且底部比较平坦或呈半球形，底部或许存在漏斗或落水洞，如果被溶蚀残余的红土或坠积物填塞该溶蚀洼地则变为清澈的岩溶湖。一般认为是由几个溶斗合并形成（图4-20），因为有些溶斗的平面图形还残留着溶斗合并的痕迹，例如藕形、花瓣形，个别大型岩溶洼地的直径可达数千米（图 4－21）。岩溶洼地底部发育有较厚的土壤，是良好的耕作地带，积水发育岩溶湖，也是居住的场所。

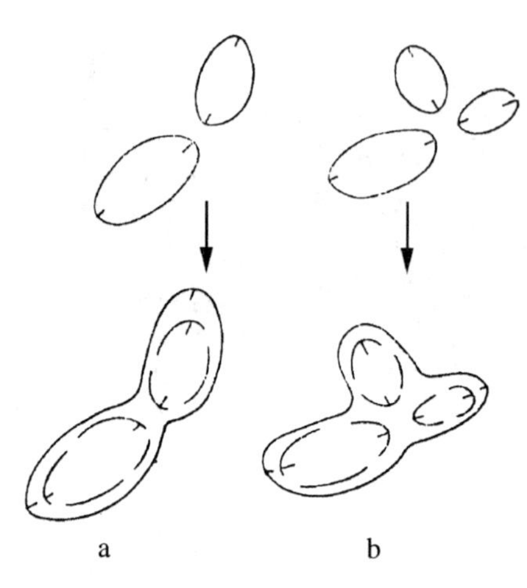

图 4－20　溶斗合并与岩溶洼地

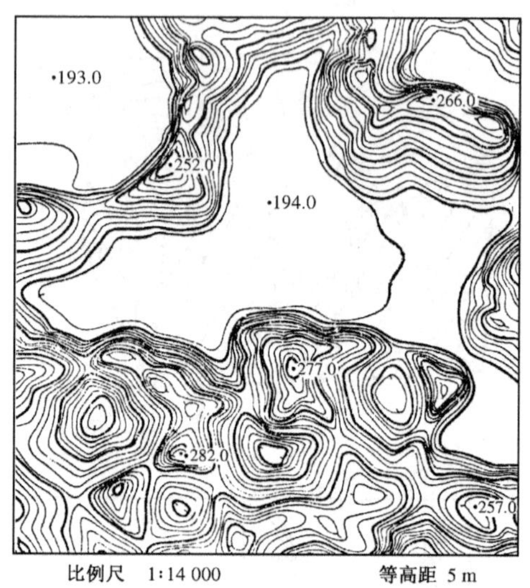

图 4－21　地形图显示的大型岩溶洼地

（3）岩溶盆地

岩溶区面积最大的负向地貌，底部宽广平坦，周围被岩溶山峰环绕。它的规模，宽自数百米至数千米，长可过几十千米至数百千米，在国际上称为 polje（坡立谷）。它的形态特点：因溶蚀残留黏土的充填而盆底平坦，甚至其上有蜿蜒的河流，最后汇入落水洞，有时盆地中还有孤耸的岩丘；盆地周坡为陡坡，盆底边缘线有的十分平直，有的曲折多弯，有的其一侧为非可溶性岩石组成的缓坡。岩溶盆地多数是顺断裂构造破碎带、或可溶性岩区与非可溶性岩区相交接地带发育的。破裂构造的交织又常使岩溶盆地的外廓边界极不规则。徐霞客曾把岩溶（岩溶）盆地称为“坞”，中国西南地区常叫“坝”或“坝子”，如贵州安顺周围的坝子（图 4－22）。

岩溶地区发育的狭长形谷地称为岩溶谷地。岩溶谷地或为向斜谷地溶蚀扩大、或为背斜谷地溶蚀扩大、或为单斜谷地溶蚀扩大、或为断层谷地溶蚀扩大形成。其特点是平直、狭长带状，具有一般谷地的基本特征，底部发育漏斗或落水洞，岩溶峰、丘排列两侧（图 4－23）。

5. 峰丛、峰林与孤峰

岩溶作用发育形成的山峰，按其形体特征，可以分为峰丛、峰林和孤峰。他们

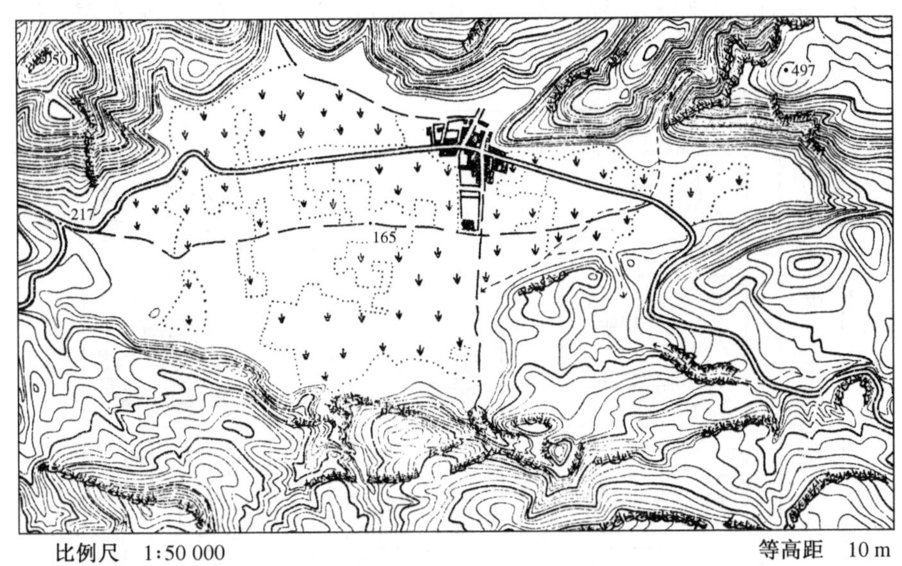

图 4－22　岩溶盆地(居住地所在)

图 4－23　岩溶谷地照片

都是在湿热气候条件下,碳酸盐岩石遭受强烈的岩溶作用后所造成的特有山丘地貌。这些山峰峰体外形呈塔状(柱状)、锥状和单斜状、螺壳状(图 4－24),集合体呈峰丛、峰林,有的成为孤峰。碳酸盐岩石山峰的山坡陡峭,岩石裸露,石芽、溶沟纵横交错,近邻分布着众多的溶斗、落水洞、洼地、盆地和峡谷等等;山体内部还发育着大小不等的溶洞和地下河。整个山体被溶蚀成千疮百孔，山中有洞，无山不洞，洞洞不同。

图 4-24　碳酸盐岩石山峰个体形态

(1) 峰丛

峰丛是连座的岩溶山(丘)峰，三五个单体岩石山峰群丛拥在一个共同的碳酸盐岩石基座上，即基部相连成一体，图 4-25 是岩溶峰丛地貌航空影像，图 4-26 是这种地貌的等高线图形，基座高 60 m，峰体高 60 m 左右，峰丛周围是岩溶洼地或岩溶盆地。在我国南方岩溶地区，峰丛分布很广，高度也很大，例如广西西北部的峰丛海拔千米以上，相对高度 600 m 以上，而且许多成行排列，显示它的发育与构造线一致。

图 4-25　岩溶峰丛地貌航空影像与地面照片

(2) 峰林

峰林是相互独立的或基部低矮的单体碳酸盐岩石山峰的成群分布。石灰岩峰体相对高 100～200 m，峰坡倾角大于 45 度(图 4-27，图 4-28)。峰体分布的形式

图 4-26　峰丛等高线图形

受地质构造影响，在水平岩层或褶皱舒缓地区，峰体分布无明显规律，呈离散的随机分布。在紧密褶皱地区，峰体沿褶皱轴延伸呈带状分布。中国桂林、阳朔、贵阳、柳州、云浮等地有典型的峰林，国外学者称为塔状岩溶(tower karst)、中国式岩溶等。古巴和牙买加的一些峰林称为锥状岩溶(cone karst)或麻窝状岩溶，岩峰高约100～160 m，坡陡 60°～90°，直径 0.75～1 km，围绕星形的封闭洼地(内中坡地倾斜 30°～40°)。

碳酸岩山地地区，一般峰丛位于山地的中心部分，峰林在山地的边缘，而孤峰则分布于岩溶平原或岩溶谷地上。

(3) 孤峰

孤峰是岩溶平原上孤立的岩峰，相对高度数十米至百米不等，形体则千姿百态，如桂林的独秀峰。在地壳相对稳定的情况下，峰林地貌经过长期的溶蚀侵蚀，部分峰体规模减小，部分峰体消失，岩溶盆地发展为岩溶平原，蚀余石峰之间的距离愈来愈大，面积广大而平坦的岩溶平原上点缀着残余的孤立的石峰，成为孤峰(图 4-29)。

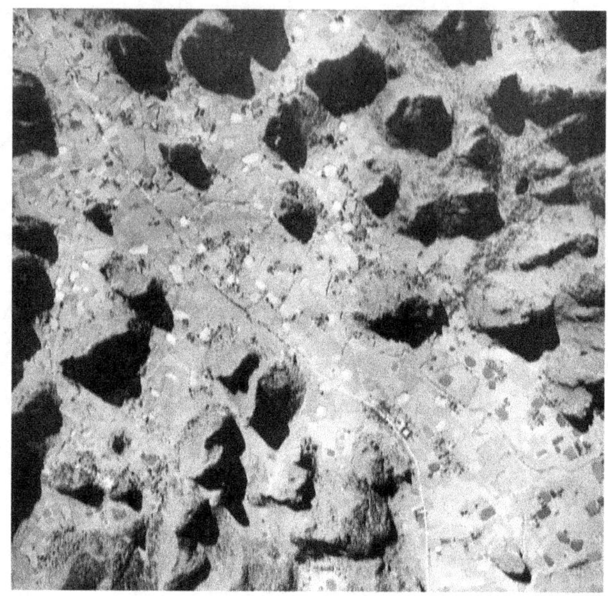

图 4－27　岩溶峰林航空影像

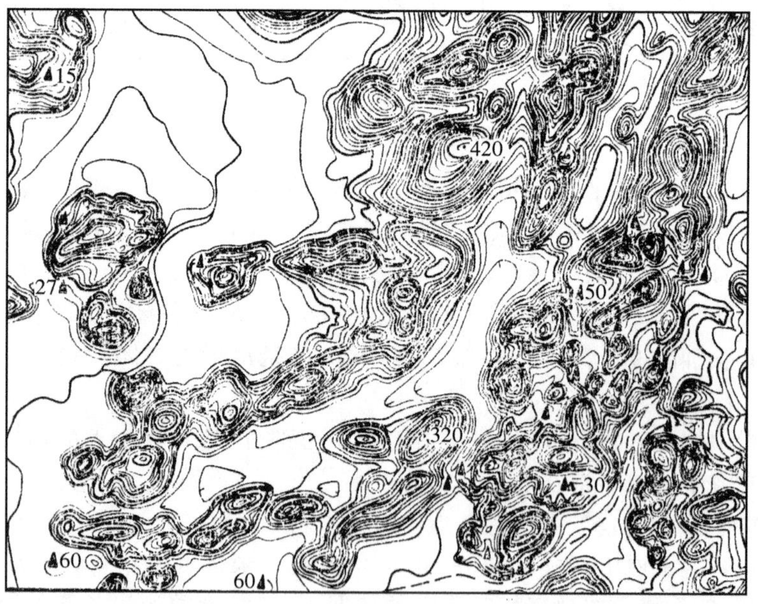

比例尺　1∶40 000　　　　等高距　10 m

图 4－28　峰林地形图显示

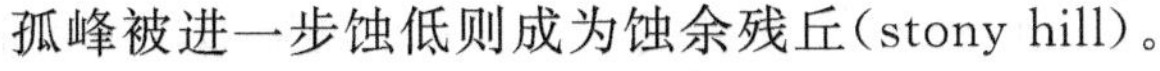
孤峰被进一步蚀低则成为蚀余残丘(stony hill)。

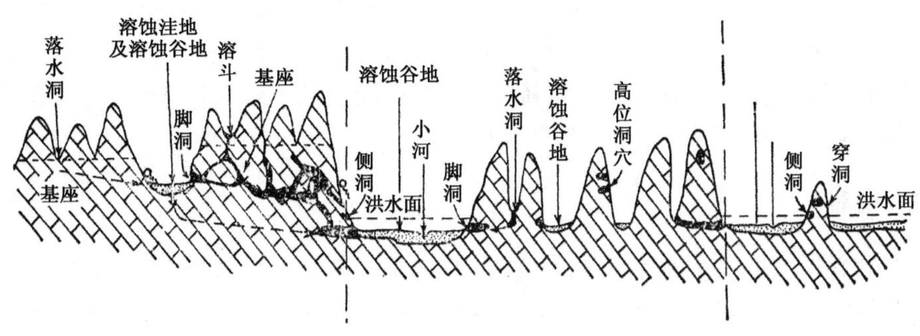

图 4-29 峰丛、峰林和孤峰剖面示意图

6. 岩溶丘陵

岩溶丘陵的特点是众岩丘的丘坡倾角一般小于 45°,岩丘的相对高度也多小于 150 m,是一种发育不典型的岩溶地貌(图 4-28)。中国长江中下游地区和西南广大地区广泛分布这种地貌。长江中下游地区地处亚热带,没有适宜的气候条件;中国西南地区的局部虽然有适宜的气候条件,但岩性条件差,因而也不能形成类似桂林和阳朔一带的岩溶地貌形体。

岩溶高原海拔 500 m 以上,顶面为波状起伏的岩溶丘陵,四周为陡崖深谷,如鄂西南鹤峰—恩施间就是这样的岩溶高原。

比例尺 1:50 000　　等高距 20 m

图 4-30 岩溶丘陵等高线表示

我国著名地理学家任美锷教授(1983)将流水强烈切割留下的高数十米的石灰岩小丘称“岩溶”石柱，如长江三峡南岸宜昌石牌附近的(众)石柱；把滨河的宽大于高3～5倍、深不超过10 m的由水冲蚀形成的洞穴特称岩洞或岩穴；地下暗河顶板坍塌残留下的小段伏流顶部称天生桥，如若为小段顶塌则称岩溶天窗，伏流顶板坍塌后形成的谷地称岩溶嶂谷，或岩溶箱状谷。

7. 洞穴地貌

溶洞(溶穴)是地下水顺可溶性岩石的层面、节理裂隙或断裂破碎部位进行溶蚀侵蚀而形成的埋藏于地下的蚀空地貌，通常是地下岩溶管道或地下河的发育遗存体。溶洞的空间形体复杂多变并构成十分复杂的网络。据洞穴的空间形体特征与组合，可以分为水平(溶)洞穴、管道状洞穴、阶梯状洞穴、袋状洞穴、多层状洞穴等。广西桂林七星岩为地下廊道式的溶洞，由窄廊道连通6个宽敞的“厅”。最大的宽70 m、高约15 m。在洞顶与洞壁常见地下河水流冲蚀、溶蚀形成的圆弧形的穴或槽。大部分近似水平的溶洞形成在当地地下潜水面高度，有的则因地下水位下降或构造运动的抬升，使溶洞成为高悬的干洞。美国肯塔基州马莫士洞已勘察的长度为72 km；最大的单个厅是卡尔巴德(Carlsbad)洞窟，国家公园的大室(big room)，有500 m长、90 m高、面积0.84 km^2。已知最深的洞穴是法国格斯诺布尔附近，在地面以下1 130 m；喀尔巴阡山阿尔玛河流域有的洞穴位在地面以下800～1 331 m；湖南某矿区已发现地面以下在186～430 m深部的洞穴。深部洞穴也是溶蚀形成的，但出现在如此深部的具体原因还待进一步研究，理论上它可能是埋藏的地质历史时期形成的溶洞，可能是地下水向深部渗透溶蚀侵蚀的产物，可能是受硫化矿体的影响所形成的深部洞穴，也可能是深部承压水所形成的深部洞穴。

深部混合溶蚀作用发育形成地下溶洞是一种新的理论与解释，饱和溶液混合溶蚀作用是指两种或两种以上已失去溶蚀能力的饱和水溶液，在碳酸盐岩体内某一点相遇，并发生混合作用，混合后的溶液由原先的饱和状态变成不饱和状态，从而产生新的溶蚀作用。实验证明，两种不同的已平衡量(即饱和的)的水 W_1 和 W_2 加以混合，如在17℃时 W_1 含73.9 mg/L的 CO_2，即含1.2 mg/L的平衡 CO_2；W_2 中含272.7 mg/L的 $CaCO_3$，则47.0 mg/L的平衡 CO_2，两水以1∶1混合时，则有173.7 mg/L的 $CaCO_3$，及24.1 mg/L的 CO_2，而173.7 mg/L的 $CaCO_3$ 只需用9.9 mg/L的平衡 CO_2，为此余下14.2 mg/L的 CO_2 为游离状态，其中一部分可以继续溶解 $CaCO_3$，称侵蚀 CO_2(也称补充溶蚀)，另一部分起平衡作用(任美锷等1983)。此外，还有谓为“温度的混合溶蚀作用”、含碳酸盐的水溶液与卤水的混合溶蚀作用(如加入Na和 $Ca[HCO_3]_2$ 的溶解)等。在墨西哥湾东北靠佛罗里达半岛，海水通过白云岩裂隙进入半岛内部，在海面以下823 m处形成地下水与海水

"隐循环",并产生地下水逆温现象(温度降低),同时也发生溶蚀作用发育出大洞穴。在四川彭水则已发现热水岩溶洞(任美锷等　1983)。湖北利川腾龙洞从落水洞口到地下河出口的直线距离约 12 km,希腊斯担姆法布斯河伏流段穆斯林在 30 km以上。地下水流经的管道是溶蚀侵蚀的产物,常有天窗、深潭与岩坎飞瀑相连接,管道中的水流有时为自由水面,有时则承压,甚至突然从地下冒喷出来。地下湖也称暗湖,实质上是地下管道局部扩大并积水的结果。

洞穴堆积物分为化学堆积、机械堆积与生物堆积三类。溶解 $Ca(HCO_3)_2$ 的地下水进入洞穴,因二氧化碳分压 P_{CO_2} 降低和温度升高,水中 CO_2 逸出而产生 $CaCO_3$ 的析出和淀积,形成自上向下倒挂的石钟乳,从地面往上增长的石笋,以及石笋与石钟乳相连接的石柱,$CaCO_3$ 在洞壁连片聚积形成帷幕称石幕(幔、廉、屏、裙)等。机械堆积包括坍塌堆积、地下河湖堆积和溶蚀残余的黏土堆积,以及混杂堆积,且常被钙质胶结成岩。生物堆积中常见的是鸟粪、蝙蝠粪和生物遗体(化石)。许多溶洞曾是古人类生息的场所,因此在洞穴堆积中有时能发掘到灰烬、石器、骨器、壁画以及古人类化石。北京周口店猿人化石、湖北长阳人化石、广西柳江人化石等均出自洞穴堆积。南京汤山猿人头盖骨是混入洞穴后被埋起来的。

8. 钙华地貌

岩溶水在流动中,由于气温和压力的变化,岩溶水中碳酸钙达到过饱和,在地表和地下发生化学沉积,发育出钙华堤、钙华池、钙化滩和钙华瀑布(图 4－31)。

四、岩溶地貌空间组合

各种岩溶地貌形体,以不同形式组合分布于地表。各种岩溶地貌在发育过程中有成因上的联系,特别是地表岩溶地貌与地下岩溶地貌的发育密切相关。在岩溶各个不同发育阶段,也有不同时期发育的代表性地貌形体组合。

1. 平面组合

不同自然带、不同岩性、不同构造、不同地貌部位和不同发育阶段都可产生不同岩溶地貌类型的平面组合形式。例如在广西,典型的峰林发育在岩性较纯、岩层倾斜平缓的石灰岩中;岩性不纯或夹非可溶性岩的石灰岩多发育缓坡丘陵。由于各处所在的地貌部位和水动力条件不同,或由于发育阶段不同,常发育不同的岩溶地貌类型组合:① 丘陵、洼地;② 峰丛、洼地;③ 峰丛、洼地、盆地;④ 峰林、洼地、盆地;⑤ 峰林、盆地;⑥ 峰林、谷地;⑦ 峰丛、谷地;⑧ 峰林、平原;⑨ 残丘、平原等。从云贵高原边缘到桂林盆地中心,岩溶地貌平面组合类型齐全。

图 4-31　九寨沟—黄龙石灰岩地表钙华地貌
（左上为钙华瀑布、右上为钙华堤和钙华池、下为钙华滩）

2. 垂直组合

地表岩溶形体与地下岩溶形体紧密相关，他们在发育过程中地表与地下有密切的水动力联系，岩溶过程同时进行，地貌形体同步发育、相互促进。地表与地下岩溶地貌组合的形式有：① 落水洞、竖井、地下通道组合（图 4-32）；② 干谷、盲谷与地下河组合，地表塌陷与地下岩洞组合；③ 溶洞与阶地组合，溶洞在较稳定的地块中呈多层分布，例如江苏宜兴的善卷洞等，即使在倾斜甚至垂直的岩层组成的岩溶区，这种现象也很明显。这种溶洞层有的可与附近同高程的河流阶地进行发育对比。主要是由于在当地侵蚀基准面相当稳定的时候，岩溶地块

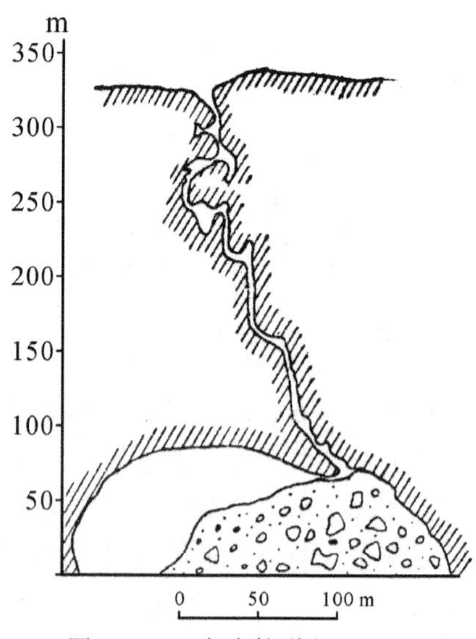

图 4-32　岩溶管道与地上和地下的连接

中发育了与地面河床相适应的地下河或者地下通道;待地壳上升和河流下切时,在地表发育了阶地,此地区的地下河或地下通道则成为与阶地同高程的溶洞;④ 分水岭地带的风口常与山坡上的溶洞处于同一高程,这说明是在同一岩溶侵蚀基准面控制下进行的。

五、岩溶地貌空间分布

岩溶地貌受自然地理条件的影响很大。其一是,气温和降水直接或间接影响着岩溶水的径流量和溶解的速度。其二是,岩溶地貌具有地带性的特征。根据世界各气候带的地貌特征,将其划分类型如下。

1. 热带地区

热带岩溶地貌发育是在高温多雨的环境下进行的。热带水中 CO_2 含量和碳酸钙的溶解度虽然较小,但是高温下化学反应速度快,碳酸钙的溶解量增大。多雨的环境,一方面促进植物生长,使生物成因的 CO_2 增加。另一方面多雨会使岩溶水的循环速度加快,使地下水的 CO_2 含量不断得到补充,溶蚀力得到加强。因此,热带地区的溶蚀量比其他地带要大得多。以我国为例,南亚热带的广西,比暖温带的河北大 6～10 倍,比中亚热带的长江三峡大 2～5 倍(表 4－7)。

表 4－7 中国不同气候带碳酸盐岩的溶蚀量

(根据卢耀如及中国科学院地质研究所岩溶研究组等综合)(据严钦尚,1984)

地 区	气候带	年降水量 /mm	年平均气温 /℃	溶蚀量/ (mm/年)
河北西北部	暖温带半干旱地区	400～600	6～8	0.02～0.03
湖北三峡	中亚热带湿润区	100～1 200	12～15	0.06
黔北务川	中亚热带湿润区	1 271	15.6	0.036
滇东罗平	中亚热带湿润区	1 734	15.1	0.051
广西中部	南亚热带湿润区	1 500～2 000	20～22	0.12～0.3

热带岩溶作用以溶蚀速度快为特点,地表和地下岩溶地貌都十分发育。① 峰林地貌发育最为典型,尤其是锥状和塔状峰林地貌为其他气候带所没有,是热带岩溶地貌最突出的标志。② 溶蚀洼地、溶蚀谷地、溶蚀盆地广泛发育;溶沟、石芽发育十分显著,石芽高大而多呈不规则棱柱式和石柱林式。③ 地下岩溶地貌发达,形成广大复杂的洞穴系统,具有逢山必洞的地貌特征。本类地貌主要分布在西印度群岛、爪哇、越南和我国两广地区。

2. 地中海地区

地中海气候的特点是夏季干热，冬季湿冷，水热不同期。但是，地表及地下岩溶地貌仍十分典型。以前南斯拉夫喀斯特高原为代表，石灰岩厚度大，高原上以溶斗、落水洞、溶蚀洼地、溶蚀谷地、盲谷及干谷为典型，但是不及热带岩溶地貌典型和丰富。主要分布在地中海沿岸，巴尔干半岛、爱琴海群岛等地区。

3. 温带地区

地表岩溶地貌干谷分布较多，但是石芽、溶沟、落水洞以及溶蚀谷地等发育很少见到。地下岩溶地貌以溶隙、溶孔及小型溶洞为主。个别地区可能发育与现代气候不相称的较大的溶洞和石芽，但其生成多与古气候有关。主要分布于北美密西西比高原、前苏联乌拉尔、捷克、斯洛伐克和法国等地，我国的东北、华北地区岩溶地貌属此类型。以法国中央高原为代表。

温带湿润气候的岩溶发育以地下岩溶为特色，并多岩溶泉，如济南被称为泉城，我国晋、冀、鲁、豫四省寒武—奥陶纪灰岩中流量大于 1 m^3/s 的泉就多达 36 个。

4. 寒带地区及高山地区

寒带及高山地区由于气温低，岩溶作用受到抑制，仅发育圆洼地、小型溶斗。我国青藏高原上 4 000 m 以上的地方，海拔 4 800～5 000 m 的石普惹山和昂章山上，有低矮的峰林（高 30～40 m）以及近垂直的管道、落水洞等，有的学者认为“它们显然是第三纪的热带岩洞形态”。其实，在高寒条件下依然会有岩溶作用及岩溶地貌发育。

5. 干旱地区

在气候干旱的地区，降水稀少，现代岩溶作用十分微弱。地表上无发育明显的岩溶地貌，可见有岩洞或岩穴，地下有溶洞出现。

类似于流水地貌，存在岩溶发育阶段性（图 4 - 33）的理论，它是一个理想模式。

岩溶发育受到岩性、构造、构造活动、气候和水文等多种因素的影响。在垂直方向上，以最大降水高度与接近地下水面高度为相对溶蚀速率和溶蚀量最大的高度，理论上溶蚀作用的下限是非可溶性岩石的顶面。

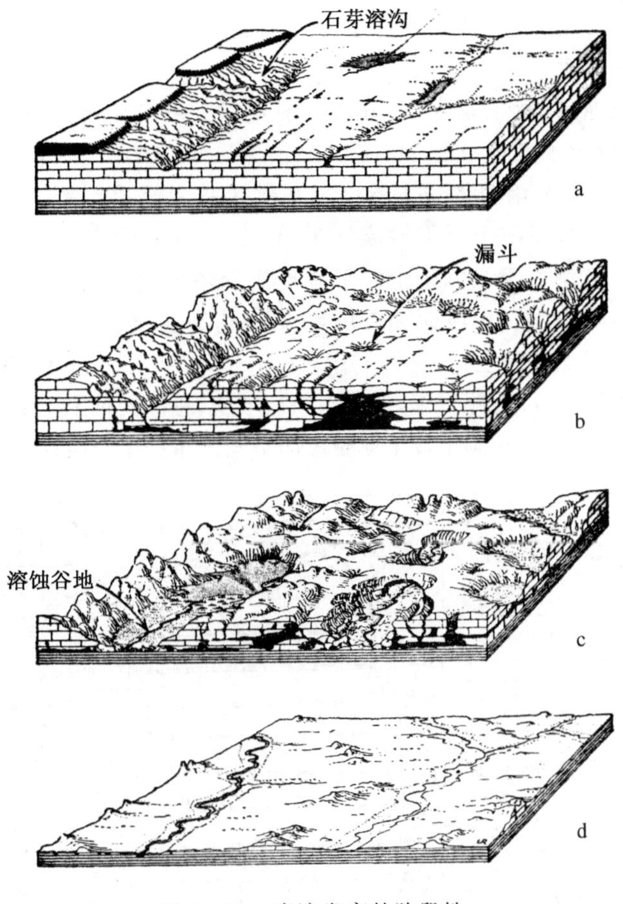

图 4-33　岩溶发育的阶段性

a. 幼年期，b. 青年期，c. 中年期，d. 老年期

第四节　黄 土 地 貌

黄土是灰黄色质地均一的土体物质，是一种广义的岩石。黄土在世界分布广泛，主要位于比较干燥的中纬度地带，特别是在欧亚大陆区，从大西洋西岸到太平洋西岸断续带状分布。在中国，主要分布在我国的北方地区，分布的面积达 63.1 万 km^2，占全国国土面积的 6.6%。其中，太行山以西、日月山—贺兰山以东、秦岭以北、阴山以南，地理位置为东经 100°54′～114°33′，北纬 33°43′～41°16′，跨陕、甘、青、晋、宁、豫、内蒙古 7 个省(区)，地势较高，起伏不大，成为世界上黄土分布面积最广、厚度最大且连续的黄土高原。黄土高原的黄土覆盖面积近 40 万

km^2，大部分地区的黄土厚度在 50～100 m 之间，六盘山以西的部分地区黄土厚度甚至有超过 200 m 的，这一地区发育了特殊的黄土地貌，成为世界上黄土分布和黄土地貌发育最具代表性的地区。

世界上其他地区，黄土厚度小，分布呈面片状。欧洲中部的黄土一般只有数米厚；莱茵河谷的黄土厚度也只有 20～30 m；前苏联境内的黄土相对较厚，局部地区达到 40～50 m；北美和南美的黄土厚度一般约为数米至数十米。

黄土的空间分布多位于干旱沙漠区的外围。因此，国内外许多学者倾向于认为大片存在的黄土是第四纪风扬尘沙沉降产生的落积物，现代的"尘暴"、"土雨"就是历史上黄土形成的写照。坡面和谷底经受的剥蚀速度小于尘沙的沉降量时，此区域有不同厚度黄土的产生。

黄土高原的黄土 240 万年以来，持续不断地堆积，总体上黄土堆积量大于黄土侵蚀量。黄土高原的构造格局控制了黄土地貌形体空间分布和组合模式(图 4-34)。

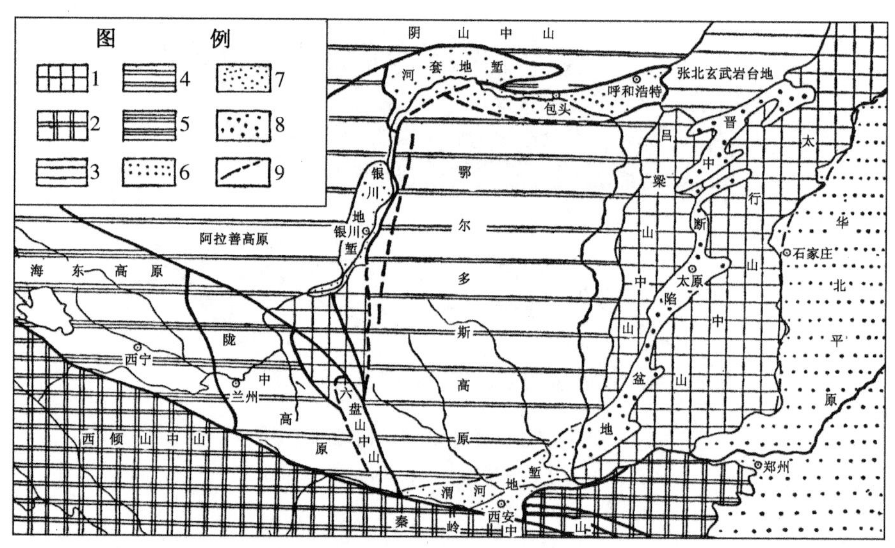

图 4-34 黄土高原构造格局与地貌分区(据袁宝印，1991)

1. 中度隆起山地；2. 强烈隆起山地；3. 轻微隆起高原；4. 中度隆起高原；5. 强烈隆起高原；6. 强烈沉降平原；7. 强烈沉降盆地；8. 中度沉降盆地；9. 断层线

一、黄土物质特性

以粉砂颗粒为主，具孔隙，无层理，疏松，垂直节理发育，物质粒径均一，碳酸钙含量高，遇水易崩解和分解。黄土粒度组成基本上集中于细粉砂、粉砂和黏土(＜0.005 mm)三个等级，其中以粉砂(0.005～0.01 mm)占优势，含量达 50％以上，大于 0.1 mm 的沙粒含量很少，并且由西北向东南黄土分布区边缘外围平均粒径有变细的趋势(表4-8)。在矿物成分方面高度混杂,多达60多种矿物,包括岩浆岩、变质岩和沉积岩的矿物成分,而且与其中任何一种岩石的矿物成分都不相同。各地区黄土矿物成分大体相同,无论矿物种类还是百分含量都基本相似,并有比较多的易风化不稳定矿物。在化学成分中含量最多的是 SiO_2、Al_2O_3、CaO、Na_2O、K_2O,含有比较多的易溶岩类,主要是:氧化物、碳酸盐、硫酸盐,$CaCO_3$ 含量在10%～16%之间。在所含生物化石方面以耐旱草本植物花粉和耐干旱动物化石为主,而且含有喜暖湿的动植物化石。

表4-8 晚更新世马兰黄土的粒度结构(据刘东生等,1965)

地区	不同粒级含量/%		
	>0.05 mm	0.05～0.005 mm	<0.005 mm
山东	8.95	64.70	25.70
山西	27.20	53.56	19.09
陕西	24.97	52.61	17.00
甘肃	24.97	56.36	18.59
青海柴达木	41.93	41.25	16.81

黄土结构松散,发育有大孔隙,单体直径最大可达十余毫米,孔隙度一般为40%～50%,多孔性是黄土区别于其他土体堆积物的主要特征之一。黄土无沉积层理,但垂直节理很发育,直立性特强,厚层黄土常形成陡峻的土崖壁、土柱,并且可以维持多年甚至百年而不崩坠倒塌。

黄土遇水浸湿后,发生可溶性岩类(主要是碳酸钙)溶解和部分黏土及其他细小颗粒物质的流失,由于这种流失土体的过程主要沿着大孔隙或垂直节理进行,故称为黄土潜蚀作用。潜蚀作用可以使黄土的强度显著降低,在受到上部土体或者建筑的重压时,会发生强烈的变形甚至沉陷。在黄土区的工程建设中,把黄土浸水后引发的地面沉陷称为湿陷,黄土的湿陷在工程建设前应该做工程防护,对于已经建成的要密切注意黄土湿陷作用发生的可能性和强度,避免和减少黄土湿陷作用的损失程度。

二、黄土地貌发育

黄土地貌的发育过程,包括黄土沉积前的古地貌发育、黄土堆积过程中的地貌发育和黄土堆积后的现代侵蚀地貌的发育。黄土谷坡的地貌发育表现为较多的崩塌、滑坡和泻溜。崩塌、滑坡与黄土中的垂直节理、易溶盐的溶解流失、下垫基岩、黄土的质地密切相关,以及和暴雨、地震等因素有关。泻溜较多发生在谷坡的上方,坡度35°～45°左右。

1. 黄土堆积前的古地貌特征

在黄土堆积前黄土高原的古地貌呈多样化特征，黄土的沉积只是“穿衣戴帽”，填低加高，总体上是减缓了黄土覆盖前的古地貌起伏，基本地貌格局和结构以古地貌为基座。但是，后期的流水侵蚀，使得局部地区加大了地貌起伏，使得地貌破碎和复杂。

(1) 古丘陵地貌

古丘陵地貌是黄土高原分布最广泛的一种黄土下伏地貌，其类型多种多样。

1) 以紧密相间的丘陵与谷地为基础，地形起伏较大的古丘陵以石灰岩岩溶丘陵地貌为主体，构成以六盘山以东广大黄土墚峁丘陵的基座。黄土充填在岩溶负向地貌上，许多石灰岩山峰的顶部出露在黄土之上，例如山西西北部的河曲、神池、五寨和偏关一带，即地势低处为黄土覆盖，而地势高处组成山体的岩石裸露。有些地区，由于黄土堆积厚度大，或者岩溶山峰较低矮而被黄土所掩埋，例如陕西的关中盆地北部，仅有少数石灰岩山峰出露。

2) 以和缓丘陵和宽阔谷地为基础的波状起伏的古丘陵地形，是晚古生代和中生代的砂岩、页岩等组成的基岩丘陵地势起伏和缓，上覆盖较厚的黄土，为黄土高原主体部分。主要分布在六盘山以西、黄河以南的陇中盆地，上覆黄土，往往呈现为黄土长墚宽谷丘陵地貌。

3) 残丘状基岩古地貌，形成残丘状黄土峁状丘陵。

4) 平顶状古丘陵，一般构成现今黄土平顶墚丘陵的基座。

(2) 盆地或者倾斜平原

贺兰山与六盘山以东地区有许多断陷盆地或者地堑谷地，山前堆积或剥蚀平原，由于前期地貌形体影响的原因，堆积了厚层的黄土，对于发育广阔面积的平缓的黄土坪地貌起了基础作用。

(3) 大河流谷地

在黄土堆积以前发育的河谷，已经切入地表以下较深处，河流侵蚀搬运能力较强，河床部分未保留有原始堆积的黄土。

2. 黄土堆积过程中黄土区地貌的发育

从总貌上看，黄土堆积前的地貌形体类型控制了后期黄土地貌总的骨架和轮廓。黄土堆积过程中，黄土的堆积量大于该地区其他外力的侵蚀剥蚀量，尤其平缓地面及其低洼的负向地貌上堆积了厚层的黄土，黄土的堆积和覆盖缓和了原来地面的起伏，在河流谷地中，流水侵蚀和运移作用大于黄土堆积量，谷底基岩出露，甚至在下蚀作用下谷底继续加深，在旁蚀作用下谷底不断展宽。

3. 黄土地区地貌的现代发育

黄土强烈堆积减弱后，其他外力侵蚀剥蚀作用逐渐加强，除了原有的负向地貌继续发展外,由于黄土特性的影响,在坡面上发育了大量的形体各异的沟谷及其组合系统,使得黄土地区千沟万壑、十分破碎,因此,地貌的局部特征则是在现代流水的作用下和其他外力的作用下发育的。

4. 黄土地貌发育的动力

黄土高原地处半干旱气候地区,年降水量虽然较少,但降水很集中,全年降水多集中夏季(约占全年降雨量的 50%),是发生大暴雨频率较高的地区之一,往往一日内可降水达 100 mm,例如 1951 年 8 月兰州的一次暴雨量就占全年雨量的三分之一。这种暴雨性质的降水对结构疏松的黄土地面侵蚀尤其剧烈。据记录,强烈时,黄土高原地区每年可被蚀去 1 cm 厚的土层。暴雨是黄土地区地貌发育的主要外动力。

风和地下水的作用也是改造黄土高原地貌的两种力量。翻松的黄土,只要 3～4级风就能把尘土扬起,黄土高原的风力一般都在 3～5 级。地下水作用在黄土地区主要表现为机械潜蚀和化学溶蚀,引起塌陷和滑坡之类的坡面物质运动。形成所谓的黄土潜蚀地貌。

三、黄土塬、墚、峁地貌形体

黄土高原地区发育特有地貌类型,借用当地的名称叫"塬"、"墚"、"峁"、"坪"地貌,黄土塬、墚、峁地貌在黄土高原所占面积较大,分布广泛,是构成今日黄土高原的基本地貌单元。

1. 黄土塬

黄土塬是大面积的黄土(高原)平台,单体塬的面积可达 2 000～3 000 km^2,塬面即为黄土高原地面,地面倾斜一般不到 1°,边缘部分向外倾斜可增大到 5°,四周有众多沟谷及其沟头向塬内侵入,黄土塬在平面上呈不规则多边形。如果两沟源头十分接近,它们之间残留的狭窄部分,当地称为"崾险",是黄土塬地区重要的交通咽喉。世界上现存的面积最大最典型的黄土塬是我国甘肃省东部的董志塬,其次是陕西北部的洛川塬。董志塬界于泾河的支流蒲河与马莲河之间,以西峰镇为中心,长达 80 km,宽处达 40 km,面积超过 2 200 km^2(图 4 - 35)。形成黄土塬的下伏基岩地形可以有 5 类,① 宽广的缓倾斜平原;② 顶面宽缓的丘陵;③ 河流高阶地;④ 断陷盆地两侧梯形抬升的台地;⑤ 准平原。

黄土塬受到沟谷的切割,残留的长条形的黄土塬称为"平顶墚";残留的规模较小的平面上呈不规则多边形的黄土塬局部称为"平顶峁",他们仍然保留了黄土塬的基本地貌形体特征。多个平顶墚、平顶峁在局部地区的组合称为破碎塬。

图 4-40　黄土塬地面照片、航空影像、地形图表示

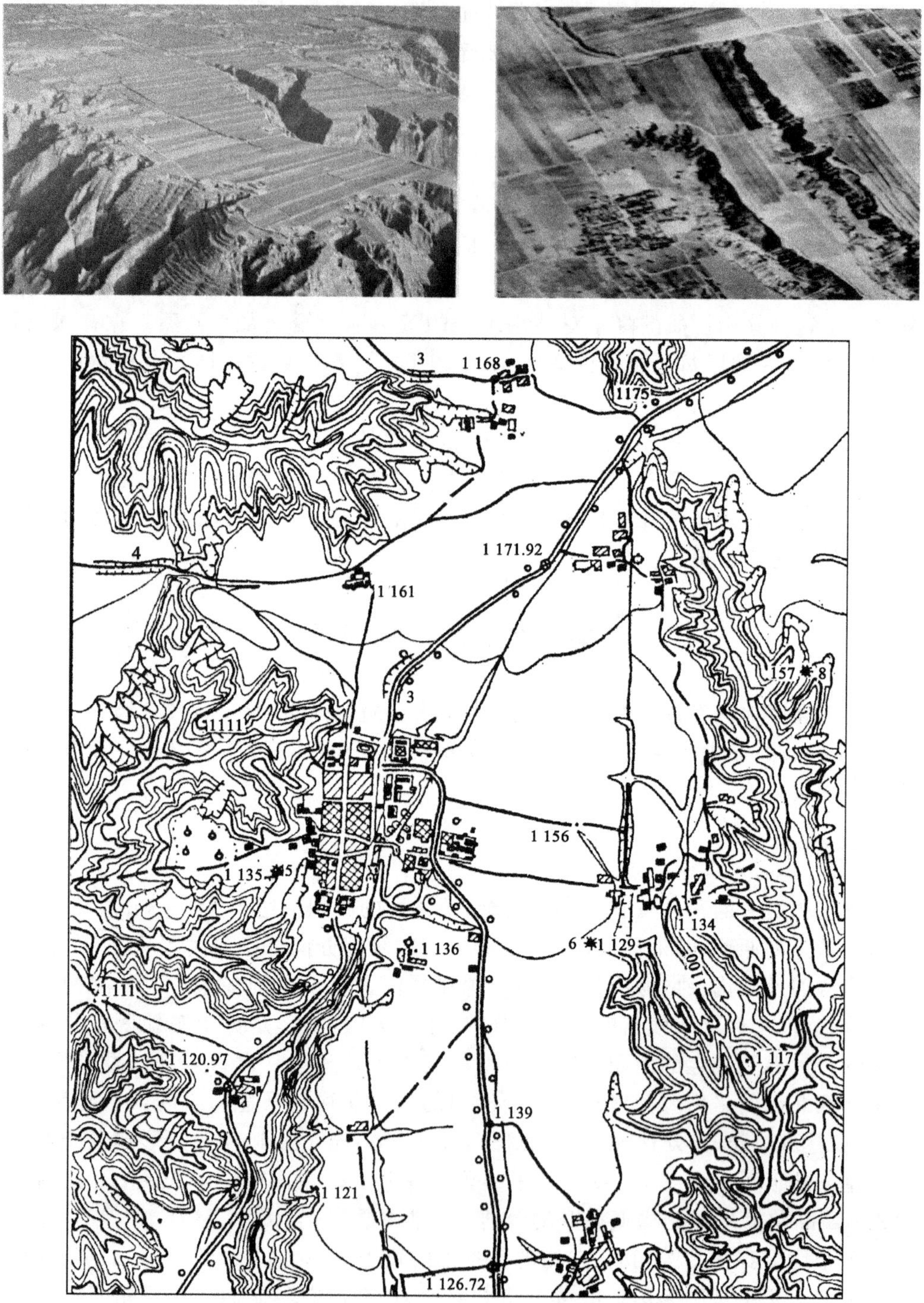

2. 黄土墚

黄土墚是长条形向某一方向延伸的黄土山岭。依据墚顶形体特征，有平顶墚、圆顶墚两种。

平顶墚的顶部在纵向、横向都较平坦，一般宽数百米到 500 m，长数千米。横向略呈穹形，由中心向两侧边缘坡度为 1～5 度，向下转为较陡（10 度以上）的沟坡，墚坡与沟坡有明显的转折；墚顶的纵向坡度 1～3 度（图 4－36）。

圆顶墚的顶部横断面呈向上凸起的圆弧形，有明显的墚坡，墚坡坡度可达 15 度，甚至达 35 度，墚坡以下急转为坡度为 50 度以上的沟坡。据圆顶墚墚顶的纵向地貌形体特征又分为起伏墚和斜墚。起伏墚顶部发育有山头和鞍部，因而有高低差异，一般为延伸很长的主墚；斜墚的顶部向某一方向有明显的由高到低的倾斜（或呈坡降），大多数为发育在主墚两侧的支墚，数个长度近似的支墚排列平行（图 4－37）。

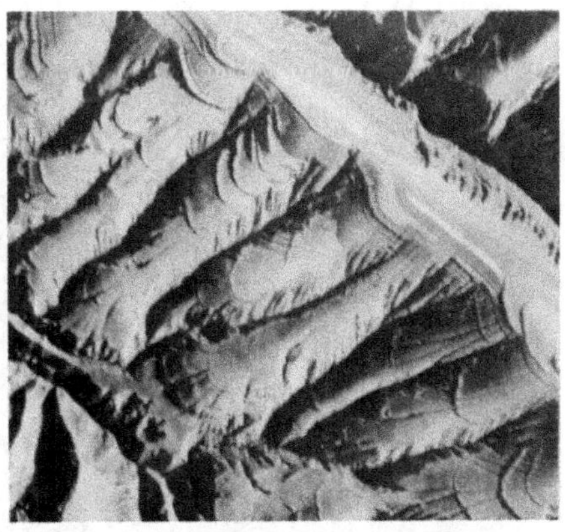

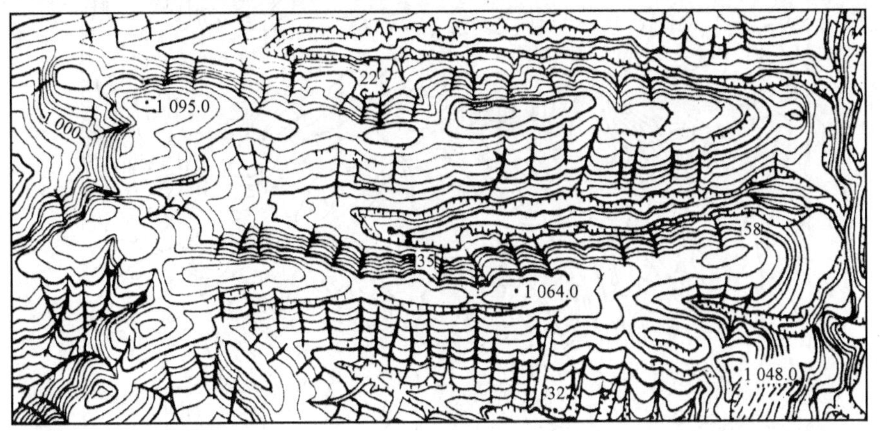

比例尺 1:.35 000　　等高距 10 m

图 4－37 圆顶墚地面照片、航空影像、地形图表示

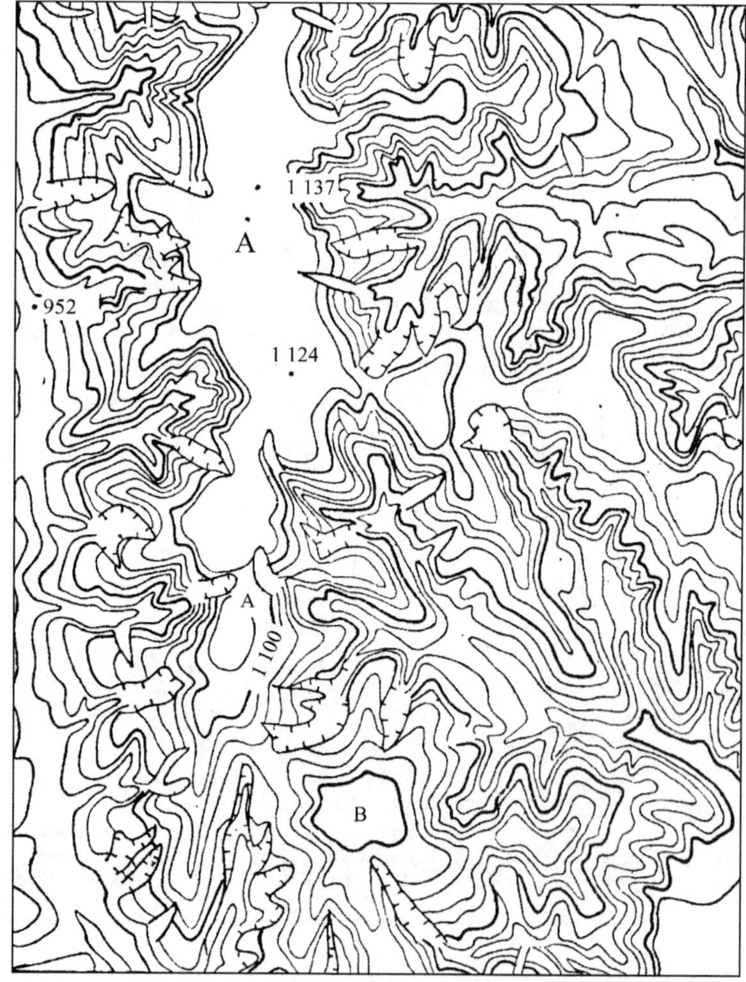

图 4－36　平顶墚地面照片、航空影像、地形图表示

3. 黄土峁

黄土峁是孤立的黄土山丘，黄土峁排列具有规律性，排列呈线性的具有黄土墚的某些特征。将分布数量众多的黄土峁的组合区概称为黄土丘陵区。据黄土峁顶面的地貌形体，分为平顶黄土峁（图 4－38）、圆顶黄土峁（图 4－39）。平顶峁分布于黄土塬的边缘区，或者与黄土平顶墚共存组合在一起，具有黄土塬顶面平坦的特征。圆顶峁顶部具有黄土圆顶墚的顶面特征。

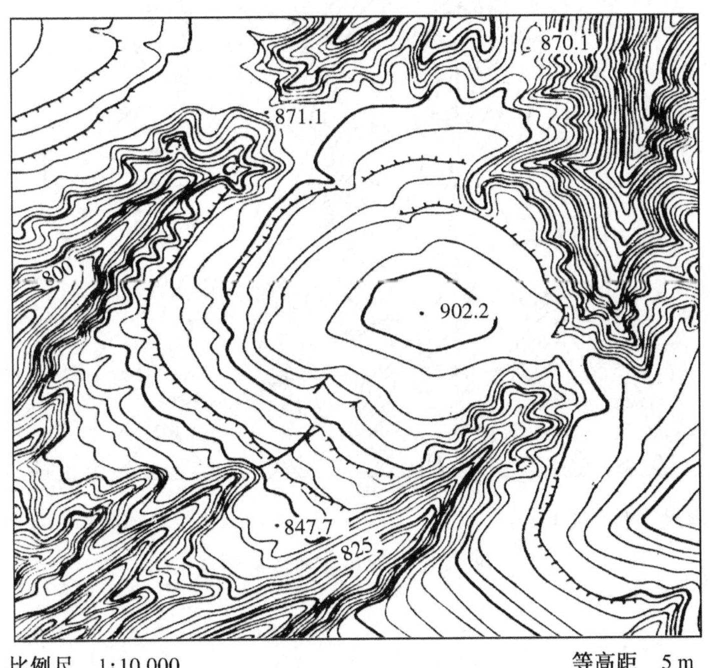

图 4－38 平顶峁地形图显示

图 4－39 圆顶峁航空相片和地形图显示

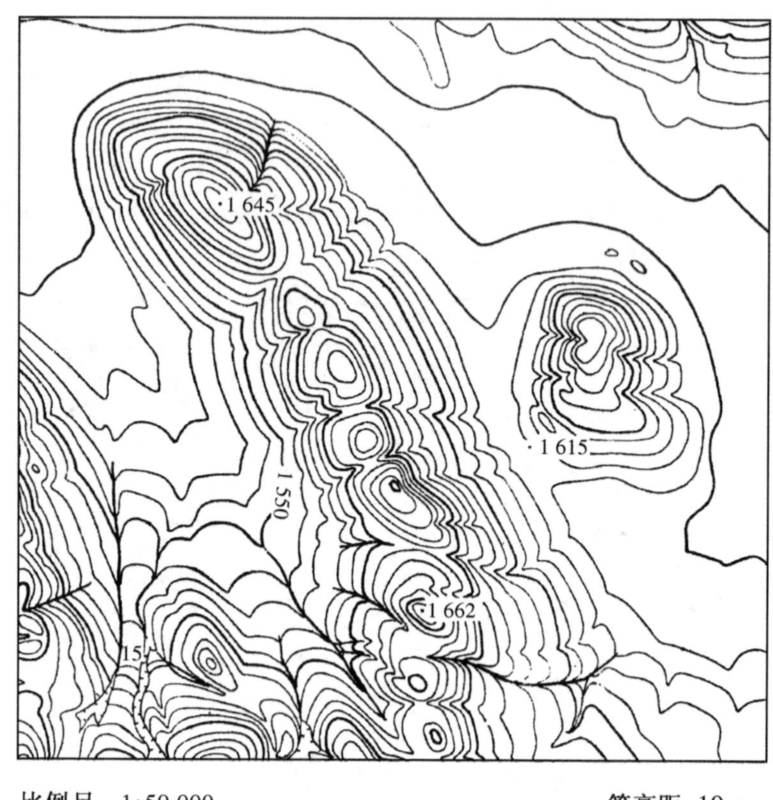

图 4-39　圆顶峁航空相片和地形图显示(续)

4. 黄土坪

黄土坪是黄土区谷地底部黄土覆盖的阶地或平台，地貌上也称为台塬(图 4-40)。

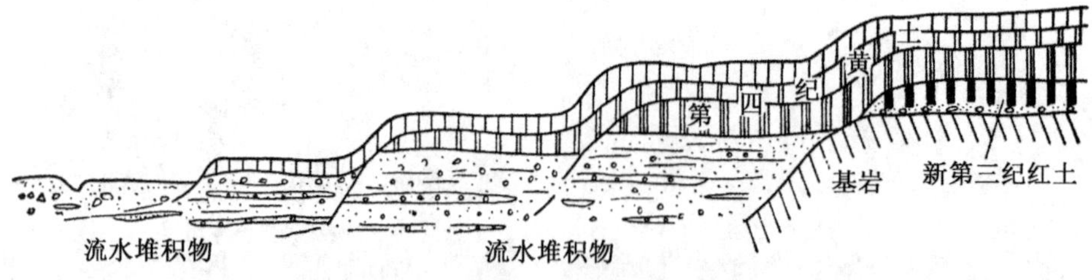

图 4-40　陕西渭北(关中盆地)多级黄土台塬、黄土塬示意剖面

黄土塬、墚、峁地貌发育的相互联系，一种情况是进一步被流水侵蚀分割的产物，许多情况下又受控于黄土掩埋前的基岩地形。

塬面上,梁、峁坡的边缘有时出现碟形凹地,直径 10～20 m,深数米,是地表水下渗地面沉陷形成的,称黄土堞。有时,由于地表水下渗在地面以下发生潜蚀作用,并导致黄土塌陷,形成深 10～20 m 的竖井状陷穴和漏斗状陷穴,甚至陈列为串珠状陷穴,陷穴之间残留为黄土(天生)桥。塬边、墚侧的沟谷中有时还有高十数米的黄土柱。

四、黄土沟谷地貌形体

黄土的特性以及黄土地区的气候条件、地表植被条件决定了较易被流水侵蚀而发育沟谷,导致黄土区千沟万壑,地面支离破碎,沟谷发育典型且构成完整的体系,与非黄土区的沟谷比较,黄土地区的沟谷有其独特性。

流水对黄土的直接侵蚀作用,主要有面状散流侵蚀和沟谷线流侵蚀。首先,降雨在平缓的黄土地面聚成许多细小股流,细小股流再汇聚冲刷土层,形成交织穿插的细沟、浅沟等细小的沟谷(图 4－41a),或形成大致互相平行的细沟,深 0.1～0.5 m,宽不足 0.5 m,长可达数十米,横剖面呈宽浅的 V 字形,上缘无明显坡折,谷底纵剖面与斜坡坡形一致。相关的特点已经在流水地貌中述及。这里着重指出,由于黄土质地疏松,细沟、浅沟很容易形成,演变发育速度也很迅速,所以较大的沟谷主要是流水线流侵蚀的产物。

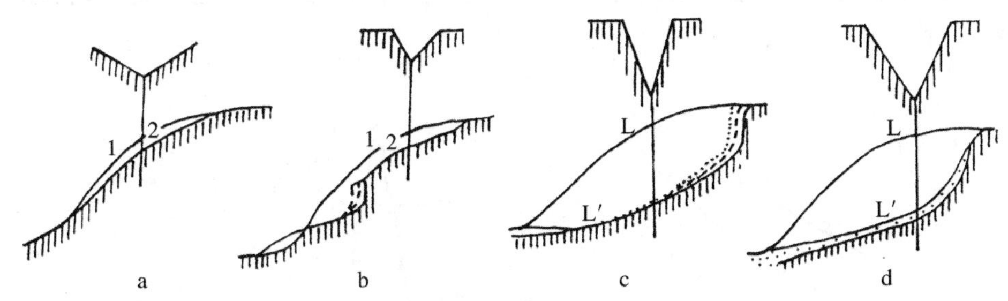

图 4－41 黄土细沟(a)、浅沟(b)、切沟(c、d)

由于各条沟谷处于不同的发育阶段,同时又受黄土性质等自然因素的影响,因此,黄土沟谷地貌十分复杂,它也是黄土地貌最为独特的地貌特征。

1. 切沟

随着坡面水流的进一步汇聚和径流的加强,流水的深切作用逐渐加大,当沟身切入黄土中达 1～2 m 以上时,细沟发展成为切沟,它的宽度与深度达 1～2 m 以上,开始形成明显的沟头,横剖面有明显的完整的沟坡,沟缘坡折明显;沟谷延伸顺直,沟底纵剖面有明显的坡降,不但多陡坎且出现串珠状陷穴,而且沟底坡形与斜坡坡度也不再一致(图 4－41b、c、d, 图 4－42),切沟沟长一般达几十米以上,在疏松黄土上沟深可达 10 m 以上。

图 4-42　黄土切沟与串珠状陷穴

2. 冲沟

冲沟是黄土高原地区发育非常普遍的一种现代流水作用形成的沟谷。其独有特点是，沟壁陡崖显著，冲沟谷底纵剖面线呈上凹曲线（L′-L′），与斜坡（L-L）构成反差（图 4-43）；长可达数十千米，深可达百米；冲沟的沟头复杂多样（图 4-44）；冲沟沟身的平面形态同样有多种形式，直线等宽形、直角折钩形、上段狭窄下端展宽形、弯曲形等；冲沟的组合形态有平行排列形、树枝形、手形、羽形等；另外，黄土区冲沟沟头上方或沟床中常有一些深深的陷穴。黄土高原区的冲沟形体就像“万花筒”般变化无穷，地形图上冲沟的判断通过冲沟符号、符号配合等高线、等高线来进行。

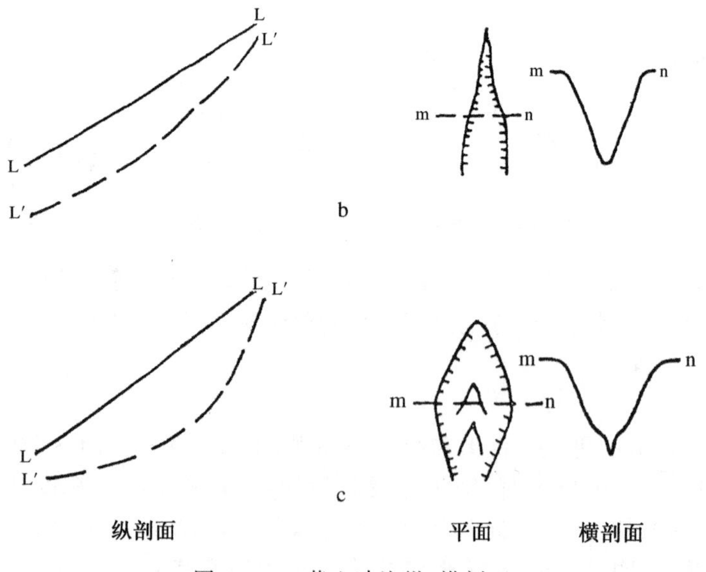

图 4-43　黄土冲沟纵、横剖面

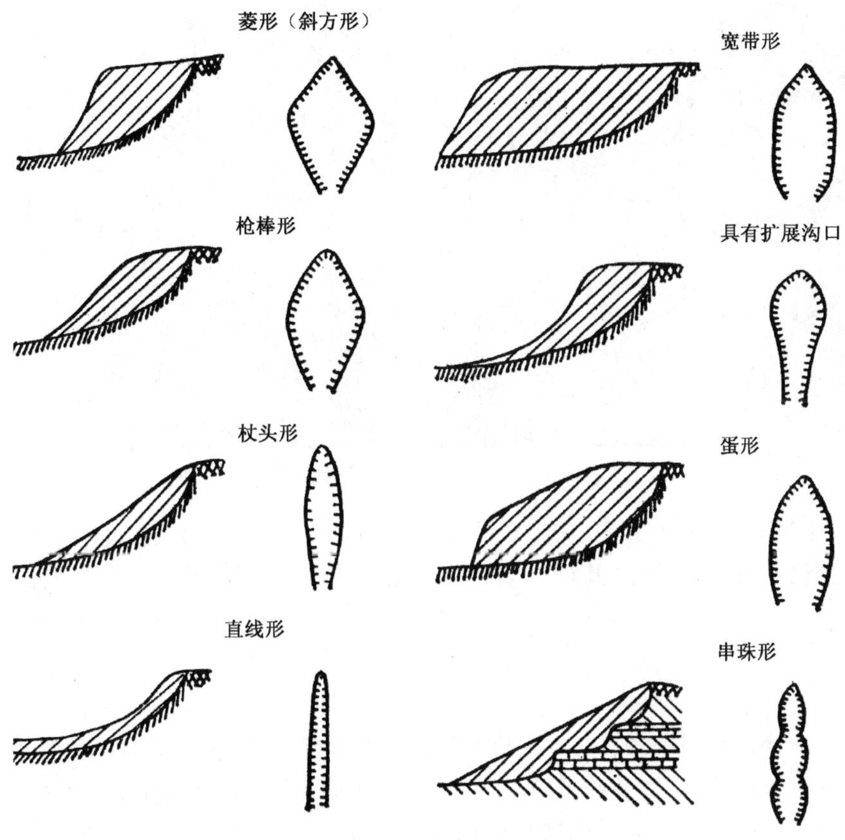

图 4－44　黄土冲沟沟头形态(举例)

3. 干沟

干沟是黄土高原地区独有的地貌形体。干沟可以是黄土堆积过程中发育的，是冲沟发育到后期的产物，可以是继承性沟谷。水流对冲沟的下蚀和旁蚀引起沟壁陡崖发生滑坡、崩塌，使沟壁向两侧后退而展宽沟谷，横剖面上可以划分出沟坡、平坦的沟底(床)，没有河漫滩和阶地，成倒梯形。整个沟床的纵剖面形体接近所谓的均衡剖面，呈凹弧形曲线，纵坡降在5％～15％之间(图 4－45)，有等宽延伸平直的特点，在地形图上用棕色间断线表示，表示暴雨时有短时间线性流水存在。

4. 河沟

河沟是一种大型的侵蚀沟，通常已经是河谷的支谷。河沟一般都已经切穿黄土层，并已切入基岩内，也有较稳定的短期的水流，河床曲折。横剖面呈倒梯

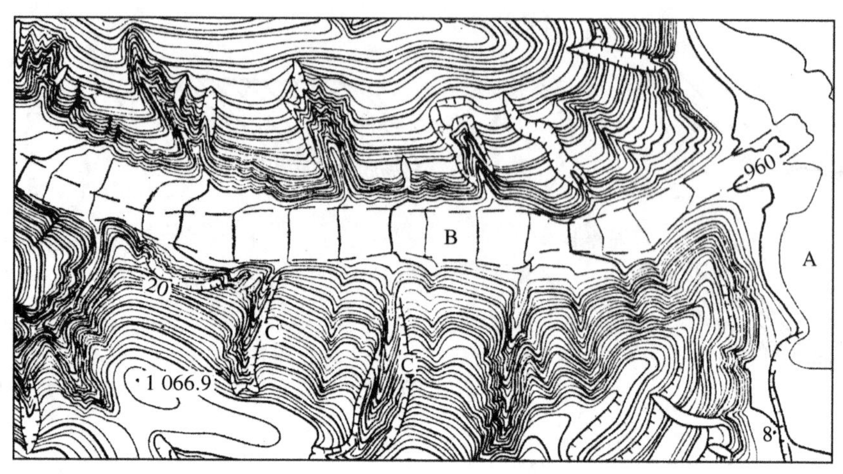

图 4-45　河沟(字母 A)、干沟(字母 B)、冲沟(字母 C)地形图显示

形,沟底较宽分布有河漫滩,发育有冲击物和洪积物组成的曲流阶地。它是在黄土堆积前已形成小河谷的基础上,经过黄土的堆覆,现代流水作用长期进行而形成。

5. 黄土

黄土　分布于河源地区,这里现代沟谷尚未发育,基本保留了黄土掩覆古河谷后形成的长条状凹地,当地称其为　。　的横断面呈宽浅的凹地形态,直至分水岭顶也无明显的坡折变化而呈圆滑形曲线(图 4-46),宽可达数百米至数千米,长达数千米至数十千米,而且组合成树枝状格局。

黄土高原地区原始地形平缓,黄土层深厚且质地均一,因此,黄土区河流沟谷水系多呈树枝状水系,而且不同河流各支流的累计条数似有十分接近的比例关系。

五、黄土地貌空间组合类型

1. 黄土山地

地面为黄土覆盖,相对高度大于 250～300 m,绝对高度 1 200～3 000 m 之间的大起伏地貌区。其下伏基岩地形起伏较大,是该地区河流的主要分水岭。

2. 丘陵与宽谷

发育在准平原上的黄土丘陵,坡度和缓,谷地开阔,现代沟谷侵蚀尚未到达。

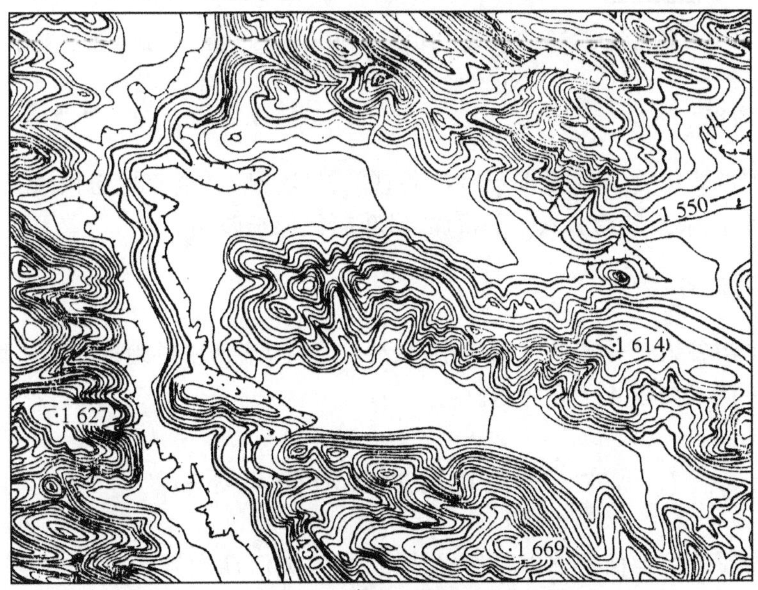

图 4-46　黄土　地航空影像、地形图显示

即,黄土　地所在地区。丘陵宽谷地貌发展的模式如图 4-47 所示。

3. 丘陵与谷中谷

黄土丘陵与宽谷相间分布。宽谷间的丘陵,按照形体不同可以分为峁状、墚状、梁峁状或残塬梁峁状。随着向源侵蚀的发展,宽谷的谷底部分被现代沟谷所替代,现代沟谷两侧发育黄土坪,通常称作为破　,则形成丘陵宽谷沟谷组合。

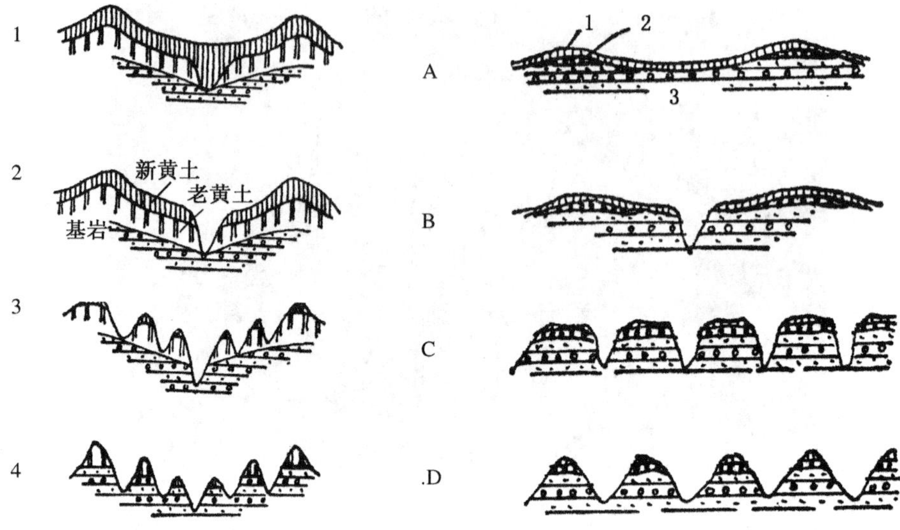

图 4-47 丘陵宽谷地貌及其发育模式　　图 4-48 黄土塬地貌及其发育模式

4. 丘陵与沟谷

有多种形式组合：① 平墚丘陵沟谷；② 斜墚丘陵沟谷；③ 起伏墚丘陵沟谷；④ 起伏墚和蚀余丘陵沟谷；⑤ 平顶墚、峁和起伏墚丘陵沟谷。

5. 黄土塬与沟谷

黄土塬沟谷组合分布的范围较小，主要在泾河、洛河中游地区。黄土塬组合及其地貌发展模式如图 4-48 所示。

六、黄土地区水土流失与环境

黄土高原地区地面侵蚀以自然侵蚀为主，人类活动尤其不遵循自然规律的活动加剧了自然侵蚀速度和强度。从人类地质时期以来侵蚀模数逐渐增加，早期 350 t/(km^2 · 年)，中期(距今 7.5 万年)增加至 6 665 t/(km^2 · 年)，这期间侵蚀量增加 18 倍；从中期至 20 世纪 80 年代，增加至 10 146 t/(km^2 · 年)，又增加了近 1 倍；近年来增加至 15 000 t/(km^2 · 年)。黄土地区侵蚀，即使没有人类的活动，侵蚀依然存在，因而黄土地区存在着严重的水土流失和风沙危害等环境问题，生态环境十分脆弱。人类活动增加水土流失量，水土流失给人类生存与发展带来自然环境问题，尤其是对农业生产的危害，表现为，沟谷数量和规模扩展，耕地缩小；土壤肥力变瘦；暴雨造成泥流，冲垮道路、毁坏城镇、农田。黄土区尤其是黄土高原区进行水土保持工作是急不可待的，退耕还林还草涵养水分、控制人口增长速度、减少人类活动力、耕地梯田化工程等都是有效的减少水土流失量的措施。

第五节　生 物 岩 地 貌

生物岩的种类比较多，有的是生物机体最终成为类似的岩石，如珊瑚礁、礁灰岩；有的生物遗体相继累积最终成为特定种类的岩石，如生物介壳灰岩、硅藻土、放射虫土、泥炭、煤等；还有的是生物岩的岩块碎屑再聚积成为岩石，如珊瑚砂砾岩等。能直接构成可见的地貌形体的生物岩种类并不太多，比较常见的是珊瑚礁。珊瑚死亡之后，它的石灰质骨骼同其他含石灰质的生物（如有孔虫、石灰藻）的骨骼与外壳胶结在一起，形成多孔隙块体的珊瑚礁，构成了特殊形态的珊瑚礁海岸。

达尔文于 1831～1836 年间考察了太平洋珊瑚礁（岛）之后，据珊瑚礁岩体的地貌表现，以及与其他岩体之间相对的位置和结构特征称为岸礁、堡礁和环礁。

岸礁分布在大陆或岛屿的岸边。岸礁发育在近岸浅水地带，珊瑚虫死亡后残体残留在岸旁与其他物质结为一体而成。可分为礁前、礁后（图 4-49），礁前由珊瑚礁的碎砾堆积组成，礁前缘是坚硬的，不断向外增长的。礁后多为平静的浅水区。在涨潮或海面上升时，有些礁体与海岸之间相隔一个很狭窄的水道。珊瑚礁与海岸之间有狭窄水道的叫离岸礁。

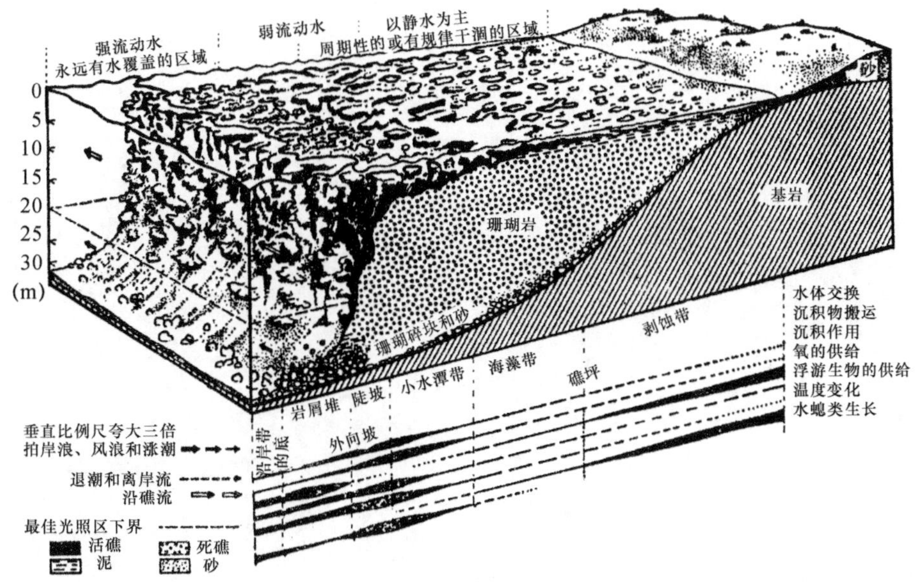

图 4-49　以色列埃拉物（Eilath）北部暗礁结构图（据 H. Mergner，1997）

堡礁又称为离岸(堡)礁,礁岩体离海岸较远,呈长堤状大致与海岸平行分布,礁岩体本身宽几百米,与海岸相距几千米至几十千米,可以认为已经发育为独立的礁岛。礁堤与岸之间有相当宽阔的泻湖或带状的水域与岛岸相隔,为泻湖或带状海。澳大利亚东海区的大堡礁,绵延 2 000 km 以上,距岸 13～180 km 不等。

环礁者是环状的珊瑚礁,也是独立礁岛。中央为很浅的泻湖,外缘则陡峭深邃。环礁周边呈围墙状,封闭了其中的海域成为泻湖,形成环形礁岛。环礁有连续完整的,也有断续相连的。

达尔文认为岸礁-堡礁-环礁的演化(图 4－50),与珊瑚固着的火山岛随洋底沉降而沉没有关。在马绍尔比基尼环礁(Bkiniatoll)和埃尼威托克(Eniwetok)对环礁的深钻,确是钻进了火山岩。中国南海诸岛多属环礁类型,礁体厚度达 1 000 m以上。

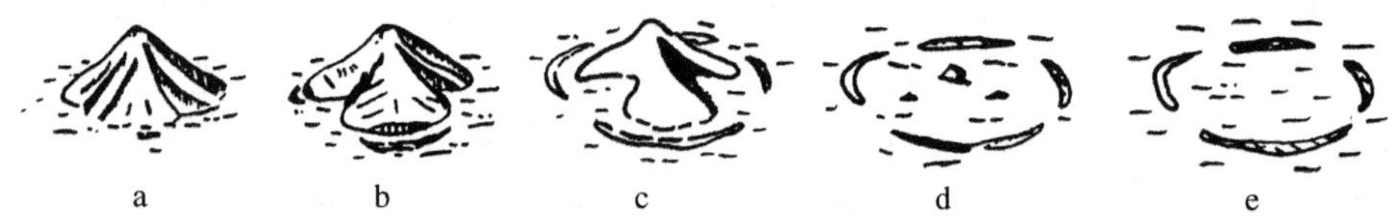

图 4－50 与火山岛沉降有关的珊瑚礁地貌类型的演化示意图

a. 岸礁：塔希堤岛(玻利尼西亚)、夏威夷、大科摩罗岛；b. 岸礁：瓦胡岛、拉罗汤加岛；c. 堡礁：马约特岛、圣克鲁斯岛；d. 堡礁：特鲁克岛、克利珀顿岛、艾图塔基岛；e. 环礁：比基尼岛、埃尼威托克岛、夸贾林岛

第五章　内动力地貌

构造地貌指主要由地壳构造运动直接造成的地表形体，由于它主要是地球内部物质运动的产物，所以也称为内动力地貌。地貌单元的形体、地貌格局的主要表现形式，都是构造运动的强度、幅度、方向以及组成物质-岩石的变形变位在地表的直观反映。无论哪个地区，构造形态在空间上的分布和时间上的变化，都取决于引起构造变形的内动力（应力）的作用方向与强度，以及被构造动力所作用的物质的运动方向和形式。以巨形地貌为例：① 许多高大而延绵的山体，具有明显的方向性，或呈弧形弯曲、或呈直线、或者呈直线转折，某一走向的山体又可以为另一走向的山体所截断或者切入；② 许多大型的盆地、高原与平原，也是有明显的顺直边界，它们的轮廓或呈长方形、或呈菱形、或呈三角形，而且在分布上与巨大的山脉相间排列；③ 许多河流也大体顺着山体走向，或沿着盆地和平原的长轴奔流。所有这些宏观的平面形态，都不单纯是外力作用所能形成，而是巨大的和局部的地质构造变动的结果，它使外力作用的形式和强度发生根本变化。

按构造地貌的规模大小，内动力地貌可分为三个等级。第一级称为全球构造地貌或称星体地貌，它是地球表面最宏伟的构造地貌单元——大陆与洋底。它们的分布（面积、空间位置）、高程（深度）、相互动态发展是其主要地貌内容。第二级地貌单元是陆地上的各种山体、平原和高原，海洋中的盆地、中央山脉、海底盆地等。这些地貌的形成和发展与大地构造作用有关，又称为大地构造地貌。第三级为地质构造地貌，指由断裂构造、褶被构造和火山构造等作用形成的地貌。三级构造地貌之间存在内在的层次联系，同一级别的构造地貌之间在成因上相互联系，不同等级之间在层次体系和成因上有相互联系。低一级的构造地貌包含在高一级的构造地貌体系中，低一级构造地貌的成因是解释高一级构造地貌的基本依据和基础。

以地貌形体的规模为基础，结合动力特征，将星体地貌形体和巨型地貌形体划定为大地构造形体，将大地貌形体划定为地质构造形体，将中小地貌形体列为剥蚀形体。这种划定既有序次关系，亦有包含关系和叠加关系。

按照地壳运动的地质时序，将第三纪（中新世早期，大约距今 2 600 万年前）前的地壳构造运动称为地壳的老构造运动，其产生的构造形迹若未受到后期构造运动的扰动，而长期接受的是外力作用的剥蚀称为静态构造。此后的地壳构造运动称为新构造运动，它既可以是老构造的复活，亦可以是新生的构造运动。

在各种形式的内力作用中，对地貌形体影响较大的是地壳运动和岩浆活动。地壳运动使组成地壳的岩层发生变形和变位，从而改变了地壳的构造形态，产生了褶皱和断裂，即岩层受构造运动作用后产生了水平、单斜、褶曲、断层、背斜、向斜、地垒、地堑等变形与变位形式。岩浆活动对地貌形体也有一定影响，造成各种侵入体(岩盘、岩墙、岩床、岩脉、岩株、岩基)和喷出体(火山锥、熔岩被)等，他们统称为地质构造。这些构造形成以后，新构造运动以来主要受各种外力作用的切割和雕刻并在不断发展中，而未受内力作用的明显干扰或破坏，故称为静态构造。

地质构造在地貌上的表现，常常是通过不同岩层的岩石性质的差异影响而表现出来的。所以，构造地貌是不同地质构造、不同岩层的抗蚀力及其产状而表现出来的地貌。为此，构造地貌可分为原生和次生两类。原生构造地貌是由地壳运动和岩浆活动直接造成的地貌，它以原始的构造形态直接表现在地表。次生构造地貌是形成已久的地质构造经外力侵蚀剥蚀而显现出来的地貌，即地貌形体主要受地质构造类型的控制。它们都具有各自不同的地貌形体。

构造地貌可以出现在不同的气候带，尽管它们受到外力作用特点不同，但是它们的基本特征仍然是很明显的。例如，处在干燥气候和处在湿润气候条件下的褶皱山地，它们所受到的外力作用不同，因而地貌形体细部特征有很大差别，但就地貌基本轮廓和总体特征方面来看，两者是相似的。

在构造地貌中，地貌面(如山坡坡面、山顶面、台地面、谷坡面、谷底面)与构造面(如岩层层面、节理面、断层面等)，地貌线(如山脊线、谷底线、山麓线、坡度变换线、坡麓线、谷缘线、坡向变换线等)与构造线(如褶曲轴线、枢纽、断层线、岩层走向线、倾向线、断裂线)之间的一致性是非常显著的。这一特征反映了地貌形体受构造控制的事实。

第一节　构造山系和大陆裂谷

构造山系和大陆裂谷是大陆上最为显著的构造地貌类型之一。它们的形成、发展和分布与中生代和新生代的构造运动有密切关系。

一、全球构造山系

全球性巨型构造山系有三条。其一是环太平洋大陆边缘的构造山系，主要有从北美洲到南美洲西岸的科迪勒拉山系(北美为落基山脉，南美为安第斯山脉)，接亚洲东部边缘的诸多列岛，如阿留申群岛、日本群岛、菲律宾群岛直到纽(新)西兰岛。其二，略成东西向横贯亚洲、欧洲和非洲北部的山脉带，著名山脉有非洲西北部的阿特拉斯山脉、非洲中部坦桑尼亚（乞力玛扎罗山 5 896 m、梅鲁火山 4 567 m）、肯尼亚（肯尼亚山 5 199 m）、扎伊尔西部（米通巴山脉的鲁文佐里山 5 119 m、卡里辛比火山 4 507 m）、喀麦隆（喀麦隆火山 4 070 m）；欧洲南部阿尔卑斯山脉；中国喜马拉雅山脉，亚洲南部爪哇岛和苏门答腊岛上的山脉。其三，大洋底部的大致南北向弧形延伸的地球上绵延最长、宽度极大和构造运动活跃的山脉（洋中脊），太平洋中脊、印度洋中脊。它们都经历过不同构造期的作用，构造地貌特征表现为：时间较老的构造山系、山体经受不同时期的挤压力而发生复杂的褶皱，新生代构造山系使新生代地层发生强烈褶皱和断裂；山体内有岩浆侵入，时代较老的构造山系常有不同时代的多期岩浆侵入体，山体的边缘有大规模的断层，断层的一侧常形成断陷盆地、沉积有厚层沉积物；山体呈断块差异抬升，地貌形体巨大，并发育多级夷平面（图 5－1）。

图 5－1　全球巨型构造山系地貌空间分布（M. Marsh，1981）

二、中国大型构造山系

关于我国的构造山系，著名地质学家李四光认为，可划分出五种构造体系，地貌形体标志表现为山系：① 巨型纬向构造山系，北部以天山—阴山—燕山构造山系，以及昆仑山—秦岭—大别山构造山系最为明显，在南部表现为南岭构造山系，由褶皱带和挤压性断裂组成，并有扭断裂和张断裂与它斜交和相交。② 经向构造山系，北面为贺兰山和六盘山，往南延伸被秦岭截断，而到川西、云南再显现，包括高黎贡山、大雪山与横断山系相接，由许多条成束的南北向断裂、夹着密集而复杂的褶皱组成，在地貌上表现为一系列平行的高山深谷。③ 走向北东到北北东向的华夏系与新华夏系构造山系，位于南北向构造带以东，范围广大及至东亚大陆边缘海域与岛屿，为一系列的褶皱隆起山系与坳陷盆地，例如大兴安岭、长白山、太行山、武夷山、雪峰山等。④ 走向北西的西域式构造山系。昆仑山以北为北西向的褶皱和断裂山系，例如阿尔泰山，昆仑山以南为北西西向的褶皱和断裂山系，例如喜马拉雅山系（图 5－2）。

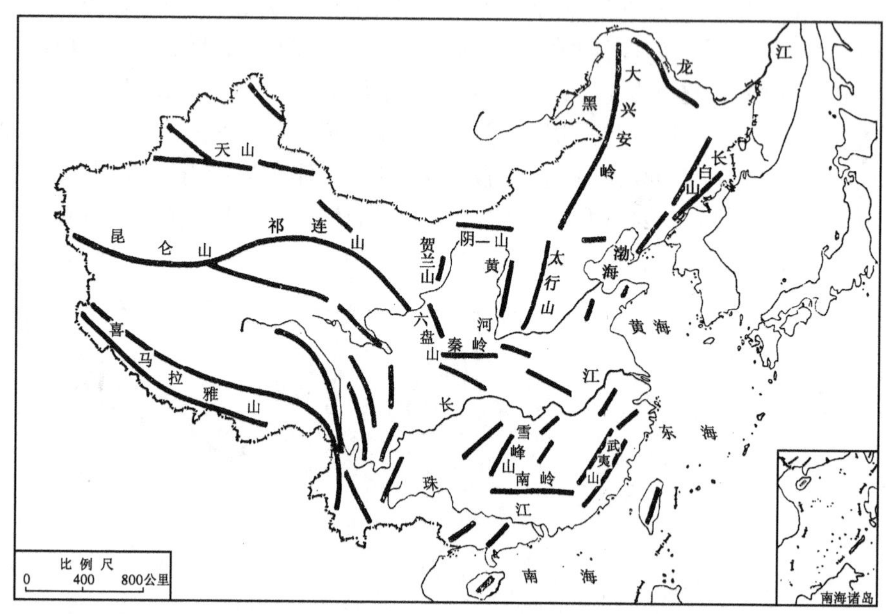

图 5－2　中国主要构造山系空间布局

正是北西、北西西向与北东、北东东向这两组构造断裂的交错，构建了塔里木、柴达木和准噶尔等盆地的菱形轮廓。

三、大陆裂谷

大陆裂谷是由多组断层组合的断陷谷地。在地貌上，它的宽度大多在 30～75 km。少数可达数百千米，长度从数十千米至数千千米不等。东非大裂谷是世界上最长的大陆裂谷（图 5－3），纵贯东北高原中部和埃塞俄比亚高原中部，止于红海北端，再向北相接于约旦河谷。裂谷带一般深达 1 000～2 000 m，形成一系列狭长而深陷的谷地和湖泊，其中贝加尔湖深达 1 600 多米。我国有学者认为，山西地堑、渭河地堑可能是属大陆裂谷的初期阶段。大陆裂谷横剖面不对称，两侧山脉形态和高度不同，山地广泛发育夷平面。

裂谷中广泛发育纵向阶梯状正断层，甚至形成次级别的地堑和地垒，但被现代沉积物覆盖，沉积物厚度最厚可达 7～10 km，以砂、砾、粉砂为主，且常夹有火山岩沉积。

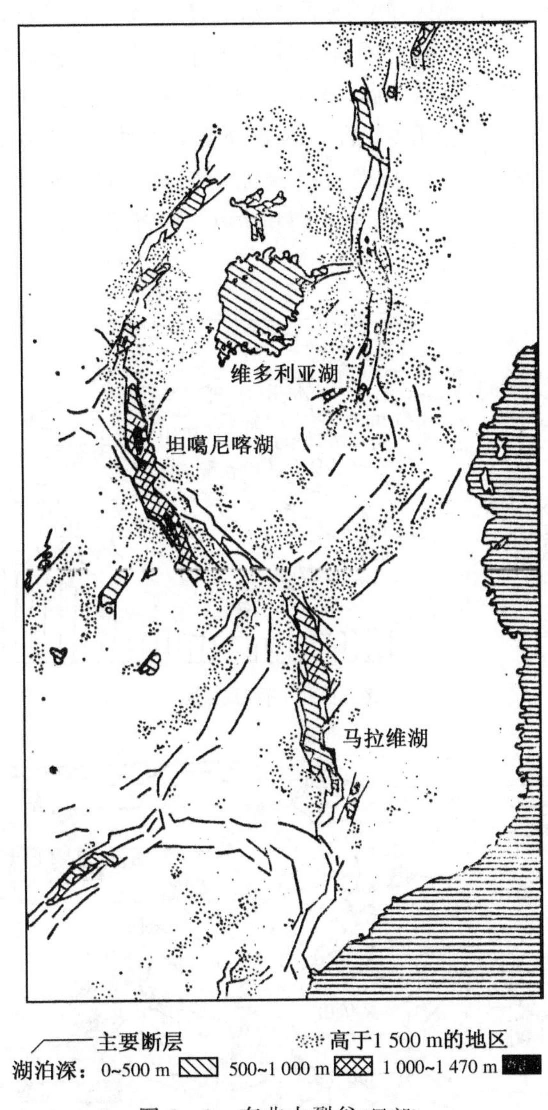

图 5-3　东非大裂谷(局部)

第二节　水平构造地貌

在地壳相对稳定或仅仅受大范围垂直运动影响的地区，沉积岩层的产状基本上近似水平(岩层倾角小于 5°，也有学者界定在小于 7°)。在平原或地壳下降地区，岩层被厚度巨大的沉积物掩盖，水平岩层在地表没有出露，对地貌形体没有直接影响。但是,在地壳上升地区,软硬相间的水平岩层,不断地受外力侵蚀破坏,当上覆的软弱岩层被剥蚀掉,顶部出露坚硬岩石时,地面被剥蚀的速度显著减慢,地貌面与坚硬岩层层面一致(地貌面就是岩层面),表现出各种水平岩层构造地貌形体类型。

水平岩层在地球运动抬升中,岩体内各处受力不均,产生垂直于岩层面的纵横交错的、不同规模的断裂,再经长期流水侵蚀切割,完整的地貌形体发育成为彼此分离的平顶高地(图 5-4)。根据顶部面积大小,可将平顶高地相对划分为构造台地、方山和桌状台地(图 5-5)。

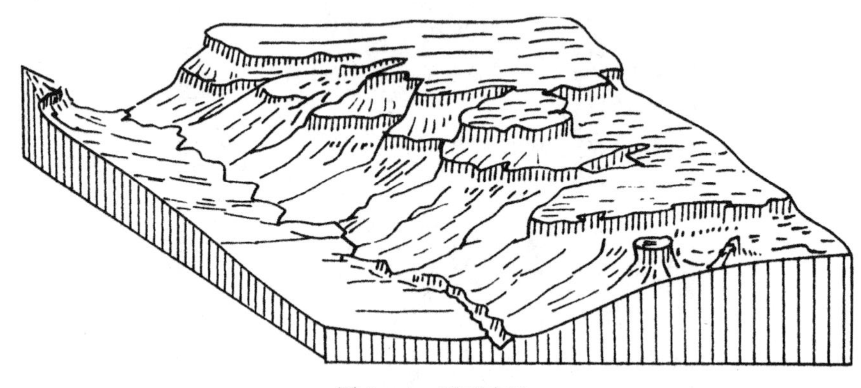

图 5-4 平顶高地

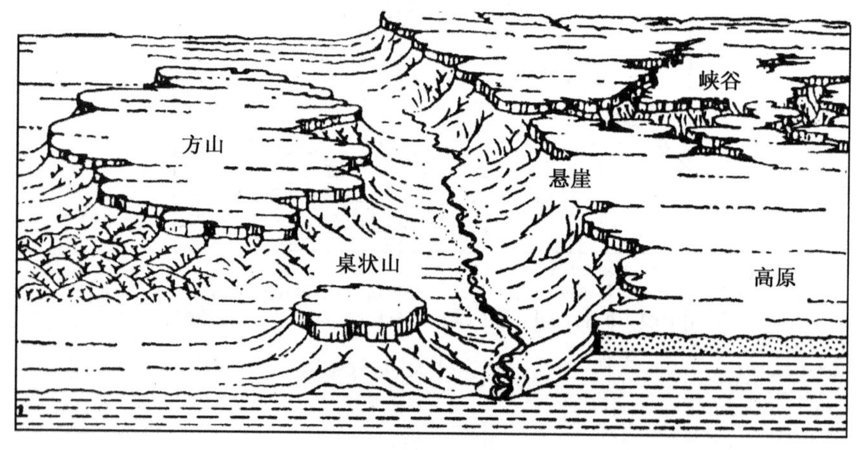

图 5-5 桌状台地与方山

方山地貌在我国四川盆地中部发育最典型。沿嘉陵江从合川至李渡间,在近于水平的红色砂岩和页岩互层分布区,形成了以红色砂岩为顶盖的典型方山地貌。

桌状台地和方山顶部形态主要受坚硬岩层控制,但是也有些微小起伏,这些起伏是上覆岩层被剥蚀的残余部分以及风化作用的残积物。所以,台地和方山顶部决不是一个理想的平面,而是一个有微小起伏的地面,顶面边缘与谷坡(也是岩层层面与垂直岩层面的断裂面的转折线)的分界线十分明显。在方山之间的谷地,在谷坡上常出露各种性质不同的岩层。其中厚度大的坚硬的岩层(如石灰岩、砂岩)形成直立的峭壁,软弱的岩层(如页岩)则成缓坡。这种由于岩性差异而出现的差别侵蚀现象很明显。当谷坡由一系列不同性质的岩层组成时,谷坡呈现阶梯状特征。阶梯的级数、高度、宽度完全受坚硬岩层出露的层数和厚度控制(图 5-4)。如果岩性差异悬殊且坚硬岩层厚度大且软弱岩层对应相当,阶梯形态更为突出。

在航空影像片上,水平岩层组成的方山地貌影像表现得清楚。不同性质的岩层、不同坡度的坡面在相片上呈现不同色调的环带形状组合。环带的宽度取决于岩层在地面出露的宽度和坡度(图 5-6)。色调差别是由于岩石的颜色、颗粒大小、地面坡度、植被覆盖率等不同原因引起的。例如,砂岩的影像色调一般呈浅色或浅灰色,然而由铁质胶结的砂岩则反映为深色调。砂岩透水性能好,植物生长一般比不透水的页岩地区茂盛。由于砂岩的砂粒固结程度好,因而可以保持较陡的坡度,而页岩由黏土矿物组成,颗粒间固结不紧,由它所组成的斜坡一般都比较平缓。因而,在航空影像上,砂、页岩组成的水平岩层呈现不同宽度、不同色调的条带环绕,图案十分别致——同心环带,极易辨认。

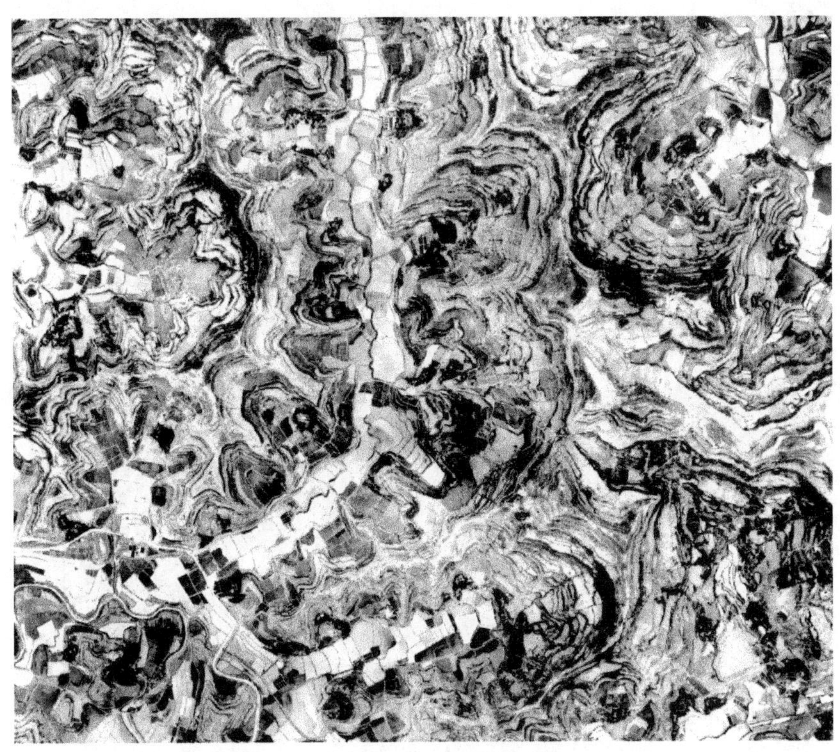

图 5-6 水平岩层在航片上色调的变化

方山和桌状山是顶部呈平缓地面的山体，为水平构造地貌的形体之一。在许多地区，水平构造也发育出顶部呈馒头状、锥状，山坡成梯形的丘陵和低山、中山地貌。

在大比例尺地形图上（大于 1∶20 万），由水平岩层形成的方山地貌具有特殊的等高线图形（图 5-7）。方山顶部高等线稀疏，表达了顶面平坦呈微小的波状和缓起伏的地貌特征，反映了坚硬岩层构成的顶部上还遗留有上覆岩层的侵蚀残留物质及其地貌表现。山顶四周边缘在地形图上为陡崖符号或密集等高线表示，山坡由一组密集等高线（或者陡崖符号）和稀疏等高线相间排列表示，表达了山坡由陡缓不同的斜坡组成，密集或者稀疏等高线的条数由坡面高度控制。无论采用何种表示方法，陡崖符号均具有沿等高线延伸的分布规律，在图 5-7 上明显地反映出陡崖符号与等高线弯曲完全一致的特点。从理论上讲，水平岩层地区谷坡随着坚硬和软弱岩层交替出露呈现出明显的陡坡和缓坡，坚硬岩层层数与陡坡出现级数相当。但实际上，由于影响地面坡度的因素十分复杂，在不同比例尺地形图上等高距不同（1∶5 万、1∶10 万、1∶20 万地形图等高距分别为 10 m、20 m、40 m）等原因，在 1∶5 万至 1∶20 万地形图上无法解译出坚硬岩层的精确层数。

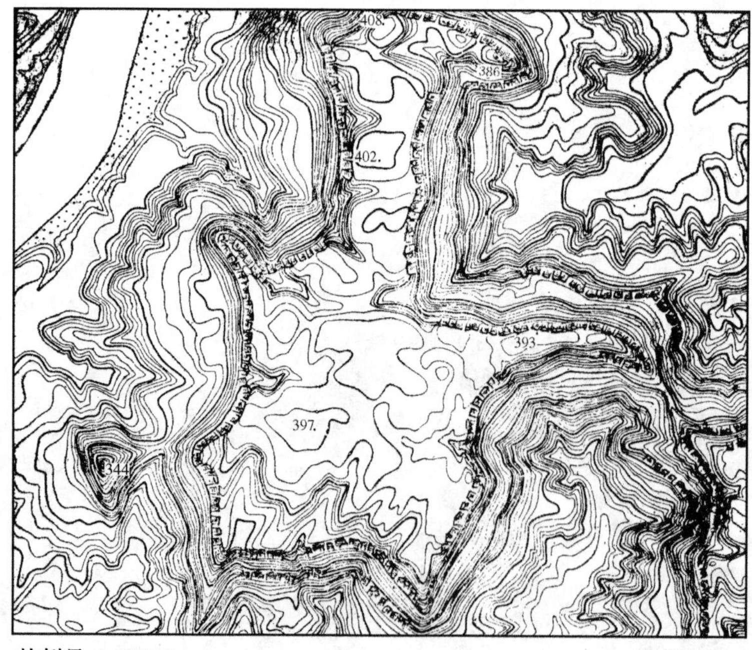

图 5-7 方山等高线表示

第三节　单斜构造地貌

地壳运动使岩层水平产状发生变动，形成倾斜的岩层。一组岩层向同一个方向倾斜的状态称为单斜构造。单斜构造常见于被破坏了的背斜和向斜的翼上。在大比例尺地形图上，单斜构造地貌的等高线图形反映也是十分清楚的。

一、岩层三角面与V字形陡崖

倾斜岩层经流水作用及其他外力作用侵蚀后，形成平面图形呈梯形或三角形的复杂构造，称岩层梯形面或岩层三角面（图5-8，图5-9）。梯形面和三角面的倾斜方向就是岩层的倾向。当河流横穿岩层时，在坚硬岩层部位出现V字形陡崖，岩层愈陡愈狭窄尖锐，如果岩层倾角较小，V字形则变得开阔。在水平岩层地区，谷地两侧坚硬岩层所形成的陡崖沿河流平行延伸，图5-10中的a图表示岩层呈水平状态时陡崖的延伸情况，b图和c图是表示河流横穿倾斜岩层所成的V字形陡崖，d图是当河流横穿直立岩层时所成的陡崖，陡崖的长度等于直立岩层的厚度。

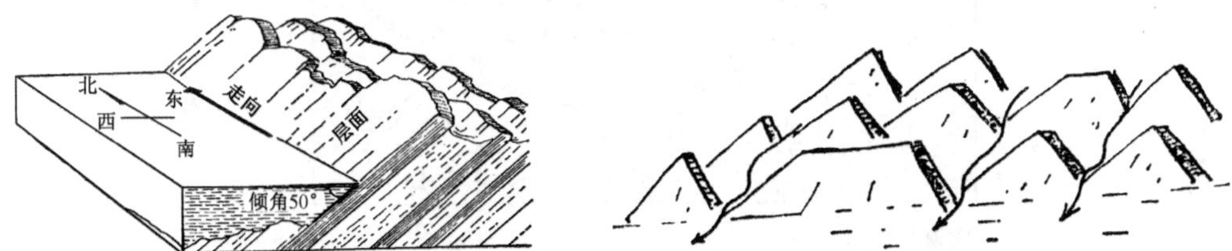

图5-8　岩层梯形面及三角面素描图

当单斜岩层由软硬岩层交互组成时，经侵蚀后就会出现独特的地貌，如单面山和猪背脊等。

二、单面山地貌

单面山顺岩层走向延伸，两坡不对称。顺岩层倾向的一坡缓而长，其坡度受岩层倾角控制，称顺向坡（或倾向坡）；与岩层倾向相反的一坡陡而短，称逆向坡（或反倾向坡）。逆向坡上部常成悬崖峭壁，悬崖的高度取决于坚硬岩层的厚度，坚硬岩层厚度愈大，悬崖就愈高（图5-11）。

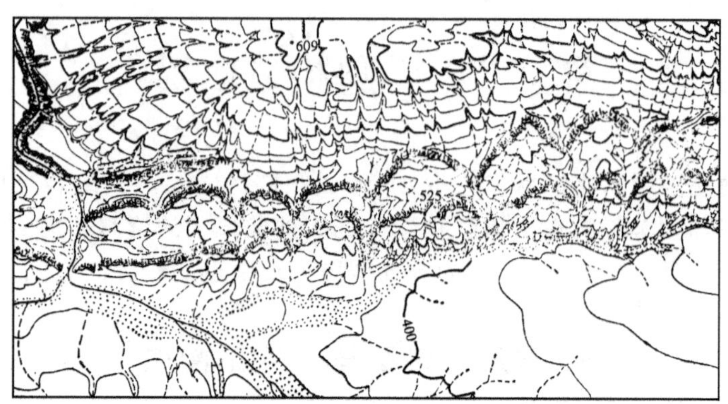

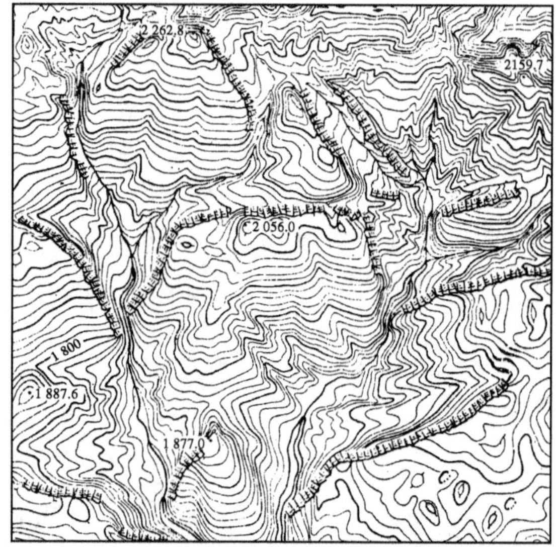

比例尺　1:50 000　　　　**等高距**　20 m

图 5-9　岩层梯形面及三角面等高线图

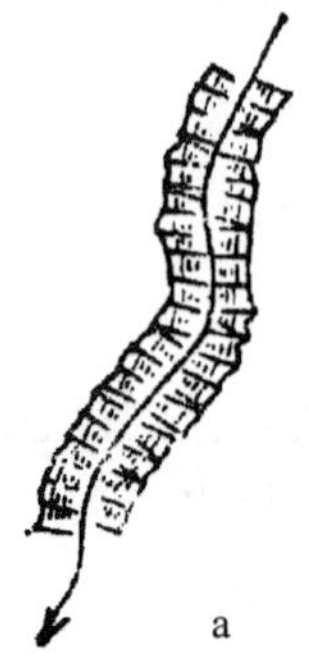
a

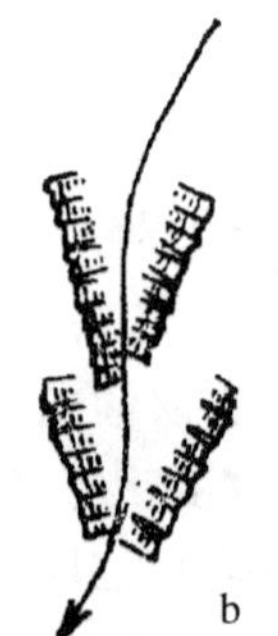
b

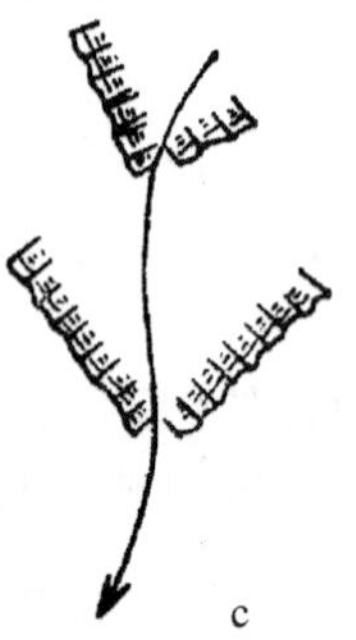
c

d

图 5-10　岩层产状与谷坡陡崖

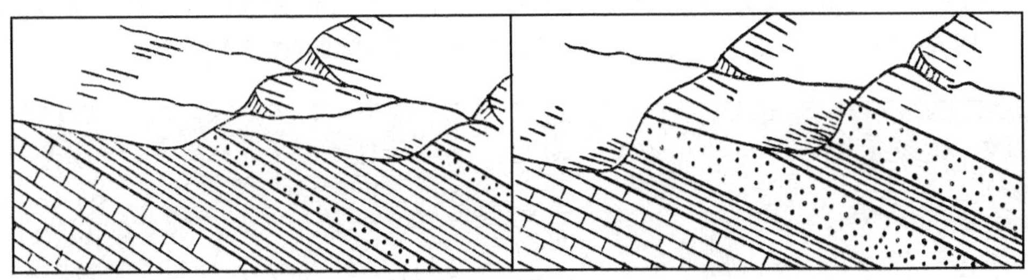

图 5-11　岩层厚度与单斜构造地貌发育

左图：软硬岩层厚度差别大；右图：软硬岩层厚度差别小

岩层倾角的大小影响单斜构造地貌形体特征，从而形成不同的地貌形体。岩层倾角在 5°～35°的情况下，发育成形态十分明显的单面山（图 5-12，图 5-13）。

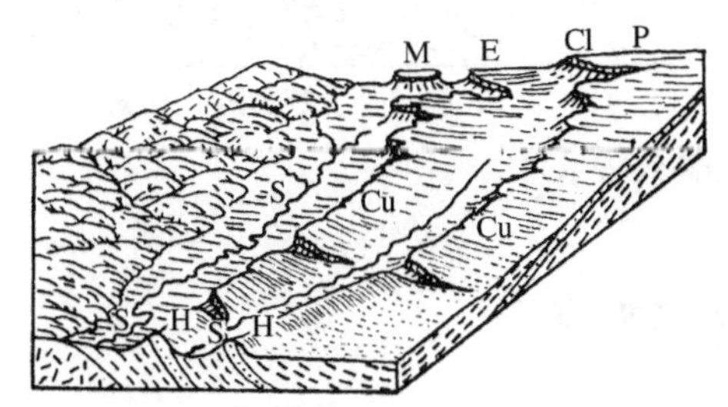

图 5-12　岩层倾角对单斜构造地貌形体的影响

M. 构造台地；E、P. 单面山；H. 猪背岭；Cu. 顺向坡；S. 单斜谷；Cl. 逆向坡

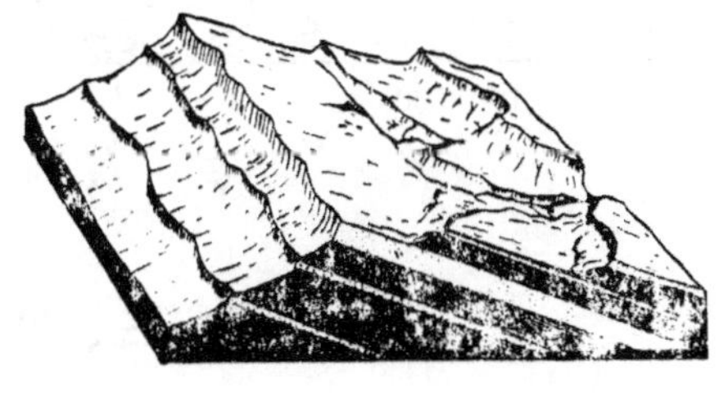

图 5-13　单面山素描

在地形图上，等高线的疏密变化明显地反映出单面山两坡不对称的特征（图5-14，

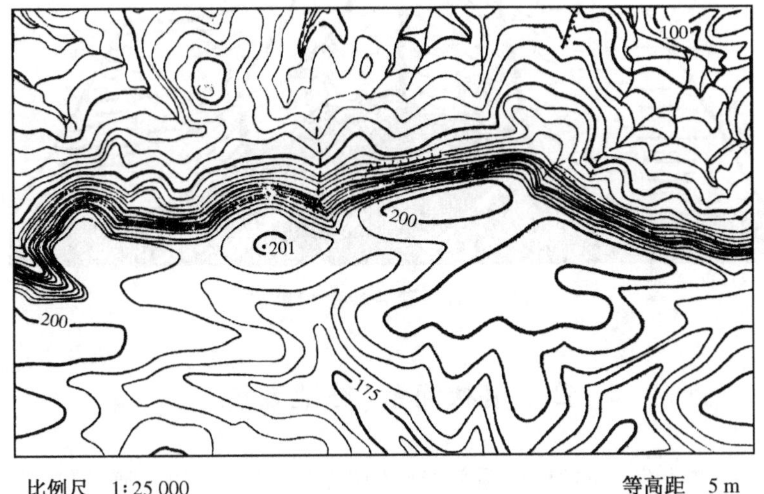

比例尺　1:25 000　　　　等高距　5 m

图 5-14　单面山等高线表示之一

图 5－15)。单面山之间的谷地同样具有不对称的谷坡。与岩层倾向一致的谷坡，坡度平缓(图 5－15 上的 A 处)；与岩层倾向相反的一侧，斜坡陡峭(图 5－15 上的 B 处)。

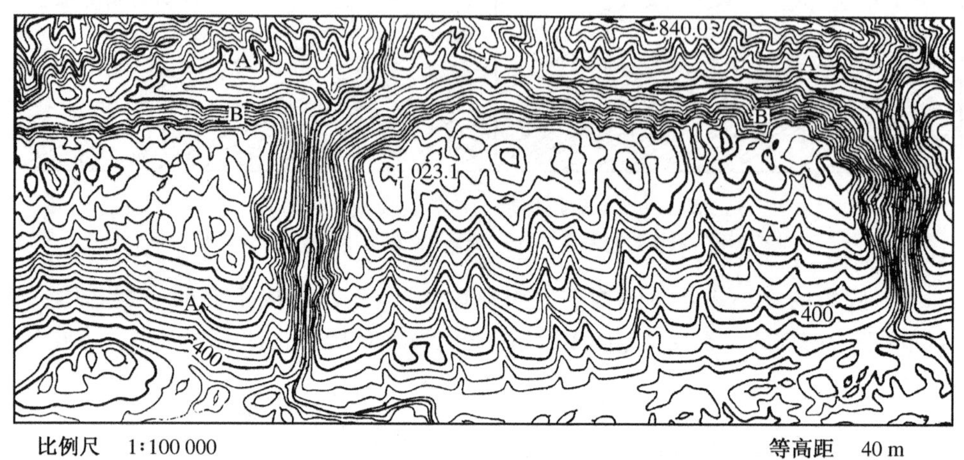

图 5－15 单面山等高线表示之二

三、猪背岭地貌

岩层倾角大于 35°，则由构造面控制的倾向坡与由侵蚀所造成的反倾向坡，在坡度上往往差别不明显，出现两坡近似对称的山岭，岭顶形如猪背，称为猪背岭(图 5－16)。

图 5－16 猪背岭地貌素描

四、格状河系(谷地系统)

在单斜构造上发育的河流，顺着岩层倾向而流动的是顺向河；河流下切到软弱层以后，便沿岩层的走向侵蚀，发育出纵向河；同时，又发育与岩层倾向相反的横向次成河的支流，叫逆向河；与岩层倾向相同而流入纵向次成河的支流，叫再顺向河。顺向河（谷）、次成河（谷）、逆向河（谷）、再顺向河（谷）构成相互正交的格状河（谷）系，这种格状河（谷）系是单斜构造特有的地貌组合（图 5－17）。

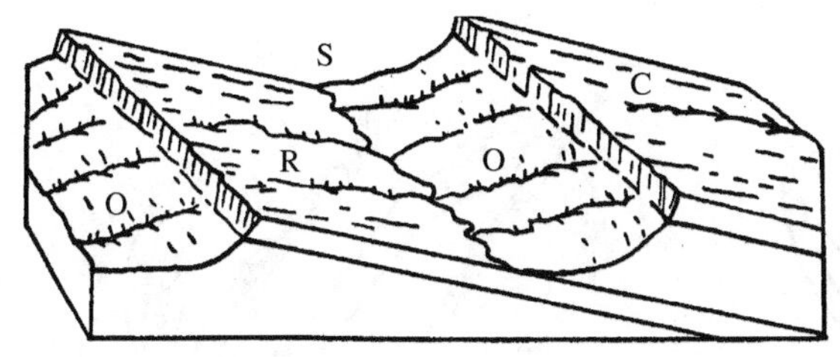

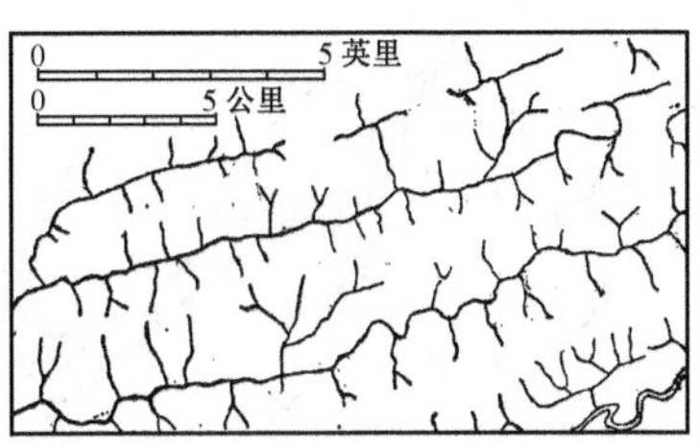

图 5－17 单斜构造中发育的格状河（谷）系

C. 顺向河；S. 次成河；O. 逆向河；R. 再顺向河

单斜构造中发育的纵向次成河谷，如果两侧为单面山两个谷坡不对称，顺岩层倾向的较缓，反岩层倾向的较陡；如果两侧为猪背岭两个谷坡坡度近似。他们的构造基础都是单斜岩层，这种河谷称为单斜谷。单斜谷的延伸方向与岩层走向（或者纵向断裂延伸）一致，称为纵向谷。

第四节 褶皱构造地貌

地壳运动使岩层发生连续的波状弯曲，称为褶皱，其中每一个弯曲称为褶曲。背斜和向斜是褶曲最基本的两种形式。褶曲在地表形成拱起和凹陷，由此而形成的地貌形体，称为原生褶曲构造地貌。褶曲岩层受外力剥蚀后，塑造出来的各种地貌形体，它们仍然受地质构造控制，称为次生褶曲构造地貌。最简单的褶曲构造地貌就是背斜山、向斜谷。根据褶曲的长宽比，将褶曲划分为长轴褶曲（长宽比大于10）、短轴褶曲（长宽比在 10∶1～3∶1 之间）、等轴褶曲（长宽比小于 3∶1）。岩层受力发生弯曲，由于各处受力的大小、方向和性质的差异，岩体内部发育与岩层走向（褶皱轴延伸）平行的（纵向）、垂直（横向）的和斜向（“X”剪切）的断裂组。

一、原生褶曲构造地貌

未经外力破坏的褶皱山地，地面起伏与地质构造一致，山体与背斜相应，谷地与向斜吻合。长轴褶皱山地呈平行岭谷地貌，而短轴褶皱形成的山地呈“Z”形转折。由于自然界情况很复杂，因而褶皱山地地貌不可能如上述那样简单。首先，岩层受力发生变形时，决不会只发生一种形式的变形，在变形过程中，通常是既发生褶皱，又同时发生断裂。另外，在外力作用下，褶皱各部位破坏过程也不一致。由于上述原因，地貌形体变得十分复杂，褶皱山体和谷地与褶曲构造的背斜和向斜不可能简单地吻合。但是地貌主要特征仍然反映出褶皱构造的基本特点(图 5－18)。

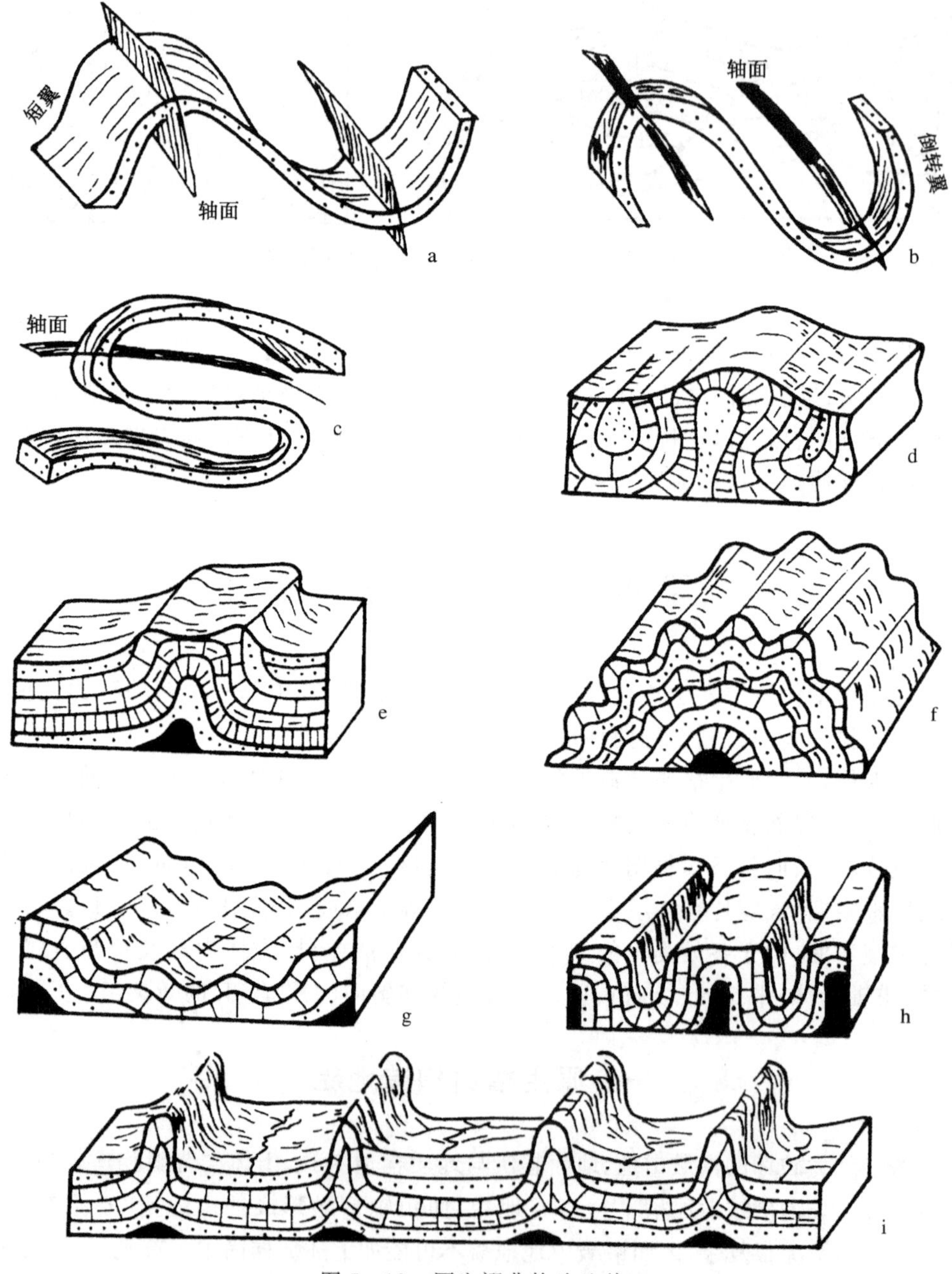

图 5－18　原生褶曲构造地貌

二、褶曲构造地貌发育与地貌形体

在流水侵蚀作用下褶皱构造地貌发展的一般过程如图 5－19 中所示。它清楚地反映了褶皱构造与地形起伏的关系，其中 a 图和 b 图表示褶曲遭受破坏的初期阶段，地貌形体与地质构造一致，即背斜成山，向斜成谷。由于在岩层弯曲变形过程中，背斜顶部受张力作用，形成张性节理，因而破坏最强烈（如图 5－19c 所示）。在这阶段，背斜顶部虽受不同程度破坏，但仍然是高地。这种地形与构造一致的现象称为顺地形，或说是顺构造的，即背斜表现为山，向斜表现为谷。随着侵蚀作用的进行，发展到图 5－19c 的阶段，褶曲的翼部出现一系列平行的山岭（单面山或猪背岭）。图 5－19d 和图 5－20 则表示地形倒置现象，发展到这个阶段，构造与地形完全相反，是逆构造的，即背斜成谷，向斜成山，这种现象称为逆地形，又称之为倒置地形。

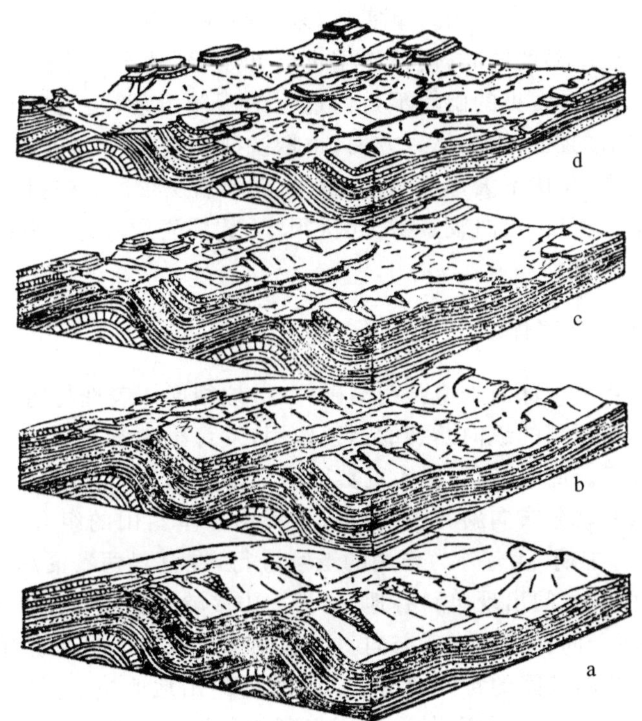

图 5－19　褶皱构造地貌发展历程

所谓地形倒置，是因为在褶皱过程中，背斜顶部所受张力较大，产生一些与背斜轴平行的断裂，侵蚀作用进行得较快，而形成背斜谷。当背斜谷继续加深扩大，而且其扩大速度超过向斜谷时，则可使背斜为山、向斜为谷的特征完全消失，代之以背斜为谷、向斜为山的形态，即背斜构造表现为凹下的谷地，向斜构造却表现为突起的山地，内部构造与外部起伏完全相反，则称为倒置地形(图 5-20)。

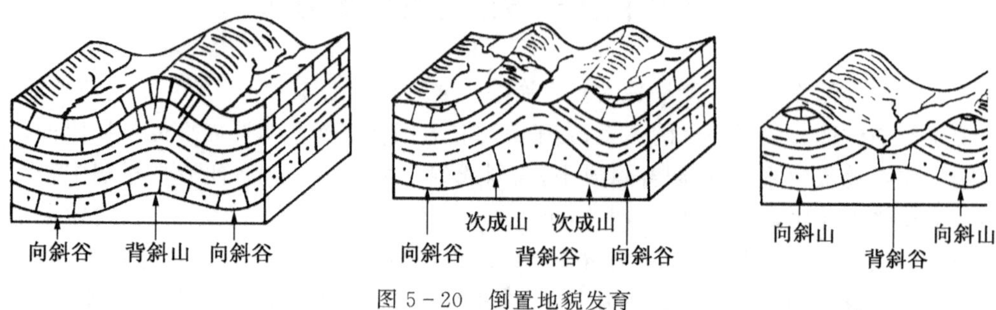

图 5-20 倒置地貌发育

顺、逆地形的发育一方面取决于外力作用的强度和地貌的发育阶段。在年轻的褶皱构造上，由于侵蚀时间较短，原始的褶皱构造未遭破坏，顺地形占优势。在较老的褶皱构造上，随着侵蚀作用的长期进行和发展，顺地形多被破坏，逆地形逐渐发育，出现了背斜谷和向斜山。事实上，未遭破坏的褶皱构造是很少的，因为当地壳运动作用形成褶皱的同时，侵蚀作用也已开始，到地壳稳定时，地面已受到强烈侵蚀。所以，目前最常见的山岭不是构造上的褶皱山，而是主要由岩性控制，形成由坚硬岩层构造的次成山。另一方面，也取决于构造本身的形态和岩层的组成情况。褶曲较舒缓，起伏不大，坚硬岩层较厚，软弱岩层很薄，在这样的情况下有利于顺地形的保留。相反，褶曲较紧密，起伏很大，软弱岩层较厚，坚硬岩层很薄时，则有利于逆地形的发育。

1. 长轴褶曲构造地貌形体

长轴褶曲当背斜顶部尚未遭到明显破坏时，地貌形体表现与构造一致。初期，外力作用沿着背斜顶部的纵向断裂的剥蚀作用，发育出一条谷地——背斜谷，背斜谷底高于向斜谷底。此时，原背斜山两翼对应地出现两条相互平行的单斜山岭，称为一山二岭。该地区分布向斜谷、背斜谷、背斜山和单斜山的组合地貌，岭谷平行相间(图 5-21)。中期，随着外力作用的继续进行，在背斜两翼沿纵向断裂发育出多条单斜山岭，山岭之间出现单斜谷地，称为一山多岭。在发育中背斜谷地被加深加宽，可能仍然高于向斜谷底或者与向斜谷底同高。该地地貌出现背斜谷地、向斜谷地、单斜谷地并存，其间的背斜山、单面山、猪背岭山地地貌并存且平行相间的空间分布特征(图 5-19c)。后期，外力作用将背斜谷地进一步加宽加深甚至低于向斜谷地，而原来的向斜谷地由于岩体完整受剥蚀的程度小而相对抬高成为山体——向斜山(图 5-19d)，出现所谓的地形倒置，已经形成的各种形体类型的山体的高度和规模减小成为蚀余丘陵。向斜山的顶部，初期可能是平缓且微凹，面积较大，后期，山顶变为圆顶甚至尖顶，例如武汉东湖的磨山风景区的磨山就是一个尖顶的向斜山。长轴褶曲平行岭谷地貌的等高线图形如图 5-22 所示。

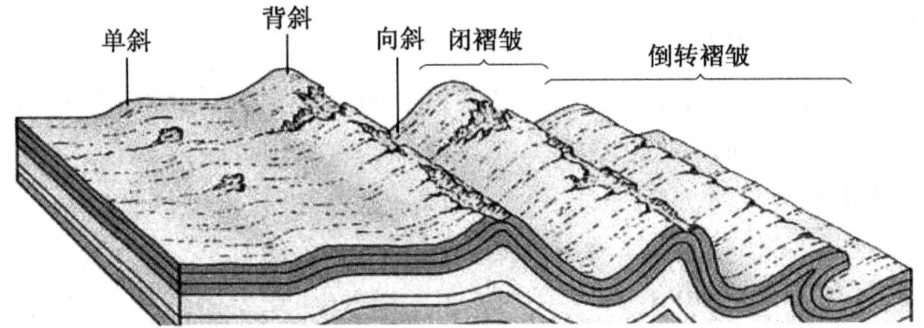

图 5－21　长轴褶皱平行岭谷地貌示意图

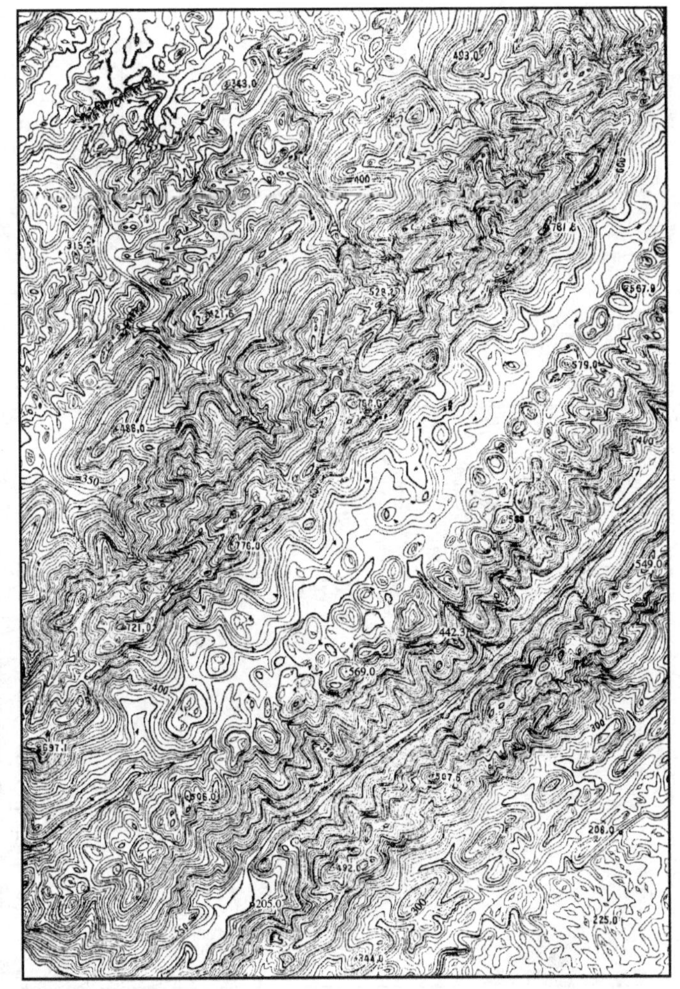

图 5－22　平行岭谷地形图等高线图形表示

2. 短轴褶曲构造地貌形体

短轴褶曲或倾伏褶曲当背斜顶部尚未遭到明显破坏时,地貌形体与构造一致,山体似平放的“人鼻”形,山顶受倾斜的褶曲枢纽控制,向一端倾伏(图 5-23a)。例如,江西庐山北部的大月山即为一倾伏背斜,枢纽由东北向西南倾没于庐林湖,山体的宽度也自东北向西南逐渐由宽变窄。

遭受破坏的倾伏背斜,背斜的顶部发育了背斜谷,在原倾伏背斜山体的顶部出现弧形延伸的单斜山岭,特点是背斜谷两侧的单斜山岭的山脊线弧形转折(图 5-23b)。图 5-24 是其等高线图形表示,弧形单斜山岭向背斜谷的一坡(山岭内

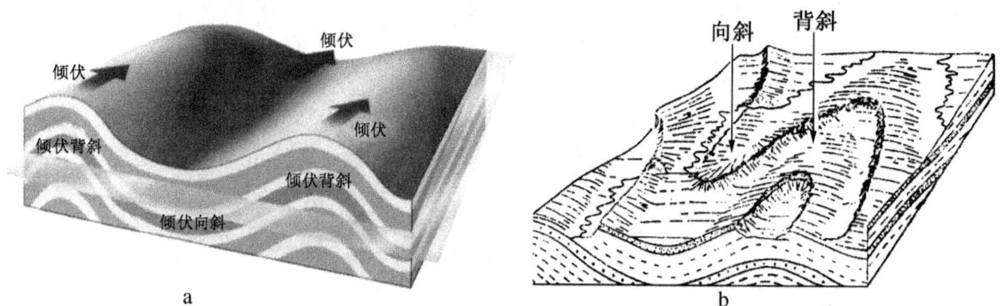

图 5-23 倾伏褶曲发育的“S”形(弧形)山岭

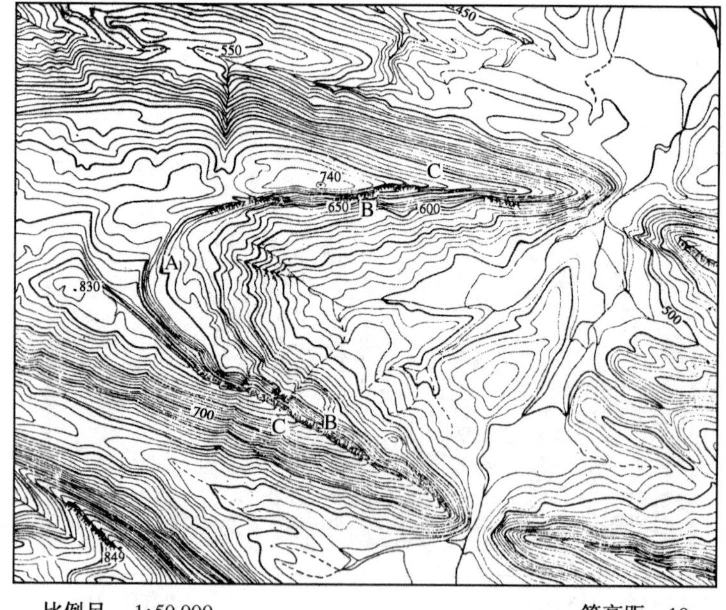

图 5-24 倾伏背斜山及其背斜谷地、横向谷地的地形图等高线表示

侧)为陡崖和陡坡,在地形图上表现为密集等高线或配置有陡崖符号(图 5-24 中的 B 处),而弧形单斜山岭外侧的坡度相对于内侧则比较平缓(图 5-24 中的 C 处),这种现象由岩层的产状所决定的,倾伏向斜的情况恰好相反,沿弧形单斜山岭外侧是陡坡(图 5-25 中的 C 处),内侧是缓坡(图 5-25 中的 D 处)。倾伏背斜的倾伏端,在单斜弧形山岭转折处外侧是缓坡(斜坡与岩层倾向坡一致),而倾伏向斜的单斜弧形山岭转折处外侧却是陡坡(斜坡与岩层倾向相反)。由于倾伏向斜中心是由相对平缓的岩层组成,因此地势平坦,而它的外围坡度(逆向坡)陡峭。这样,短轴褶曲的向斜构造山高于周围地面时,在地貌上常形成形体呈船形的高地,称为船形山,它也是一种地形倒置地貌形体(图 5-19d,图 5-25,图 5-26)。

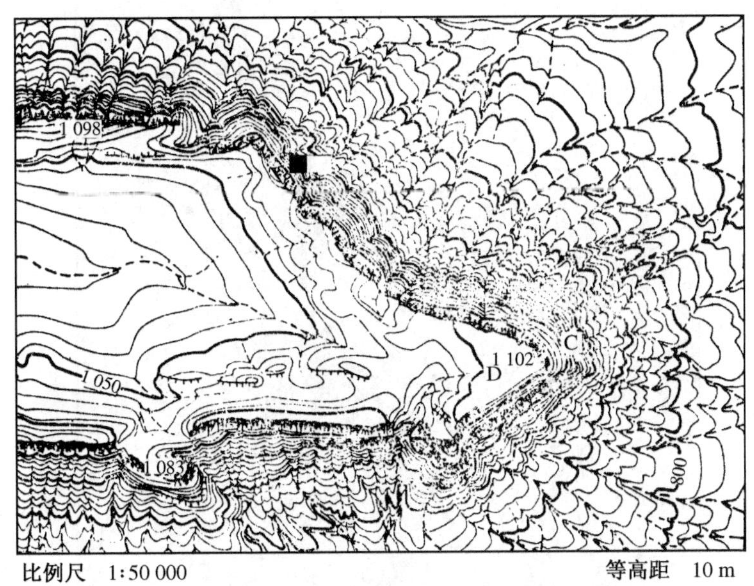

图 5-25　船形山的地形图等高线图形

船形山与方山的等高线图形很相似。在较大范围内(例如整幅 1∶5 万或 1∶10 万比例尺地形图),这两种地貌是很易区别的,但是在小范围的个体形态上,如果没有掌握它们的本质特征就很难区分。船形山的"船体中心"是短轴向斜褶曲的中心,岩层由两侧或外围向中心倾斜,相对来说,两则高度大于中间(图 5-25,图 5-26),而方山顶部岩层近于水平,一般高度变化不大,略有起伏,顶部中央高度大于边缘(图 5-21)。

褶皱构造地貌形体特征可归纳为如下几个方面:

1) 经强烈侵蚀破坏后的褶皱山地,地势起伏由原来受背斜、向斜构造的控制转为主要受岩性控制。坚硬岩层突出成山,软弱岩层被蚀成谷。褶曲两翼出现一系列单面山和猪背岭,彼此平行或呈"Z"字形转折。在岩层倾角小于 35°的情况下,单面山山脊两侧的斜坡明显地不对称。在某些情况下,根据一系列陡坡和缓坡

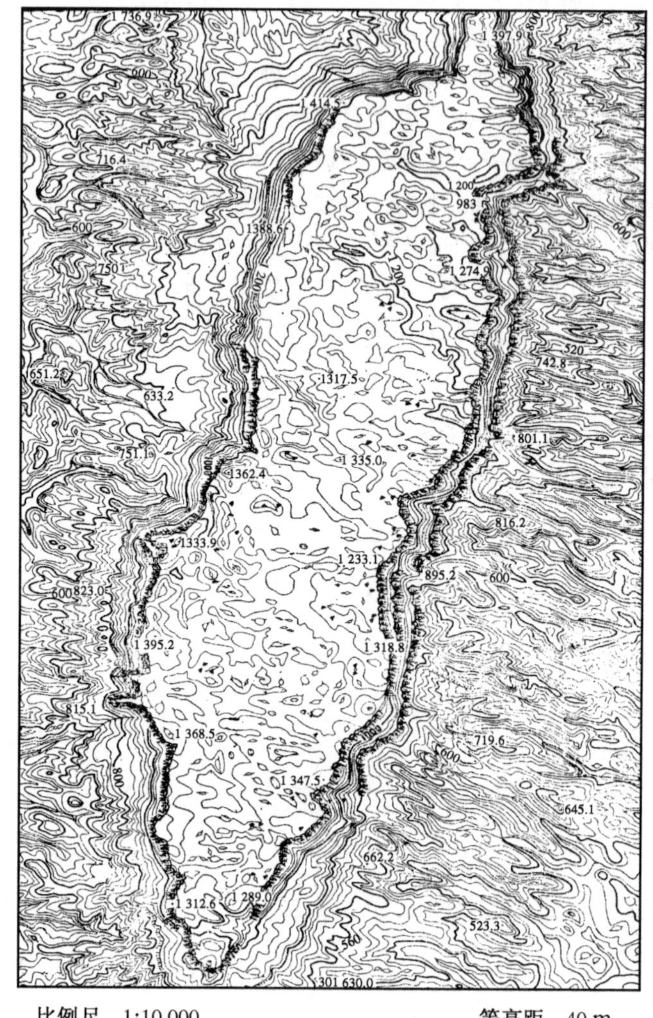

图 5－26　船形山的地形图等高线图形

分布规律，可以大致判断出背斜或向斜中心的位置。受构造控制，山岭、谷地具有明显的向某个方向延伸的规律(图 5－26)。

2）在地形图上，沿褶皱山地山岭和谷地延伸方向地貌形体变化不大，等高线图形(等高线弯曲形状和等高线的疏密程度)基本相似。因为在褶皱地区，褶曲轴向与岩层走向是一致的，顺着轴向，岩性没有变化，形成的地貌形体也相似。如果我们在图 5－22 上由东南至西北方向作地形剖面，地形变化是很大的，若自西南至东北方向作一剖面，则所得的地形起伏是很小的。

3）在长轴褶曲基础上发育的平行岭谷，谷网的平面图形一般呈格状，主支谷直角相交。与褶曲轴向一致的谷地称为纵谷,通常具有延伸距离较长、宽度较大的特点,多为主谷。

4) 与轴向垂直发育的横谷,谷地一般很狭窄,多为支谷。由于横谷横切构造,特别是在横穿坚硬岩层地段时,往往形成峡谷。当河流横穿由坚硬岩层覆盖的背斜构造时,在谷地两侧形成弧形橘瓣状的陡崖,谷地每一侧的陡崖呈半圆形,地形图上常用陡崖符号或密集等高线表示(图 5 - 27)。

比例尺　1:50 000　　　等高距　20 m

图 5 - 27　横向橘瓣形谷地的地形图等高线图形

3. 等轴(穹隆)褶曲构造地貌

穹隆构造主要由岩浆侵入地壳使得上覆的沉积岩层隆起或者由方向直交的褶皱运动互相干扰形成,其平面图形近似圆形或椭圆形,岩层由中央向四周倾斜。穹隆核部由岩浆结晶岩组成,外部是一沉积岩盖层。在未被破坏之前,通常是一个孤立的山丘,坡面发育的谷地呈放射状。当外力作用对穹隆进行侵蚀,外部的沉积岩盖层从中央被剥开以后,核部的结晶岩就出露地表,经侵蚀成为分布杂乱而无规律的结晶岩山丛。此时,单一的高地就发展成为环形的单斜构造山谷系统。结晶岩山丛,多个环形单斜构造山岭与谷地以同心圆式自中心向外围成环圈排列(图5 - 28)。

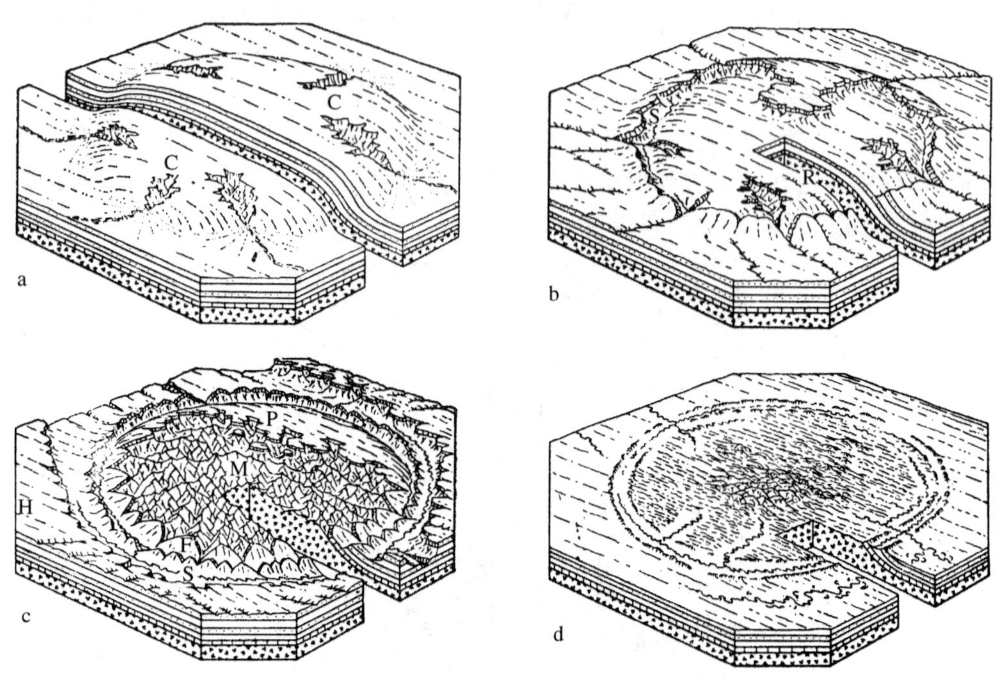

图 5-28　结晶岩山丛、单斜环形山岭和谷地

C. 穹隆山；F. 环形单面山；P. 穹隆中央高地；M. 结晶山地；H. 穹隆外围水平岩层；S. 环形单斜谷；R. 内部沉积岩层

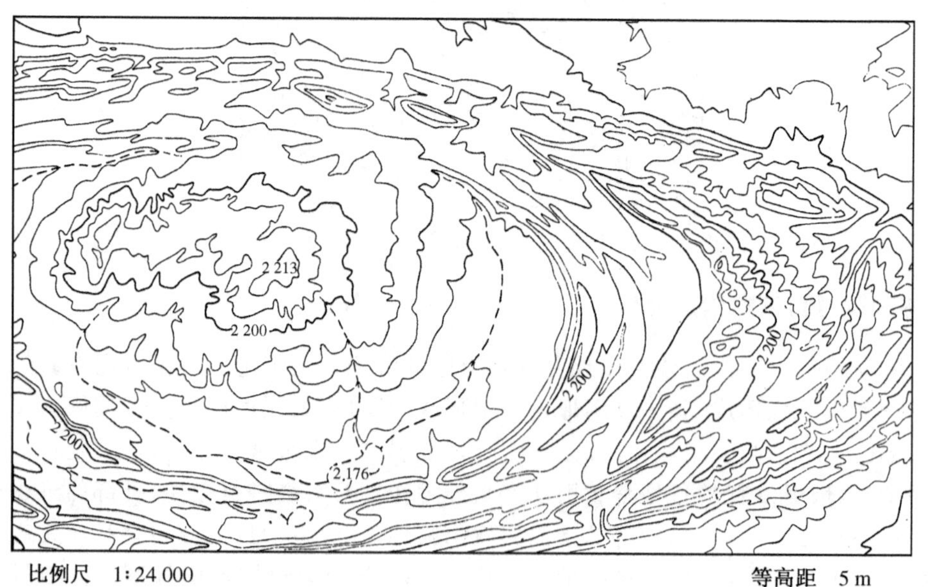

图 5-29　结晶岩山丛、单斜环形山岭和谷地等高线图形

水系也由初期的放射状发展成为环状。假如穹隆的岩层倾角小于 35°的话，四周的环形高地常具有单面山地貌形体。在这种情况下，穹隆在地形图上显示出十分特殊的图形：外围整齐的环状等高线反映沉积岩层组成的单面山地貌，而穹窿中心则是等高线延伸无一定规律的结晶岩山丛(图 5-29)。

第五节　断层构造地貌

岩石所受应力超过一定限度时，就会发生破裂，岩体原来的连续完整性遭到破坏，这样的构造称为断裂构造。当沿破裂面两侧岩块发生显著的相对位移时，这种断裂构造称为断层。断层能直接形成一些特殊的地貌形体，如断层崖、断层谷、断块山等，也能使原先的一些地貌发生变形，如夷平面或河流阶地被错断。断层活动还能使断层附近的应力状态发生变化，产生挤压或拉张，形成高地或洼地。此外，由于断层面两侧岩块的明显上升和下降，从而改变了外力作用的条件，一般在上升区外力侵蚀作用加强，在下降区，侵蚀作用减弱或沉积作用加强。凡是由断层直接或间接形成的地貌，统称为断层构造地貌。

断层的出现可以是单一的，但在断层构造发育的地区，断层往往是成组出现的。成组的断层走向多半是平行排列的，当然，这种平行排列并不十分规则，甚至常常被别组方向的断裂破坏。成组断层使地壳断裂成块，产生梯级构造，例如阶梯式正断层形成阶梯形断层崖，或形成地垒和地堑构造。

一、断层崖地貌

由于岩体断裂位移造成的陡崖称为断层崖。较新的断层，特别是当正断层和平移断层的断层面倾角较大，当断层面两侧岩块相对位移距离较大时，地貌上常表现为陡峭的断层崖。断层崖的高度，决定于断层位移的距离大小，其高度即为断层位移的垂直最小值。断层崖延伸的范围和陡峭程度主要取决于断层的规模和断层面倾角。逆冲断层的断层倾角一般在 65 度以上，在地貌上形成高大的陡峭险峻的断层崖，例如庐山的含鄱岭、太乙峰、犁头尖等。年轻的断层崖连续、高大完整，崖壁陡峭峻险，极具观赏价值，成为绝佳的山水风景。由于长期侵蚀，“年老”的断层在地貌上的痕迹已残留不多，形体不甚明显(图 5-30，图 5-31)。

在大比例尺地形图上能够得到反映的断层地貌形体主要是由“年轻(新构造运动以来)”的正断层和平移断层构造的。在地形图上，断层崖通常采用陡崖符号或密集等高线表示，它与水平岩层崖壁分布有明显不同，断层崖的走向线一般比较平直，而水平岩层的方山地貌崖壁呈等高环绕。

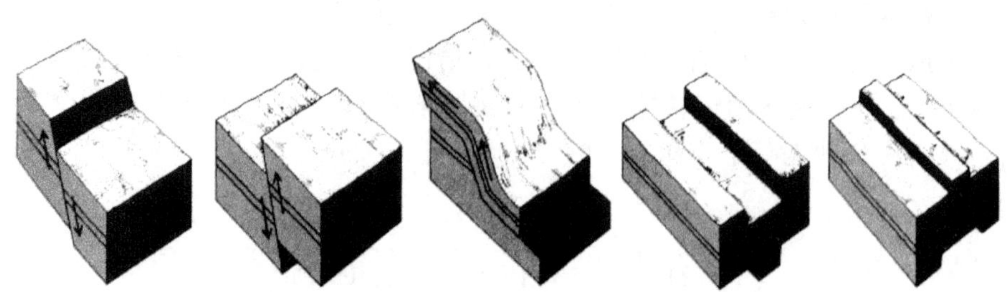

图 5-30 不同性质断层与断层崖地貌示意图

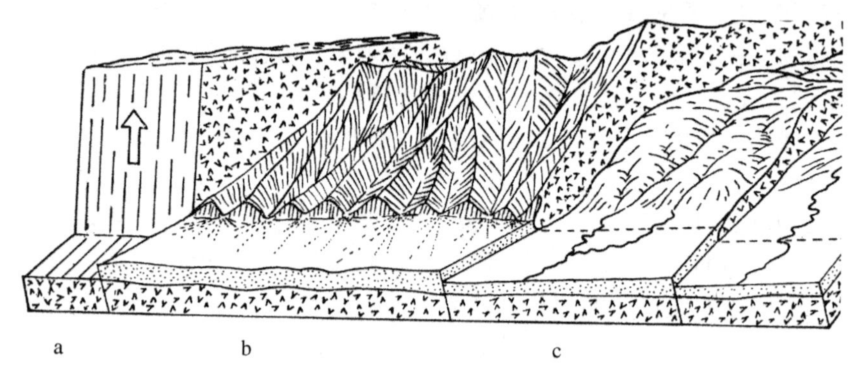

图 5-31 断层崖的地貌发展

a. 断层崖上的侵蚀沟谷；b. 沟谷扩大形成三角面；c. 连续侵蚀，三角面消失

断层崖形成后，由于外力的剥蚀作用，其形态就会逐渐发生变化。在初期（幼年期），崖面较完整，只有侵蚀形成的横向浅沟谷，断层崖被切割为梯形（成为断层梯形陡崖），崖脚线仍然连续、平直而清晰（图 5-31a）；到中期（壮年期），经流水长期侵蚀后，横向“V”字形峡谷扩大，断层崖面呈现三角形形体，称为断层三角形陡崖（图 5-33 右），崖麓出现坡面重力作用的堆积地形（图 5-31b），“V”字形陡崖谷地的谷口出现扇形地（图 5-32），它们彼此相连构成山麓倾斜平原。山地与山麓倾斜平原地面起伏显著变化，山地的山嘴都终止在一条延伸的直线上，断层三角面在分布形态上呈断续状，但仍然保持比较一致的断层崖面；后期（老年期），经长期侵蚀，断层三角形陡崖形体变得模糊，断层崖的形态完全改变甚至不存在（图5-31c）。

如果断层还在继续活动，横切断层崖的河流往往在断层崖附近的谷口形成深切峡谷（图 5-32）。断层崖和三角面地貌形体的存在，是研究断层构造的重要证据。

二、断层谷地貌

断层所在的部位是岩体的破碎带，因此，河流沿这种破碎的软弱地带发育，在地貌上常形成负向地貌断层谷（图 5-33）。断层谷一般切割较深，两坡陡峭，谷地

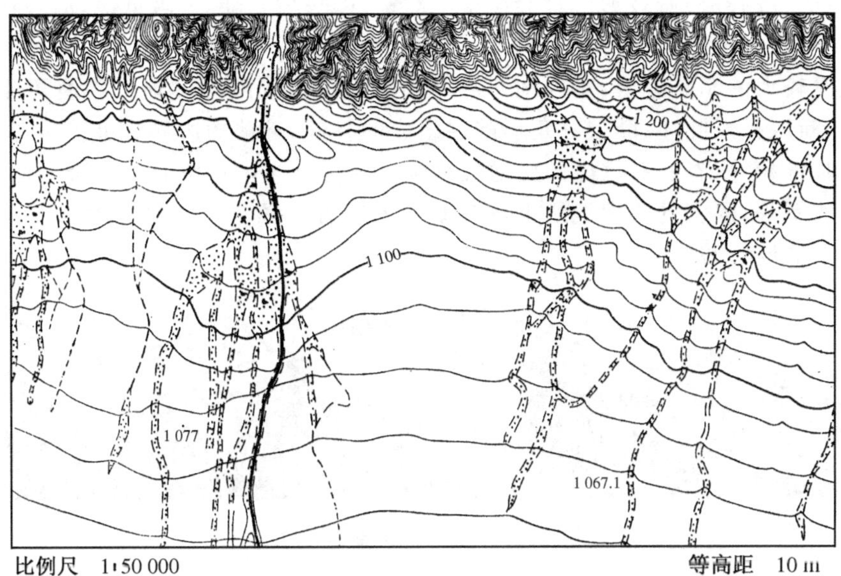

图 5－32　断层崖及其扇形地的等高线表示

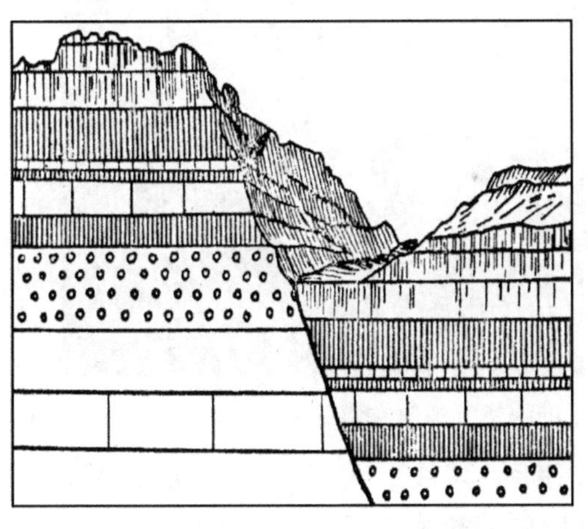

图 5－33　断层谷(左)与长江三峡断层三角面(右)

狭窄常呈峡谷。在一个地区,发育不同方向的断裂而且相互交错和穿插,所发育的断层谷延伸成为复杂的折线状弯曲,例如庐山的石门涧谷地。如果断裂破碎带较宽,则形成宽谷。由于断层活动,若断层两盘相对运动形成的地形高差尚未被侵蚀夷平，断层谷的谷地两坡形体就会显得不对称，即一坡高陡，一坡低缓，河谷在平面上亦较顺直，与上下河段不协调。

规模较大的断陷地区，成为地堑谷地（图 5 - 34）或断陷盆地。谷地两侧是由断层崖、断层梯形陡崖、断层三角形陡崖组成的谷壁，谷地的边界线也较平直，谷地的宽度基本相等，谷底有巨厚的松散堆积物。我国著名的地堑有山西汾河地堑，陕西渭河地堑等，欧洲的莱因地堑也是典型的地堑谷。图 5 - 36 是用地形图等高线图形表示的地堑谷。

图 5 - 34　欧洲的莱因地堑谷

图 5 - 35　中国新疆地区的地堑谷地航空影像

由断层作用形成的湖盆，它的特点是深度大、岸线平直、平面形状狭长，例如我国最大的淡水湖鄱阳湖。沿断层延伸发育的湖泊断续连接成串珠状。

三、断块山地地貌

由断层作用抬升而形成的山地称为断块山地。先发生褶皱发育了典型的褶

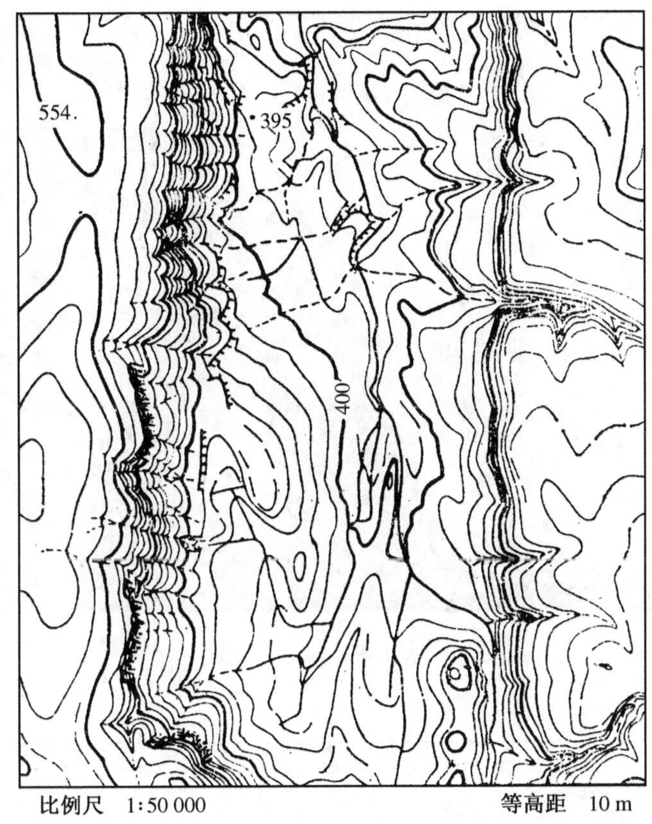

图 5－36　地堑谷等高线图形(局部)

皱构造地貌后，又发生断块抬升形成的山地，称为褶皱断块山地。褶皱断块山地的构造复杂，可由不同时期组合而成，许多山地属于这种类型，如我国的阿尔泰山、天山、秦岭、太行山等。断块山地平地突起，山体四周以陡峻的山坡甚至高大的陡崖与周围平地接壤，山地轮廓线清晰，与相邻的平原或盆地之间，一般没有地形上的过渡带，常是急转直下。断块山顶部起伏较小，分布不同地质构造控制的、不同岩性控制的、不同外力形成遗留的、不同规模和形体及其组合的山岭、山峰、谷地，山顶部有古夷平面存在。例如，江西庐山，平地拔起在长江和鄱阳湖之滨，山体呈纺锤形，南北长约 25 km，东西宽 10 km，向东北和西南收敛，与周围平地相对高差达 1 200～1 300 m，东西两则以明显的正断层形成的断层崖直接平地，山势雄伟险峻。在山的北部以褶皱构造地貌、流水地貌、冰川地貌形体为主(图 5－37)。

平移断层破坏了山岭延伸的连续性，常造成山岭中断和明显的扭曲。图5－38表示的是武汉长轴褶皱低山丘陵的一部分，沿东西向(褶曲轴)延伸的山岭发生了

图 5－37　庐山褶皱断块山局部(北部)

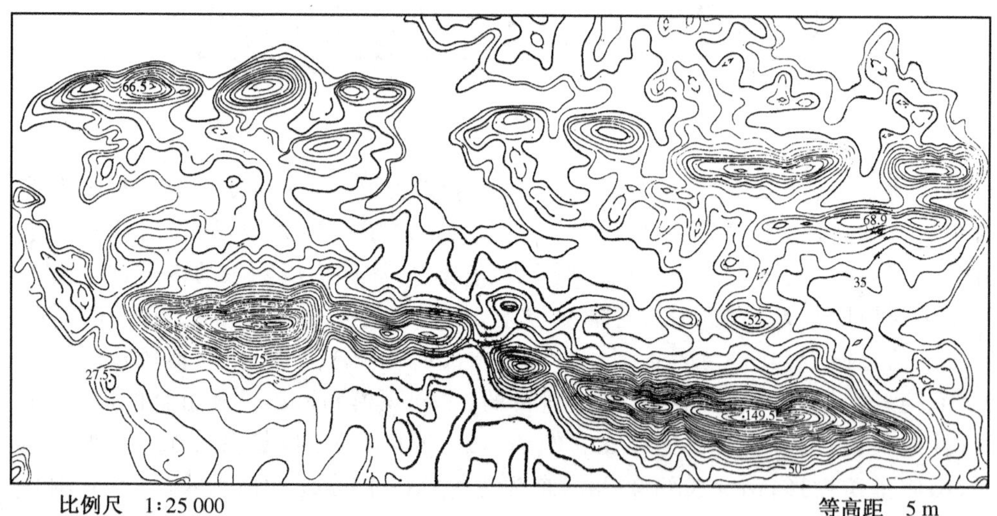

图 5－38　平移断层造成山岭中断和错位

扭曲和中断，它是受平移断层(走向南北)的作用产生的。这种现象在褶皱山地中是屡见不鲜的。

第六节　岩浆活动构造地貌

岩浆在地壳的活动有侵入和喷出(火山)两种形式。岩浆侵入规模大小受岩浆动力的影响,受地壳中岩体断裂的规模和空间位置的控制,决定了岩浆冷凝后岩体的产状。上覆岩体盖层剥蚀掉后,地表出露岩浆岩构造控制的地貌。岩浆喷出地表,或者大面积覆盖地表,或者停积在喷出口周围,其构造特征有直接的地貌表现。

一、岩浆侵入活动构造地貌形体

岩浆沿地壳的裂隙上升,并且侵入到近地表岩层的裂隙中,冷凝而形成岩脉、岩墙或岩床构造。如果岩脉和岩墙比围岩的抗蚀力强,外力作用将围岩剥蚀掉,它们在山坡上往往成为突起的高地,如果它们比围岩的抗蚀性弱,那么就会形成山坡上的壕沟,这些高地或者壕沟可能穿越其他地貌形体单元而显得不协调。

岩浆沿着较大的管道侵入,并且向四周扩展,在地壳中就会形成规模较大的岩盘、岩株和岩基,它们使得地表隆起,或者使得地壳原有岩石变形变位而加大地表起伏。外力作用将上覆岩体剥露以后,如果侵入体的岩石的抗蚀性较强,仍为突起的高地(例如黄山);如果侵入体的岩石的抗蚀性较弱,则变成剥蚀低地。

二、火山活动构造地貌形体

火山构造地貌,是指由火山活动而形成的各种地貌。火山活动构造地貌的形体特征与火山喷发方式、熔岩流的性质有直接关系。

火山喷发主要有两种形式。一种是通过地壳的裂缝从孔道中宁静地流出,然后熔岩沿地面斜坡散流。这类火山喷发物属于黏性低、流动性大的基性熔岩。喷出的熔岩可以覆盖广大地区,形成厚度稳定、面积广大的台地或高原,称为熔岩台地(或称熔岩高原)。例如我国张家口以北熔岩台地、雷州半岛的熔岩台地、印度的德干高原。熔岩台地受岩浆冷缩节理的影响和流水侵蚀作用切割,可形成顶部平缓、四周陡峻的熔岩方山和桌状山地貌。我国东北敦化、密山一带的熔岩原上有许多熔岩方山,长江下游地区也有不少熔岩方山,如江苏省江宁县的方山、句容县的赤山,六合县的灵岩山等方山地貌均极为典型。

火山喷发的另一种形式是中心喷发。中心喷发是通过火山喉管(停止喷发后表现为火山颈)通道进行的(图 5－39),大量的熔岩、气体通过火山通道喷出地表,然后堆积在喷出口的周围,形成火山构造地貌。

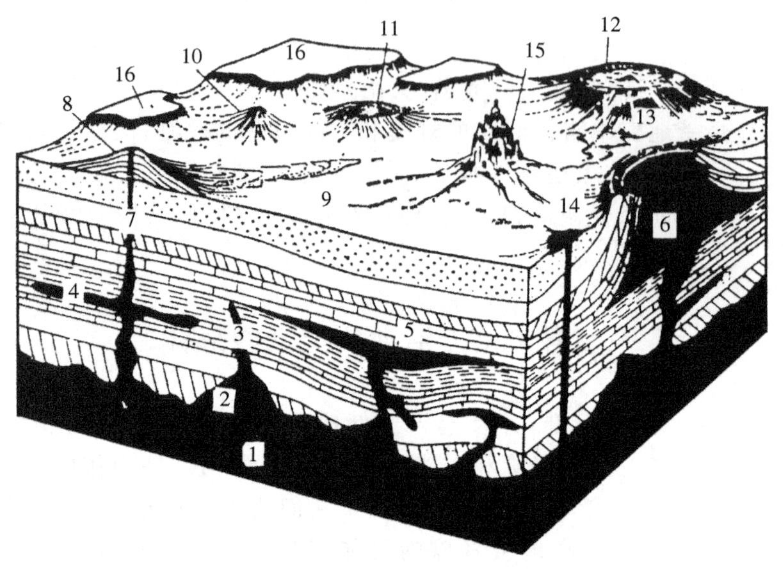

图 5－39　火山构造(据杨达源,2001)

1. 岩基;2. 岩株;3. 岩墙;4. 岩床;5. 岩盆;6. 被剥蚀而出露地表的熔岩体;7. 火山颈;8. 复式火山(由熔岩与火山碎屑交互叠置形成的火山);9. 熔岩流;10. 熔岩渣;11. 小型破火山口;12. 大型破火山口;13. 火山碎屑流;14. 小火山;15. 有放射状岩墙的火山颈;16. 熔岩被

火山构造地貌通常由火山锥、火山口和火山喉管三部分构成。

1. 火山锥地貌

火山锥主要是指火山口周围的堆体形态而言,是由多次火山活动所形成的火山碎屑物在喷发口周围堆积形成的锥形山丘。由于喷发方式、喷发物质性质的不同造成火山地貌形体的差异。

圆台形火山:这是最常见的一种中心喷发火山。它属爆炸式喷发,由喷出的火山碎屑和黏性较大、流动较慢的熔岩堆积而成的圆台形体(图 5－40a)。有的圆台形火山锥体上还有许多小的火山锥叫寄生火山锥。

圆饼形火山:由黏性小、流动性大的基性玄武岩质熔岩堆积形成,属宁静喷发。这类火山形体宽展开阔,坡度平缓(图 5－40b)。

古钟形火山:由黏性很大、不易流动的酸性熔岩组成,喷发物质在喷出口前堵后拥地堆在一起形成很强的圆穹体,属爆炸式喷发(图 5－40c)。

我国的火山锥类型大多介于圆台形和圆饼形之间。

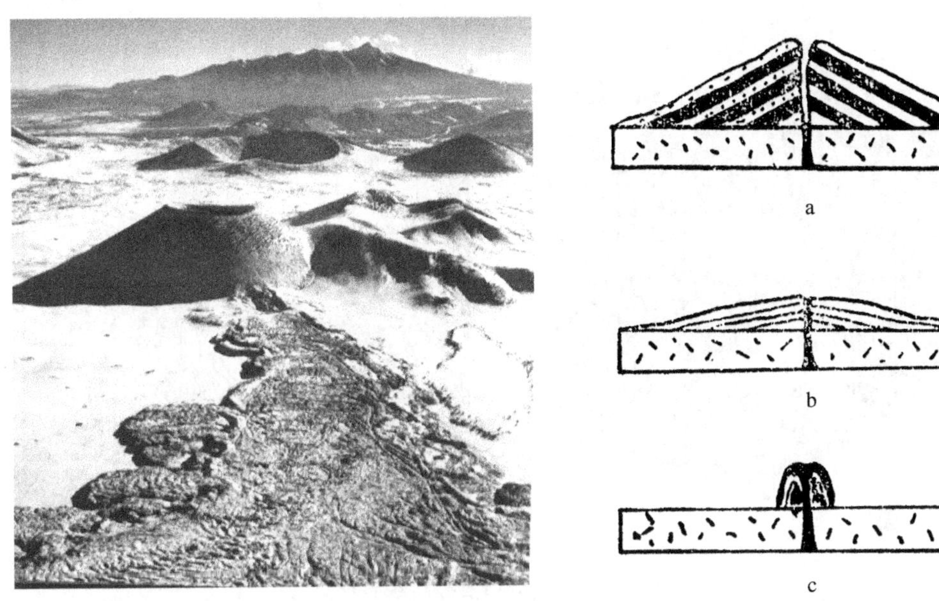

图 5-40 火山形体类型

2. 火山口地貌

岩浆在地面的出口叫火山口，通常位于火山锥顶部，形态似碗状。火山口是火山锥顶上的凹陷部分。它位于火山喉管上部，平面近圆形。最简单的火山口是一个圆漏斗体。有些底部是平的。在火山刚爆发时，火山口的底部的直径很少有超过 300 m 的。火山口是火山喉管顶部爆破而成。碎屑物被抛到空中后，再落在火山喉管附近 90 米至数百米以内，堆起一道环状围墙，火山锥顶部即成一近似圆形的凹地，在一次喷发后，火山通道常被熔岩和碎屑物质堵塞，有的还积水成湖，成为火山口湖，或称天池。火山口的洼地内侧陡峭，环形围墙外侧相对较缓。图 5-41 表示的是中朝边界上的白头山天池，它的面积 9.8 km^2，平均水深 204 m，最深 373 m。通过陡崖符号和等高线疏密变化，火山口内外侧的坡度差别反映非常明显。俄罗斯堪察加半岛克留契夫火山相对高度 4 572 m，火山口直径 675 m。马尔式火山是指只有火山口而没有火山锥的一种火山类型，火山爆炸把本在火山口部位的岩块碎石等抛向高空，但没有熔岩溢流与火山灰喷出，之后在地面上留下一个漏斗状洼地，甚至积水为湖。南非和墨西哥有的马尔式火山充填含金刚石的金伯利(角砾)岩，挖掘之后可见规则的圆筒状壁，圆筒直径超过 100 m。

许多大型火山口都是破火山口。图 5-42 上的等高线反映了完整火山口被后期喷发岩浆冲破一个缺口，形成一个马蹄形的火山口。图 5-43 是典型火山锥在地形图上的等高线图形，火山的等高线图形很特殊，同心圆的封闭等高线反映火山

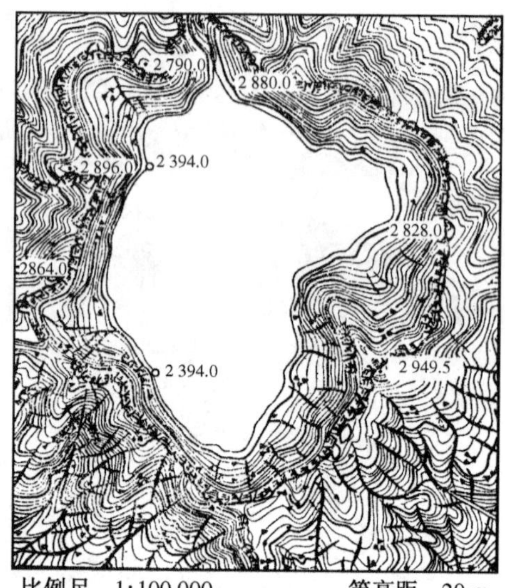

比例尺　1∶100 000　　　　等高距　20 m

图 5-41　火山(口)及等高线表示

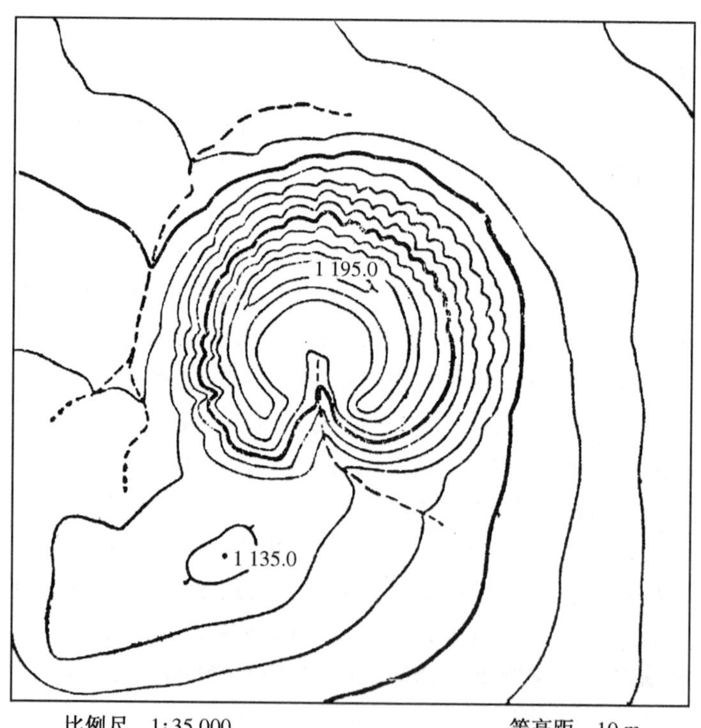

比例尺　1∶35 000　　　　等高距　10 m

图 5-42　破火山口及等高线表示

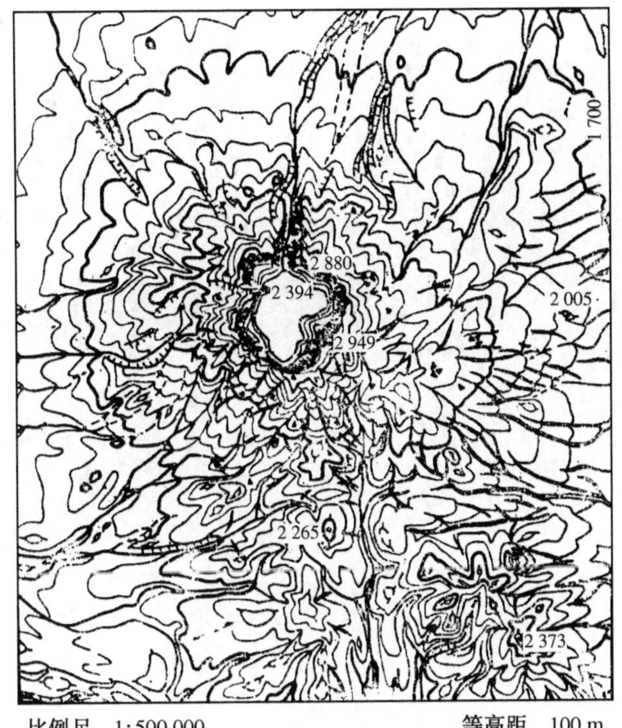

比例尺 1:500 000 等高距 100 m

图 5-43 火山等高线表示

锥的锥形山体的外貌，等高线由火山锥上部向外围由密集变为稀疏，呈现出上陡下缓的凹形斜坡。日本磐梯山破火山口与 1888 年火山爆炸有关，曾使 16×10^8 m^3 的岩块碎屑充填山下的峡谷，留下一个约 4 km^2 面积的大围场。印度尼西亚喀拉喀托破火山口于 1883 年喷发，抛出约 15 km^3 的岩块物质后，不仅一座高约 915 m 的火山岛塌没了，还形成一个宽约 8 km、深约 240 m 的海底"盆"地，1937 年又在该海底盆地中升起安纳克喀拉喀托火山岛(锥)。

供给岩浆的中央通道，称为火山喉管。如果经侵蚀把上层熔岩与火山碎屑岩剥去后，火山喉管的形状及其填充物就可以看到，这些被填充了的喉管称为火山颈或火山塞。

在由松散的火山物质组成的山坡上，坡度很大，容易发育密集的冲沟，这些呈放射状的冲沟系统，称为火山濑。火山锥斜坡上段的沟谷，一般用冲沟符号表示，外围的则可用等高线表示，等高线过沟底呈尖角形转折，沟谷狭窄，谷缘十分明显(图 5-43)。

维苏威式火山是破火山口发生崩塌，形成较平的火山口底，再喷发时的宽展的火山口内又出现新的火山锥，成为外围环形山、环形洼地包裹的火山锥(图5-44)。

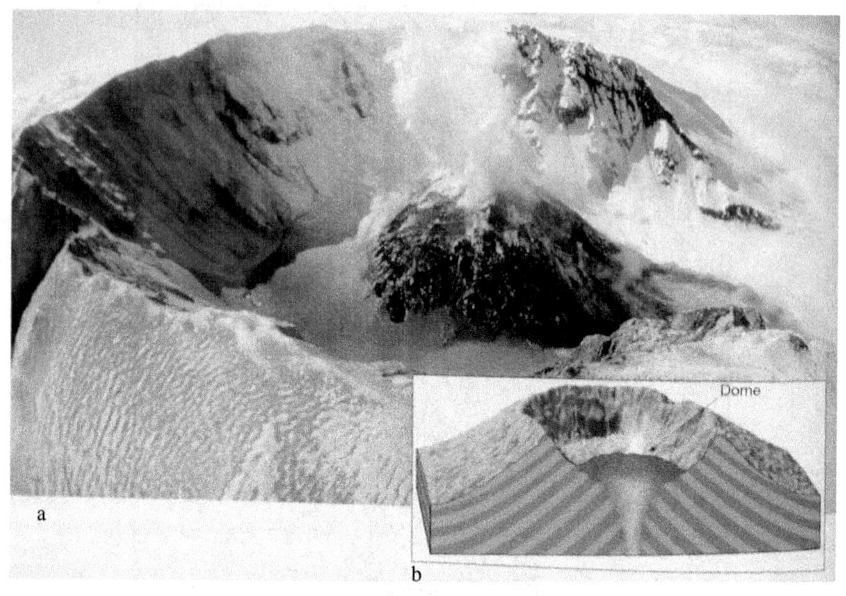

a b

图 5－44　意大利维苏威火山

3. 火山锥物质类型

火山锥按其物质组成可以分为熔岩锥、火山碎屑锥、火山混合锥和火山熔岩滴丘等(图 5－45)。熔岩锥由熔岩构成表面坡度很小的熔岩累积体,夏威夷火山喷发,岩浆涌出,形成平缓穹隆状的熔岩火山锥,锥顶火山口系岩浆冷却下沉所致。火山碎屑组成的火山碎屑锥内部呈成层堆叠,表面倾斜接近火山碎屑物质堆积的自然休止角。火山混合锥内部由熔岩层与火山碎屑堆积层构成相互层,有时其一侧主要由熔岩组成而表面坡缓,另一侧主要由火山碎屑组成而表面坡陡。熔岩滴丘是指体积不大、周边较陡的熔岩锥,纯粹由高黏度熔浆急剧冷却而形成。1902 年,小安德列斯群岛马尼岛上的培雷火山喷发,最后在火山口位置升起一个直径达 150 m 的熔岩柱,几个月后又在其上形成一个高 200 m 左右的“方尖柱”(针峰)(图 5－45e)。

海底火山喷发形成的露出海面的火山锥称作火山岛。1933 年千岛群岛火山喷发在亚兰岛附近出现一座新的小岛。1796 年在白令海中升起的约安博果斯洛夫火山岛,到 1823 年升达 620 m 高,之后被海浪冲毁,但到 1883 年又在该岛原址上升起新的火山岛。

泥火山由地下气体喷出并涌出大量浆状泥沙物质堆积形成。巴库的一座泥火山高达 300 m,锥底周长 17 km,锥顶泥火山口直径达 400 m。与地震有关的液化泥沙的涌出,有的形成小泥沙堆,有的形成小洼坑。

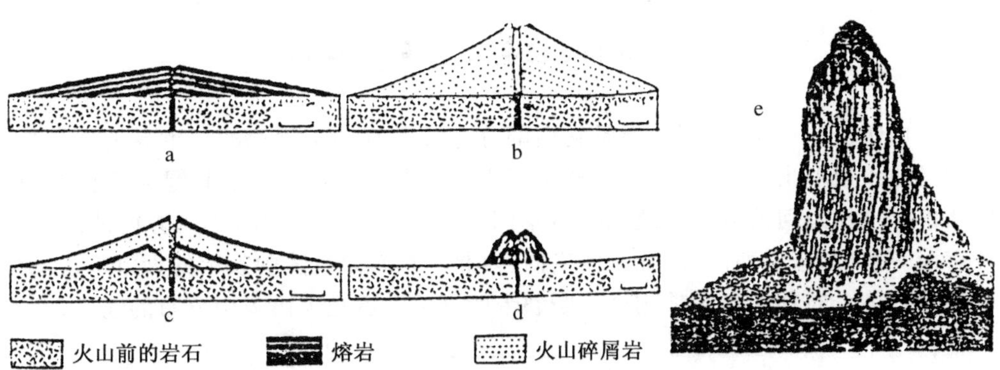

图 5-45　火山锥的类型(据 M. P. 毕邻,转引自杨景春,1985)

a. 熔岩锥;b. 火山碎屑锥;c. 火山混合锥;d. 火山熔岩滴锥;e. 培雷火山的“方尖锥”

由于长期遭受外力作用破坏,火山地貌的特征逐渐消失。但是火山的基本外形一般均能保持。图 5-46 是我国山西大同火山群地形图。在图上孤立圆锥形山丘的凹形斜坡、放射状沟谷系统、马蹄形破火山口的遗迹、巷沟之间平直的等高线都预示出火山地貌的形迹。

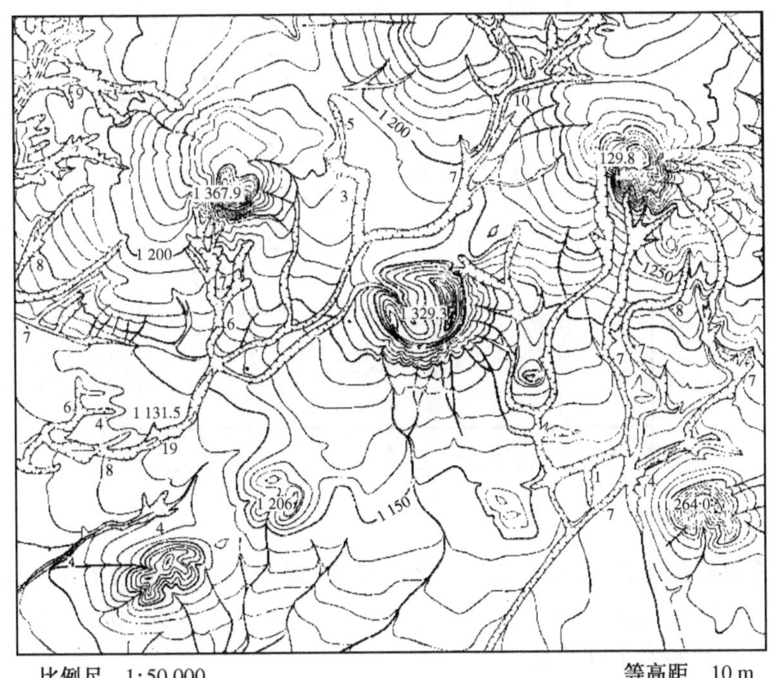

图 5-46　我国山西大同火山群及等高线表示

三、火山锥的空间分布与组合

火山锥个体都是孤立的，但是它们的分布都是有一定规律的。世界上大多数火山是成条成群出现的，图 5－47 显示了火山与断裂带的关系。这是东南亚苏拉威西的上卡拉迈河流域火山地区构造草图。该地区发育了四组不同方向的断裂，计有南—北向、东—西向、东北—西南向、西北—东南向。图中表示的火山口、火山锥和侵入体分布均与断裂带吻合。断裂带的交叉点更是火山集中分布的地方。

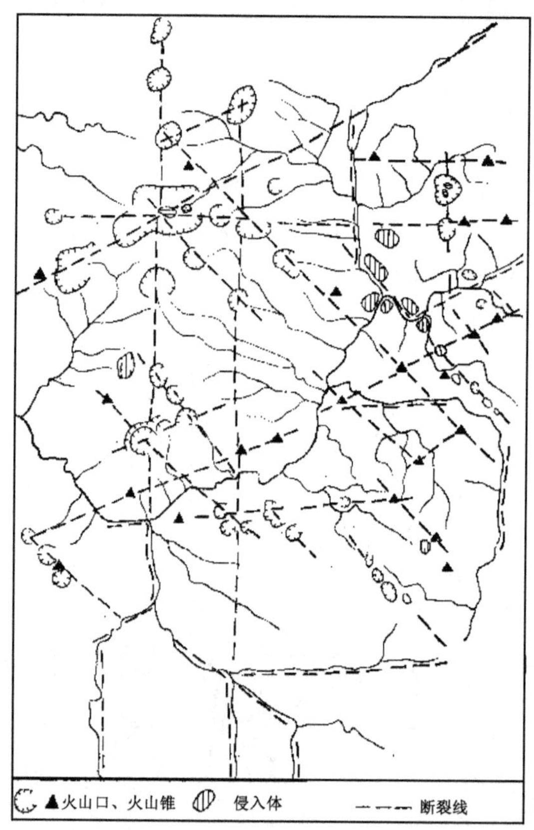

图 5－47　火山发育与断裂带

人们通常根据火山的活动情况将火山分类，现今仍在活动或周期性喷发的称活火山；人类有史记载以来曾有过活动但长期以来静止的称为休眠火山；人类有史记载以来未活动的称为死火山。

我国目前发现的火山锥约 660 座，其中大多数为第四纪死火山，只有台湾的大屯火山群等少数火山近代有过活动。我国火山分布大致可分为三个系统：① 环内蒙古高原系统，包括黑龙江、吉林、内蒙古和山西等地区，它处于古中国地块和西伯利亚地块的缝合线上，火山数目最多，山西大同、黑龙江五大莲池火山群都在该区；② 环绕西藏高原系统，在西藏地块和古亚洲地块的缝合线上，云南腾冲有 8 个火山群，昆仑山也有火山；③ 环太平洋系统，大致位于滨太平洋大陆边缘活动带附近，包括长白山、江苏、安徽、台湾和广东一带的火山，如长江中下游地区有少量第三纪晚期和第四纪以来的死火山，在地貌上是玄武岩方山。

第七节　活动构造地貌

新构造运动是指发生在新第三纪以来的地壳运动，新构造运动控制的地质构造叫新构造，它标志着全球构造运动的发展又进入了一个新的阶段。随着新构造运动研究的进展，人们逐步认识到，地质构造地貌不仅包括上述静态构造地貌，还应包括由新构造运动直接造成的动态构造地貌或称活动构造地貌。同样，构造地貌不只是从静态的构造来解释现代的地貌，更有意义的是根据目前的地貌表现来分析现今构造活动，研究构造运动的方向、速度和形式，以及人类这一动态因素对静态构造地貌的作用所直接产生和引发的地貌物质运动的地貌发展有重要的环境意义。

从新近纪以来，地球上普遍有构造运动加强的趋势，一些已经趋于稳定的地区重新活动起来。所以，新构造运动广泛地出现在各个不同的构造单元上，形成了现代地貌的基本轮廓。我国地貌基本轮廓的形成取决于这一时期的构造运动。

由于新构造运动出现在地质历史的最新阶段（距今大约 2 600 万年），新构造运动的结果就直接地表现在现代地貌上。它与人类活动的关系极为密切，是生产建设中必须研究的一个重要课题，并且因为新构造运动是现在人类可以直接观察测量其动态变化的构造运动，故通过对它的直接研究，可以使我们更好地理解过去地质年代中的构造运动并预测其未来的发展演变趋势。在实际工作中，常在新构造运动中特别划分出现代构造运动。所谓现代构造运动，就是发生在人类历史记载时期的构造运动，它是新构造运动的一个重要组成部分，与人类活动的关系尤为直接和密切。

一、新构造运动的特点

新构造运动与老构造运动，就其运动本身性质而言，并无本质上的差别，但新构造运动有明显的特点。

第一，新构造运动的方向，既有垂直升降运动又有水平运动，而且水平运动的幅度和速度要比垂直运动的幅度和速度大得多。我国西部的山体上升速度与幅度不断增大,地貌对照性不断增强。费尔干纳盆地与塔里木盆地间断裂在新构造运动时期,水平移动达 370 km,新疆地区一般的山地水平错动也为 20～30 km。而天山地区新近纪以来垂直升降运动的幅度最大达十余千米。据资料测算,天山地区的现代构造运动速度,升降运动为每年 1 mm,最大达 4.5 mm/年,水平运动最大的可达 10 mm/年。近百万年以来喜马拉雅山系——青藏高原的上升速度平均为 0.4 mm/年,近几千年来达到了平均每百年几十厘米到几百厘米。河北平原新近纪以来的平均沉降速率为 0.1 mm/年,第四纪以来平均为 0.2 mm/年,近万年来平均达到 3 mm/年以上。但由于垂直升降运动较水平运动易于识别,因此在地形上和沉积物中的表现比较明显,例如我国西部一系列山地、山前粗碎屑沉积(磨拉石 mollasse)构造,多自上新世开始,且普遍地具有下细上粗、愈向上愈粗的特点,它表明山体的明显上升始于新近三纪。所以,历来对垂直升降运动的研究程度超过对水平运动的研究。垂直升降运动速度具有明显的振荡和节奏性,在运动方向、性质及强度等方面在不同地区也是不一样的。有的地区表现为相对的宁静,而另一些地区则特别强烈。一些地区在不断地上升中发生断续地下降,而另一些地区又在不断地下降中发生断续上升。

活动平移断层构造会错断山岭、崖面、阶地、河漫滩或者河谷,河床等,甚至有错断长城、城墙、公路、铁路等。山东临沂马陵山由白垩系红砂岩沙砾岩构成,它被一组北西西向断层右移错开成 4 段,相邻的沭河河谷也被错开 4 截。

第二,新构造运动的类别,既有断裂变动又有褶皱变形。而断裂变动十分活跃、分布普遍,在褶皱带和新、老地台上都很发育。褶皱变动包括大范围的拱曲变形、小规模的沉积层褶皱变形,但后者局限于一定地带。

第三,新构造运动的继承性和新生性。由于新构造运动是在老构造运动的背景下活动的,故新构造运动一方面继承了老构造运动的特点,使之具有继承性,同时又对老构造进行改造,或形成新的构造,具有新的特点称为新生性。新构造运动的继承性主要体现在以下几个方面:一是新构造运动在地槽区和地台区的表现不同。在地槽区以大幅度的差异运动为主,运动幅度可达数千米。在地形上多为强烈切割,相对高差达千米以上的山地、盆地,并伴随着现代火山活动及强烈的地震活动。在地台区则以大面积升降运动为主,运动幅度一般为数百米。地形上多为平原、高原及拱形山地,现代火山活动不普遍而且地震活动较弱。二是不同时代的褶皱带新构造运动强弱不同。一般来说,阿尔卑斯褶皱带新构造运动都比较强烈,如高加索、帕米尔、喜马拉雅地区都是新构造运动最强烈的地区。但我国天山、祁连山和秦岭等地区,褶皱时代虽较老,新构造运动仍较强烈,而且中国东部地台区,新构造运动也是相当强烈的。这是中国新构造运动的重要特征之一。三是新构造运动的断裂活动比较强烈,并且大部分是构造断裂的重新活动,其中有些断裂还对地貌起着重要的控制作用。

新构造运动的新生性在我国东部表现尤为明显。东部地区新构造体系遵循北北东方向，环绕太平洋西岸呈有规律的带状分布，显示了各单元在北北东延长方向上构造一致性及东西方向上的构造差异。与新构造以前的各阶段构造单元比较有显著的改变。西部地区新构造单元的轮廓则与以前各阶段基本一致，相对地以继承性为其主要特征。

二、活动构造地貌特征

新构造运动所产生的构造变形——新构造，不仅可以通过地层变形变位表现出来，而且在地形上也有明显的表现。新构造类型不同，地貌特征也就有明显差异。

1. 活动褶曲构造地貌

活动褶曲构造地貌由新构造运动造成，是至今仍在活动的原生褶曲构造地貌，表现为地质构造与地貌形体的一致性；同时，这种构造活动还控制地貌的形成和变形。在新构造运动水平挤压力的长期作用下，地层褶皱，隆起成山。这类山地目前仍在褶皱上升，且常伴有断层，可称之为活动褶曲构造山地。

褶曲构造山地常分布在现代板块的边界，由于板块的碰撞，产生巨大的推覆体和逆掩断层，形成强烈的褶曲山地。板块的汇聚边缘是造山运动的策源地，板块俯冲和碰撞所激起的热力和机械能则是造山运动的动力。沿欧亚板块南缘的阿尔卑斯—喜马拉雅造山带，两侧板块的汇聚速率从西端约 1 cm/年向东增大，至喜马拉雅山增至 5 cm/年左右。地壳在横向上缩短，在垂向上加厚，产生紧密褶皱和大规模推覆体，地面急剧抬升，相应地，这一褶皱山地的高度也自西向东逐渐升高。

还有一类活动褶皱并不强烈，褶皱上升仅表现为地面的隆起，而这种隆起能使地面上原有的地貌变形。正常状态下各级河流阶地是大致平行的，由于构造拱曲运动的影响，阶地纵剖面表现为向上拱起。不同时代的夷平面，在褶曲构造隆起处，也呈拱曲现象。

拱曲运动可以发生在阶地形成以后，也可能与阶地同时形成，这在阶地形态特征上有不同表现。拱曲构造如发生在所有阶地形成之后，各级阶地变形程度是相同的；如果拱曲构造与各级阶地同时形成，则时代愈老的阶地变形程度愈大。所以根据阶地位相图中的阶地变形特征和程序就可以分析构造运动的次数、幅度，甚至时代。在图 5 - 48 的三幅阶地位相图中，横坐标为水平距离，纵坐标为高程，T_1、T_2、T_3 分别表示由新到老的第一、二、三级河流阶地。其中 a 图所示三级阶地发生的拱曲变形是一致的，说明拱曲运动始于最新的一级阶地形成之后；b 图中，老阶地变形大，新阶地变形小，由老到新的各级地变形亦由大到小，说明拱曲运动始于最老的阶地形成之时，其后一直延续活动，老阶地形成以来一直受之影响，故变形大，新阶地形成时间较短，受之影响时间短，故变形小；c图中，老阶地 T_3 变形大，说明它受到拱曲作用，但 T_2、T_1 间变形程度相等，说明 T_2 变形后，T_1 形成前没有发生拱曲变形，而 T_1 形成后，又发生了拱曲活动，使所有阶地均受到变形。这一方法也可用于分析夷平面的变形，但夷平面形成时代长，保存程度差，分析的结果也就较粗略。

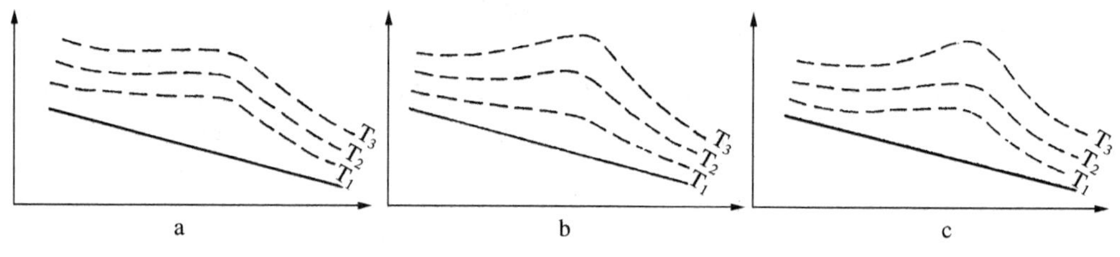

图 5-48 活动构造运动与阶地变形示意图

活动拗陷构造地貌通常形成盆地或内海、海峡等。湖南的洞庭湖盆地、湖北的江汉盆地与江西的鄱阳湖盆地，盆地内部均有深厚的第四系和全新统，盆地中心地带多积水成湖，但是盆湖地的边界通常与原断裂构造不相吻合。

据地质力学构造体系的研究，认为中国东部受 NWW-SEE 向压应力作用，发育了新华夏系构造隆起带与构造沉降带，自东向西第一沉降带为黄海、东海盆地，第一隆起带为长白山—辽东半岛—山东半岛；第二沉降带为下辽河—渤海—黄淮平原，第二隆起带为大兴安岭—山西高原等。隆起带与沉降带相间，类似于大范围的褶皱构造体系。

2. 断块构造地貌

断块构造是新构造运动形成的构造中最普遍的一种，具有明显的差异性，大部分断裂是老构造的重新活动。断块构造在我国有两种表现形式。第一种是差异性断块构造，相邻断块的断距很大，表现为高耸的断块山与断陷盆地相临，我国西部地区较明显。如秦岭为断块山地，渭河谷地为地堑盆地，两者高差达 2 000 多 m，巨大的断层崖把两者隔开；有的断层面保留有新鲜的断层擦痕；第四纪初期的堆积层中有明显的断裂现象；渭河地堑盆地为一强烈地震带，表明秦岭山地和渭河平原间，第四纪以来还有断裂活动，其构造为大幅度的具有强烈分异运动的差异性断块构造(图 5-49)。另外，我国青、藏、川、滇高原地区，沿着深断裂带还发育有一系列断陷盆地，在平面上呈串珠状分布。这些盆地的特点是宽度较小，一般宽为一二千米至十几千米，长为十几千米至六七十千米。总体上盆地沿着断裂带分布，其成因可能是沿着深断裂带断块陷落造成的。对于一个单独的盆地来说，其周围受不同方向的断裂所围限，在横剖面上断块呈阶梯状陷落，构成一系列的地堑、地垒式构造。

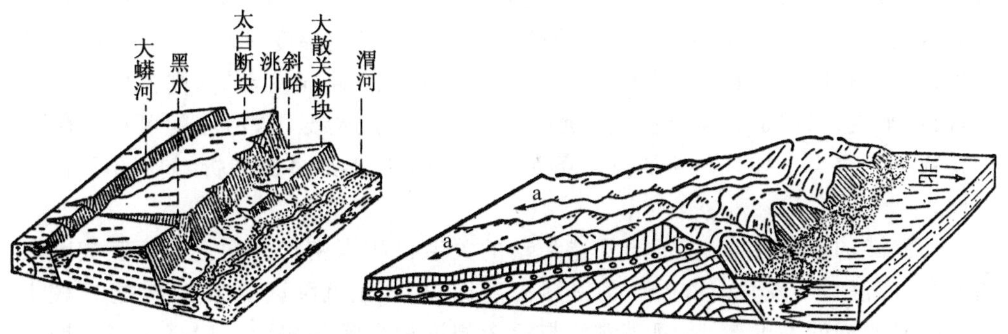

图 5-49 秦岭太白山块断翘起(据张伯声)(左)和衡山断块翘起示意图(杨景春,1985)(右)

第二种是分异很小的“破裂构造”。断块间差异不大，运动幅度小，但具有强烈的活动性，断裂带有强烈的地震，火山活动及温泉等。我国东部沿海地区的不少构造具有这种特点。

3. 现代构造运动的地貌表现

现代构造运动即发生在人类历史记载时期的构造运动，其特点是时代最新，大多是在活动之中，所产生的构造变形称活构造，并且通过地貌直接或间接地反映出来。在山地地区构造抬升区，往往使侵蚀加强，冲沟发育，一些已基本停止下切的坳沟又重新侵蚀。在山麓地带，特别是在差异升降活动强烈的地带，如断块隆起与断块陷落的交界地带，洪积扇尤为发育。因为这种地带的山体在不断上升，侵蚀基准面相对下降，沟谷深切，最适宜洪积扇的发育，并且可从洪积扇的形态特征、结构特征、扇面侵蚀、堆积和水系分布的情况判断构造活动的模式。现代构造运动产生的活动断裂是一种线性构造。在山区它可以截山、切岭，跨越沟谷、错断地层和岩体等。其地貌标志也十分明显，如沿断裂出现的断层崖、断层梯形面及三角面、泉水等均呈线性分布。另外，它还能使洪积扇、水系发生形变与错位。活动断裂也是最新火山活动的场所，故常有火山熔岩分布。如四川安宁河断裂带两侧地貌的不协调现象。

在平原地区，现代构造运动的垂直升降变动，在地形起伏上虽不明显，但其隐伏构造活动通过地貌形体变形、河道形势变化及水系特点能较明显地反映出来。

河流对地壳运动具有敏感的反应。与其他地貌现象相比，它反映的时代新，能够反映现代构造运动的特征。因此，水系分析是研究现代地壳构造运动的重要手段。例如，河北平原内水系的布局就严格地受基底断裂及其所控制的各构造单元新活动的控制，各级构造单元控制着各级水系的分布；邢台断块控制着滏阳河水系，冀中拗陷控制着大清河水系，两者之间的狭长地带（近东西向）为滹沱河中下游水系通道，沧县隆起内没有水系集中，子牙河与南运河沿着该隆起的两侧流过。河流分布与现代构造活动的关系也十分明显，表现在隆起区河流的散开（或散射）和沉降区河流的聚集（或辐聚）。当河流的下切力小于隆起幅度时，河流绕过隆起，其转折部位比较圆滑；当河流的某一段追踪断裂或断陷轴部发育时，则流向比较稳定，河道平直；当河道急剧转折，甚至转 90°的弯，在此情况下，河流就可能与断层正交或近于直交。如果河流通过多条断层，则河流便形成多次转折，如庐山石门涧谷地。

河漫滩的形态、结构特征与构造活动的关系也相当密切。在上升地区或断层的上盘，河漫滩不发育，比较窄，河漫滩高度比较大，比沉降区要高几倍，也比较干燥。河漫滩相的厚度较小，河漫滩相与河床相沉积之间的界面一般高出平水期河水面。其物质组成也比较粗，多为砂层，河床相为砾石层，甚至出露基岩。河漫滩与一级阶地之间的高度也大。在构造活动的下降区或断裂的下盘，河漫滩的高度较小，一般只有几十厘米。由于该地区的地下水位较高，河漫滩比较潮湿，甚至形成沼泽地、芦苇塘、集水洼地等。下降区内的河漫滩发育，宽度大，分布广，有时在河床的一侧发育，有时为两侧对称发育。其物质组成也比较细，多为粉砂、淤泥、黏土类物质，厚度较大。河漫滩相与河床相沉积之间的界面低于平水期河水面。河漫滩与一级阶地之间高差较小。

以上所举的平原隐伏活构造，不管是升降或断裂，在地表形态上均有不同程度的反映，但实际直观地貌特征并不明显，若借助大比例尺地形图分析及航空、遥感影像解译，能清晰地获得其地貌特征。

三、地震及其对地貌的影响

地震是现代构造运动的一种激烈表现形式，它是地球最外层及其下面的上地幔的岩石遭受破坏，把所积累的应力能转化为波动能，而使地面产生振动的一种现象。地震发生是短暂的，但它的孕育时间是很长的，是岩石圈内能量积累突然释放的结果。它总是和断裂、垂直位移和水平位移联系在一起。地震的发生及分布，又总是与一定的地质地貌条件有关。因此，分析地质地貌条件，可为研究地震提供参考。对于地震分布与地质地貌条件的关系，据研究下列构造部位常常发生地震：① 地震往往发生在地壳差异运动的分界地带。该地带在构造上是断裂活动带，在地貌上为山地和平原的交界地带。例如，太行山东麓与华北平原交界带；大青山脉、呼和浩特—包头盆地交界带；贺兰山与银川盆地交界带等，都是地震活动带。② 地震常常发生在地壳为两边上升、中间下陷地堑地带，在地貌表现为盆地。例如，太原盆地、临汾盆地、渭河盆地等。③ 地震经常发生在台向斜的边缘地带，而在台向斜中部很少发生地震，如鄂尔多斯边缘。

上述地带之所以容易发生地震，主要原因是这些地带有地壳断裂或者是原有的断裂又重新活动。因此，地震的发生和分布主要受断裂控制，而且是活动断裂所控制。活动断裂特别是在第四纪断续活动的逆断层、逆掩断层最容易发生地震。而且这些活动断裂的端点、拐点、枢纽和两组以上断裂的交会点，往往是地震发生的主要部位。

地震对地貌的影响是在短时间内迅速表现出来的。对基本的地貌发育过程来说，地震的影响是十分有限的。但在局部范围内，对地貌形体仍有明显的影响，地震可以引起局部地面隆起或陷落，也可以引起山崩与滑坡，产生地裂缝等断裂现象。在平原地区，特别是我国东部的全新世沿海平原和古河道、古湖泊发育的地区，由于地形低洼，第四纪松散沉积物发育，地下水丰富，在强震的作用下，往往会造成大面积的砂土液化、淤泥软化，从而导致地面变形，引起地基失效。1811 年美国密苏里州南部发生的一次大地震，使密西西比河改道，余震持续一年以上。1933 年日本三陆近海地震，引起海啸，波高在田老为 10 m，在白滨为 23 m，在绫里为 25 m；2004 年 12 月 26 日印度尼西亚海区发生 9.0 级地震，引起的海啸波及东南亚和南亚各国，仅印度尼西亚死亡人数就接近 30 万，统计死亡总人数约 60 万。1964 年阿拉斯加发生 8.4 级地震，在这次地震中发生很多山崩、地裂、滑坡，还出现了波高最大达 30 m 的海啸。1974 年我国云南昭通 7.1 级地震，同时发生滑坡、崩塌、泥石流，造成了严重的震害。在震中区南部沿河谷地带，崩塌、滑坡埋没了村庄、公路、堵塞了河流，形成了一系列堰塞湖。

综上所述，地震对局部地区地貌形体有一定影响，它能迅速改变地貌形体，并在一定程度上影响地貌发育过程。

第六章 区域地貌

一般来说，海洋与陆地以海水高潮面为界划分。洋底一般是指水深超过3 000 m的大洋底部。全球洋底平均深3 800 m，面积约2.81×10^8 km^2，占地球总面积的55%。陆地面积约1.49×10^8 km^2，占地球总面积的29%，平均海拔约850 m。大陆边缘地带呈带状围绕在大陆周围，面积约0.81×10^8 km^2，占地球总面积的16%。

地表现代地貌所反映的基本结构和形态，是长期受内外动力综合作用的结果。总的来说，作为内动力的地壳运动所产生的构造格局和框架，在很大程度上控制了海陆地貌分布轮廓的地域配置；作为外动力的流水、风力、冰雪寒冻、海洋水和生物作用，在各个地域和不同时期，通过多种方式，对地壳表层物质不断进行风化、剥蚀、搬运和堆积，从而形成了现代地表的各种形态。

区域地貌是地表地貌的差异性的外在表现。我国现代地貌所体现的地质构造框架，主要是奠定于中生代的燕山运动，然而许多地区都经历了新生代的剥蚀夷平作用，地面起伏趋于和缓，甚至达到准平原状态。从新第三纪特别是从上新世晚期以来，在地壳水平运动的驱使下，发生垂直升降运动，使较老的构造形态又以新的形式在地貌上突然出现，地势高差逐渐增大，喜马拉雅山系和青藏高原的大幅度抬升，本身就形成了世界上独特的地貌区(单元)，而且对我国地貌的分异也起到了决定性作用。我国西北与华北的山地、高原、盆地和平原，同样经历比较强烈的升降运动，而华南地区受到这种构造变动影响相对较小。

经过上新世晚期以来的构造变动所突现出来的与原先不同地质时期的构造形体明显地反映在许多巨大的山脉及其所围隔的大型地貌单元上。在贺兰山与横断山以西的我国西部，昆仑山以南青藏高原上的高山，如唐古拉山、喜马拉雅山，以及昆仑山以北的柴达木盆地、祁连山、河西走廊、天山、阿尔泰山、准噶尔盆地等，其排列方向与北西西或北东东的构造走向一致。我国东部则不同，包括大兴安岭、山西高原、陕北盆地、四川盆地、鄂西至云贵高原、广西盆地、山东山地、东南沿海山地，以及台湾岛，其排列方向都与北东或北北东的构造走向一致，还有穿插其间的东西向与北西向构造，对地貌单元的排列起着一定程度的影响，尤以东西方向的阴山与秦岭的影响为显著。

作为我国大陆轮廓的现代海岸线(带)，其基岩海岸线的延伸方向仍然体现出与地质构造有密切关系，辽东半岛、山东半岛、钱塘江到珠江口，以及台湾岛和海南岛的大部分海岸都作北北东向或北东向，与陆地上的主要构造走向一致，而珠江口以西海岸转为东西向，这是受同方向雷琼坳陷两侧的断裂所控制。

由于内力作用造成地势起伏的地域差异，相应地造成外动力在地域上的分异是有变化的。喜马拉雅山和青藏高原，对气候起着屏障作用，西南季风无法到达高原内部，东南季风从沿海向西北方向推进过程中，受到北东向山地的层层阻挡，难以深入西北向陆，距海愈远水汽含量愈少，降水量相应亦递减，从 2 000 mm 以上减少到 200 mm，不少地方不足 50 mm。青藏高原上由于地势高拔，大部分地区的年平均气温也低于 0℃，西北内陆气温的年较差和月较差比其他地区大得多。地表面展示的形体复杂多样，为了便于认识它们，根据它们的形态或成因划分区域，如陆地和海底。

从形体分类学的观点，就是根据各种地貌的外部形体特征、绝对高度、相对高度等划分地貌区。陆地表面的形态总括五个基本形态类型区：山地、丘陵、平原、高原、盆地。有时也常把丘陵并入山地，把高原归并入平原，基本上把陆地表面划分为山地与平原两大类型区。但我们认为，丘陵与山地是有很大差异的，高原、盆地与平原也有很大差异，应该作为不同地貌区。

第一节 山地与丘陵地貌

山地和丘陵都是地球表面相对凸起的高地，都可以并成为“山”，即广义的“山”包括丘陵。“山”通常成群分布在一个区域，具有显著的起伏形态，两者除了用海拔高度和相对高度加以区别外，形体亦有很大的差异。

一、山地地貌

山地是地面上被平地所围绕具有较大的绝对高度和相对高度而凸起的地貌区。

1. 山地地貌单元及组合结构

山地地貌单元作为一个基本单元，还包括山体中的谷地在内。以规模大小、形体特征区分有如下基本单元。

山峰是孤立的山体，在一个区域往往成群体、分散分布。

山岭是具有陡峭的山坡和明显的按一定方向绵延伸长的狭窄高地，宽度不等，山岭可以延伸数千米至数百千米。山岭的最高部分呈线状的延伸称为山顶。山岭顶部凸起的峰体称为山峰或山头，山峰之间稍为低下部分或山顶部较为低下的部分，称为鞍部，或垭口或山口。

山脉是向一个方向延伸的山岭系统，由许多条山岭及之间所夹的谷地组成。

由许多山脉组合成的更大规模的山体叫做山系，如喜马拉雅山系、昆仑山系、阿尔卑斯山系、科迪勒拉山系。

山原是一种辽阔的高地，它是山脉、山系与高原的复杂综合体，其中高原占有相当大的比例，我国的青藏高原区即为一例。

山峰、山岭、山脉和山系所在陆地地域即为山地地区。

2. 山的形体要素及其特征

山地不仅有特定的绝对高度和相对高度，而且单个山体有明显的形体要素。它们受岩性、构造和不同外力作用的影响，而有不同的形态特征。

(1) 山顶

山顶是山的最高部分，具有多种多样的形体，归纳为尖锐形，或称角锥形或称尖塔形；圆弧形，或称为浑圆形或穹隆形或馒头形；平缓形，或称平坦形(图 6-1)。山顶部分纵剖面形态亦多种多样，归纳为起伏形，即山头与鞍部相间分布，据山峰与鞍部的相对高差大小，可以有起伏大小的概念；平坦形，即顶部纵向延伸平缓，无明显山峰与鞍部的高低起伏；倾斜形，或者是主山岭的两端部分，或为主山岭两侧的支山岭，山顶高度逐渐降低直至隐没。山顶最高点连线称为山脊线，据山脊线及山岭在二维平面的投影形态，有平直延伸和弯曲形延伸两种。

图 6-1　山顶(脊)的形态(据舒金，1926)

尖形山顶往往出现在经过冰雪强烈剥蚀作用及寒冻风化强烈的山区，以及流水侵蚀作用强烈的山区，尖山顶常由坚硬岩石组成；山体经过长期风化剥蚀，往往形成圆弧形或穹形的山顶，平山顶为构造台地及桌状山所特有。

不同山顶的形态，地形图上的等高线组合图形特征是不一样的，尖形的山顶沿山脊线延伸以锐角转折的等高线图案为特征；圆形的山顶则以圆弧形转折过渡的高等线图案为特征；平山顶则以较平直的等高线图案为特征。

(2) 山坡

山坡是山的重要形态要素,它在很大程度上决定着山体的外貌。山坡因受许多因素的影响有不同的形态,常见的有等倾斜坡、凸形坡、凹形坡和阶梯形坡。等倾斜的或坡度均匀的山坡,可以有不同的倾斜角度,当它与岩层层面一致的时候或与断裂面一致的时候,其坡度可能随其产状而发生变化,平缓的等倾斜山坡,往往由于风化产物的堆积而形成;凸形与凹形山坡,可以是山坡上岩石性质的影响,但常常是山坡上部的剥蚀破坏作用与山麓风化物的堆积作用两者不同组合的结果;阶形山坡是软硬相间的水平岩层受风化剥蚀而形成的。

山坡的不同形态,在地形图上是通过等高线间距的疏密度变化来显示的(图6-2,6-1)。

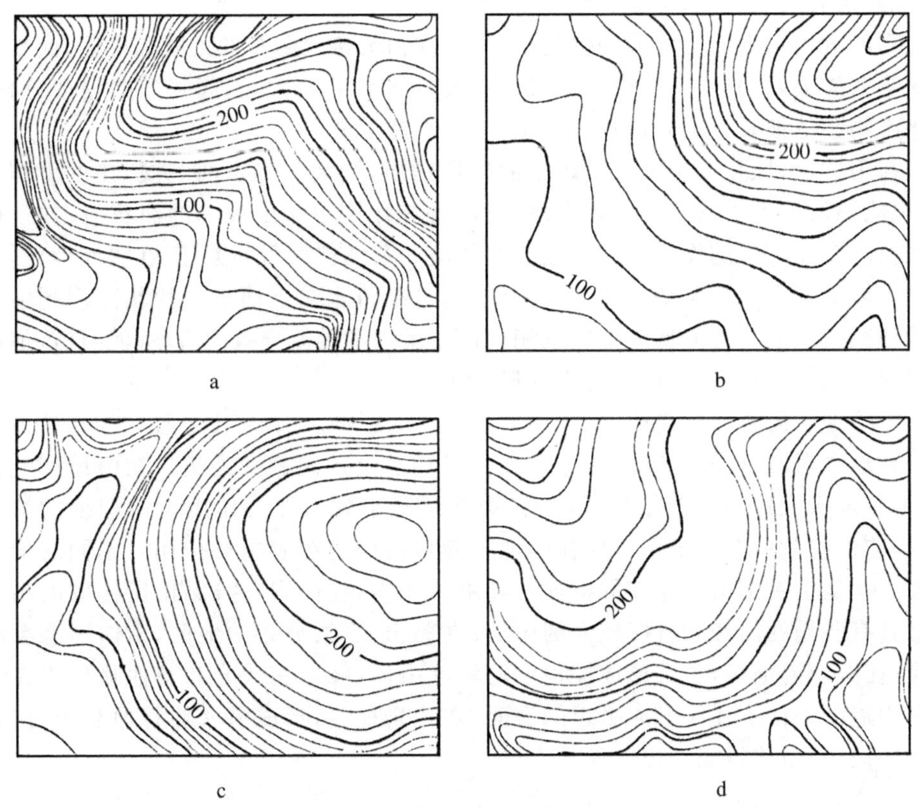

图 6-2　不同坡形的等高线图形

(3) 山麓

山麓是山坡下部与周围地面分界的地带,山坡风化剥蚀产物往往在这里堆积,如崩塌堆积、滑坡堆积、片流坡积以及洪流堆积等,故而坡度明显变缓。山地到平原逐渐地过渡,只有较近地质时期断块抬升的山地,它与平原之间的界线——山麓线才是明显而清楚的，其纵向延伸线性特征，横向转折特征明显。

(4) 山体长度、宽度、面积、伸展方位等也是山地区域的形态要素

认识和理解山地地区的特征地貌，要从山地区域形体要素出发用整体比较的方法进行。

3. 山地的形成与发展

山地是在内外力相互作用之下形成的，它属于地壳上升地区，主要是地壳在内力作用下褶皱变形，或断裂差异升降的结果。上升地块经过长期的流水分割作用以及其他外力作用的剥蚀，就产生山地的崎岖复杂的形体。在内力作用的同时，外力作用也在进行，而外力作用的强度是随着山体的绝对高度和相对高度的加大而增加的，二者对立统一，推动山地地貌的发展。

高峻的山顶矗立于稀薄的空气层中，它在白天接受更多的太阳辐射能，而夜间又易于散失太阳辐射热，使得岩石表面温度的日较差变大，引起强烈的物理分化。风化产物坠落坡麓(坡脚)形成岩块锥体，或平铺形成石海。

在山坡上，风化作用形成的疏松的碎屑物质，受大气降水的润湿，在重力作用下，也能顺坡向下缓慢移动。在寒冷地区，融冻作用引起山坡上的泥石流；在干燥地区温度变化与风的作用参与山坡岩石的破坏及细粒物质的搬迁；在湿润地区，流水对山坡的形态发展及变化起巨大的作用，包括流水自上而下由片状冲刷剥蚀到线状切割侵蚀以及地面低洼处的堆积。由于暴雨和洪流导致的滑坡、泥石流、崩塌能够促进山坡快速发展，坡形发生变形变化。

山地地貌的特征还受构造、岩性等等因素的影响。山岭、山脉往往与构造上的背斜和地垒对应，而介于其间的宽谷往往是构造上的向斜和地堑。在山地产生初期，地貌表现大致与构造相符，但是在构造运动宁静与外力作用长期继续的情况下，构造地貌就愈模糊了。岩性在山地地貌形成中也起着重要作用。不同的岩性在很大程度上决定山地地貌的特征。如由结晶岩(在岗岩、片麻岩)所构成的山体常常具有陡峭的山峰和坡度较大的山坡；在黏土、页岩分布的地区，山体形态柔和舒缓；在石灰岩地区，常常形成棱角状的块状山体(峰)；玄武岩和其他喷出岩在具水平构造的条件下往往形成平坦的表面，在片岩地区，形成梳状岭谷地貌组合；在石英岩地区，山体峻峭挺拔。

总之，山地的形成决定于内外动力以及岩石的性质和强度。一方面，当一个地区内动力上升作用超过外动力蚀低作用时，地面的绝对高度就不断增加；另一方面，内动力上升作用的同时，由于邻近地区地壳的下降或外动力的强烈切割，地面的相对高度也在逐步的变大。因此，在这里形成了绝对高度和短距离内相对高度很大的地貌——山地。由于山地的绝对高度和相对高度的不断增加，山地就由低矮的山发展成为高峻挺拔的山，但是，随着内外动力强度上的改变，山地的绝对高

度和相对高度的增加就受到限制，甚至会逐渐减低。

山地中地形的成层性是其突出的特征之一，在很多山地分布着时代不同、面积不等、高度不一的平展地面，界于这些地面之间的是高度不同的陡坡，使山地呈现阶梯状和层状，这就是地形的成层性。这些地形分布在山体或高地的周围形成环状的阶梯形的斜坡，或者分布在山岭或山脉的两侧成为顺山岭方向延伸的阶梯状或层状的山坡（或顶面）。我们认为，这些成层的近似平坦的地面就是古代形成的夷平面。夷平面是在地壳相对稳定，剥蚀作用相对加强的情况下形成的。地面被夷平后，随着山体在垂直方向和水平方向的增长，被夷平的地面就并入山地中形成山地平台面，如果夷平面有几级，就成为多层状山体地形。多层夷平面有的是不同地质时代内外动力作用的结果，有的是同一时代形成的夷平面受不等量上升运动或断裂运动抬升到不同高度形成的。相反的，不同时代形成的夷平面也可能由于地壳的不等量上升而抬升到同一高度。夷平面成因可有不同，或是由于流水侵蚀作用形成，或是由于湖蚀、海蚀或触冻泥流作用形成，不同成因的夷平面，有着不同的形态。

4. 山地的分类

山地可按照形态成因加以分类。

(1) 山地的高度和形态分类

通常根据山地的外貌形态特征、绝对高程、相对高度和山坡坡度大小来划分。据我国山地特点，一般划分四类。

1) 低山　　绝对高度 500～1 000 m，相对高度 200～500 m，平均坡度 5°～10°，有的低山也可能比较陡峭。低山主要分布在我国东部。低山的形体一般比较圆滑、山麓堆积物发育，常为缓坡。少数低山切割较深，如岩溶作用的低山。辽东半岛、山东半岛、鲁中东南地区、苏浙皖交界、川东、粤北、桂西等地都为低山分布区。

2) 中山　　绝对高度 1 000～3 500 m，相对高度 500～1 000 m。山坡的坡度平均为 10°～25°。根据外貌又可分为：具有和缓形体的中山；具有比较陡峭形体的中山（如荒漠中一些中山）；具有经过冰川作用的角锋、刃脊、山坡上部布有冰斗、谷地具有冰川谷特征的中山。中山分布在我国中部与东部。现代湿热气候条件下以流水侵蚀作用为主，化学风化旺盛。其地貌特点往往是峰顶浑圆，山岭轮廓比较缓和，山坡一般为上缓下陡的凸形坡。秦岭、长白山、太行山、庐山、黄山等均为中山。

3) 高山　　绝对高度在 3 500～5 000 m，相对高度大于 1 000 m，山坡坡度一般大于 25°。3 500 m 的界线是考虑到剥蚀作用的差别，即在此线以上为寒冻风化作用为主，此线以下开始出现森林。我国阿尔泰山、祁连山、天山东段等均属高山地貌。

4）极高山　海拔高度大于5 000 m称为极高山，这一高度大致与我国西部现代冰川和雪线的高度相吻合，冰川占有一定面积，冰川地貌分布比较广泛。5 000 m以上的极高山终年积雪不化，外力作用以寒冻风化和冰蚀作用为主，形成陡峭的山峰、尖锐的山顶。我国天山、昆仑山、唐古拉山、冈底斯山与喜马拉雅山等，均属极高山。

（2）山地的成因分类

山地按照形成的内动力和外动力作用的主次，一般分为构造山地、岩浆活动山地和剥蚀山地。

1）构造山地　由地壳运动产生的地质构造形态所形成的山地，称为构造山地。

褶皱山是褶皱构造的背斜和复背斜构造的山地。简单褶皱构造形成简单褶皱山，山岭和山脉的走向与构造一致。复杂褶皱（多褶曲）构造形成复杂褶皱山，褶皱大致具有同一高度，都是由沉积岩层组成，背斜和向斜有规律性的交替排列，在欧洲叫侏罗褶皱山，如法国与瑞士间的侏罗山脉、克里米亚山脉，中国的庐山等，在造山作用后期所形成的这一类年轻的山脉中，普遍存在地形与构造相一致的情况。不论单一背斜褶皱或多背斜褶皱组成的山，遭受强烈破坏以后，组成褶皱的岩石的相对硬度对该地区地貌的形成都有决定性的意义，山脉和山岭由较坚硬的岩石组成，而山谷形成在较软弱的岩石中。

断块山又叫块状山。这种山的形成，是地壳断裂错动上升到一定高度形成的构造地貌。断块山的形体主要取决于岩层的变动情况及断层的性质，地面平坦地区的高角度断层而成的块状山为平顶山或桌状断块山，多发育在差异性的剧烈升降运动区域。断块山周围为断层崖所围绕，桌状断块山的山顶面或与岩层面一致，或与层面形成一定的平角，山西北部的恒山就是典型例子。

褶皱断块山分布广泛，褶皱与断裂运动在山的形成中共同起着重要作用。一般在早期阶段，岩层受到强烈的褶皱，在这个阶段里也会有断层的产生，但山地主要是褶皱运动所形成，表现为褶皱构造地貌。但是，风化剥蚀同时在进行。后期，褶皱山随着断块运动而抬升，同时受到了强烈的垂直方向的错动，各断块间的断距加大。这时褶皱在山地地貌上的意义逐渐减小，地貌的基本或主体特征主要由断裂形态决定。褶皱断块山地基本的地貌特征是有高大而显著的外形，山体周坡有破坏程度不同的断层崖。在这种山区，山谷的成因主要取决于构造，存在封闭的洼地，这些洼地有时形成湖泊。典型的褶皱断块山有我国的天山、阿尔泰山、庐山及俄罗斯的外贝加尔山等。

2）岩浆活动山地　巨大的岩浆侵入体，如岩基、岩株等，在它们冷却凝固的时候，还位于地下一定的深处，地貌上并无直接意义。随着后期地壳的不断抬升，地势变得高峻，风化剥蚀作用随之加强使岩浆岩体逐渐出露，因规模大、岩性坚硬常常突起成为高大的山地，如我国黄山、华山、崂山、天目山、衡山湖南都是著名的岩浆活动构造山地。

地壳深处大量的物质喷发到地表面，岩浆喷出地表(火山)冷凝堆积，有的呈现为单独的山或丘陵，但经常是成群的或成排分布。火山的外部轮廓、大小及形状决定于喷发物质的物理和化学特征、火山活动的性质、强度以及延续的时间。火山形体的发展，决定于火山喷发物的堆积过程和外力破坏过程的对比关系。火山喷发期间，喷发物堆积形成熔岩山。以后外力作用进行，熔岩山不断受到破坏，结果可能形成平缓的地面。

3）侵蚀切割山地(剥蚀山地)　　地层经过构造变动以后，地壳长期处于比较稳定状态，经受各种外力作用破坏而发育的山地。其特点是山地的起伏与构造形态的原始起伏相关性减小，而与外力作用的种类、岩石性质密切相关。

褶皱构造形成的山地，经长期风化剥蚀后，尤其是流水的切割以后，在背斜的翼部发育出单斜山岭和谷地，山岭顶部及两坡形态受岩性和岩层倾角控制。我国川东地区、鲁中南地区分布有典型的侵蚀地貌。南京紫金山，武汉蛇山、龟山，山东泰山均属于侵蚀山。

(3) 山地的组成物质分类

1）岩浆岩山地

2）沉积岩山地

3）变质岩山地

二、丘 陵 地 貌

丘陵地貌在形体特征上和成因上，都与山地地貌有些相似，所以亦有把丘陵归入山地这一概念的。但是，丘陵和山地是有很大区别的，丘陵绝对高度一般不超过500 m，其相对高度在50 m至200 m之间变化，相对高度小于50 m称为岗地或垅岗。丘陵地貌区地表起伏仍是明显的，而且地面破碎，无明显的规律，构造线亦不明显，陡斜的坡地所占面积亦很大。虽然有些地方斜坡较缓，坡脚线也不明显，但起伏频率很大。它的峰顶圆弧形很少有大片的平地，这是与高原的区别。与山地相比，丘陵通常个体较小，分割散乱，宽谷、低丘组合为特点，数个丘体或聚或散，外貌比较柔和舒缓。所以，丘陵是一种高度不大，地面又有相当起伏的不平整的地貌。

丘陵的形成原因多种多样。有些是由褶皱山地侵蚀而成。如山东半岛丘陵地区、武汉丘陵地区，登高远望，在波浪状起伏的丘陵中隐约可见谷地排列成行，它们是由褶皱山地经过长期侵蚀破坏以后形成的。也有些是由高原遭受流水的严重切割以后,而转变为丘陵的,如黄土高原中的墚峁分布地区,可以称为黄土丘陵。另外,还有岩浆活动直接和间接的产物。东南沿海和江南丘陵都是我国主要的丘陵地貌,东南沿海丘陵属于花岗岩丘陵,包括浙江、福建、广东、广西丘陵地区,其中还夹有若干列山地和冲积平原。江南丘陵指长江与南岭之间,包括湖南、江西以及安徽南部的广大丘陵地。它们是矿产、林、牧、副、渔的基地,具有相当重大的经济意义。

第二节 平原地貌

平原是地面高度变化微小的地区,表面平坦或者轻微波状起伏的广大平缓地,一般海拔高程小于500 m,在平原地区,地壳运动可以是上升的或下降的,但是无论上升或下降其幅度和强度都不大,这是平原区高差和高度较小的根本原因。在轻微上升的情况下形成剥蚀平原,在地壳轻微下降的情况下形成沉积平原。

平原在陆地地貌中占有特殊重要的地位,它在地球陆地范围内占有的面积要比山地广得多。平原地貌通常比较单调,虽然在有些平原上可以遇到一些小丘、岗地、浅洼地、河流、湖泊等,但它们的相对高度通常不大。

一、平原的形态分类

1. 据高度和形态指标分类

(1) 高平原

绝对高度变化在200～500 m以内,相对高度平均小于50 m的表面平坦切割很浅的地区称为高平原。据地质构造及地层不同可有两种。一种是发育于结晶岩(岩浆或变质岩)基底上的剥蚀高原,如加拿大的高平原,垂直切割相对高度不大。一种是在加里东或中生代褶皱基础上的岛状剥蚀高平原,基本特征是准平原地貌以及高度不大的蚀余岛山相结合,谷地常为次成性质。我国内蒙古高原大部分和俄罗斯平原便是一个典型的高平原,局部地区高300 m以上,地势起伏明显。

(2) 低平原

绝对高度变化在0～200 m之间,相对高度小于50 m的平坦广阔地区为低平原,世界大多数平原都属于低平原,如我国华北平原和长江中下游平原、俄罗斯西伯利亚平原、巴西亚马逊平原、美国密西西比平原等。华北大平原大部分地面只有数十米高，靠近边缘山地太行山麓的地方才上升到 100 m 左右。低平原受外力的切割非常微弱，一部分分布在地壳相对稳定区和地壳以一定速度缓慢下沉地区。在地壳稳定区因地壳的轻微上升而形成剥蚀低平原，在下沉区因下沉速率被沉积作用所抵消，形成沉积低平原，如江汉平原。

(3) 洼地平原

绝对高度在海平面以下的平坦的内陆低地称为洼地平原，前苏联里河沿岸低地，我国吐鲁番盆地即是。

2. 据表面起伏形态分类

(1) 平坦平原

地表十分平坦的叫做平坦平原(图 6－3a)，世界上最大的平原——西西伯利亚平原的地表十分平坦，特别是在它的南部几百平方千米的范围内也没有一个显著的高地。我国华北平原坦荡的原野无边无际，也是一个显著的平坦平原。

(2) 波状平原

地表有微缓的高地和低地交替出现，构成微波起伏的地貌(图 6－3b)。基本形态特征是：地表没有固定的倾斜方向，河流系统也是显得特别纷乱复杂，形成许多积水洼地。一般认为在两种情况下可形成这种平原。经过第四纪大冰川作用的地区，由于冰碛物质的不均匀性堆积造成了相应的高地和洼地，形成了波状平原，前苏联西北部以及波兰和德国境内都有这种类型的波状平原。此外，原来平坦的地表遭受长期侵蚀切割，也可以形成波状平原，我国东北平原的中央部分微波起伏，就是这样造成的。

a

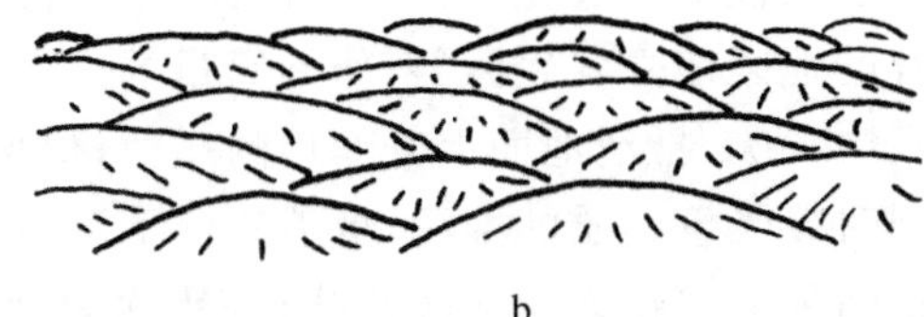

b

图 6－3　平坦平原、波状平原

a. 平坦平原；b. 波状平原

(3) 倾斜平原

地表倾斜度在 1/100 以上的平原称为倾斜平原，如海底上升而形成的海岸平原和倾斜的山前侵蚀剥蚀(或者洪积扇)平原等，地面向一个方向倾斜。

(4) 凹状平原

这种平原自四周向中央倾斜，凹状平原主要位于干燥气候下的大陆内部，属于内陆流域。平原较高部分的水都汇流在中部低凹部分，常形成湖泊。而湖泊又常因蒸发而消失。这类平原有包括咸海在内的都兰低地、吐鲁番盆地等。

二、平原的成因分类

1. 按照内动力对地壳作用的强度和性质，以及外营力的相应作用的效果及持久的时间划分类型

（1）构造面平原

地表面与组成平原的岩层层面是一致的。这种平原以海滨平原为典型，它是由于地壳的上升运动把海水面以下的地层抬高到水面以上而形成。它的基本特征决定于地层构造。如果地层层面微倾斜，则平原表面也倾斜，地层层面水平，则平原表面也是水平的。

（2）缓慢上升剥蚀型平原

地壳缓慢上升，外力作用把风化物质搬走，形成准平原、山麓剥蚀平原等。地表起伏稍大，风化物或残积物颗粒较粗，覆盖较薄，残丘突出于平原上，故称准平原。我国山东丘陵外围的平原、安徽滁县一带即为这类平原。

（3）缓慢下沉补偿型平原

在下沉性构造运动速度不大的情况下，沉积物的堆积补偿了下沉，因此形成平缓的堆积平原。如果下沉速度较大，则堆积作用必须相应加强才能形成平原。否则就形成湖泊或海盆。所以，这种平原是地壳下沉和堆积作用的综合产物。

（4）不等量上升与下沉共建的平原

在剥蚀平原形成以后，地壳更趋稳定，甚至有微微的下沉运动，原占优势的剥蚀过程被堆积过程所代替。因此，平坦面更平坦，松散堆积物厚度加大，面积广大。有的地区地壳发生掀斜，作不等量的升降，相对上升部分或上升量较大的部分处于剥蚀状况，抵消地面上升作用的增值，仍保持平原状态，而在相对下沉的地壳表面，同时接受着物质的堆积，抵消地面下沉负值，结果使地面较平缓，松散沉积物更厚。这两种形式在某一地区的结合，就称为剥蚀—堆积平原。如我国的东北平原就属于此类。

2. 根据外动力作用分类

（1）冲积平原

这是由河流的冲积作用所形成，主要分布在河流的中下游及河口地带。河流中下游形成的平原面积广大，这种平原一般沿着河谷延伸方向成带状或片状分布，如长江中游的江汉平原。

1）冲积扇平原形成于山地河流流出谷口进入平地的地方。河流从山地出来到达平地，因坡度剧减原有的强大搬运能力大大削弱，大部分泥沙沉积下来，形成

上窄下宽的扇形冲积平原。其顶端正对谷口，外缘略呈半圆形，向外倾斜的坡度大致相等，表面比较平坦，其上水流呈辫状，流路常变，把冲积物质比较均匀地加积在扇面上，致使冲积扇平原能够均匀地成长，大致保持对称的扇状。沃野千里的成都平原就是一个巨大冲积扇平原，它是由岷江冲积而成。有时山前地带几条大河并排流出谷口，各自形成一个冲积扇，以后逐渐扩大，最后合并构成一个统一的大冲积扇平原，如华北平原上的永定河冲积扇、滹沱河冲积扇和黄河冲积扇等已连成一个复杂的大冲积扇平原。

2）河漫滩平原是由河流的旁蚀的堆积形成的，因其常被泛滥的洪水淹没也称泛滥平原，又因它都形成在河谷底部，也称为河谷平原。河漫滩平原并不完全平坦，多由于河床两侧的天然堤、凸岸的迂回扇的发展使得平原具有微地貌起伏特征，组成物质具有二元结构，两侧的坡麓下因为地势最低常积水成湖泊、沼泽。

3）三角洲平原位于河流入海口，是最大的冲积平原。在三角洲平原上河流多汊流，这些河流的河床有时高出周围平原，河流的两岸常形成天然堤。如黄河、尼罗河、密西西比河等三角洲平原，冲积物深厚松软，有利于农业生产，促进社会发展。

4）洪积扇平原多分布在山麓地带，平原面由山麓向外倾斜，如我国的酒泉盆地、吐鲁番与哈密盆地四周等均有分布。

(2) 湖成平原

湖成平原原为湖泊，湖底沉积了河流带来的泥沙物质和湖水侵蚀沉积物质，湖水因为某种原因干涸，例如地壳抬升或气候干旱、泥沙和植物残体的大量堆积，使湖盆变浅最后部分或全部被堰塞而成。其构成物质大部分为层状细泥，保持着水平的产状，开始表面十分平坦，平原规模受原来湖盆的形状和大小所限定。我国塔里木盆地东部罗布泊平原即是。

(3) 海成平原

海成平原是海洋水动力的侵蚀和堆积作用形成的向海洋深处倾斜的水下海蚀和海积平台，被地壳运动抬升到水面以上形成的。因其地面向海洋倾斜也称为倾斜平原。河流顺着缓倾斜的地表流动，构成平行的水系，它们的下切作用非常微弱，河谷很浅，平原的地表几乎保持着从前海底的面貌，其上覆盖水平产状的略微倾斜的海成疏松沉积层，时有海滩和沙堤的痕迹。这种平原很低，仅几米或几十米，时被海水回升淹没。前苏联的里海低地是典型的海成平原，地面平坦，几乎未被河流切割，充分保存着原来海底的特征。

(4) 冰川及冰水作用形成的平原

1）冰川侵蚀平原，在起伏不大的山麓和大陆冰川地区，经冰川的长期侵蚀形成冰蚀平原，在这种平原上以冰蚀形态为主要的特征，例如芬兰的平原。

2）冰碛平原，在平缓的地区，经冰川的堆积常形成由疏松的冰碛物组成的平原,组成平原的物质大小不一,冰碛平原具有各种冰碛地形,特别是底碛地形尤为广泛。这种平原起伏不大,如德国、波兰沿波罗的海的平原。

3) 冰水堆积平原,是由冰水所带来的冰川侵蚀和搬运的细小物质堆积而成。冰川融化,冰融水把疏松的碎屑物质(主要是砂泥)带到平原上地势低洼的地区堆积,形成冰水堆积砂质平原,如在东欧平原和西西伯利亚低地区内,都有这种砂质平原。另外,在冰水作用的山麓地带,由于冰川融化,冰融水搬运的巨大碎屑物质,在山麓地带堆积下来,呈冲积锥状,冲积锥状的堆积物扩大合并形成倾斜的冰水堆积平原,这种平原在阿尔卑斯山的北部山麓,大高加索北部山麓等地都可以看到。

其实,在自然界常见的平原多为混合类型的如湖积冲积平原、洪积冲积平原、湖积冲积冰碛平原、剥蚀海成平原等。

此外,还有规模较小的喀斯特平原,如在我国的桂林以西、柳州、宾阳一带有分布。

(5) 沙丘覆盖的平原

如我国甘肃弱水河东西的沙漠带,柴达木盆地的格尔木,准噶尔盆地的中央部分等。

第三节　高原地貌

高原是海拔高度超过 500 m 的大面积轮廓完整的高地,其地面往往被流水切割较深,所以比平原有较大的起伏,这是高原与平原的区别。高大而切割很深的高原常逐渐转变为丘陵或山地,但一定保留有高程基本一致的或大或小的高原平坦地面,这是高原与丘陵或山地的区别。此外,高原地表的相对起伏却比山地小得多,多变化在 200～500 m 之间。

一、据地貌形体完整性的高原类型

1. 平坦完整的高原

在平坦高原上,沟谷比较稀疏,仅小部分地面被深切成窄谷和陡坡,沟间地区仍是一片宽广的平地。图 6－4a 是甘肃东部镇原县一带的黄土高原—董志塬,地面垂直切割的沟谷在 50～200 m 之间,沟谷的水平密度小,谷缘明显,平坦的高原面保存完好,举目四望,只见莽莽原野,无穷无尽。蒙古高原东西长约 1 600 km,南北宽达 1 000 km,也是一片比较平坦而辽阔的完整高原。这里原是一片平坦的准平原,受到地壳抬升作用,才上升构成这个海拔约 1 000 m 的完整高原。

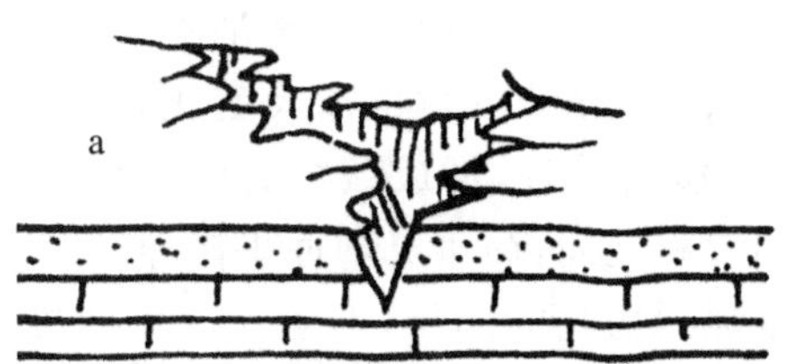

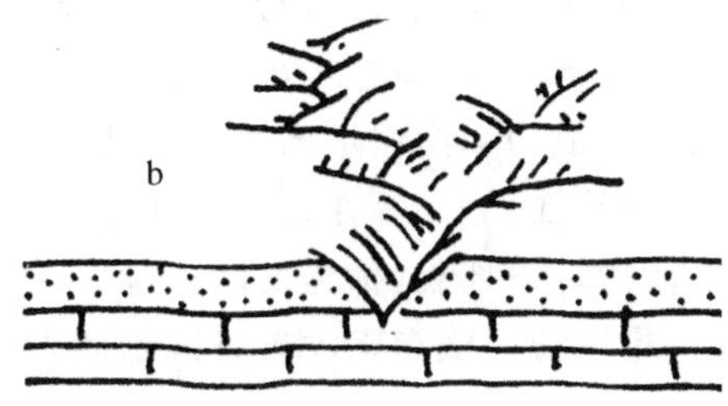

图 6－4　平坦高原

a. 干燥区；b. 湿润区

2. 切割破碎的高原

被切割的高原可能是平坦完整的高原在地壳稳定或者缓慢抬升中，有外力作用长期剥蚀破坏的结果；或者是低山、丘陵地区因构造抬升到一定高度所造成(图6－5)。它往往因断裂、褶皱和火山作用等影响，水流的强烈侵蚀切割，地形垂直起伏较大。黄土高原东部的山西高原就是由于断裂和褶皱作用的影响，以及外力侵蚀，大大地增加了地表的复杂性，出现了许多隆起的山地和深陷的低谷，外力的流水作用再顺着地层的软弱带进行侵蚀破坏，地面就更加崎岖不平。云贵高原东部的贵州高原是我国南方的切割高原，地表海拔约 1 000 m，因深受乌江、沅江、柳江和盘江等江河的剧烈切割，成为“地无三里平”的崎岖地区。其中在石灰岩分布的地区，更广泛地发育了溶沟、石芽、溶斗、落水洞、伏流、石林等岩溶地貌，原来平坦的高原面更受到了严重的破坏。

图 6－5　切割的高原(据美国地质调查所)

我国的青藏大高原是世界上最大的高原之一。其中藏北高原和青南高原是起伏和缓的高原，高原上虽有许多山岭和洼地，不过山岭高出高原面通常都不太大，大多数成为垅岗缓坡的小丘。西藏高原的东南边缘部分地貌发生重大变化，金沙江、澜沧江、怒江等在这里下切为南北向展布的幽深的峡谷，形成独特的山川相互平行的岭谷地貌，称为横断山脉区，但是，在深切峡谷之间，尚可见到原来高原的残迹，足以证明藏东南大峡谷区是西藏高原边缘被强烈切割的部分。

二、据空间位置的高原类型

1. 山间高原

山间高原是周围有山脉环峙的大高原。青藏高原是世界上高度最高，面积最大的山间高原，终年积雪的喜马拉雅山耸立在高原的南部边缘，昆仑山和祁连山绵延不断，是高原北部的天然界限，高原的东边和西边也有重重叠叠的山岭。高原面略向东方倾斜，地势绝对高度一般多在 3 000～4 000 m 或 4 000 m 以上，中心部分更达到了5 000 m。金沙江峡谷切断了高原的东部边缘，造成了高山深谷地貌，青藏高原气候高寒，成为著名的寒漠高原。蒙古高原也是一个山间高原，边缘上北有抗爱山(4 031 m)和肯特山，南有阴山(2 338 m)—北山(2 740 m)—巴里坤山(3 936 m、4 886 m)，东有大兴安岭，西边有阿尔泰山余脉，蒙古高原本身海拔在1 200～1 300m，而高原边缘的山岭都达到 1 500～3 000 m，所以，它也是一个典型的盆地式的山间高原。鄂西南高原(恩施)属于一个小型的山间高原(平均海拔1 200 m)，北有神农架(3 106 m)，西有大娄山(2 251 m)，南有凡净山(2 494 m)。

2. 山边高原

山边高原是位于山地和边缘平原或海洋之间的高原。南美洲阿根廷的巴塔哥尼亚高原便是安第斯山以东的山边高原，它西接安第斯山地，东边以一高达 100～200 m 的悬崖濒临海岸平原和大西洋。

3. 桌状高原

这种高原多突起于紧邻的低地或海洋，四周有悬崖环绕，而没有显著的边缘山地存在。有些较小的桌状高原，只是较大的高原的分割(离)部分。但是，有的桌状高原规模十分巨大，地表形态也非常复杂，例如，非洲高原、阿拉伯高原、西班牙高原、澳洲西部高原、印度的德干高原、冰层覆盖的格陵兰和南极大陆等，都是大型的桌状高原。

三、据内外力和岩性划分的高原类型

1. 隆起高原

原先宽大的平坦低地或海底的平坦地段因地壳运动抬升，就成为隆起高原。蒙古高原就是一个抬升起来的准平原所形成的隆起高原。云贵高原和藏北高原也属于隆起高原。贵州高原的地层大部分已经遭到明显的褶皱和断裂，地貌比较复杂，地势大体上由西向北、东、南三个方向倾斜，在它的边缘坡度相当陡峻，所有公路和铁路都必须绕行而上。藏北高原近期上升运动很剧烈，火山岩分布面积相当广泛，高原的大部分为干寒沉寂的岩原。

2. 熔岩高原

这是由大量的熔岩流堆积成的独特高原（图 6-6）。熔岩流顺着地壳的裂隙溢出地表，漫流到附近广大地区覆盖了一切低地，使原来起伏不同的地表变成一片平坦的高原。熔岩的喷溢往往是多次的，先后不同时期的熔岩流层层相叠，有的熔岩间还夹有沉积岩或火山灰烬。熔岩的柱状节理很发育，所以熔岩高原上多陡峻直立的大峡谷。地表流水常沿熔岩的裂隙下渗，再以泉水的形式出露于谷壁，有时还会汇成河流。我国长白山地中有成片的熔岩高原，其平均高度约海拔 1 200 m，世界著名的大熔岩高原有印度的德干高原与美国西部的哥伦比亚高原。

图 6-6 熔岩流高原示意图

3. 黄土高原

这是冰期时风成的堆积高原。我国西北的黄土高原包括甘、陕、晋三省的广大区域，黄土覆盖厚度约 50～80 m 之间，陇东一带更增加到 100 多m。黄土物质系来自戈壁沙漠，冰期时强烈的西北风把它们吹来，形成了深厚的地表盖层。黄土填没了当地的河谷，掩埋了不高的小丘，造成相当平坦的高原地面。构成自成一格的黄土高原地貌。黄土质松易渗水，下渗的水流带走一些细粒物质，使地面塌陷形成漏斗状洼地。黄土的直立特性良好，沟谷边常见陡壁达数十米，成为十分壮丽的峡谷地貌。所以黄土高原的居民多沿陡壁开掘窑洞居住。

4. 冰雪高原

高纬度地方，地表堆积着厚层的大陆冰，覆盖了原有起伏不平的岩石地面，构成大片平坦的冰雪高原。世界上现存的两个大冰雪高原为格陵兰和南极大陆。冰原的表面平坦单调，时有一些由风雪作用蚀成数米高的冰原石质岛山。冰原上的气候异常寒冷，没有河流，没有深谷和高丘，即使有这些较大的冰雪地貌形成，但缓慢前进着的厚层冰雪又会逐渐填充封闭谷地，吞没高丘，使冰原表面重新归于平坦。

格陵兰的冰雪高原上有山间高原性质，厚冰层都被约束在边缘山地以内，只有一些大大小小的冰舌越过山地缺口，向海岸伸展，进入海岸后就断裂成许多在海洋上飘浮的冰山，有深达千米的裂隙。

南极大陆的冰雪高原几乎占据了整个大陆。冰原的表面从中心向边缘降低，冰层也变薄，并且出现许多深的裂隙。南极大陆冰原的平均高度约 2 000 m，中心部分最高达 3 000 m。南极大陆的冰层一直向边缘的海洋流动，到处形成陡峻的冰陡崖，冰下大陆真实的海岸是看不到的。

第四节　盆地地貌

盆地是周围山岭环峙，中间地势低平的盆形地貌。按照成因，将盆地划分为内力作用形成的构造盆地、外力作用形成的侵蚀溶蚀盆地，前者如四川盆地，后者如贵阳盆地。

大型盆地周围的山岭都是由褶皱和断裂作用上升而成的，中央的低地则是下陷或者断陷的地块。盆地的绝对高度差异很大，青海的柴达木盆地高达 2 700 m，新疆的塔里木盆地高约 1 000 m，四川盆地在 500 m 以下，而吐鲁番盆地则陷落到海面以下，成为低于海面百余米的内陆洼地。盆地的相对高度(即从盆底到四周山地的高度)也有很大的差异，我国的几个大盆地相对高度都大于 500 m。

有的山间高原在外形上和盆地十分相似，甚至骤然不易区分。例如蒙古高原四周有高山环绕而中央地势低平，又称为蒙古盆地。在平坦的盆底上发育微起伏的附加地貌形体，远看好像大海中的波浪，所以也叫做浩海盆地，此外，有一些内陆平原如两湖平原，周围也有山岭环峙，成为盆地的形式，所以也叫做大湖盆地。

盆地周围高、盆坡陡、中央低而起伏的特殊地貌形态，使盆地周围发育的河流都向盆地中央的低地流动，发育向心形的谷地系统。由于河流的侵蚀作用，在盆底形成微起伏的岭谷地貌，例如四川盆地东部的丘陵地貌。盆地近于封闭的地貌大大阻碍了海洋湿润气团进入，所以许多内陆的大盆地，如我国的柴达木盆地、塔里木盆地和美国西部的大盆地等，都成为有名的干燥或半干燥的地区，风力与流水的共同作用发育成各种沙丘地貌、砾漠、岩漠地貌。下面介绍世界上几个大型盆地的地貌特点。

1. 塔里木盆地地貌

它是世界上最广大的内陆盆地，东西长达 1 500 km，南北最宽处有 600 km。盆地的海拔高度在 800～1 400 m 间，地势大致从西南向东北倾斜，盆地的四周有高山环峙，天山绵延于北，昆仑山构成南缘，西是帕米尔高原，东南有阿尔金山。这些大山和高原都高达 3 000 m 以上，成为盆地四周显著的天然屏障(图 6－7)。再加上塔里木盆地深居大陆内部，从盆地中央到海洋的距离远在 2 000 km 以上，海洋湿润空气很难进入盆地，所以气候特别干旱少雨。

塔里木盆地地貌的基本轮廓呈现显著的环带状结构。从盆地的四周到中央，有四个十分不同的地貌带，即高山带、山麓砾石带、边缘绿洲带和中央沙漠带。高山带环峙于大盆地的周围，成为盆地的天然障壁。高山雨雪比较丰富，所以气候也比山下盆底湿润。山顶冰雪融水和雨水顺坡下流，集为河流，向盆地中汇注，给干燥的盆地带来了宝贵的水源。暖季高山冰雪融化，各河涨水，冷季大雪封山，河水顿减或干涸。这些河流从高山而来，到达山麓带以后，流速骤然变慢，所挟带的泥砾石大部堆积下来，造成了山麓砾石带。砾石带的宽度在山麓各地变化很大，大致在天山南麓各地约 8～15 km，在昆仑山北麓一带约 30～45 km，那是因为昆仑山山高、冰雪多、河流大的缘故。砾石层的厚度大约有 2～3 m。河流在砾石带上流过时，河水多渗入砾石层中，变为地下伏流，砾石带由于缺水，土壤薄、植物少，成为砾石荒漠景观。绿洲带位于砾石带的外缘，许多绿洲点状排列成不连续的环带。河流进入绿洲带后，流速已经非常缓慢，所挟带的细粒泥沙堆积下来，构成肥沃的冲积土。地下伏流到绿洲时也重新出露地表，便于开渠引水灌溉，多成丰美的水草和耕地。绿洲是塔里木盆地中最精华的地方，盆地内大小绿洲约有 100 多处，南疆重要的城镇如若羌、于田、和田、阿克苏、喀什、莎车、疏勒、库尔勒等，都建立在绿洲中。中央沙漠带是一片不见人烟、平沙无垠的广阔沙漠区。其中最大的塔克拉玛干大沙漠位于盆地中央偏西部，东西长达 1 000 km，南北宽约 500 km，面积约 37 万km^2。其境内一片沙海，流沙游移不定，沙层很厚，沙丘纵横，最高的达100 m。沙漠中央水分奇缺，没有生物，但塔里木河两岸则生长柳树、中国梧桐，成为疏林

(走廊林)地带。白龙堆沙漠位盆地东部,地面为拳头大砾石构造,为砾石戈壁。罗布泊位于以上二者之间,地面多盐滩,泥质的表土干裂,几乎没有植物。罗布泊附近地势非常低洼,海拔约 780～795 m,湖泊的位置与面积时常变动,塔里木盆地是典型的干燥盆地,其地貌上的分带性规律十分典型。在天山山地中的吐鲁番盆地和哈密盆地中也可以看到这种景象。

2. 吐鲁番盆地地貌

这是一个面积相对不大的干燥盆地,东西长约 250 km,南北宽约 160 km,因其中约有 4 050 km^2 的地面低于海平面,所以特别著名。冰雪晶莹的博格达山屹立在盆地的北方,罗塔格山屏障于盆地的南缘,盆地的中央因为陷落很深,所以底部特别低洼。从盆地中的鲁克城北望博格达山,垂直高差达 5 000～5 500 m。爱丁湖位于洼地中心,湖面低于海面 283 m,湖水的深度约有 50 m,所以湖底低于海平面 333 m。吐鲁番盆地的山麓地带有一系列绿洲,其中著名的有吐鲁番、鄯善、努克沁、托克逊等大绿洲,为天山山地中主要的耕作区。盆地的中心,由于气候极端干热,大部分成为大盐滩,夹有小片沙漠。

3. 四川盆地地貌

四川盆地是震旦纪以来唯一稳定的大型拗陷区。四川盆地位于长江上游,是世界上湿润气候下外流河最典型的盆地,周围有高山环绕,中心低平,盆地地貌极为完整。大巴山屏障于北,高度约 1 000～2 000 m 不等。大雪山纵列于盆地西缘,高达 3 000 m 以上。东为川鄂交界的巫山山脉,长江在此切为壮丽的长江三峡谷而东流。南缘为贵州高原边缘的娄山山脉。盆地内部整个轮廓如一菱形、广元、雅安、叙永和奉节为其 4 个顶点。境内地表平均高度约 500 m,地势的相对高差不大,多为缓岭浅谷的丘陵地貌。盆底略向南倾,四川的四条大川嘉陵江、涪江、沱江和岷江都由北向南注入靠近南缘脚下的长江。盆地内白垩纪紫红色的砂岩和页岩分布很广,颜色鲜艳,所以四川盆地也叫红色盆地。叠加于盆地内的次一级地貌并不完全一致,大致分为川西冲积扇平原、川中方山丘陵、川东为东北—西南向平行岭谷。盆地西北角有岷江从松潘山地流来,至灌县出山,由于冲积作用,形成了肥沃的川西沃野千里的成都大冲积扇平原,其半径约 60 多 km,面积约 6 000 km^2。川中方山丘陵发育于白垩纪的红色砂页岩层的基础上,由于岩层产状平缓,经风化和侵蚀破坏形成平顶的方山地貌。川东的合川和万县之间有一系列平行的东北—西南向褶皱山地,高度一般都在 1 000 km 以下,最高峰为 1 704 m(华　山脉的宝顶)。一般来说背斜山、向斜谷相间组合,但背斜轴部凡有三叠纪薄层灰岩出露的地方,经流水侵蚀与溶蚀多发育为槽谷,而双翼部分因有侏罗纪的石英砂岩造成猪背山。长江和嘉陵江横切川东平行山地形成许多著名的峡谷,如沥濞峡、温塘峡、观音峡三峡被称为嘉陵小三峡，可与长江三峡比美。四川盆地的地貌条件十分优越，为发展生产提供了良好的条件。高大的秦岭与大巴山双重屏障于北，阻挡了冬季南下的寒潮，使四川常年温暖，生物生长期比长江中下游长，盛产副热带果蔬。盆底虽有丘陵起伏，但地貌面坡度不大，土地利用资源很好，到处梯田错落，绿野连片，素称“天府之国”。地下的盐、煤、铁和石油等资源也很丰富。盆地东部山地高低参差，盆地封闭并不严密，夏季太平洋湿热气团可以沿长江河谷长驱直入，降水丰富，作物生长良好。长江东流，一泻千里，将盆地与长江中下游平原连接起来，沿江城市如万县市、重庆市、泸州市等均背山面水，风景美丽，山城兼河港，交通运输方便。所以四川盆地是我国建设西南的重要基础，工、农业发展均有广阔的前途。

4. 刚果盆地地貌

这是赤道非洲高原上的一个大盆地，盆地四周没有高山环峙，实际上是一个高原上的宽广而浅的盆地。周围的高原面海拔约 500 m 以上，而盆地中心在 200～500 m 间。因为盆地正处于赤道，气候非常湿热，没有干季，中心生长赤道雨林。刚果河贯穿中央，河谷宽广，可通轮船。但盆地口有一系列急流瀑布，妨碍了盆地内与海洋之间的直接通航。

5. 美国西部大盆地地貌

美国西部内华达山和落基山之间有一个大盆地，由于盆地地貌比较典型，所以叫做“大盆地”。大盆地中有许多断层岩块所形成的南北列的山脉，把整个盆地分隔成几个部分，造成大盆地中又包含着若干小盆地的复杂地貌。大盆地西部有内华达山阻挡，太平洋的湿润气团难以进入，所以当地气候相当干燥，雨量十分稀少，地面河流常在流动过程中就大量蒸发而干涸，所以大盆地中的河流都是内陆水系，山地破坏物质不能搬运入海，在山地之间堆积成厚达 300～1 000 m 的地表覆盖层。大盆地中也有数个浅水湖，湖水蒸发十分强烈，所以含盐量极高，如著名的大盐湖，估计含有盐类约 4 亿 t。但也有一些位置较高的有排水口的湖泊(如犹他湖)，湖水则保持新鲜清澈。

盆地类型分为两种：构造盆地，褶皱构造盆地(庐山的三逸乡盆地)、断陷构造盆地(吐鲁番，柴达木，塔里木，四川盆地)；侵蚀溶蚀盆地、岩溶盆地、花岗岩盆地。

第五节　大陆边缘地貌

大陆边缘是环绕陆地的海洋水下部分，是大陆的自然延伸部分，与大陆的大地构造和地质构造是一体的(图 6 - 7)。

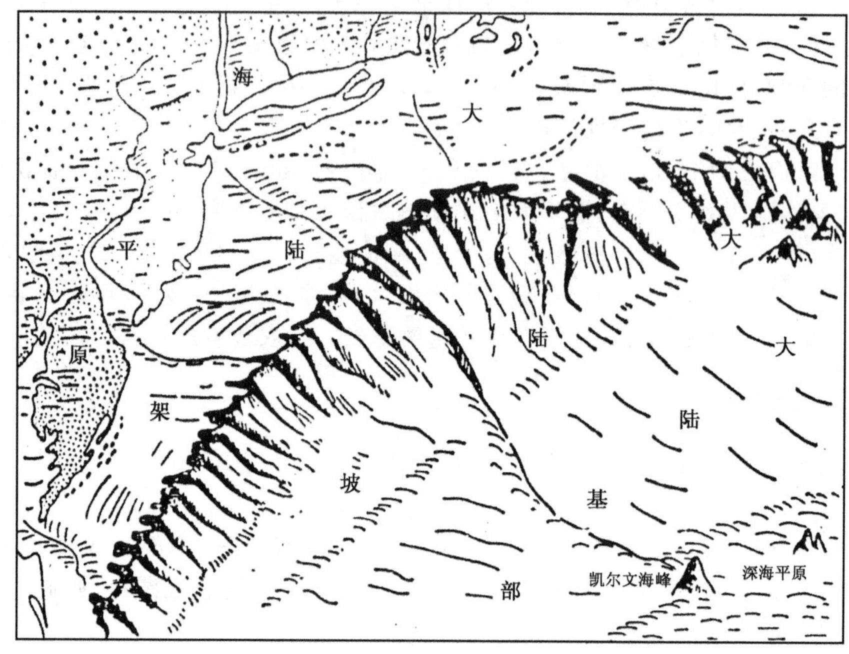

图 6-7　大陆边缘地貌组合

一、大陆架

大陆架又称大陆棚、大陆浅滩、大陆裙、大陆平台，是大陆边缘的水下平台，在地质构造上属于大陆的自然延伸部分，第四纪低海面时曾成为陆地的组成部分，大陆架上的许多海底地貌与现代陆地地貌有类似的成因和形体特征。它是大陆边缘在海洋水面以下的延续部分，在形态和地质构造上仍属于大陆的一部分。水深一般为−200～0 m，平均坡度约 30′～1°，坡降不超过 1.5‰。大陆浅滩表面平缓，逐渐地向海洋深处倾斜，从这个意义讲，它包括前述(第三章海岸地貌一节)的水下岸坡一部分。但是，局部地段外缘可达−500～−600 m。世界各地的大陆架浅滩宽度不一，它与沿岸陆地地貌有密切关系。大体上，在沿岸陆地多山的地方，岩岸陡峭，大陆浅滩宽度较小，坡度稍大，如南、北美洲的西岸，我国台湾省东岸。沿岸大陆是平原的地段，大陆浅滩宽度较大，坡度较小，如亚洲、南、北美洲的东岸。大陆浅滩最窄处不足 1 000 m，最宽处(如北冰洋)可达 1 000 km。我国沿海的大陆架是世界上最宽广的大陆浅滩之一，宽度由 100～500 km，水深一般在−50 m 左右，最深近−180 m。大陆架地貌主要是平原地貌。

大陆架底上沉积着许多来自陆地的砂砾、泥土(砂岸附近较多)和碎石(岩岸附近较多)、生物遗骸等物质,这些沉积物的分布,一般都具有分选性,愈近大陆,颗粒愈大且愈复杂;距离海岸愈远,颗粒愈小愈单一。

大陆架在人类经济活动上有重大意义。大陆架,海水很浅,阳光可以直射水底,从陆地上运移的有机物多,所以生物繁盛,鱼类众多,成为水生物资源最大的宝库。因此,渔业生产一般都把大陆浅滩作为渔场,世界上几个著名的大渔场,几乎都分布在大陆浅滩上。我国的渤海、黄海、东海几乎全部位于大陆浅滩上,总面积约有 43.6 万平方海里,几乎占全世界渔场面积的 1/4。

关于大陆架的形成,挪威科学家认为是第四纪冰期海面较低时,被外力侵蚀、堆积夷平的大陆边缘,在冰后期由于大量冰川融化,引起海面上升,原大陆边缘被淹没所造成的,因为在大陆架上找到了古代河流网的踪迹,在西伯利亚大陆浅滩发现了勒拿来河等河流的水下延续部分,一直通向遥远的北冰洋深处。我国的珠江、欧洲的易北河、非洲的刚果河等大河的河口,在大陆架的表面上都延续了一段距离。

大陆架上常常分布着一些水下阶地,它是呈带状沿着海岸线分布,这些阶地的表层为海相物质,而其下部则为河流相物质,有时为冰川相物质,这也证明大陆架曾是滨海大陆的一部分。在我国山东半岛以南至长江口以北有一级 −40 m 以下的水下阶地,在浙、闽一带则有 −80 m 以下的水下阶地。

二、大陆坡

大陆坡是大陆架的外缘,低于大陆架边缘的一般比较狭窄的海底地带,是大陆架与海洋底的过渡地带。其深度在 −200～−3 500 m 之间,有的深达 −4 000 m;大陆坡倾斜角一般在 4°～7°之间,常常是 15°～20°;面积占世界海洋面积约 12%。大陆坡犹如一条裙带围绕着大陆架(图 6 - 8)。

在大陆坡上常有海底峡谷存在,海底峡谷的横剖面呈陡峭而狭窄的 V 形,纵剖面呈阶梯状下切深度达 −2 000 m,谷地长达数十至数百千米。海底峡谷大部分是由断裂引起的巨大裂隙,经海底水流强烈冲刷扩展形成。很多海底峡谷有支谷,许多峡谷是弯曲的,但更常见的是呈直线形。

大陆坡的形成主要是地壳的断裂,目前海岸地震的震源绝大多数在大陆坡地区,与此同时,常发生剧烈的海底运动。

三、大陆岛

大陆岛是大陆架、大陆坡上突起的岩体出露水面的部分。由于受到地球内力作用的影响,一部分大陆断裂或沉陷被海水所淹没,于是形成了外形与大陆脱离的小型陆地——岛屿,而这些岛屿在地质构造上与邻近的大陆仍有紧密的联系,有的甚至基础仍与大陆相连，如马达加斯加岛、斯里兰卡岛、纽芬兰岛、爱尔兰岛、台湾岛、海南岛等。

1. 冲蚀岛

冲蚀岛一般分布在离岸不远的地方，它的高度与被分隔的大陆高度一致，其海岸多为冲蚀岸，有海蚀悬崖等侵蚀地形，在悬崖之下也有海滩的堆积地形。冲蚀岛上时常发生崩塌现象，崩塌下来的岩块堆积在海岸下面，起了保护作用，使冲蚀岛的岸不致很快被蚀退。

2. 构造岛

它是一种分布很广泛的地形，它们常常成群并立，有时也有单独的存在，构造岛位于大陆架和大陆坡范围以内的地区，也是大陆的组成部分。构造岛是由于陆棚地带构造隆起，或者是原来与大陆相连的低地或海峡下沉所致，或由于发生海侵作用，淹没了低地，而较高的山丘出露水面形成了岛屿。构造岛上也同样发育着各种海蚀及海积地形，构造岛在地质地貌上与大陆具有相同的发展历史，例如，台湾岛、琉球群岛、海南岛、不列颠岛、北极岛、北美群岛、舟山群岛。

四、大 陆 基

大陆基同大陆架和大陆坡一样，是大陆水下边缘的最大地貌形态。大陆基在大多数地区表现为倾斜平原，它与大陆坡的麓部连接，并呈数百千米的带状延伸，于大陆坡麓部与大洋底之间。位于大陆坡麓以下，坡度最大为 2.5°，随着海洋深度增加逐渐变缓，并结束于大约－3 500～－4 500 m 的深处，因此，事实上为一向洋中心部分的倾斜平原，当沿走向即沿着大陆坡基部穿过平原表面时，该表面呈轻微的波状起伏，在有些地区为巨大的海底峡谷所切割，大部分平原表现是由位于大型海底峡谷口附近的冲积扇(锥)形成，由此也可以归入大陆地貌区域。在大陆基横剖面的上部，存在典型的丘陵——盆地地貌。

在个别地区，大陆基表现为很深的洼地，最大可达－5 500 m，呈狭窄的带状与海地高原基部相连接。这是因为，大陆基深部还表现为未被沉积充填的典型的构造坳陷。而在地中海西部、大陆基表现为丘陵地形或低山地形。

第六节　洋 底 地 貌

海洋底是海洋的主体，深度在－2 500～－6 000 m 之间，洋底的地势是起伏不平的，地貌也是多种多样的，有山脉、盆地，有一些截圆锥状的高地。

一、洋底地貌形体

1. 海沟地貌

深海沟是地壳断陷的狭窄的裂谷，现今已知有 35 条海沟，太平洋有 28 条。有 5 条海沟深度超过 −10 000 m，其中马里亚纳海沟深度超过 −11 000 m。海沟的横断面近似 V 字形，但仍存在平坦的底部带（尽管是狭窄的）。海沟斜坡的坡度向底部加大；斜坡上部的坡度为 5°～6°，而下部则达到 25°，斜坡呈阶梯状，满布海底峡谷。有些海沟的深度比较小，一般在 −7 000 m 左右，如新几内亚海沟的深度小于 −7 000 m，爪哇海沟深度小于 −7 500 m。

2. 岛孤地貌

岛孤是沿海沟向深海一侧的巨大山脉或山系。若把海沟看作地壳坳陷，那么岛孤就是由于过去的地壳坳陷时的褶皱作用和地壳上升的结果而产生的海底背斜隆起。岛孤中有中心喷发型的现代火山。岛孤上的火山分布从属于一定的规律，常常被横向或接近于横向的深断裂所分割，断裂往往表现为极深的裂谷地貌。正是在岛孤与这些断裂相交的地方分布着最大的活火山。

在许多情况下，岛孤成双列系统，分为内孤岛和外孤岛，彼此平行，两者之间为洼地。

3. 海盆

面积巨大而近似圆形的凹地，深度在 −4 000 m 左右，成半封闭或隔离状，各个盆地之间的深水交流几乎停止，因而在各个盆地中存在着完全不同的鱼类。盆地底部具有最典型的大洋地壳，具有小起伏的地貌形体。

4. 中央海岭

中央海岭又称洋中脊或海底山脉。沿经线或接近经线方向延伸的地壳隆起，它们又被外形清楚的深度很大的裂谷所分开（形体类似于背斜谷将背斜山分开为两列单斜山），这些裂谷底部平坦，边缘陡峭，沿中央的海岭纵向延伸，又称为中央裂谷。

各中央海岭形成统一的全球系统，海岭中个别山体出露海面成为岛屿。在中央海岭地带进行着强烈的造山作用过程，海洋地壳的更新过程。

5. 平顶山峰

它是一种各自孤立的隆起性地貌，顶部如切平圆锥，外形如一巨大的圆台锥体，存在于水下－3 000 m、－1 500 m两个高程带内，但大小有明显差异。

二、世界四大洋洋底地貌

1. 北冰洋底地貌

北冰洋开始于美洲北部、格陵兰一直到新西伯利亚群岛区的西伯利亚大陆架。由埃斯米尔岛的大陆架又分出另一个隆起——阿尔法海底高原，它过渡为门捷列夫海岭。在大洋的西伯利亚部分，该海岭同东西伯利亚海的大陆架连接起来。

在这两个北冰洋地的地貌单元之间分布着底部平坦的海盆，其最大深度约为－4 000 m。在门捷列夫海岭和阿拉斯加大陆架之间分布着另一个大盆地——波弗特海盆，其最大深度为－4 680 m。在阿拉斯加大陆架附近，发现有几个不大的高地，其中包括波弗特海岭，其深度为－909 m。波弗特海盆底部的其余部分是平坦的。

北冰洋的欧洲——西伯利亚部分，分布着具有强烈切割的加克耳海岭；许多单独的延伸短的海岭被深陷的裂谷分开，这些裂谷沿海洋轴部呈雁行状分布。这些谷地的深度一般为－5 335 m。这部分洋底还具有地震中心集中的特点。加克耳海岭是大洋中央海岭系的最北的一条，它伸向斯匹卑尔根群岛以南，并在那里转变为大西洋中央海岭。

罗蒙诺索夫海岭和加克耳海岭之间的盆地，北极点位于此盆地范围内，极点的深度为－4 316 m。由加克耳海岭向南分布着另一个盆地，它称为南森海盆，其深度为－5 449 m。两个海盆的底部地形平坦。

2. 大西洋洋底地貌

大西洋底部地貌的核心地形单元是大西洋中央海岭，它在大西洋范围内自北端的斯匹次卑尔根群岛地区延伸到南纬650的地方。海岭的走向多变化，但整体上接近于南北向，但赤道地区除外，在赤道它在一定距离内接近于东西向。该海岭的宽度在南大西洋达到2 500 km，但自冰岛向北，缩小到300 km。大西洋中央海岭的相对高度达4 000 m。

大西洋中央海岭从形体上看，称为山地或山原较为正确，因为它是由多个山脉、山岭、纵向凹槽和低洼地组成的。海岭的裂谷带具有切割程度和反差性最大的地形，它是个复杂的地垒山岭和狭窄的地堑（裂谷）谷系统，地堑的深度为－5 000～－6 000 m左右。同切断海岭的断裂带有关的狭窄的横向凹地，使裂谷带的地形更加复杂化，又使大西洋中央海岭侧翼的地形更加复杂化。

同其他的中央海岭一样，大西洋中央海岭具有裂谷带类型的地壳，其特征是密度大，莫霍面模糊。在海岭的裂谷带内，除玄武岩外，还分布有超基性岩——橄榄岩、纯橄榄岩。

地震中心均分布在裂谷带内。在东西向和近东西向断裂所穿过的海岭地段，震中最为集中。这样的断裂之一穿过了亚速尔群岛区内的海岭。现代火山作用表现活跃即与之有关。

在海岭的近赤道部分，发现有大量的彼此平行的横向断裂。被这些断裂切开的海岭各段，彼此相对位移十甚至数百千米。这些位移就是大西洋中央海岭在赤道的一段具有接近东西走向的主因。

海岭的侧翼也具有强烈分段的山地地形，而且表现出中心喷发型的现代火山作用。雷克雅内斯海岭（连接冰岛的中央海岭部分）、特里斯坦—达库尼亚群岛的火山，便是分布在海岭翼部和裂谷带内的最大现代活火山。

大西洋的洋底沿中央海岭的两侧由大洋型地壳构成。在被地壳厚度大的海底高地和海岭分开的大型洋盆下面，地壳的厚度最小。如图 6－8 所示。

图 6－8　大西洋洋底地貌

北美海盆中部的百慕大高原为地垒-台背斜形式，东南坡陡峭，西北坡缓和。在高原的构造中清楚地表现出断裂构造。陡坡被海底峡谷型的深凹槽所分割，这些峡谷大概是朝海盆一方张裂的狭窄的地堑。整个断裂网也表现在高原表面的地形上，在断裂相交的地方矗立着海底火山。一组最高的火山构成了由珊瑚石灰岩组成的百慕大群岛的基底。珊瑚石灰岩是叠加在海底火山顶上的珊瑚形成体。

大洋盆地底部的结构是相当单一的。大西洋的第一个海盆地貌可分出两种基本的地貌类型。盆地底部的大部分面积是丘陵地形，垂直分割强烈，平均高度为250～600 m，在有些情况下达到1 000 m。这种类型的地貌叫做“深海丘陵地形”。一种是倾斜极微的完全平坦的地区，盆地底部的小部分面积几乎是理想的夷平面，称为平坦深海平原。它们通常不是分布在盆地的最深的地段，而是在靠近大陆坡和大陆基的地段。地震研究证明，平原上的沉积层的厚度很大，可达15 km，而在深海丘陵范围内，沉积层的厚度只有几百甚至几十米。

深海丘陵的成因与火山过程有关。根据H. W. 梅纳德(H. W. Menard)的臆想，它是埋藏在沉积物下面的部分饼状火山小地貌形态。在大洋地壳厚度很小的情况下，在其发生拗陷时形成断裂网，沿这些断裂发生火山现象。当岩浆作用停滞后，便发生岩盖或盾状火山体局部埋藏于海底沉积层的下面的现象。

3. 印度洋的洋底和中央海岭地貌

与北冰洋和大西洋不同，在印度洋中不是有一个，而是有几个中央海岭：西印度洋海岭、阿拉伯—印度海岭、中印度洋海岭——它在阿姆斯丹特岛以东转入澳大利亚—南极海岭(图6－9)。除澳大利亚—南极海岭以外，所有的海岭在构造上与大西洋中央海岭极其相似。

印度洋的中央海岭和大西洋一样，不仅背斜被具有裂谷构造的纵向断裂所切开，而且为横向断裂所切开。但占优势的是南北走向断裂，而不是东西走向的断裂。印度洋的最大深度－6 400 m处与切开阿拉伯—印度海岭南部的这些近东西向的断裂之一有关，称为维马断裂。在澳大利亚—南极海岭中部查明了一个宽阔的构造破碎带。它表现为南北向短山岭和凹地的复杂体系。

除中央海岭外，在印度洋中还有几个具有大洋型地壳构造和断块构造的大型山脉。其中最大的东印度洋海岭，它起于孟加拉湾南部，止于中印度洋海岭附近。这一巨大的山系(长度大于乌拉尔山脉)是在20世纪60年代初发现的。

这里我们还要提及两个大型的断裂山脉——位于印度洋西部的马尔代夫海岭和马达加斯加海岭。其中马达加斯加海岭很可能是大陆构造，而且是马达加斯加地台的沉没部分。在马达加斯加岛和阿拉伯—印度海岭之间，分布着在平面上呈弧形弯曲的马斯克林海岭，它在北部(塞舌尔群岛区)具有大陆型地壳。根据一些

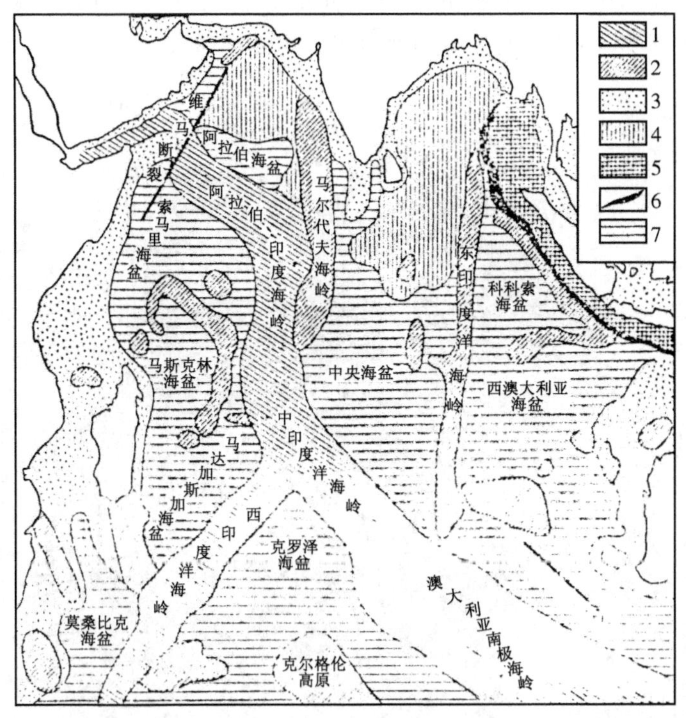

图 6-9　印度洋的洋底地貌

1. 中央海岭；2. 海岭和隆起；3. 大陆的水下边缘；4. 巨大的浊流冲积锥；5. 过渡带的岛弧和盆地；6. 裂谷；7. 大洋盆地

研究人员的推断，这是过去曾经统一的南半球大陆——冈瓦纳古陆的碎块，该大陆还在中生代初就把我们的星球所有南部大陆联合了起来。根据另一些研究人员的观点，这是发育不充分的大陆。

在印度洋最大的地貌单元中，还要提到火山高原克罗泽和克尔格伦。前者是典型的大洋形成体，后者则是南极大陆地台远远伸向北方的突出部分。

印度洋各盆地底部的最大特点，是具有深海丘陵地貌。平坦的深海平原仅仅占有底部的很小的面积。

4. 太平洋洋底地貌

太平洋的面积几乎占整个世界大洋的一半，这里分布有最为多种多样的洋底巨地貌。太平洋的中央海岭（它有两条——南太平洋海岭和东太平洋海岭）在构造上类似于澳大利亚—南极海岭；其宽阔的侧翼地形分割较弱，而轴部地带的裂谷构造不像在大西洋中央海岭或阿拉伯—印度海岭中的表现明显。太平洋中央海岭构造的最大特点，与横向切过它们的巨大断裂有关。中央海岭按这些断裂分布一系列外形像立方体的区段，它们彼此相对地向侧旁错动(图 6－10)。太平洋的中央海岭构造的地球物理特征，与上述其他中央海岭相类似。

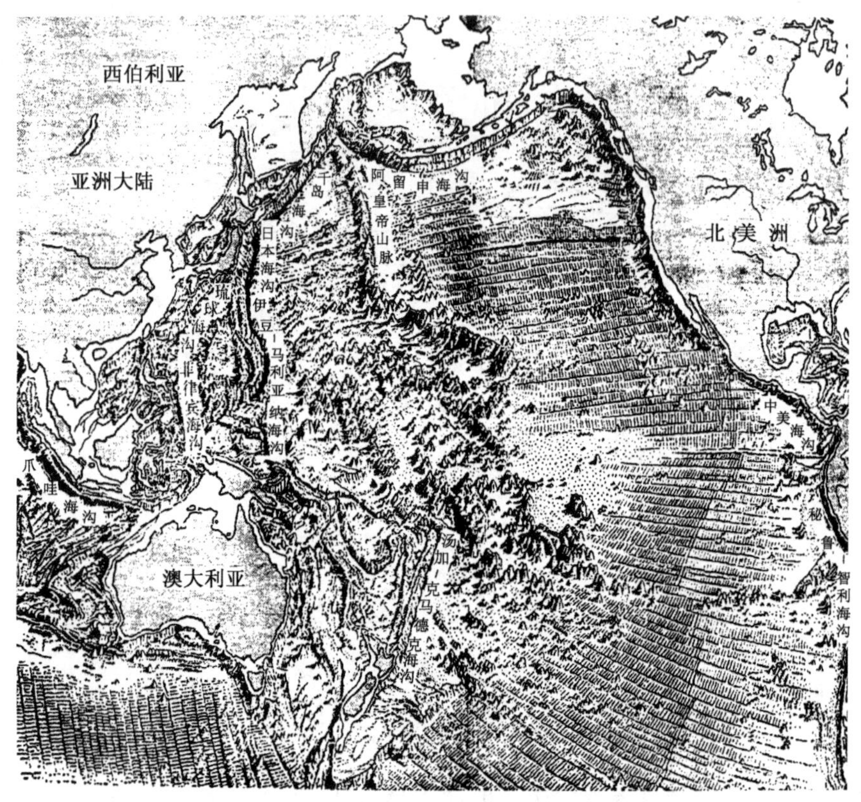

图 6－10　太平洋洋底地貌

在南纬 30°和 40°之间，由东太平洋海岭向东南分出西智利海岭，它具有裂谷构造，存在地震活动，并表现出火山作用，因此可以假定它是中央海岭系的支脉。东太平洋海岭的轴部地带内，在赤道以北开始出现裂谷构造的特点。

加利福尼亚湾是裂谷构造向北美大陆西部边缘过渡地段上的裂谷带。无论南太平洋海岭的地壳还是东太平洋海岭的地壳，都是裂谷带型的。

太平洋底呈线状延伸的其他地貌单元，具有大洋型地壳。它们是长垣的形式，在其顶部分布着火山，它们往往形成完整的火山链。这类山体在长度、高度和大洋型火山作用的规模最大的是夏威夷海岭。这些海岭的火山是饼状的，由喷出的基性组分的岩浆组成。

在太平洋中也分布着海底长堤，其顶部矗立着平顶山，它在形态上是顶部被切掉的锥体。最有特点的平顶山是马尔库斯—内克尔长堤，沿东西方向由夏威夷群岛的南部向西延伸至贝宁和硫磺列岛。许多平顶山的顶部上方的海水深度达－2 500 m，平均为－1 300 m。一些科学家推断，这样的深度表明了平顶山下沉的事实，因为假定洋面在过去有过如此显著的下降是没有根据的(图 6－11)。

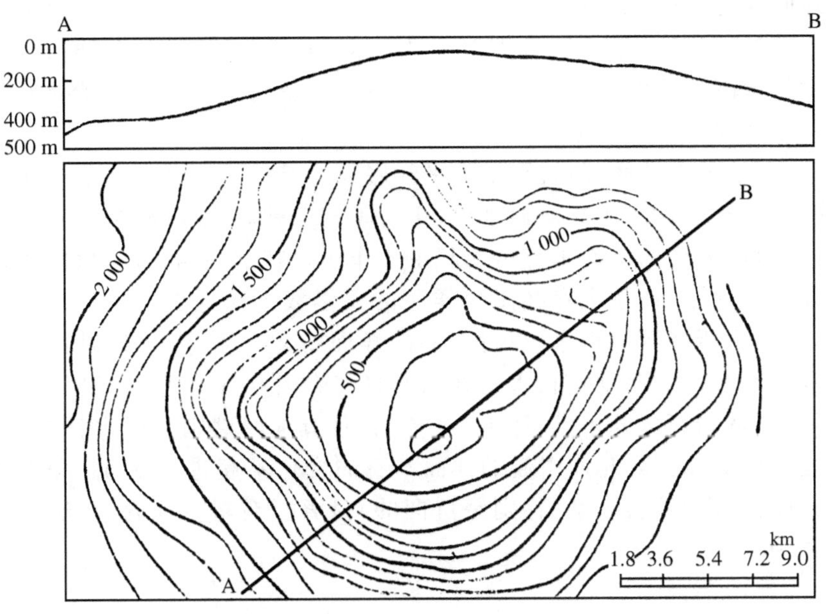

图 6－11 厄尔本(Erben)平顶山(上图是平顶山沿 AB 线的断面)

另一种洋底拱形隆起具有珊瑚建造体(环状礁或环礁)的顶部。根据地球物理研究的资料，作为珊瑚礁基础的山也是火山生成物。有趣的是，无论顶部为火山链或平顶山或珊瑚礁的大部分洋底拱形隆起，都分布在复活岛地区到西北海盆穿过太平洋的广阔地带内，即呈自东南向西北的延伸。根据 T. 梅纳德的意见，大洋隆起是古中央海岭的残体，该海岭在白垩纪末至早第三纪初由于强大的构造作用而遭到破坏。沿深断裂发生了猛烈的火山喷发，然后海岭的大块地段又经历了下沉，形成了盆地、山岭、火山、平顶山和珊瑚环礁的复杂组合——太平洋底中部和西北部的特别复杂的地貌。根据梅纳德的计算，它比构成不列颠哥伦比亚和德干熔岩高原的喷发物总量要大几十倍。火山喷出物的总量，说明了当时火山过程的规模。在水下山脉的山麓(存留下的中央海岭残体)附近，由火山物质形成了深海倾斜平原形式的山裙，称为岛状山裙。这些山裙是太平洋洋底盆地边缘部分的特殊地貌类型之一。

由于太平洋底部几乎处处被深海沟与大陆隔开，所以由陆地进入太平洋的陆源物质很少。结果，太平洋中底部的沉积物厚度小，处处是深海丘陵地貌。仅在阿拉斯加湾范围内，有广阔的深海平原，但就是在那里也散布着许多平顶山。此外，还有太平洋的沿南极盆地—别林斯高海盆的大部分为宽广的深海平原所占据。深海平原的广泛发育也是印度洋和大西洋的沿南极盆地的特点。这与自南极冰原流出的冰形成的浮冰——冰山带来大量陆源物质有关。

在太平洋底部,非常明显地表现出长达数千米的东西走向的深断裂。它们在大洋盆地底部的地貌中表现为自西向东延伸的狭窄断块地垒山脉和伴随它们的地堑凹地。断裂还穿越东太平洋和南太平洋海岭,同时,如前面已经提到的,海岭的各段彼此相对错动了数百千米。因此,在太平洋以及在大西洋中,都存在地壳的大规模水平运动的无可争辩的标志。

但是,在整个大洋底部,特别是太平洋底部的巨地貌发育中起主要作用的是地壳的垂直运动。对于中央海岭来说,正向垂直运动起主要作用;而对于大洋底说来,则是负向地壳的负向垂直运动起主要作用。特别应当指出,负向垂直运动不仅存在于盆地中,而且也存在于大洋底的大多数正向地貌形体中。这一点的证明是,平顶山所在深度很大,超过可能的洋面变化幅度几十倍,以及构成洋底环礁的珊瑚石灰岩的厚度也很大。在太平洋某些环礁上的钻探表明,珊瑚堆积体的总厚度,从始新世开始,即达到 1 400 m,而造礁珊瑚则只能生长在 50 m 以内的深处。由于冰盖融化而引起的洋面本身的变化不超过 110 m。深水钻探的资料也证明洋底的垂直运动(特别是负向的)显著。在新生代内,洋底下沉的平均值大约为 1 000 m。

第七章　数字地貌系统

数字地貌系统 DLS(Digital Landform System)是地貌形体及其空间组合的数字形式,是数字地球及其地理信息系统(Digital Terrain Model)的基础内容之一和分支系统。数字地貌系统包括数字高程模型、数字地貌模型、地貌系统数字信息知识库。数字高程模型是数字地貌系统的重要基础和核心,数字地貌模型是一维、二维、三维、四维空间地貌的可视描述和模拟,数字地貌信息知识库集成各类地貌数量信息和属性信息、各种地貌形体类型的特征信息以及数学模型、影像信息。

第一节　数字高程模型

20 世纪 50 年代出现计算机后,提出了地球信息数字化这一新概念。地理物体的数字表述和模拟研究成为地理学新的技术和方法,提出了"计量地理学",着力于地理要素的多元统计分析、随机过程研究。数字地面模型 DTM(Digital Terrain Model)是美国麻省理工学院米勒(C. L. Miller)教授为了道路工程的计算机计算于 1956 年提出,它被用于道路工程的面积、体积、坡度的计算,任意两点间可视性判断及绘制任意断面图。数十年来,数字地面模型在测绘和遥感、农林规划、土木水利工程、地学分析以及地理信息系统等各个领域得到广泛深入的研究与应用,发展迅速。

一、数字地面模型

数字地面模型 DTM 是地表自然和人文多种信息的数字表示,$[(X_i, Y_i, Z_i) \in D]$是资源、环境、地价、土地权属、土壤类型、人口分布、交通线、聚落等多种信息的定量或定性描述,是地面物体和现象的离散表达。严格地说,DTM 是定义在某一区域 D(District)上的 n 维向量有限序列:

$$\{V = V_1, V_2, V_3, \cdots, V_n\}$$

其向量 $V_i = (V_{i1}, V_{i2}, \cdots, V_{im})$ 的分量为地貌,若只考虑地貌的绝对高程(简称为高程)分量,通常称其为数字高程模型 DEM(Digital Elevation Model),$[(X_i, Y_i, E_i) \in D]$DEM 是地面高程的离散表示。

二、数字高程模型

数字高程模型 DEM 是表示区域 D 上地形的三维向量有限序列 $(V=(X_i, Y_i, E_i), i=1,2,\cdots,n)$,其中$(X_i, Y_i) \in D$ 是平面坐标,E_i 是对应(X_i, Y_i)的地面高程。地形图的等高线地貌模型是用离散的线的组合表示地面起伏和高度,具有可量测性和直观的立体效果,认为是表示地貌数量特征和形体特征最佳的技术方法。但是,缺点也是明显的,人工量算的速度慢、精度低,量算数据的统计分析、统计图表制作,量算成果的可视化图形编制需要人工进行,数据保存及其再利用都较为困难,等等。DEM 作为地貌高程信息的一种数字表达形式,有着无可比拟的优越性。从数字高程模型可以应用计算机自动地计算和派生描述地表起伏形态的各种数字特性,例如相对高度、坡度、面积等。

所有地貌因子,以及它们的线性和非线性组合的空间分布的总和,称为数字的地貌模型(总体)。坡度、坡向、坡长、坡高等这些特征数字为坡面数字地貌因子,它们各自的空间分布可称为相应地貌因子的单项数字地貌模型。数字高程模型是零阶单纯的单项数字地貌模型,是数字地貌模型总体的基础(滋生点)。

数字高程模型原始数据可以从地面实测、地形图、航空遥感、航天遥感等数据源直接取得。

如果把高程看作为零阶单纯地貌因子,可通过对数字高程模型求一阶导数或进行一次差分运算获得,因此可称它们为一阶单纯地貌因子(点位地貌因子)。由坡度、坡向可分别导出两者各自的变化率,亦可称其为二阶单纯地貌因子,即面形微曲面元地貌因子。对于各阶单纯地貌因子,只表述它们自身,有单因子应用价值。有些因子与多种地貌特征有关,称其为复合地貌因子,例如某点到分水岭的高差,分水线(习惯称为分水岭)是复合的地貌特征信息,高差为复合地貌因子,再如平均高程、平均坡度等。描述空间多边形的地貌因子(坡元)对各有关的领域(例如,农业、林业、水利、水土流失等等)更有应用价值。构成数字地貌模型的各种地貌因子分为三类(图 7-1)。

地貌体在空间本质上是三维的,所以凡是需要作三维地貌空间分析的研究,如坡面形成理论、径流分布、缓坡开发、山区作物立地条件分析、山地气候分析等等,都有必要建立数字地貌模型。由此,数字高程模型是数字地貌模型的必选地貌因子。所有综合性和区域性的数字地面模型以及绝大部分的专题性数字地面模型,都将数字高程模型作为它的必要组成部分。

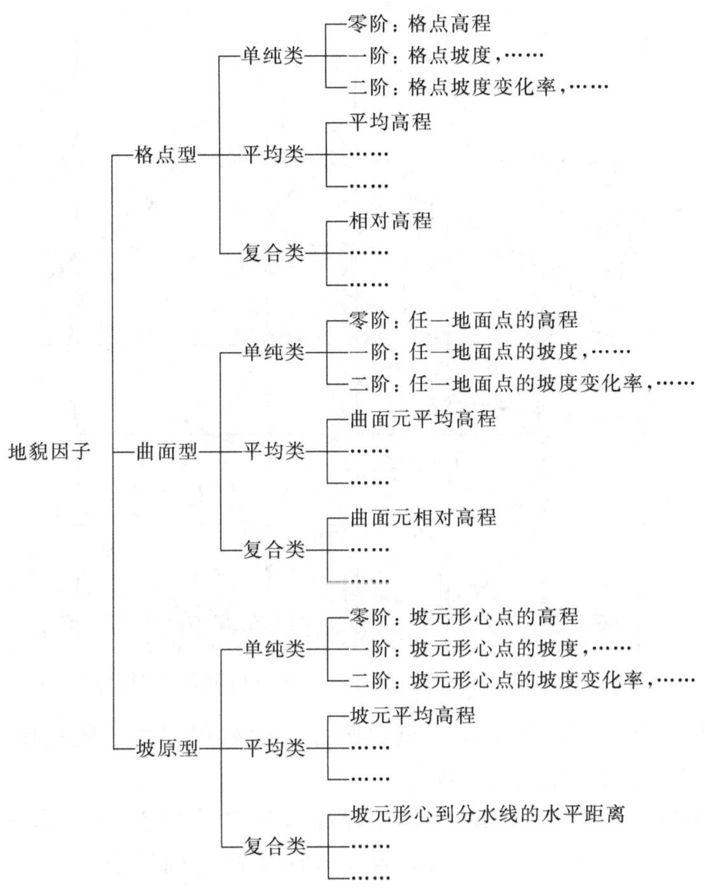

图 7－1　数字地貌模型地貌因子体系

三、数字高程模型的形式

数字高程模型有多种形式，主要是正方形栅格网（grid）和不规则三角网（TIN）。为了减少数据量及便于管理，可利用一系列（X，Y）方向上都是等间隔排列的地面点的高程 E_i 代表一个矩形面元的高程，形成一个正方形栅格网式 DEM（图 7－2）。其任意一点 P_{ij} 的平面坐标可根据该点在 DEM 中的行列号 j，i 及存放在该 DEM 文件头部的基本信息推算出来。这些基本信息应包括 DEM 起始点（一般为左下角）坐标（X_0，Y_0）。DEM 格网在 X 方向与 Y 方向的间隔 ΔX，ΔY 及 DEM 的行列数 M_m，N_n 等。点 P_{ij} 的平面坐标（X_i，Y_j）为

$$X_i = X_0 + i \cdot \Delta x \qquad (i = 0, 1, \cdots, M_{m-1})$$
$$Y_i = Y_0 + j \cdot \Delta y \qquad (j = 0, 1, \cdots, N_{n-1})$$

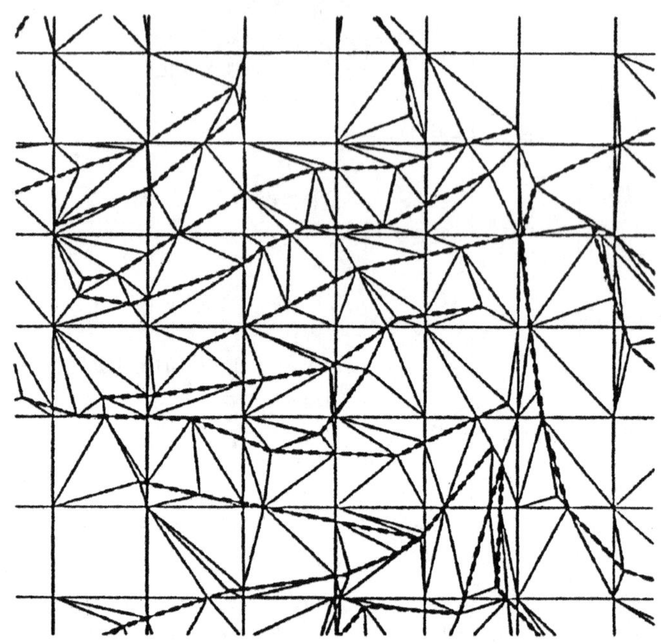

图 7-2　正方形格网 DEM 与三角形格网及其混合网

在这种情况下，DEM 就变成一组规则存放的高程即高程数据库。也是一个二维数组或数学上的一个二维矩阵。

由于矩形格网 DEM 存贮量小(压缩比高)，非常便于使用且容易管理，因而是目前使用最广泛的一种形式。但其缺点是有时不能准确地表示地形的结构与细部。因此，基于它的 DEM 变换成为等高线与原等高线图形比较局部不能准确地表示地貌或者与原等高线图形不能吻合。为克服其缺点，可采用地形特征数据，如地形特征点、山脊线、山谷线、断裂线等进行局部修正。若将地形特征的点按一定规则连接覆盖整个区域，成为互不重叠的许多三角形(图 7-2)，构成一个不规则三角网(TIN)表示的 DEM，通常称为三角网 DEM。大量成果表明，三角网 DEM 能较好地顾及地貌特征点、线、面，表示复杂地形比矩形 DEM 精确。其缺点是数据量大，数据结构复杂，因而使用和管理也较复杂。为了充分利用矩形和三角形 DEM 的优点可采用混合形式 DEMC(图 7-2)，即一般地区使用矩形格网数据结构，复杂地区以地貌特征则附加三角网数据结构。

第二节　数字高程模型数据获取

数字高程模型原始数据采集的实质，是记录目标数据源测定范围内的数字高程样点的空间位置(记录它们的坐标和高程)。从数据源原始数据建立数字高程模型是最关键的工作,是最基础的、耗时的、耗费人力的第一项工作。首先,不论选用哪种数据源,航空立体像对、地形图,还是从野外现实获取的观测或测量数据,所需工作量都是很大的。不论选用哪种数据采集方法,手工方法、半自动方法,还是接近全自动的方法,原始数据采集都要占去建立数字高程模型总工作量的绝大部分,特别是手工采集和半自动采集,所占比重更大。第二,劳动强度最大。要求作业员高度集中精力,进行持续、单调、重复的劳动操作,因而原始数据采集也是建立数字高程模型的工作中劳动强度最大的工序。第三,精度要求高。数字高程模型成果的精度在很大程度上决定于原始高程点集的密度、分布方式、作业人员素质。点密度决定数据采集的工作量,不同的点位分布方式又要求有不同训练技术的作业人员,如选用地貌特征点为数字高程模型的原始数据点或手动跟踪等高线时,作业员必须了解各种数据源的地貌表达方式和地貌含义,在误差要求内精心作业。建立数字高程模型有不同的精度要求,由精度要求和覆盖地的地貌复杂程度以及可能获得的数据源确定数字高程模型原始数据的采集方法。

一、航空遥感数据

根据摄影测量原理,从空中拍摄的单张航空相片,不能确定所摄物点的地面三维空间位置,必须从空中摄站对同一地面拍摄两张有一定重叠度(>60%)的相片,用它们的重叠部分组成航空摄影测量的立体像对,以立体像对确定样点的地面三维坐标。

这里介绍的原始数据采集,内容涉及样点的分布密度和分布形式、采样路线和操作步骤、对样点的性质要求及样点集的组织和表示等。按数字高程模型的分布密度可分为稠密采样和稀疏采样。按分布形式分,有规则栅格结点采样和散点采样等。按采样路线分,有沿等高线采样、沿断面线采样和沿地貌特征线(也成为地貌线)采样等。按采样方法分,有一次性采样、分批互补采样等。按对样点性质要求分,有选择性地貌特征点采样和非选择性采样等;非选择性采样又可分为规律采样和随机采样。按样点集的组织形式和表示形式分,有顺序的一维记录、散点记录和点链记录等。

在人工或半自动的数据采集中,数据的记录可分为“点模式”与“流模式”,前者是根据控制信号记录静态量测数据,后者是按一定规律连续性地记录动态的量测数据。

1. 正方形格网点采集数据

这是一种不考虑地形特征的规律采样,无须判断地貌,通常一次性完成,逐列

(行)顺序记录高程量值,样点的平面坐标隐含在顺序之中。这是利用解析测图仪在立体像对模型中按预先设定的正方形格网进行操作,直接构造成规则格网DEM。该方法优点是方法简单、精度较高、效率也较高;缺点是特征点可能丢失,不能保证很好地表示地貌特征即准确性稍差。一般情况下,地貌复杂地区,格网应该小;比例尺愈小格网应该愈小。国家测绘局1999年发布的"1∶5万DEM生产技术规定"格网间距(实际)为25 m(图上为0.5 mm)。格网点对于邻近的(控制点)高程中误差规定见表7-1。

表7-1　格网点的误差控制规定

地形类别	基本等高距/m	地面坡度/(°)	高　差/m	格网点高程中误差/m	DEM内差点高程中误差/m
平　地	10(5)	<2	<80	4	4×1.2
丘陵地	10	2～6	80～300	7	7×1.2
山　地	20	6～25	300～600	11	11×1.2
高山地	20	>25	>600	19	19×1.2

2. 沿等高面采集数据

在航空遥感相片上沿等高面与立体模型的交线的等距增量间隔或等时间增量(Δt)间隔记录数据方式采样点。采样过程中亦可根据等高面(线)的曲率变化沿等高线调整采点密度(图7-3)。这是一种可虑地貌特征的带规律性的记录数据方法。特点是,只要选择恰当时间间隔,所记录数据就能很好地描述地貌特征,且不会有冗余数据。

图7-3　沿等高面采样

3. 沿断面扫描采集数据

在立体模型的(X,Y)平面上设置一个方向的平行断面族,利用解析测图仪或附件有自动记录装置的立体测图仪对立体模型进行断面扫描,按等距离方式或等时间方式记录断面上点的坐标。这是一种不考虑地貌特征的规则记录数据方式,其缺点是在地形变化时常常存在系统误差。

4. 选择法采集数据

为了准确地反映地貌特征，可根据地貌特征进行选择采样，例如沿山脊线、山谷线、坡折线、棱线、坡麓线等进行采集，以及顾及离散碎部点（如山顶、鞍部点）的采集。

5. 顾及地貌复杂性的采样

图 7－4 所示，已经记录了间距为 Δ 的 P_1，P_3，P_5 三点高程 h_1，h_3，h_5，P_2 点二次内插高程 h''_2 与线性内插高和 h'_2 为

$$h''_2 = \frac{1}{8}(6h_3 + 3h_1 - h_5)$$

$$h'_2 = \frac{1}{2}(h_3 + h_1)$$

两者之差为

$$\Delta h_2 = \frac{1}{8}(2h_3 - h_1 - h_5)$$

若 T 为一给定的阈值，当 $\Delta h_2 > T$ 时，应在中间补测 P_2 与 P_4 两个点。由 h_3、h_1、h_5 计算的二阶差分

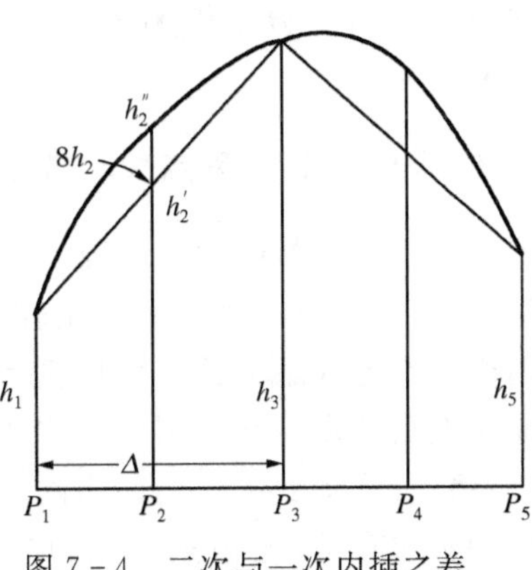

图 7－4　二次与一次内插之差

$$\Delta^2 h_2 = \frac{1}{\Delta^2}(h_1 + h_5 - 2h_3)$$

也是判断地面是否平坦的一个测度，同样可以作为是否加密采样的判断依据。这种在记录数据过程中不断调整取样密度的采样方法之优点是使得采样点的密度与地貌起伏特征相联系而比较合理，缺点是取样过程中要不断进行计算与判断，且数据存贮管理比简单矩形格网复杂。

6. 混合法采集数据

同时考虑采样的效率与合理性，可将上述多种采样方式按需求组合成不同方案，即在规则采样的基础上再进行沿特征线、点的采样。

7. 自动化方法采集数据

它利用全能航空摄影测量仪器进行扫描和利用相关技术获取地面像点三维坐标。此时，可按相片上的规则格网利用数字影像匹配进行数据采集。也可利用高程直接解求影像匹配方法，按相片上的规则网格进行数据采集。数字高程模型样点采集全由系统自动完成。

二、地形图数据

地形图是实地测绘或航空摄影测量的成果，本身含有制图测绘误差，其次有纸张变形误差和印刷误差。以地形图为数据源获得的数据，其精度显然比数字测图的低。除了为建立地形图数据库，以数字形式存储等高线图形对高程有较高的要求外，由于受多种模糊因素影响，其他如地貌分析与模拟、径流与水土流失分析、农业规划、资源调查、山区小气候分析、地震预报应用等等，对地貌现象并不要求有十分精细的描述。因而，选用何种数字高程采点方式，主要取决于仪器和应用目的。

1. 使用方格膜片、网点板和带刻划的平移角尺采集数据

这是最原始的手工采点方式，它的优点是几乎不需要购置仪器设备，而且操作简单。因而，是一种简单实用轻巧的主法。使用方格膜片和网点板采集数据，以规则格网点方式最为适宜。比例尺要与地形图的比例尺相匹配，将网格膜片格网线或网点板的点与地形图的格线或格点逐格配准定位。用目视方法自上而下，逐点从左到右采集数据。相邻格网点间距或图面采点密度与地貌复杂程度以及应用的精度要求有关，地貌愈复杂，应用要求精度愈高，方格膜片或网点板的点间距应愈短。

采点时，一边量测，一边由另一位记录员键入计算机或记入手簿再录入计算机。

2. 用手动数字化仪采集数据

这是一种半自动化的方式。使用手动数字化仪采集须应用专门的采点和编辑程序。

(1) 线、点结合采集数据

首先编制一个属性码菜单置于数字化仪面板和显示在计算机屏幕上。第二，采集计曲线的曲率极值点。点取菜单属性，从左下角起，对最低高程的相同高程的计曲线逐条进行采集，采完一个高程的所有等高线，按同样方法再采高一个高程等级的所有等高线，如此生成计曲线曲率及值点的数据文件。第三，采集地性线加密点。将数字化区域分为数个小区，输入地性线属性码，对每条地性线按单点或连续方式进行采点，完成后即生成地性线加密点数据文件。第四，采集高程注记点。移动标示器输入高程点属性码，用标示器中心点逐高程点进行数字化，采完全部高程注记点，形成高程注记文件。第五，采集坡折线、棱线等曲率极值点，方法同上。

(2) 逐条等高线连续采集数据

这种数字高程采点方式适合于等高线比较稀疏的地区。从最低高程的等高线开始,采用时间增量或平距增量的线方式进行采集。先通过菜单分区方格输入等高线高程和其他必要的属性码,然后逐条数字化各列的等高线点列的平面直角坐标串。采集完所有等高线上的样点,标示器移向菜单分区的高程注记点方格输入属性码,逐个输入高程点高程。

3. 扫描数字化仪采集数据

(1) 图形预处理

首先按扫描仪规格将图形分块(块间要有重复),并且编码(有利于扫描后拼接)。第二,确定像元大小(精细度);第三,确定阈值,使能准确区分扫描数据中的线划像元和背景像元,即排除图纸上噪声(班迹),增加反差。

(2) 扫描数字化和扫描数据处理

将预处理好的待扫描原图安置在扫描滚筒或扫描平台上,按照扫描精度(dpi)或色数(2,4,8bit)进行扫描。对取得的扫描数据,按分块或者按照图幅进行跟踪矢量化、高程赋值、分块拼接为完整图幅或区域。

三、其他数据源

1. 从航天遥感立体像对采集数据

地球观测卫星由携带的高分辨率遥感器,能在可见光的近红外谱段对地球表面进行电子扫描,生成数字数据或成像,其中全色谱地面分辨率为 10 m,多光谱分辨率为 20 m,目前已经有分辨率达到 0.5 m 的遥感影像,扫描宽度 60 km,代号为 HRV 的遥感器对同一地面从不同轨道和不同角度拍摄立体像对,可用来直接获取数字高程模型数据。

2. 野外实测获取原始数据

野外实测的基本任务是测定地面特征点的三维空间位置,这也是获取数字高程模型原始数据所要解决的问题。凡是能从实地量取水平角、距离和高程的手段与方法,都可以用来获取数字高程模型原始数据。如经纬仪测量、全站式电子速测仪、GPS 等。

野外获取数字高程模型原始数据通常选用地性线或等高线测取地貌特征点的采集方法。根据测区地貌复杂程度和项目对高程精度的具体要求,决定数字高程模型样点的密度和分布方式。

四、数据源质量控制

数据获取是DEM的关键问题,研究表明任何一种DEM内插方法均不能弥补由于取样不当所造成的信息损失。数据点太稀会影响DEM的精度;数据点过密又会增大数据获取和处理的工作量、增加不必要的存贮量。这需要在DEM数据采集之前,按照所需的精度要求确定合理的取样密度,或者在DEM数据采集过程中根据地形的复杂程度动态调整取样密度以保证DEM的精度控制。

对DEM质量控制有多种方法,如由采样模型确定采样间隔、地形剖面恢复误差确定采样间隔、考虑内插误差的采样间隔、基于地形粗糙度的分析法等,这些都比较复杂,一种简单易行的方法是插值分析法。

插值分析法是从线性内插的误差满足精度要求为基础的数据采集质量控制方法,渐近采样就是该方法的具体应用。线性内插的精度估计可以相对于实际量测值(看作为真值),也可以相对于局部拟合的二次曲线(或曲面),因为在小范围内,一般地面总可以用一个二次曲面逼近,而将该二次曲面可近似作为真实地面。地面弯曲的度量——曲率可以近似用二阶差分代替,而二阶差分只与“二次内插与线性内插之差”相差一个常数因子,因此也可用二阶差分对DEM数据采样进行控制。这种方法要处理好采样时样点疏密不均的数据存贮问题。

第三节　DEM源数据处理

数字高程模型原始样点的位置和密度不一定能满足地貌信息系统建立的要求,其次还有非等高线的地貌符号表示的特殊地貌形体。要进行高程点的位置变换和加密处理,这就是数字高程模型内插。它的数学基础是二次函数逼近,即利用已知离散点集的三维空间坐标数据,展铺出一张连续数学曲面,将任一待求点的平面坐标代入方程,算得该点的高程数值。

一、DEM原始数据处理

DEM原始数据预处理是为满足种种不同目的,对DEM数据量的规模及要求作实用性准备。

1. 格式转换

由于数据采集的软硬件系统各不相同,因而数据的格式可能也不相同。常用的代码有 ASCⅡ(信息转换的美国标准码)、BCD(Binary Coded Decimal)码、二进制码。数据格式有矢量、栅格等形式。由于数字化软件的不同有 *. bmp、*. tif、*. cdr、*. dwp 等格式。每一记录的各项内容的类型位数也可能各不相同,要根据 DEM 内插软件的要求,将各种数据转换为该软件所支持(处理)的数据格式。

2. 坐标变换

若采集的数据不是地理坐标系,则应变换到地理坐标系。地理坐标系一般采用国家坐标系,也可采用地方坐标系数。

3. 栅、矢转换

由地图扫描数字化仪获取的地图扫描图像是一个灰度阵列,首先经过二值化处理,再经过滤波或形态处理,并进行跟踪线划,获得等高线上按顺序的点坐标,即矢量数据,供以后建立 DEM 应用。

4. 子区的划分

根据离散的数据点求得规则的格网点的高程——构成 DEM,通常是将地面看作一个光滑的连续曲面。但是,地面上存在着各种各样的断裂线、陡岩、绝壁以及各种人工地物,如路堤等,使地面不光滑,需要将地面分成若干区域即子区,例如一条山谷线(a～b)将局部地面分成两个光滑的部分——子区。显然,欲求内插点 A 的高程,则只能使用属于待插点 A 同一子区内的数据点,而不能使用另一子区的数据点(图 7－5)。而每一个子区的表面为一连续曲面。

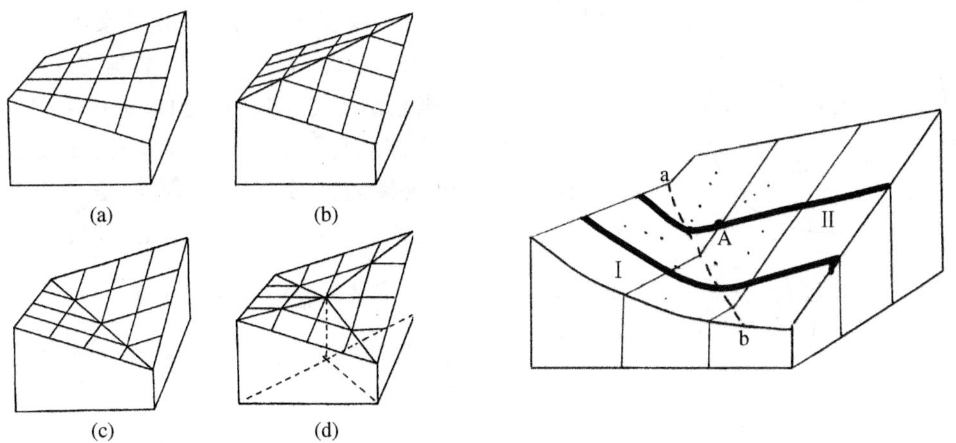

图 7－5　子区的划分

二、数字高程内插

数字高程模型原始样点的位置和密度不一定能满足专题应用的要求。因此，根据专题应用目的进行特定点的高程加密处理，即根据已知样点的高程（原始数据）解算其他特定点上的高程，数学上属于数字高程内插。任一种内插方法都是基于函数的连续光滑性，或者说利用邻近的数据点之间存在的相关性，由邻近的原始数据点内插出特定点的数据。大范围内的地貌是复杂的，不可能像一般的数字插值那样用一个多项式来拟合，因此在 DEM 内插中不采用一个函数拟合整个区域而采用局部函数内插。其原理是，把整个区域分成若干分块，对各分块使用不同的函数进行拟合，此时尚需考虑相邻分块的曲面函数间的连续性。这里仅介绍一种。

逐点内插法

以每一特定高程点为中心，定义一个局部函数去拟合周围的数据点。这种方法十分灵活，一般情况下精度亦较高，计算方法简单且不需很大的计算机内存，但计算速度可能比其他方法慢，其过程如下：

1）对 DEM 每一个格网点，从数据库中检索出对应该 DEM 格网点的几个分块栅格网中的数据点，并将坐标原点移至该 DEM 格网点 $P(X_p, Y_p)$：

$$\left.\begin{aligned}\overline{X}_i &= X_i - X_p \\ \overline{Y}_i &= Y_i - Y_p\end{aligned}\right\} \tag{7-1}$$

2）为了选取邻近的数据点，以待定点 P 为圆心，以 R 为半径作圆（如图 7-6 所示），凡落在圆内的数据点即被选用。所选择的点数根据采用的拟合函数来确定，在二次曲面内插时，要求选用的数据点个数 $n > 6$。当数据点 $P_i(X_i, Y_i)$ 到待定点 $P(X_p, Y_p)$ 的距离满足［式（7-2）］时，该点即被选用。若选择的点数不够时，则应增大 R 的数值，直到数据点的个数 n 满足要求。

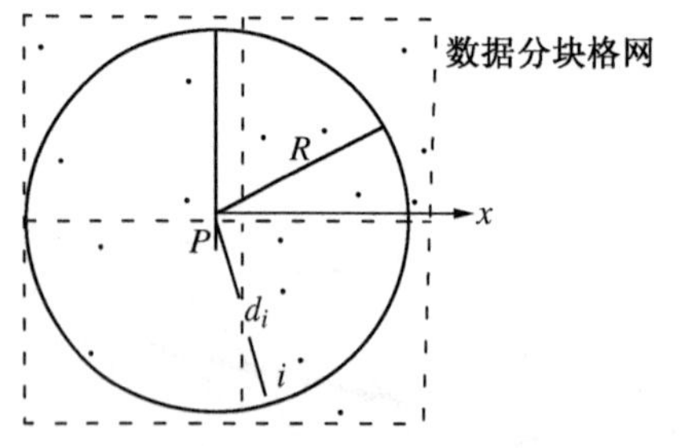

图 7-6　选取 P 为圆心，R 为半径的圆内数据点参加内插计算

$$d_i = \sqrt{\overline{X}_1^2 + \overline{Y}_1^2} < R \tag{7-2}$$

3）若选择二次曲面作为拟合曲面，误差方程式为

$$Z = Ax^2 + Bxy + Cy^2 + Dx + Ey + F$$

则数据点 P_i 对应的误差方程为

$$V_i = \overline{X}_i^2 A + \overline{X}_i \overline{Y}_i B + \overline{Y}_i^2 C + \overline{X}_i D + \overline{Y}_i E + F - Z_i \qquad (7-3)$$

由 n 个数据点列出的误差方程为

$$v = MX - Z$$

其中

$$v = \begin{pmatrix} v_1 \\ v_2 \\ \vdots \\ v_n \end{pmatrix}; M = \begin{pmatrix} \overline{X}_1^2 & \overline{X}_1 \overline{Y}_1 & \overline{Y}_1^2 & \overline{X}_1 & \overline{Y}_1 & 1 \\ \overline{X}_2^2 & \overline{X}_2 \overline{Y}_2 & \overline{Y}_2^2 & \overline{X}_2 & \overline{Y}_2 & 1 \\ \vdots & \vdots & \vdots & \vdots & \vdots & \vdots \\ \overline{X}_N^2 & \overline{X}_n \overline{Y}_n & \overline{Y}_n^2 & \overline{X}_n & \overline{Y}_n & 1 \end{pmatrix};$$

$$X = \begin{pmatrix} A \\ B \\ C \\ \vdots \\ F \end{pmatrix}; Z = \begin{pmatrix} Z_1 \\ Z_2 \\ \vdots \\ Z_n \end{pmatrix}$$

4）计算每一数据点的权。这里的权 p_i 并不代表数据点 P_i 的观测精度，而是反映了该点与待定点相关的程度。因此，对于权 p_i 确定的原则，应与该数据点与待定点的距离 d_i 有关，d_i 愈小，它对待定点的影响应愈大，则权应愈大；反之当 d_i 愈大；权应愈小。通常采用如下几种“权”形式：

$$p_i = \frac{1}{d_1^2}$$

$$p_i = \left(\frac{R - d_i}{d_1}\right)^2$$

$$p_i = e - \frac{d_1^2}{k^2}$$

式中：R 是选点半径；d_i 为待定点到数据点的距离；k 是一个供选择的常数；e 是自然对数的底，这三种权的形式都符合上述选择权的原则，但是它们与距离的关系有所不同，如图 7－7 所示。具体选用何种权的形式，需根据地形进行试验选取。

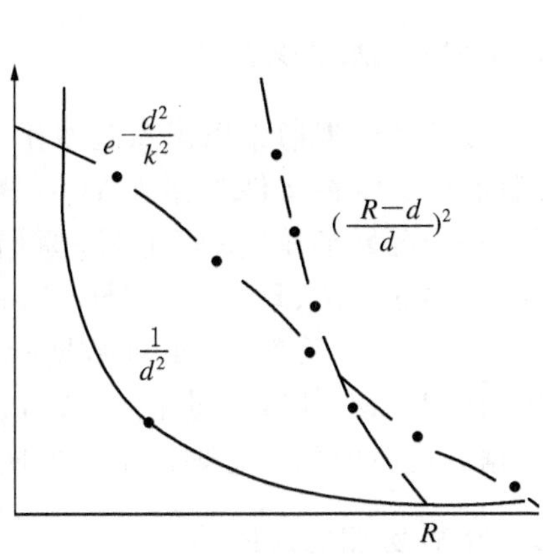

图 7－7　三种权函数图像

5）法化求解。根据平差理论，二次曲面

系数的解为

$$X = (M^T PM)^{-1} M^T PZ$$

由于 $\overline{X}_P = 0, \overline{Y}_P = 0$，所以系数 F 就是待定点的内插高程值 Z_P。

Hanover 大学的 TASH 程序使用的是二次曲面移动拟合内插法，而 Vienna 工业大学的 SORA 程序则采用了多个邻近点之加权平均水平移动拟合法内插：

$$Z_P = \frac{\sum_{i=1}^{n} p_i z_i}{\sum_{i=1}^{n} p_i}$$

式中：n 为邻近数据点数 i；p_i 为第 i 个数据点的权；z_i 为第 i 个数据点的高程。

利用二次曲面移动拟合法内插 DEM 时，对点的选择除了满足 $n>6$ 外，还应保证各个象限都有数据点，而且当地形起伏较大时，半径 R 点不能取得很大。当数据点稀或分布不均时利用二次曲面移动拟合可能产生很大的误差，这是因为解的稳定性取决于方程的状态，而方程的状态与点位分布有关。

其他，还有多面函数内插法、最小二乘内插法、有限元内插法等。

三、DEM 的数据管理

经内插得到的 DEM 数据(包括直接采集的格网数据)须以一定结构与格式存贮起来，以利于各种作用。其方式可以是以图幅为单位的文件存储或建立地形图数据库。由于 DEM 的数据量较大，因而有必要考虑其数据的压缩存储问题。DEM 数据源的多样化，随着时间的变化，局部地貌必然会发生变化，尤其是瞬时变化，因而亦应考虑 DEM 的更新和管理工作。

1. DEM 原始数据存储

DEM 数据通常以国家基本比例尺地形图图幅单位建立文件存储在硬盘或者光盘上，通常在文件头存放 YOU 关的基础信息，包括图幅名称、起点平面坐标、格网间隔、区域范围、图幅编号、原始资料有关信息，数据采集仪器、手段与方式、DEM 建立方法、日期与更新日期、精度指标以及数据记录格式等等。

文件头之后就是 DEM 数据的主体——各格网点的高程。每个图幅或者特定区域的 DEM，其数据量不大，可直接存储，每一记录可以是一点的高程或一行高程数据。这时使用和管理都十分方便。

2. DEM 数据的压缩

数据压缩的方法很多，在 DEM 数据压缩中常见的方法有整型量存储、差分映射及压缩编码等。

(1) 整型量存储

将高程数据减去一个常数 Z_0，该常数可以是一定区域范围的平均高程，也可以是该区域的第一点高程。安全精度要求扩大 10 倍或 100 倍，小数部分四舍五入后保留整数部分：

$$Z_i = INT[(Z_i - Z_0) \cdot 10^m + 0.5] \qquad (i = 0,1,\cdots,n)$$

式中：m 为原始数据小数点后的精确位数。

(2) 差分映射

数据序列 $Z_0, Z_1, \cdots, Z_n$ 的差分映射定义为

$$\begin{pmatrix} \Delta Z_0 \\ \Delta Z_1 \\ \Delta Z_2 \\ \vdots \\ \Delta Z_n \end{pmatrix} = \begin{pmatrix} 1 & 0 & 0 & \cdots & 0 \\ -1 & 1 & 0 & \cdots & 0 \\ 0 & -1 & 1 & \cdots & 0 \\ \vdots & \vdots & \vdots & \vdots & \vdots \\ 0 & \cdots & \cdots & -1 & 1 \end{pmatrix} \begin{pmatrix} \Delta Z_0 \\ \Delta Z_1 \\ \Delta Z_2 \\ \vdots \\ \Delta Z_n \end{pmatrix}$$

或

$$\left.\begin{aligned} \Delta Z_0 &= Z_0 \\ \Delta Z_i &= Z_i - Z_{i-1} \end{aligned}\right\} \qquad (i = 1,2,3,\cdots)$$

其中逆映射为

$$\begin{pmatrix} \Delta Z_0 \\ \Delta Z_1 \\ \Delta Z_2 \\ \vdots \\ \Delta Z_n \end{pmatrix} = \begin{pmatrix} 1 & 0 & \bullet & \bullet & \bullet & 0 \\ \bullet & \bullet & \bullet & & & \bullet \\ \bullet & & \bullet & \bullet & & \bullet \\ \bullet & & & \bullet & \bullet & \bullet \\ \bullet & & & & \bullet & 0 \\ 1 & \bullet & \bullet & \bullet & \bullet & 1 \end{pmatrix} \begin{pmatrix} \Delta Z_0 \\ \Delta Z_1 \\ \Delta Z_2 \\ \vdots \\ \Delta Z_n \end{pmatrix}$$

或

$$\left.\begin{aligned} \Delta Z_0 &= Z_0 \\ \Delta Z_i &= \sum_{k=1}^{i} \Delta Z_k = Z_{i-1} + \Delta Z_i (i = 1,2,\cdots,i) \end{aligned}\right\}$$

利用差分映射得到的是相邻数据间的增量，因而其数据范围较小，可以利用一个字节存储一个数据，从而使数据压缩至原有存储量的近四分之一。差分映射方案很多，较好的有差分游程法（或称增量游程法）与小模块差分法（或称小模块增

量法)。

1) 差分游程法　　将数据按前述方法变化为整型数后进行差分映射,由于一个字节所能表示的数据值范围为－128～127,故当差分的绝对值大于127时,将该数据之前的数据作为一个游程,而从该项数据开始一新的游程。每一游程记录该游程的第一点高程(一般可用实型数(四个字节)或整型数(两个字节)存储)及其后各点的差分。

这种方法有很高的压缩率,其存储空间接近实型数存储的四分之一但其缺点是当游程较长时,数据的恢复需要较多的运算时间,因而其使用与管理不如小模块差分方便。

2) 小模块差分法　　将DEM分成较大的格网——小模块,每一模块包含5×5或10×10个DEM格网,将数据点按表7-2或者表7-3的顺序排列,进行差分映射。为了保证每一数据能存入一个字节,在原始差分上乘以一个适当的系数,该系数由该小模块内最大高程增量(即差分)确定,为

$$\gamma = 127\Delta Z_{\max}$$

表7-2　螺旋形小模块存储

17	18	19	20	21
16	5	6	7	22
15	4	1	8	23
14	3	2	9	24
13	12	11	10	25

表7-3　往返形小模块存储

21	22	23	24	25
20	19	18	17	16
11	12	13	14	15
10	9	8	7	6
1	2	3	4	5

当该小模块内的最大高程增量$\Delta Z_{\max}$较小时,它能将高程增量的数值放大存贮,以减小取整误差。例如,当$\gamma=10$时,则数值放大10倍,存储精度达分米级。每一小模块使用不同的系数,附加在起点高程之后差分之前。该系数使存储精度与地形相联系,平坦地区存储精度较高,山区精度较低,因此对于地形起伏较大的地区,存储精度可能达不到要求。为了避免这种情况,仍然可用前述方法先将数据化为整型数,再进行差分映射,以每一字节存储1个数据点对应的差分。此时高程增量值有可能超过127,遇此情况,需要作特殊处理。例如给以特殊标志,然后在文件的尾部以两个字节存储之。

该方法的优点是每一记录的长度是固定的,因而每一记录与各个小模块的联系是确定不变的。对该区域的任意一点,根据其平面坐标,就很容易计算其所在的

小模块编号，根据这一编号可从文件中直接取出该小模块的数据，且只需恢复该小模块的各点数据，因此，其使用是比较方便的。该方法的压缩率也是比较高的，通常可达到用实型数据存储的三分之一至四分之一。

(3) 压缩编码

当按一定精度要求将高程数据化为整型量或将高程增量化为整型数后，还可根据各数据出现的概率设计一定的编码，用位数(bit)最短的码表示出现概率最大的数，出现概率较小的数用位数较长的码表示，则每一数据所占的平均位数比原来的固定位数(16 或 8)小，从而达到数据压缩的目的。

数据的平均最小位数可用信息论中熵的定义计算。若数据中有 n 个不同的数字 $d_1, d_2, \cdots, d_n$（如 －128～127），第 k 个数字 d_k 出现的概率（或频率）为 P_k，则熵为

$$H(d_1 d_2 \cdots d_n) = -\sum_{k=1}^{n} P_k \log_2 P_k$$

即平均最小 bit(比特)数。若 H 小于数据原存贮比特数(16 或 8)，则这些数据可以通过适当的编码加以压缩。

3. DEM 的管理

若 DEM 以图幅为单位存储或者按照行政区划单元存储，每一存储单元可能由多个模型拼接而成，因而要建立一套管理软件以完成 DEM 按图幅为单位的存储、接边及更新工作。

对每一图幅可建立一个管理数据文件，记录每个 DEM 格网或小模块的数据录入状况，管理软件根据该文件以图形方式显示在计算机屏幕上，使操作人员可清楚、直观地观察到该图幅范围 DEM 数据录入的情况。当任何一块数据被录入时，应与已录入的数据进行接边处理。最简单的办法是取其平均值，也可按距离进行加权平均。录入的数据在该图幅 DEM 所处的位置也要登记在管理数据文件中。当该图幅内的数据录完后，可将管理数据文件删除。

对 DEM 数据的更新应该十分谨慎。对于用户，DEM 数据应是只能读取的，而不能写入，只有 DEM 维护管理人员才有权写入。管理软件应能识别管理人员输入的密码，只有密码正确时，才允许 DEM 数据的更新。

若 DEM 数据已输入了数据库，则该数据库管理系统应当有一些有效措施，来保护数据库的数据，防止数据库的数据受到干扰和破坏，保证数据是正确、有效的。当由于某种原因数据库受到破坏时，应当尽快把数据库恢复到原有的正确状态，并要维护数据库使其正常运行，包括按权进行检索、插入、删除、修改等。

第四节　数字地貌要素模型

数字高程模型按存储形式有格网(点)型、曲面型和空间多边形(如三角形)三大类,对其中任一类型的数字高程模型,都可以通过推导、派生和组合运算,将它扩展为按需要形式存储的数字高程模型,然后建立与之相匹配的各地貌要素数字地貌模型。

一、格网(点)型数字地貌要素模型

首先定义三个概念。

1. 格点面元

在格网(点)数字高程模型的水平投影面上,以4个相邻格点,(i,j),$(i,j+1)$,$(i+1,j+1)$和$(i+1,j)$为顶点的面积范围,称为格点面元,或称为网格。如图6-3-1中划有横直线的平面片。

2. 格点面元趋势面

由格点面元四角点高程支撑的数学曲面,如图7-8中划有曲线的曲面片。

3. 法向量(亦称法向)

是曲面上某一点处垂直于该切平面的向量,在平面上各点有同一个方向,因此有同样的法向量,而在曲面上各点具有不同的法向量。

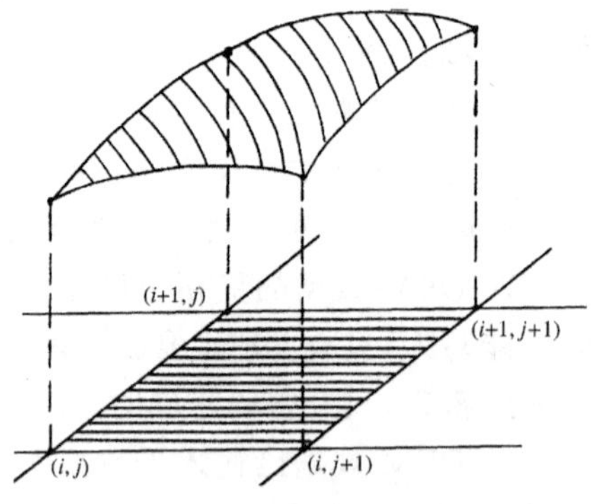

图7-8　格点面元和格点面元趋势面图示

1. 单纯地貌因子

以下介绍格网(点)型单纯地貌因子:

(1) 格点高程

即格网(点)数字高程模型的格点高程。

(2) 格点面元坡度

格点面元趋势面在格点面元形心P的向上法线$\overline{PN}$与通过该点的垂直向上的方向线$\overline{P_0P}$的夹角,称作格点面元坡度,记为α,如图7-9所示。

1）趋势面型格点面元坡度　　趋势面方程为

$$Z = a_0 + a_1 x + a_2 x \tag{7-4}$$

最小二乘条件为

$$\begin{aligned} S &= (h_{ij} - Z_{ij})^2 + (h_{i,j+1} - Z_{i,j+1})^2 \\ &\quad + (h_{i+1,j+1} - Z_{i+1,j+1})^2 \\ &\quad + (h_{i+1,j} - Z_{i+1,j})^2 \\ &= \text{最小} \end{aligned} \tag{7-5}$$

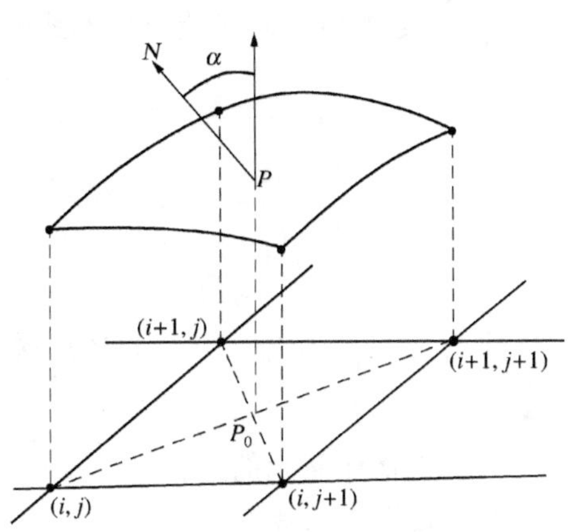

图 7-9　格点面元坡度示意

式中：h 表示格点的实量高程；Z 表示计算高程。

将坐标原点平移到(i,j)点，并取网格边长为单位边长，则

$$\begin{cases} (i,j) = (0,0) \\ (i,j+1) = (0,1) \\ (i+1,j+1) = (1,1) \\ (i+1,j) = (1,0) \end{cases} \tag{7-6}$$

经变换后得到第 i,j 格点面元的坡度 $\alpha_{i,j}$ 为

$$\begin{aligned} \alpha_{ij} &= \arccos \frac{1}{\sqrt{a_1^2 + a_2^2 + a}} \\ &= \arccos \frac{1}{\sqrt{\frac{1}{2}(h_{10}^2 + h_1^2 + h_{00}^2 + h_{01}^2) - (h_{10}h_{01} + h_{11}h_{10}) + 1}} \end{aligned} \tag{7-7}$$

2）双线性趋势面型的格点面元坡度　　双线性趋势面的方程为

$$Z = b_0 + b_1 x + b_2 y + b_3 xy \tag{7-8}$$

将$(0,0,h_{00})$，$(0,1,h_{01})$，$(1,0,h_{10})$和$(1,1,h_{11})$分别代入[式(7-8)]，经变换后得

$$b_1' = \frac{1}{2}(h_{10} + h_{11} - h_{00} - h_{01}) \tag{7-9}$$

$$b_2' = \frac{1}{2}(h_{01} + h_{11} - h_{00} - h_{10}) \tag{7-10}$$

$$\alpha = \arccos \frac{1}{\sqrt{b_1'^2 + b_2'^2 + 1}} \tag{7-11}$$

3）不考虑格点面元趋势面形式的格点坡度　记这种坡度为 η，则

$$\eta=\begin{cases}\operatorname{arctg}\dfrac{h_{\max}-h_{\min}}{D}, & \text{当 } h_{\max}, h_{\min} \text{ 为格点面元任一延长线的两个端点的高程时，}\\ \operatorname{arctg}\dfrac{h_{\max}-h_{\min}}{\sqrt{2}D}, & \text{当 } h_{\max}, h_{\min} \text{ 为格点面元任一对角线的两个端点的高程时，}\end{cases} \tag{7-12}$$

式中：D 为格点面元的边长。

（3）格点面元坡向

作格点面元趋势面在格点面元形心处的向上法线 $\overline{CN}$，它在水平面上的投影 $\overline{C_0N_0}$ 与二维平面纵坐标轴的正方向 $\overline{C_0X}$ 的夹角称为格点面元坡向，记为 θ。以 $\overline{C_0X}$ 为零方向；顺时针旋转为正，角度值范围为 0～360°。也就是说，格点面元坡向是法线水平投影 $\overline{C_0N_0}$ 的坐标方位角，如图 7－10 所示。

与 4 种格点面元坡度相对应，有三种格点面元坡向。

1）可虑格点面元趋势平面的格点面元坡向　格点面元趋势平面的方程为

$$Z=a_0+a_1x+a_2y \tag{7-13}$$

令

$$\operatorname{tg}\theta'=\frac{a_1}{a_2}=\frac{h_{00}+h_{10}-h_{01}-h_{11}}{h_{00}+h_{01}-h_{10}-h_{11}} \tag{7-14}$$

称 θ' 为准坡向，它的取值范围为 $\left(-\frac{\pi}{2},\frac{\pi}{2}\right)$，图 7－10 的格点面元的趋势平面有 8 种情况，如图 7－11 所示。图中 $z_{ij}\,(i,j=0,1)$ 为趋势平面上的格点高程。

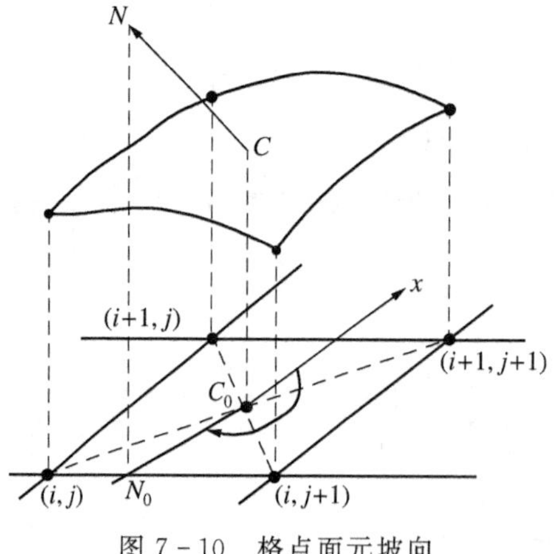

图 7－10　格点面元坡向

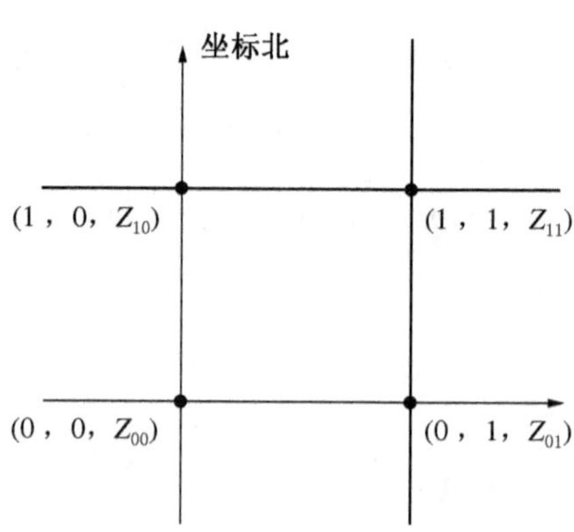

图 7－11　格点面元示意

2）可虑双线性趋势的格点面元坡向

已知格点趋势平面方程与双线性面元格点形心处的切平面方程有相同的系数，所以选用双线性趋势面的格点面元坡向与选用趋势平面的格点面元坡向有相等的取值。

3）不考虑格点面元趋势面形式的格点面元坡向　如图 7－12，由格点面元 4 个格点中较高和较低格点的位置决定格点面元坡向的 8 个定性取值，见表 7－4。

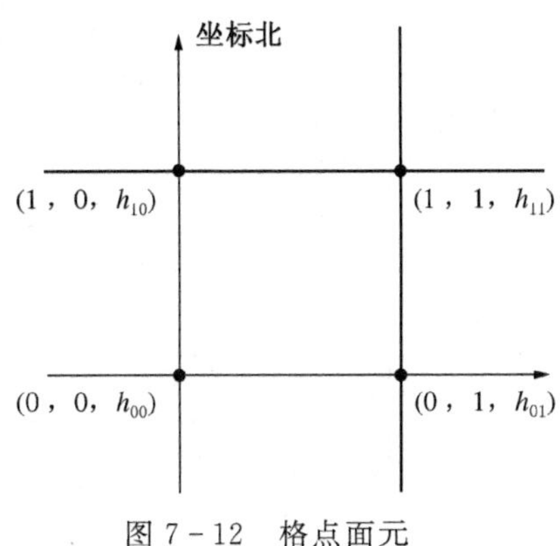

图 7－12　格点面元

表 7－4　8 种情况的格点坡元坡向

情况编号	a_1	a_2	θ'	θ
1	>0	>0	$\left[0,\frac{\pi}{2}\right]$	θ'
2	>0	<0	$\left[-\frac{\pi}{2},0\right]$	$2\pi+\theta'$
3	<0	>0	$\left[-\frac{\pi}{2},0\right]$	$\pi+\theta'$
4	<0	<0	$\left[0,\frac{\pi}{2}\right]$	$\pi+\theta'$
5	≈ 0	>0	0	$\frac{\pi}{2}$
6	>0	≈ 0	$\frac{\pi}{2}$	0
7	≈ 0	<0	0	$\frac{3}{2}\pi+\theta'$
8	<0	≈ 0	$-\frac{\pi}{2}$	π

在表 7－5 中，若 4 个格点高程相等，则坡向不定，可取值为“F”。当四个格点中有三个格点等高时，可根据不等高网格点与它的对角点的高程，按表 7－5 的情况 1、2、3、4 来确定格点面元的坡向取值。这种处理办法也是上述格点面元坡度 α 的确定方法。

表 7-5 格点面元坡向的定性取值

情况编号	最高点位置	较高点位置	最低点位置	较低点位置	坡向
1	(0,0)	—	(1,1)	—	N-E
2	(1,0)	—	(0,1)	—	S-E
3	(0,1)	—	(1,0)	—	N-W
4	(1,1)	—	(0,0)	—	S-W
5	(0,0)或(0,1)	(0,1)或(0,0)	(1,0)或(1,1)	(1,1)或(1,0)	N
6	(0,0)或(1,1)	(1,1)或(1,0)	(0,0)或(0,1)	(0,1)或(0,0)	S
7	(0,0)或(1,0)	(1,0)或(0,0)	(0,1)或(1,1)	(1,1)或(0,1)	E
8	(1,1)或(0,1)	(0,1)或(0,0)	(0,0)或(1,0)	(1,0)或(0,1)	W

(4) 格点坡度

与格点面元坡度不同，它是某一格点处的坡度，根据该格点与相邻格点之间的关系来确定取值。以下介绍两种格点坡度的定义和算法。

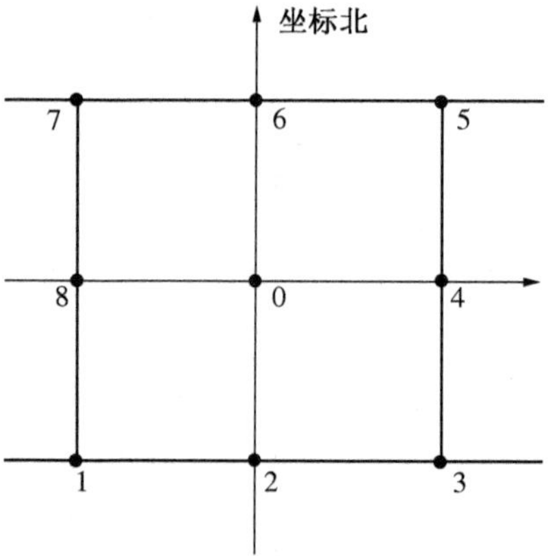

图 7-13 9 个格点编号

1) 由相邻 8 个格点确定的格点坡度 $\alpha_{G,8}$ 图 7-13 标出 9 个格点的编号。

格点坡度：

$$\alpha_{G,8}=\begin{cases}\mathrm{tg}^{-1}\dfrac{|h_{\max}-h_0|}{D}, \\ \qquad 当\ h_{\max}=h_j, j=2,4,6,8 \\ \mathrm{tg}^{-1}\dfrac{|h_{\max}-h_0|}{\sqrt{2}D}, \\ \qquad 当\ h_{\max}=h_j, j=1,3,5,7\end{cases} \tag{7-15}$$

式中：D 为网格边长。当高程为 $h_{\max}$ 的格点不止一个时，可从中任选一点为最高点，再按[式(7-15)]计算格点坡度。

2) 由相邻 4 个格点确定的格点坡度 $\alpha_{G,4}$，图 7-14 标出 5 个格点的编号。

图 7-15 画出过格点数字高程模型 1、2、3 三点的平面 P，将三维空间直角坐标系的原点移到 1 点，$\bar{n}$为 P 平面在 1 点的向上法线，它在 x,y,z 三条坐标轴上的投影为 n_x,n_y,n_z。

$$az_{G,4}=\mathrm{arctg}\frac{(n_x^2+n_y^2)^{\frac{1}{2}}}{n_z} \tag{7-16}$$

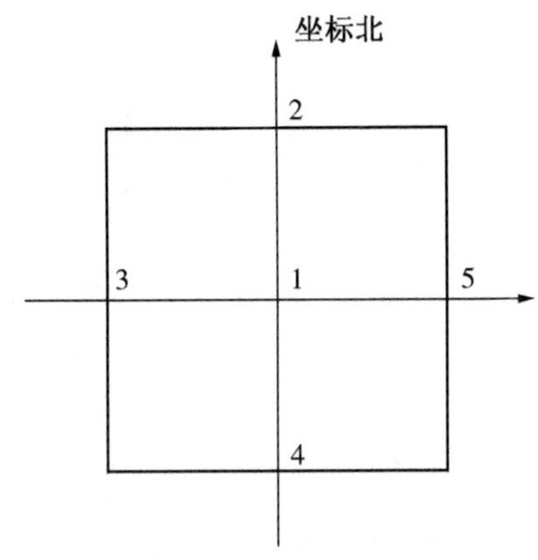

图 7-14 5 格点编号

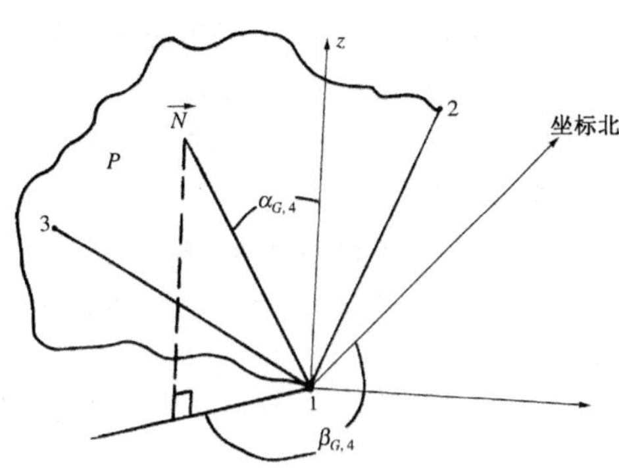

图 7-15 格点坡度 $\alpha_{G,4}$ 和格点坡向 $\beta_{G,4}$ 示意

按照同样的方法，分别由过点 1、3、4；1、4、5 和 1、5、2 的三个平面算出 1 点的其他三个坡度。取 4 个坡度中最大的一个作为 1 点的格点坡度。

表 7-6 格点坡向 $\beta_{G,8}$ 的取值

格点编号 j	$\lvert h_j - h_0 \rvert_{max}$		格点坡向
	$h_j - h_0 < 0$	$h_j - h_0 > 0$	
1	√		S-W
2	√		S
3	√		S-E
4	√		E
5	√		N-E
6	√		N
7	√		N-W
8	√		W
1		√	N-E
2		√	N
3		√	N-W
4		√	W
5		√	S-W
6		√	S
7		√	S-E
8		√	E

(5) 格点坡向

与格点坡度对应,也有两种定义和算法。

1) 用相邻八个格点确定的格点坡向 $\beta_{G,8}$　如图 7 - 13,按表 7 - 6 确定 0 号格点的坡向 $\beta_{G,8}$,当 j 同时取两个以上的值时,可任选其中一个 j 值,再按表 7 - 6 确定 0 号格点的坡向。

2) 用相邻四个格点确定格点坡向 $\beta_{G,4}$　如图 7 - 15,过格点 1、2、3 作平面 P,由法线$\overline{1N}$在水平面上的投影确定格点坡向 $\beta_{G,4}$。

$$\mathrm{tg}\,\beta_{G,4} = \frac{n_y}{n_x} \tag{7-17}$$

如图(7 - 13),同样根据过 1、3、4;1、4、5 和 1、5、2 各三点组的平面,算得三个坡向值,先选取[式(7 - 17)]其中对应格点坡度 $\alpha_{G,4}$,取最大值的一个格点坡向值,作为格点 1 的坡向。

(6) 格点面元坡度变化率

图 7 - 16 标出规则格网内部邻近 9 个格点面元的编号。

设"0"号格点面元的坡度为 α。

7	6	5
8	0	4
1	2	3

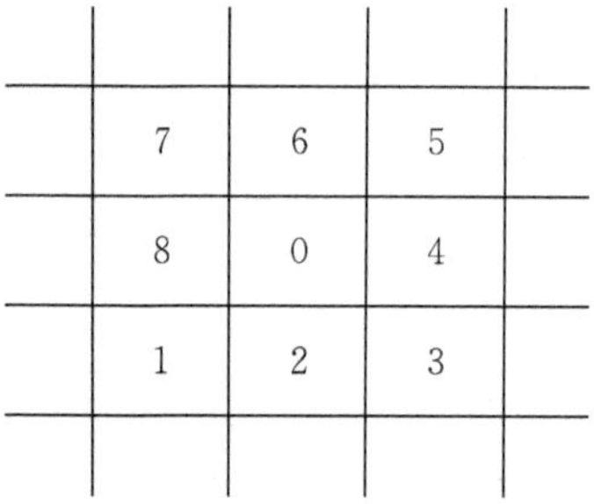

图 7 - 16　9 个邻近格点面元的编号

"j"号格点面元的坡度为 α_j,j=1、2、3、4、5、6、7、8。

记

$$S_j = \begin{cases} \dfrac{a_j - a_0}{D}, \text{当 } j = 2,4,6,8 \\ \dfrac{a_j - a_0}{\sqrt{2}D}, \text{当 } j = 1,3,5,7 \end{cases} \tag{7-18}$$

式中:D 为格点面元边长。

定义"0"号格点面元的坡度变化率 S_0 为

$$S_0 = \mathrm{SGN}s_{\max} \mid S_{\max} \mid \tag{7-19}$$

式中:$|S_{\max}| = \mathrm{MAX}(|S_1|, |S_2|, |S_3|, |S_4|, |S_5|, |S_6|, |S_7|, |S_8|)$。

也就是说,在格网内部,任一格点面元的坡度变化率应取该格点面元相邻 8 个格点面元坡度变化率中绝对值最大的一个,并与它有相同的符号。

对于格网边缘的格点面元,用类似的方法以确定它的坡度变化率:位于四角的格点面元,它的坡度变化率根据对相邻三个格点面元的坡度变化率确定,位于边沿的,但非四角的格点面元,根据它对相邻 5 个格点面元的坡度变化率确定。

（7）格点面元相对高差

格点面元的四个格点中，最高点与最低点高程之差，称为格点面元相对高差，记作 Δh。

$$\Delta h = \mathrm{MAX}(h_{00}, h_{01}, h_{10}, H_{11}) - \mathrm{MIN}(h_{00}, \Delta h_{01}, h_{10}, H_{11}) \qquad (7-20)$$

式中：$h_{ij}(i, j = 0, 1)$ 为四个格点的高程。

2. 平均地貌因子

格点面元格点的平均地貌因子，可参考对应的单纯地貌因子设计，例如：

（1）格点面元平均高程 $\overline{h}$

$$\overline{h} = \frac{1}{4}(h_{00} + h_{01} + h_{11} + h_{10}) \qquad (7-21)$$

（2）格点面元平均坡度

如图 7－14 和图 7－15，按[式(7－15)]计算点 1、2、3；1、3、4；1、4、5 和 1、5、2 四个平面的格点坡度 $\alpha_1, \alpha_2, \alpha_3$ 和 α_4。1 号格点的平均坡度 $\overline{\alpha_{G,4}}$ 为

$$\overline{\alpha_{G,4}} = \frac{1}{4}(\alpha_1 + \alpha_2 + \alpha_3 + \alpha_4) \qquad (7-22)$$

3. 复合地貌因子

定义和设计格点面元单纯地貌因子时，仅考虑格点面元本身和邻近格点面元的地貌形体。从整个数字地貌模型样区或其子样区的某种地貌形体来描述格点面元相应地貌形体的因子，称作格点面元的复合地貌因子。因此，在定义和设计格点面元复合地貌因子时，要考虑如何将样区划分为它的地貌子区以及在样区或其子区选择可供参照的特殊的地貌点、线和面状范围。

通过把样区地貌分类为平原、丘陵和山地，这是最为概括的地貌定性分析结果。用作数字地貌定量分析依据的样区地貌划分，是三维地理空间定位的各级流域、坡面和坡元。它们是地貌点、线和面状范围。它们是地貌定量分析的几何单元，都是以地貌构线为边界的多边形范围。因此，定义和设计格点面元复合地貌因子的基础工作，主要是搜索样区的地貌特征点和结构（特征）线。

可供格点面元复合地貌因子定义和设计时参考的基本数据有以下几种：

1）各级流域最低和最高点的行、列号和高程，以及流域内可选作基准点的格点的行、列号和高程。

2）样区内凡有地貌结构线（山脊线、山谷线、坡折线等）贯穿的全部格点或格点面元的行、列号和高程。

3）各级流域、坡面和坡元的水平投影范围和面积。

以下介绍格点型复合地貌因子。

(1) 格点或格点面元的相对高程

格点相对高程为格点高程 h_{jj} 与样区或其子区地方基准格点高程 $h_{基}$ 之差，记作 ΔH_{ij}：

$$\Delta H_{ij} = h_{ij} - h_{基} \tag{7-23}$$

根据地区的不同地貌形体，对地方基准格点的选择作了某些具体规定，例如，当地表水汇入流域面积小于 2 000 km^2 时，以盆地的最低陆上点为地方基准点。

样区的流域界线可事先按矢量格式数字化输入，再变换为格点形式的数据。或者对现有的格点数字高程模型沿行、列两个方向扫描，取山脊线、谷底线的点轨迹，分别作为山脊线和山谷线，将有关山脊线连成分水线，形成各级流域范围。

格点面元相对高程的定义与格点相对高程的定义基本相同，只要把格点高程换作格点面元平均高程，基准格点换作基准格点面元即可。

(2) 格点面元到山脊线的高差

第(i,j)号格点面元沿梯度向上搜索第一个含山脊线的格点面元，设其行列号为(K,N)，则定义第(i,j)号格点面元与第(K,N)号格点面元的高差为第(i,j)号格点面元到山脊线的高差，记为 R_h

$$R_h = h_{K,N} - h_{i,j} \tag{7-24}$$

(3) 格点面元到山脊线的平距

第(i,j)号格点面元沿梯度向上搜索到第一个含山脊线的格点面元，则定义该格点面元与第(i,j)号格点面元的水平折线路线长度为格点面元到山脊线的平距，记为 RD。假设从第(i,j)号格点面元开始，共搜索了 MT 次，其中 MS 次搜索到对角格点面元，ME 次搜索到邻边格点面元。则

$$RD = MS \cdot \sqrt{2} + ME \cdot D = (\sqrt{2} \cdot MS + ME)D \tag{7-25}$$

式中：D 为格点面元边长。

(4) 格点面元到山谷线的高差

记格点面元山谷线的高差为 V_h，则

$$V_h = h_{Q,R} - h_{ij} \tag{7-26}$$

式中：(Q,R)为从第(i,j)号格点面元开始，沿梯度向下方向搜索到第一个含山谷线的格点面元。

(5) 格点面元到山谷线的平距

记格点面元到山谷线的平距为 V_D，则

$$V_D = (\sqrt{2}N_S + N_E)D \tag{7-27}$$

式中：N_S 为对角搜索次数；N_E 为邻边搜索次数。

二、多边形数字地貌模型

多边形数字地貌模型以坡元为单元。至今，仍然有许多地学分析人员和农业规划工作者在地形图上手工划分坡度和坡向均基本一致的曲面多边形地表面片。所谓坡元，正是将这种曲面多边形拟合为平面以后的数字形式。以坡元为基础的多边形数字地貌模型具有如下的特点。

1）结构紧凑，存储空间较小。除坡元边界点系列的二维空间矢量拓扑结构外，所有坡元属性都可以凝聚于坡元形心，它是一个形如图 7－17 的层次结构。

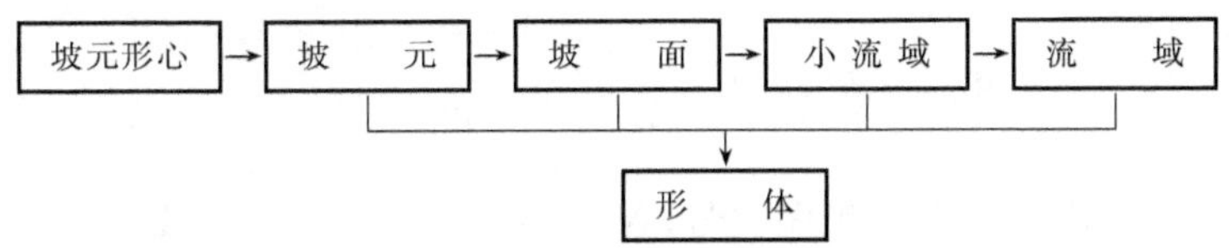

图 7－17　多边形数字地貌模型结构框图

2）便于降维处理。它的直观形式是一张多棱面，存在二维空间点、线、面的拓扑关系，但在某些应用和处理上，它可降为零维稀疏离散点集，三维空间多棱面各面间的复杂关系也随之简化为相邻坡元形心之间以及坡元形心与某些特殊地性点（如流域地方基准点、峰点等）之间的距离、方向和高差关系。

3）坡元信息凝聚于形心，可用形心这一质点近似取代坡元这一刚体。处理和应用质点，无疑比处理和应用刚体方便得多。

4）可以将坡元与各种专题图斑进行多边形叠加分析，比较切合地学和农林应用的实际，易为地学分析和农林规划工作者所接受。

5）多边形地貌因子一般取连续值，不像格点或格点面元的某些地貌因子取的离散值。此外，由于坡元已化简为空间平面形式，在计算多边形地貌因子时，要比计算曲面地貌因子简单。这些都是多边形地貌模型比格点或曲面地貌模型优越的地方。

定义和设计多边形地貌因子的原则也与定义和设计格点或曲面地貌因子一样，根据具体应用需要设计，并使它的数学表达式尽可能简单，便于计算机自动生成。

1. 单纯地貌因子

(1) 坡元形心 $C(X_C, Y_C, Z_C)$

$$\begin{cases} X_C = \dfrac{\sum_{i}^{n} x_i}{N} \\ Y_C = \dfrac{\sum_{i}^{n} y_i}{N} \\ Z_C = a_0 + a_1 X_C + a_2 Y_C \end{cases} \tag{7-28}$$

式中：N 为坡元多边形的顶点数；a_1, a_2, a_0 为坡元平面方程的系数项。

(2) 坡元高程

即坡元形心高程 Z_C。

(3) 坡元水平投影面积 S_H

$$S_H = \frac{1}{2} \sum_{1}^{n} |(x_{i+1} + x_i)(y_{i+1} - y_i)| \tag{7-29}$$

式中：i 为坡元多边形顶点的顺序编号；N 为坡元多边形顶点个数。

(4) 坡元坡度 PD

$$PD = \arccos \frac{1}{[a_1^2 + a_2^2 + 1]^{\frac{1}{2}}} \tag{7-30}$$

式中：a_1, a_2 为坡元平面方程系数。

(5) 坡元坡向 PS

记 $PS' = ABS\left(\text{arctg}\,\dfrac{a_1}{a_2}\right)$

$$PS = \begin{cases} PS', \text{当 } X_D = X_C + \Delta, Y_D = Y_C + \Delta, Z_D > Z_C \text{ 时} \\ \pi - PS', \text{当 } X_D = X_C + \Delta, Y_D = Y_C - \Delta, Z_D > Z_C \text{ 时} \\ \pi + PS', \text{当 } X_D = X_C - \Delta, Y_D = Y_C - \Delta, Z_D > Z_C \text{ 时} \\ 2\pi - PS', \text{当 } X_D = X_C - \Delta, Y_D = Y_C + \Delta, Z_D > Z_C \text{ 时} \end{cases} \tag{7-31}$$

式中：X_C, Y_C, Z_C 为坡元形心坐标；a_1, a_2 为坡元方程系数；Δ 为适当小的正数。

(6) 坡元坡度变化率 PPD

$$PPD = \text{MAX}\left(\frac{PD_i - PD_0}{D_{i,0}}\right), i = 1, 2, \cdots, k \tag{7-32}$$

式中：PD_0 为本坡元坡度；PD_i 为第 i 个邻近坡元的坡度，设本坡元共有 K 个邻近坡元；D_{i0} 为本坡元形心到第 i 个邻近坡元形心的平距。

(7) 坡元斜坡面积 S_S

$$S_S = \frac{S_H}{\cos(PD)} \tag{7-33}$$

式中：S_H 为坡元水平投影面积；PD 为坡度。

(8) 坡元长度 PL

$$PL = \frac{PL_{(PS)}}{\cos(PD)} \tag{7-34}$$

式中 $PL_{(PD)}$ 的计算方法如下：

过坡元形心的坡元坡向方向线 L 与坡元水平投影周界交于两点 (x_1, y_1)，(x_2, y_2)，如图 7-18 所示，

$$PL_{(PS)} = [(x_2 - x_1)^2 + (y_2 - y_1)^2]^{\frac{1}{2}} \tag{7-35}$$

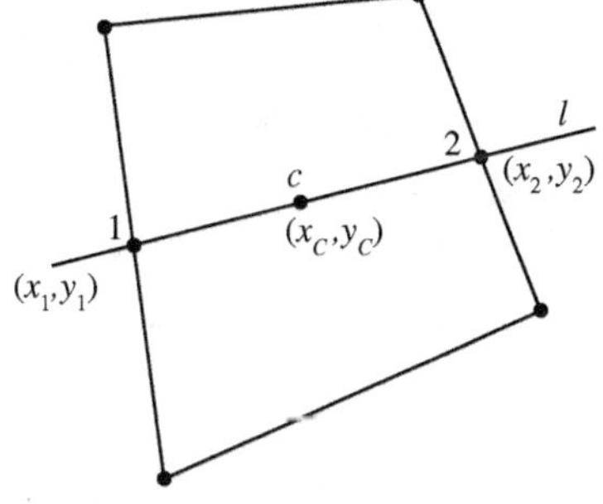

图 7-18　坡元长度计算示意图

(9) 坡元宽度 PW

$$PW = \frac{PL_{(PS')}}{\cos(PD)} \tag{7-36}$$

式中 $PL_{(PS')}$ 的计算方法如下：

过坡元形心作与坡元坡向方向线 l 垂直的直线 l'，l' 与坡元周界交于两点 (x_3, y_3)，(x_4, y_4)

$$PL_{(PS')} = [(x_4 - x_3)^2 + (y_4 - y_3)^2]^{\frac{1}{2}} \tag{7-37}$$

依照格点面元的单纯地貌因子定义可以计算多边形平均地貌因子和复合地貌因子。

第五节　二维数字地貌模型

数字高程模型是平面坐标及坐标点高程的匹配点群 (X_i, Y_i, Z_i)，沿某固定方向 $\vec{X}_i$，或 $\vec{Y}_i$ 的 Z_i 集合，即 $(\vec{X}_0, Y_i, Z_i)$ 或者 $(X_i, \vec{Y}_0, Z_i)$ 就能建立起二维数字地貌模型——数字地貌剖面（断面），由绘制的图形用以分析研究沿确定方向的地表起伏高度、相对高度、坡度变化、起伏频率，构成区域二维地貌模型。

一、二维地貌剖面模型建立

设 Z_{ij} 为格网点(x_i, y_i)上的海拔高度,根据 $|Z_{i,j}|$ 数据来绘制二维地貌剖面,只要知道所绘制剖面线在数字高程模型中的起点位置(i_1, j_1)和终点位置(i_m, j_n),而且

$$i \leqslant i_1, i_2 \leqslant m \qquad i = 1,2,\cdots,m$$

$$j \leqslant j_1, j_2 \leqslant n \qquad j = 1,2,\cdots,n$$

就可以唯一地确定这条剖面线与 DEM 格网各个交点的平面位置及其高程。

设 $\Delta x = j_2 - j_1$, $\Delta y = i_2 - i_1$,显然

当 $\Delta x \neq 0$,且 $|\Delta y/\Delta x| - 1 \geqslant 0$,时,所求剖面线与 DEM 格网横轴的交点在 DEM 坐标系中的位置和高程分别为

$$\begin{aligned} yy_K &= i_1 + (k-1) \times IG_2 \\ xx_K &= j_1 - |(yy_K - i_1)/(i_2 - i_1) \times (j_2 - j_1)| \times IG_1 \\ zz_K &= (xx_K - IA)(z_{IK,IB} - z_{IK,IC}) + z_{IK,IC} \end{aligned} \tag{7-38}$$

式中: $IK = [yy_K]$; $IA = [xx_K]$; $IB = (IA + 1) \times IG_1$; $IC = IB - IG_1$; $k = 2,3,\cdots,|i_2 - i_1|$; | | 表示取绝对值;[ ] 表示取整数值; IG_1 和 IG_2 的值由 Δx 和 Δy 的符号来决定(表 7-7),它表示剖面线起点和终点的位置,可以按照任意的方向来设置。

表 7-7 IG_1 和 IG_2 的值的确定

Δx	>0	>0	<0	<0
Δy	>0	<0	>0	<0
IG_1	1	1	−1	−1
IG_2	1	−1	1	−1

同理,当 $\Delta x \neq 0$,且 $|\Delta y/\Delta x| - 1 < 0$ 时,所求剖面线与 DEM 格网纵轴的交点在 DEM 坐标系中的位置和高程分别为

$$\begin{aligned} xx_K &= j_1 + (k-1) \times IG_1 \\ yy_K &= i_1 + |(xx_K - j_1)/(j_2 - j_1) \times (i_2 - i_1)| \times IG_2 \\ zz_K &= (yy_K - IA)(z_{IB,IK} - z_{IC,IK}) + z_{IC,IK} \end{aligned} \tag{7-39}$$

式中: $IK = [xx_K]$, $IA = [yy_K]$, $IB = (IA + 1) \times IG_2$, $IC = IB - IG_2$($k = 2, 3,\cdots,|j_2 - j|$); || 表示取绝对值。当 $\Delta x = 0$ 时,表示剖面线方向与 DEM 格网纵

轴方向相一致,因此剖面线上各点的高程可以直接写出

$$zz_K = Z_{IB,IC} \tag{7-40}$$

式中：$IB = i_1 + (k-1) \times IG_2$；$IC = i_1$ 或 j_2；$k = 1,2,\cdots \mid i_2 - i_1 \mid + 1$。
同理,当 $\Delta y = 0$ 时,表示剖面线方向与DEM格网横轴方向相一致,因此剖面线上各点的高程可以直接写出

$$zz_K = Z_{IB,IC}$$

式中：$IB = i_1$ 或 i_2；$IC = j_1 + (k-1) \times IG_1$；$k = 1,2,\cdots \mid j_2 - j_1 \mid + 1$。

计算出剖面线上各点的高程 zz_K(m)和剖面线相邻两点的实际距离 ss(m),就可以根据选定的垂直比例尺 Vy(m),水平比例尺 Hx(m),自动绘出所选剖面的地形剖面图。

剖面线两点的实际距离可以根据如下公式确定

$$ss = \begin{cases} \sqrt{(\Delta x/\Delta y \times s_x)^2 + s_y^2} & \text{当 } \Delta x \neq 0, \mid \Delta y/\Delta x \mid - 1 > 0 \\ \sqrt{(\Delta y/\Delta x \times s_y)^2 + s_x^2} & \text{当 } \Delta x \neq 0, \mid \Delta y/\Delta x \mid - 1 < 0 \\ \sqrt{s_x^2 + s_y^2} & \text{当 } \mid \Delta y/\Delta x \mid = 1 \\ s_y(\text{DEM格网单位纵边长,m}) & \text{当 } \Delta x = 0 \text{ 时} \\ s_x(\text{DEM格网单位横边长,m}) & \text{当 } \Delta y = 0 \text{ 时} \end{cases} \tag{7-41}$$

二、地理要素的叠加模型

在地貌剖面上叠加其他地理要素,可以构成多种综合地理要素模型。例如,在二维地貌模型上叠加种植类型和土地利用现状,可以构成土地利用类型综合剖面模型;叠加地貌坡度、地貌类型和土壤类型,可以建立土地类型综合剖面模型。这些综合剖面模型不仅提供地理要素空间变化的概念,而且可以作为典型地段自然综合体结构特征的补充反映。

为实现地理要素在地貌二维模型上的叠加,必须将有关地理要素的图形栅格化,建立类似于数字地貌模型的数字地理模型：

$$\text{DGM} = [V_{i,j}]$$

一般地,数字地貌模型中的各个矩阵元素为定量数据,而数字地理模型中的各个矩阵元素常常为定性数据,一个剖面模型上要叠加 n 个地理变量,就要建立 n 个这样兼容的数字矩阵。

叠加表示任何一个地理要素时,由设置的剖面线位置,根据[式(7-38)]或[式

(7－39)]求出 xx_K 和 yy_K，然后

$$\begin{aligned} i &= [yy_K + 0.5] \\ j &= [xx_K + 0.5] \\ K &= 2,3,\cdots \mid i_2 - i_1 \mid \text{或} \mid j_2 - j_1 \mid \end{aligned} \tag{7-42}$$

由此，根据(i,j)可从 DEM 中检索到对应的属性值 V_{ij}，当 V_{ij} 值代表数量等级时，可设计具有不同效果的晕线符号；当 V_{ij} 值代表类型差异时，可设计具有不同质量特征的网纹或符号。设每个符号用 Sym(N)表示，每个 V_{ij} 值的类型或等级用 M 表示，根据 M 值可确定的识别码 N，由符号的识别码 N 可找到对应的符号 Sym(N)。这种综合剖面模型为计算机辅助地理分析提供了有力的手段，具有重要的意义。

一个二维综合剖面图的多种信息传递功能，是由该剖面图的内容结构所决定的。综合剖面图的内容结构包括地形断面线、垂直高度和水平距离比例尺、剖面线上多重地理要素的立体分布、剖面线的区域索引略图（图 7－19），以及与内容解译有关的图例说明等。

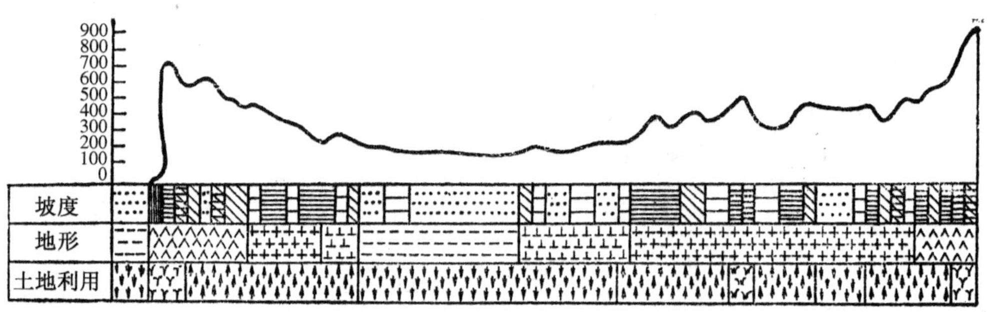

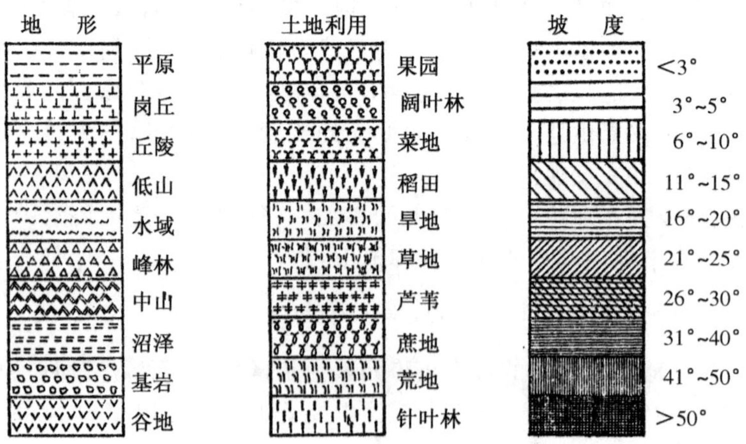

图 7－19 地理要素叠加的综合剖面

这种剖面图,由于使用计算机绘制,其最大特点是具有可量测性,绘制速度快,操作容易,可以进行剖面上立体信息的任意叠加,具有典型地面生物特征自动分析的功能,增强地图的潜在信息,起到了 DEM 的实际地貌分析工具的作用。

三、等高线地貌模型

根据规则格网 DEM,模拟出等高线地貌模型。

1. 等高线跟踪

利用 DEM 的矩形格网点的高程内插出格网边上的等高线点,并将这些等高点按顺序排列(若 $Z_0 \sim Z_1$ 之间有等高线点,前者和后者可能为起点或终点)。内插并排列等高线点有两种方式。

对每条等高线边内插边排序,即按逐条等高线的走向边搜索边内插点的方法,因此内插等高线点及其排列是同时完成的。主要过程为:

(1) 确定等高线高程

根据 DEM 中最低点高程 $Z_{\min}$ 与最高点高程 $Z_{\max}$ 计算最低高程等高线与最高等高线高程 $\delta_{\max}$。

$$\delta_{\min} = \text{INT}\left[\frac{Z_{\min}}{\Delta z} + 1\right] \cdot \Delta z$$

$$\delta_{\max} = \text{INT}\left[\frac{Z_{\max}}{\Delta z} - 1\right] \cdot \Delta z \tag{7-43}$$

式中:Δz 为等高距;INT 为取整运算。

则各条等高线高程为:

$$\delta_k = \delta_{\min} + k \cdot \Delta Z \tag{7-44}$$

(2) 计算等高线通过 DEM 格网水平边与垂直边的状态

$$V_{i,j}^{(k)} = \begin{cases} 1 & \text{格网点}(i,j)\text{的竖立边有高程为 } \delta_k \text{ 的等高线通过} \\ 0 & \text{格网点}(i,j)\text{的竖立边无高程为 } \delta_k \text{ 的等高线通过} \\ & (i = 0,1,\cdots,n; j = 0,1,\cdots,m-1) \end{cases} \tag{7-45}$$

$$H_{i,j}^{(k)} = \begin{cases} 1 & \text{格网点}(i,j)\text{的水平边有高程为 } \delta_k \text{ 的等高线通过} \\ 0 & \text{格网点}(i,j)\text{的水平边无高程为 } \delta_k \text{ 的等高线通过} \end{cases} \tag{7-46}$$

由于格网(i,j)水平边有高程为 z_k 的等高线通过的条件为:等高线高程介于 DEM 某一格网水平边两端点高程之间,即:

$Z_{ij} < \delta_k < Z_{i+1}$ 或 $Z_{ij} > \delta_k > Z_{i+1,j}$　等价于

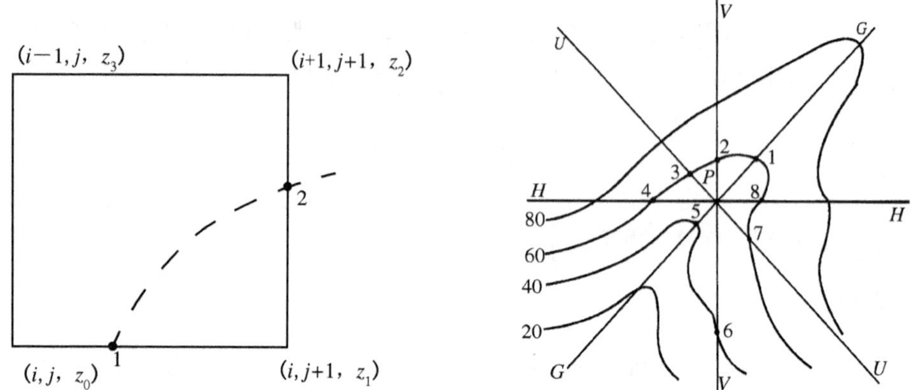

图 7-20　规则网格边等高点的探求示意图

$$(z_{ij}-z_k)(z_{i+1,j}-z_k)<0 \tag{7-47}$$

同理格网(i,j)坚立直边有高程为 z_k 的等高线通过的条件为

$$(z_{ij}-\delta_k)(z_{i+1,j}-\delta_k)<0 \tag{7-48}$$

归纳为

$$H_{ij}^{(k)}=\begin{cases}1,(z_{ij}-\delta_k)(z_{i+1,j}-\delta_k)<0\\0,(z_{ij}-\delta_k)(z_{i+1,j}-\delta_k)>0\end{cases}$$

$$V_{ij}^{(k)}=\begin{cases}1,(z_{ij}-\delta_k)(z_{i,j+1}-\delta_k)<0\\0,(z_{ij}-\delta_k)(z_{i,j+1}-\delta_k)>0\end{cases} \tag{7-49}$$

为避免上面判断式为零的情况，将所有等于等高线高程的格网点上的高程加(或减)上一个微小的数 $\varepsilon>0$，即

若 $z_{ij}=\delta_k$，则 $z_{ij}=z_{ij}+\varepsilon(i=0,1,\cdots,n,j=0,1,\cdots,n)$，将记录等高线(全部)通过 DEM 格网的情况，用两个状态矩阵序列：

$$H_k=\begin{bmatrix}H_{00}^{(k)} & H_{01}^{(k)} & \cdots & H_{0n}^{(k)}\\H_{10}^{(k)} & H_{11}^{(k)} & \cdots & H_{1n}^{(k)}\\\cdots & \cdots & \cdots & \cdots\\H_{m0}^{(k)} & H_{m1}^{(k)} & \cdots & H_{mn}^{(k)}\end{bmatrix}^t$$

$$V_{(k)}=\begin{bmatrix}V_{00}^{(k)} & V_{01}^{(k)} & \cdots & V_{0n}^{(k)}\\V_{10}^{(k)} & V_{11}^{(k)} & \cdots & V_{1n}^{(k)}\\\cdots & \cdots & \cdots & \cdots\\V_{m0}^{(k)} & V_{m1}^{(k)} & \cdots & V_{mn}^{(k)}\end{bmatrix} \tag{7-50}$$

(3) 搜索等高线的起点

与图廓边(边界)相交的等高线为开曲线,而不与边界相交的等高线为闭曲线。通常首先跟踪开曲线,即沿 DEM 的四边搜索,所有

$$H_{i,0}^{(k)}=1, H_{i,m}^{(k)}=1(i=0,1,2,\cdots,n-1)$$
$$V_{0,j}^{(k)}=1, V_{n,j}^{(k)}=1(j=0,1,2,\cdots,n-1) \tag{7-51}$$

的元素均对应某一条开曲线的起点(或终点)。

(4) 内插等高线点

等高线点的坐标一般采用线性内插。格网(i,j)水平边上等高线点坐标(x_p, y_p)为

$$\begin{cases} x_p = x_i + \dfrac{\delta_k - z_{ij}}{z_{i+1,j} - z_{ij}} \cdot \Delta z \\ y_p = y_j \end{cases} \tag{7-52}$$

式中:$x_i = x_0 + i \cdot \Delta x$;$y_i = y_0 + j \cdot \Delta y$;$(x_0, y_0)$为 DEM 起点坐标;$\Delta x$, Δy为 DEM x方向与y方向的格网间隔。格网(i,j)竖直边上等高成点的坐标(x_q, y_q)为

$$\begin{cases} x_q = x_1 \\ y_p = y_1 + \dfrac{z_k - z_{ij}}{z_{i,j+1} - z_{ij}} \cdot \Delta y \end{cases} \tag{7-53}$$

(5) 搜索下一个等高线点

在找到等高线起点后,即可顺序跟踪搜索等高线点。

地貌特征线(山脊线、谷底线)是表示地貌形体、特征的重要结构线。在等高线绘制过程中若不考虑就不能正确地表示地貌形态,不能准确地表达山岭、山谷的走向及地貌细部。因此,在 DEM 建立及应用的整个过程中必须考虑地貌特征线,如图 7-21 所示。

a, b, c 为特征线与格网交点或穿过格网边,内插等高线点必须在格网边交点与特征线之间。

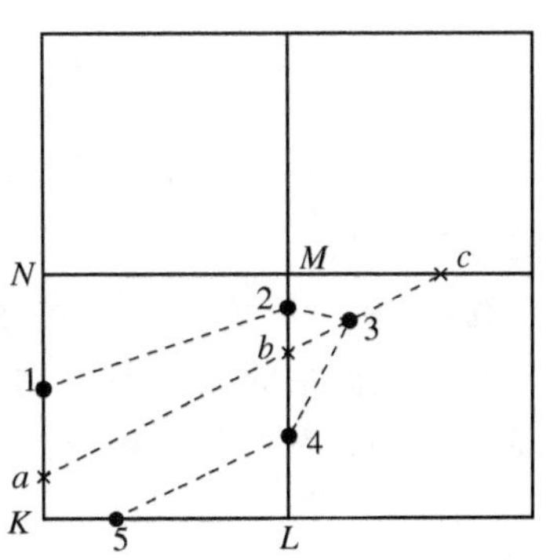

图 7-21　×特征线点　·等高线点

第六节　三维数字地貌模型

三维数字地貌模型有立体等值线模型、剖面线透视模型、格网线透视、明暗等

高线模型、正射投影模型等，它们可以是灰度级或彩色形式。其实质是在二维平面上模拟出空间三维模型——实体仿真。首先，将数字高程模型的所有支撑点的三维空间坐标，变换为投影平面上的二维坐标，或称投影变换；第二，从视觉原理出发，建立空间数字地貌仿真（虚拟）模型。

一、立体等值线的地貌仿真模型

将数字高程模型上的全部等高线（地形图等值线跟踪的矢量型等值线或由立体航对和其他方法建立的数字高程模型进行等值线化的模型）投影到适当位置的二维平面上，再经清隐处理就建立起了等值线形仿真模型。它要通过坐标变换、投影变换、消隐跟踪、光滑处理来完成。

1. 坐标变换

将数字高程模型中格网点坐标变为与仿真模型视点（观察点）坐标 $L(x_L, y_L, z_L)$ 相对应的新坐标系坐标。

设数字高程模型 $z = f(x, y)$ 中的任一点 P 的坐标为 (x_p, y_p, z_p)，根据选定的观察点位置，适当旋转数字地面模型坐标系（坐标原点不变），使 P 点在新坐标系中的坐标为

$$\begin{cases} x'_P = l_1 x_P + l_2 y_P + l_3 z_P \\ y'_P = m_1 x_P + m_2 y_P + m_3 z_P \\ z'_P = n_1 x_P + n_2 y_P + n_3 z_P \end{cases} \tag{7-54}$$

式中：l_1, l_2, l_3 为 X' 轴的方向余弦；m_1, m_2, m_3 为 Y' 轴的方向余弦；n_1, n_2, n_3 为 Z' 轴的方向余弦。

约定，新坐标系的 X' 轴与过观察点垂直于投影平面的直线重合，从垂足（原坐标系与新坐标系的共同原点）指向观察点的方向为正向，并规定 Y' 轴为水平轴。X' 轴的方向余弦由下式确定：

$$l_1 = x_L / r, l_2 = y_L / r, l_3 = z_L / r \tag{7-55}$$

式中：$r = \sqrt{x_L^2 + y_L^2 + z_L^2}$。$Y'$ 轴与 Z' 轴的方向余弦由下式确定：

$$\begin{aligned} m_1 &= - l_1 / s, m_2 = l_1 / s, m_3 = 0 \\ n_1 &= - l_1 l_3 / s, n_2 = - l_2 l_3 / s, n_3 = s \end{aligned} \tag{7-56}$$

式中：$s = \sqrt{l_1^2 + l_2^2 + l_3^2}$。

2. 投影变换

将数字高程模型任一点 $P(x_P, y_P, z_P)$ 的坐标变换为显示屏或绘图机面板上的二维坐标，那么，坐标系的 Y' 轴对应于显示屏或绘图机面板的 X 轴，Z' 轴对应于输出的 Y 轴。

$$\begin{cases}\overline{x}_P = m_1 x_P + m_2 y_P \\ \overline{y}_P = n_1 x_P + n_2 y_P + n_3 z_P\end{cases} \tag{7-57}$$

3. 等值线隐性判断

数字高程模型及生成的高等线图形定位在平面坐标系中(x, y)，立体等值线形立体地貌模型中等值线定位于(y, z)立面中，从视点观察，"另一半山"或一部分图形是不可视的，需要判别出哪些部分应隐藏。

4. 消隐处理

隐藏部分的等值线不在输出设备上输出，产生视觉上的仿真立体效果，即将可见部分输出，隐性部分不输出(图 7-22)。

图 7-22　立体等值线地貌模型

二、剖面型等值线三维仿真模型

数字高程模型的等高线三维仿真图地貌模型采用双灭点透视投影的原理。首先，将格网点平面位置放在投影平面内$(\overline{x}, \overline{y})$进行格点位置的投影变换，即确定数字高程模型任一格点(I, J)在投影平面上的平面坐标；第二，对格点地貌特性(地貌要素)值进行投影变换，而且将其与投影平面上的可坐标叠加，这样即完成三维数字地貌模型在二维投影平面上的投影变换。第三，消隐处理，立体输出时，靠近视点的剖面(正面观察)会遮挡较远的剖面和背面，把受遮挡的局部剖面"抹去"，不予显示，即为消隐处理。采用近似的解决办法，仅对$\overline{x}$坐标相同的前后剖面对应点的Y坐标进行比较，如果某剖面上一点的$\overline{y}$值大于前面所有剖面上$\overline{x}$坐标相同点的$\overline{y}$值，认为该点是可见的，要显示或绘出，否则为隐藏点，不予输出。

图 7-23　剖面型等值线三维仿真模型

剖面型等值线三维仿真地貌模型在输出范围的$\overline{y}$坐标量 Ly 上进行稠密分割，用类似的方法输出沿$\overline{y}$方向的各条剖面线。

同时沿$\overline{x}$和$\overline{y}$两个方向输出经消隐处理的两族剖面线，即构成格网型三维仿真地貌模型(图 7-24)。

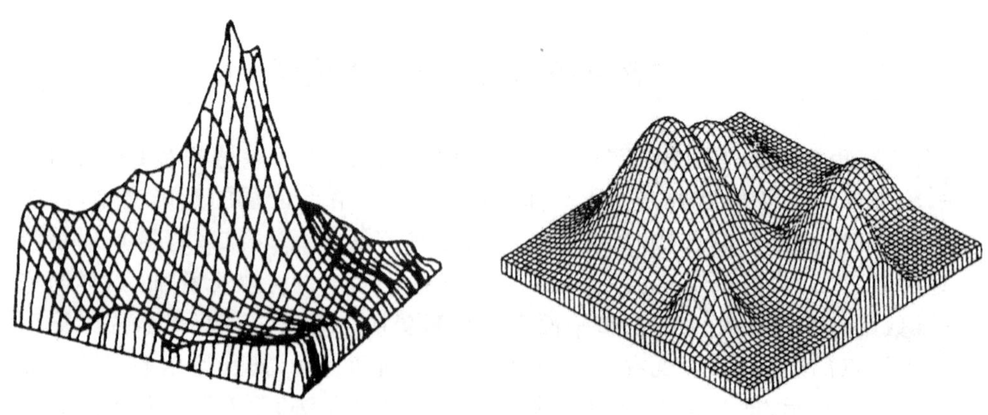

图 7-24　格网型三维仿真模型

第七节　动态三维数字地貌模型

三维可视化技术用于数字高程模型(DEM)可视化,对地形模型的构造及其与数字影像的叠加、基于 DEM 的三维模拟飞行是数字地貌模型的最新发展。DEM 常用的数据结构主要分为规则网格(主要是正方形网格)和不规则网格(如:不规则三角形网格,即 TIN),因其特点各异,所以都得到了广泛的应用。正方形网格的 DEM 是应用最多的标准格式。这种 DEM 实际上就是由每个网格交点处的 z 值所形成的一个矩阵,网格结点坐标是 DEM 的构成和应用的基础。

一、地貌仿真动态模型的构造

1. 顶点法向量的计算

几何对象的法向量定义在空间中,特别定义相对于光源的方向,因此某顶点的法向量决定了对象在该点上可接受多少光照,即光照率的大小。对于正方形格网 DEM 中的各个格网顶点,必须依次计算其法向量。

(1) 计算三角形法向量

在三维环境中,每个面都具有两个方向,因此计算三角形法向量时必须按相同的顺序(顺时针或逆时针)从三角形中找出两条有向边,计算其叉积,得到的结果就是该三角形的法向量(图 7-25),一般情况下还要对结果进行单位化。

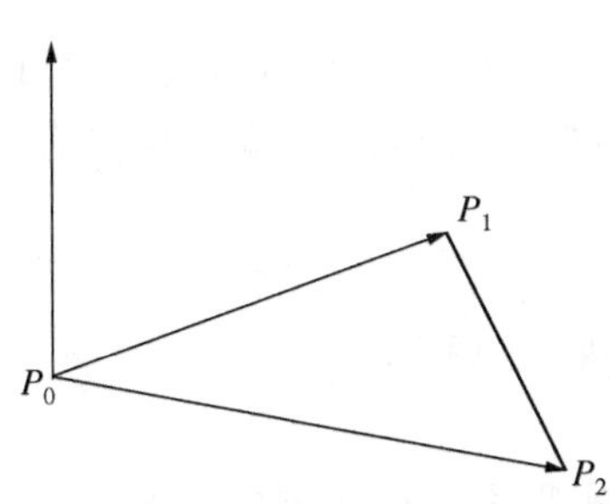

图 7-25　三角形法向量的计算

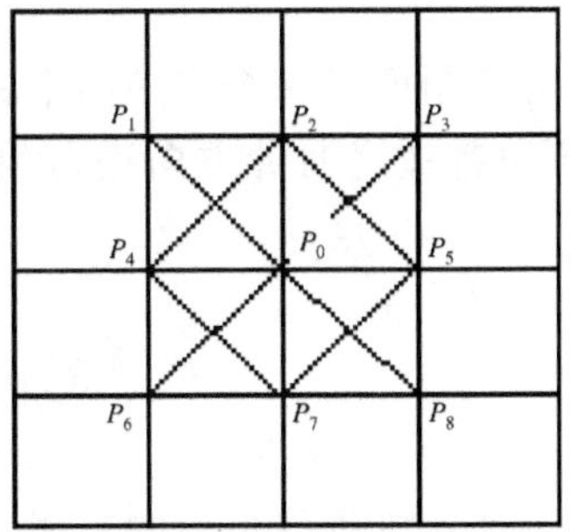

图 7-26　顶点法向量的计算

(2) 计算顶点的法向量

计算每个顶点的法向量有多种方法,可以简单地将周围三角形的法向量直接相加得到,也可以由其周围三角形的法向量加权平均得到,并对结果向量进行单位化。权值的取法有多种，可以是每个三角形的面积，也可以是每个三角形在该点处的夹角，该权值代表当前三角形所在的面对顶点法向量的贡献大小。

如图 7－26，顶点 P_0 的法向量可以由其周围的三角形（实际上是三角面）$\Delta P_0P_1P_4$，$\Delta P_0P_4P_6$，$\Delta P_0P_6P_7$，$\Delta P_0P_7P_8$，$\Delta P_0P_8P_5$，$\Delta P_0P_5P_3$，$\Delta P_0P_3P_2$，$\Delta P_0P_2P_1$ 和 $\Delta P_0P_2P_4$，$\Delta P_0P_4P_7$，$\Delta P_0P_7P_5$，$\Delta P_0P_5P_2$ 的法向量加权平均得到。

由于其周围参与法向量计算的三角形情况不同，因此位于 DEM 边缘或角落的顶点应另外处理。

2. 顶点颜色的设置

如果地表模型不粘贴航空影像，则可以采用地势图中分层设色的原理来对三维地形模型进行分层设色，主要是通过对各顶点分别设色来实现的。顶点的颜色可以根据其高程值从高程的分层设色表中获得，该分层设色表中所存储的是各高程带所对应的颜色。

3. 规则三角网的构造

利用规则格网的 DEM 数据来构建规则的三角网，如图 7－27 所示，设位于第 i 行、第 j 列的 DEM 格网点为 $P(i,j)$，则由一个格网的四个点 $P(i+1,j)$，$P(i,j)$，$P(i,j+1)$ 和 $P(i+1,j+1)$ 可以构造成两个三角面：$P(i+1,j)\rightarrow P(i,j)\rightarrow P(i+1,j+1)$ 和 $P(i+1,j+1)\rightarrow P(i,j)\rightarrow P(i,j+1)$，其他的三角面可依次建立。

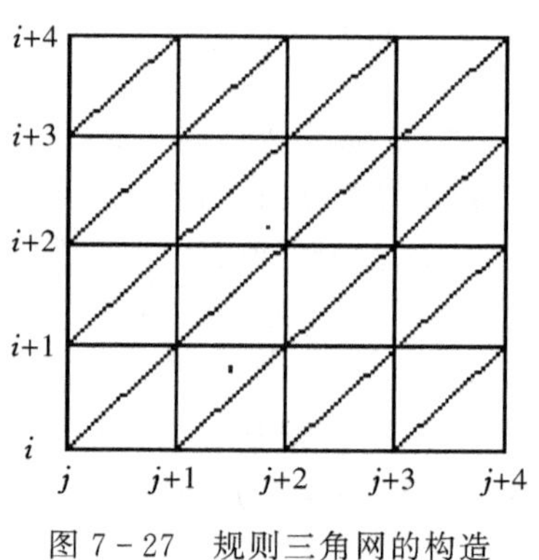

图 7－27　规则三角网的构造

构造三角面时每个三角面中三个点的方向必须严格一致，可以都按顺时针方向，也可以都按逆时针方向进行组织，同时必须指定三角面的哪一面作为地表的表面。

二、影像与地形的叠加显示

由于计算机软硬技术的飞速发展，可用于微机平台的三维图形不仅能创作出高质量的独立于操作系统和硬件平台的三维彩色图形和动画，而且提高了三维图形显示效率，也使实时三维图形显示成为可能。三维地貌模型可以借助三维图形库（如 OpenGL、DirectX 等）来进行显示。显示流程如图 7－28 所示：

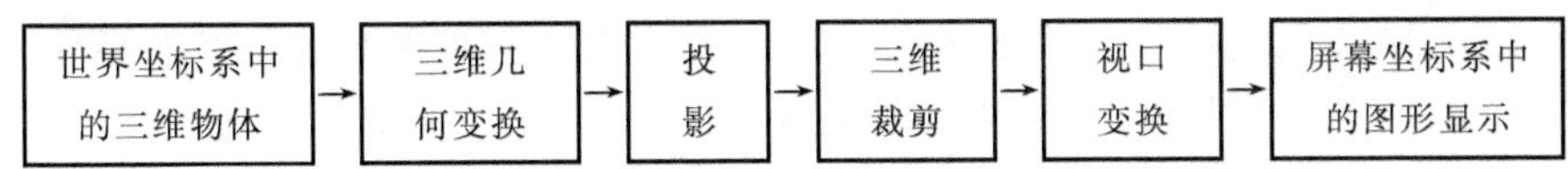

图 7-28　三维图形的显示流程

在地貌模型显示的过程中，所有曲面（地表）的显示应当使用其顶点的法向量及其颜色，而非曲面（如建筑物）的显示应计算并使用其三角网中各三角面的法向与颜色。此外可以使用纹理技术来增强可视化效果，如在地表上粘贴航空影像、在居民地表面粘贴建筑物影像、在植被和水系范围内粘贴与实际相似的纹理图片等。

利用光照、深度测试等有关三维图形显示技术可以将地貌模型仿真地显示出来，地貌模型的表面材质可以用单色，如绿色，也可以采用分层设色。如果具有覆盖区域的数字正射影像，可以直接把影像作为纹理与地形模型进行叠加，要求影像的覆盖范围与 DEM 所覆盖的范围完全一致（因此其长宽之比也是一致的），否则会导致影像与地貌不匹配。

影像与地貌叠加的关键在于影像坐标即纹理坐标的正确获取，主要根据 DEM 网格点在整个 DEM 中的位置来得到该点在整个影像中的相应位置，即可得到该点的纹理坐标。在 DEM 范围，若 m 为行数，n 为列数，存在某点 $P(m',n')$ 位于第 m' 行第 n' 列，设影像的最长边的长度为 1，则与点 P 对应的点 $T(x,y)$ 的坐标为：

$$x = n'/\max(m,n)$$

$$y = m'/\max(m,n)$$

因此点 P 的纹理坐标即为 (x,y)。将所有 DEM 网格点的纹理坐标都计算出来以后，就可以将影像与地形进行叠加了。

三、模拟飞行的实现技术

1. 飞行路径的确定及 DEM 块的分割

生成光滑连续的飞行路径是平稳地进行三维模拟飞行的前提，而根据路径有效地进行 DEM 块分割是图形生成的速度保证，同时两者又在不同的方面影响着三维地貌仿真图像的最终效果。

路径特征点可以在矢量地形图上获得，也可以在全区域的三维模型上通过鼠标采点获取，然后用五点光滑法或其他方法将路径进行光滑，在光滑后的路径曲线上按所要求的飞行步长（或时间）进行截取即可得到内插点，我们把这些点作为新的路径点。

在每个路径点处可以计算得到一系列生成飞行图片所需要的参数，如视点位置、视线方向、观察点高度、飞行器位置，还可以得到生成指北针所需要的角度等。

这些参数获取以后就可以方便地进行 DEM 的截取，得到当前路径点处显示三维图形所需要的 DEM 块，同时从影像中截取得到相应的纹理块。

2. 模拟飞行的生成

沿确定好的飞行路径可以生成一系列图片，将所有图片保存在同一个目录里，通过 Adobe Premiere、Ulead MediaStudio Pro、Ulead MPEG Converter 等有关软件将图片合成为 AVI 或 MPEG 格式的视频文件，通过播放该视频文件则能实现三维模拟飞行。图 7－29、图 7－30 分别为没有叠加影像和叠加了影像的模拟飞行效果图。

图 7－29　未叠加影像的模拟飞行效果图

图 7－30　叠加影像的模拟飞行效果图

三维可视化技术的应用使得传统静态的、平面的地图地貌显示向动态的、三维的方向发展(图 7－31)。

图 7－31　庐山北部正射投影三维地貌模型

第八章　地貌研究与地貌制图

地貌图是用多边形图形显示地貌体的空间位置、形状、面积和空间组合，用线性和特殊符号、色彩和文字依比例如实地、定量和定性地表示地表存在的复杂多样的各种地貌形体的专题地图，它是实体地貌的科学归纳和综合的可视化模型，是反映空间存在的地貌实体和地貌研究成果的一种重要形式。地貌图能直接地展示出地貌形体类型与空间分布，地貌图对深入认识区域地貌条件，制定国民经济发展规划、工程设计、生产和科研等多方面都有实际的应用价值。

第一节　地貌图的类型

地貌图与普通地貌图(用等值线表示地貌)不同，其明显差异主要体现在：地貌图上直接清楚地显示出了各种不同形体类型的地貌实体的范围、直观地反映出其起伏和形体特征、空间分布、组合特征及其年龄、成因及动态等丰富的信息；具有强烈的表现力和实用性；它不仅能反映出地貌图上所能表达的内容，还能反映不同地貌的动态信息。一般来说，地貌图能表示和提供如下信息：

1) 地貌形体类型及其空间组合和分布；2) 地势起伏和频度；3) 地势起因(内力、外力及其过程)；4) 地貌组成物质、结构和构造；5) 地貌年龄；6) 地貌的演变与发展。

地貌图的类型据比例尺、表示对象与用途等划分。

一、依地貌图比例尺划分

不同比例尺地貌图在表示内容的详细程度以及与之相应的地貌类型划分和等级有明显差异。比例尺度的大小在表示地貌现象的规模及详细程度上起作用。

1. 小比例尺地貌图

比例尺小于 1∶75 万。地貌图上表示出经过科学概括和综合了的规模较大的地貌组合特征和它们的时空关系。这种比例尺地貌图可用于大范围的地貌区划。小比例尺地貌图也称为构造地貌图。因为构造是决定大范围的地貌格局的最重要因素，即使在那些地域外动力是塑造地貌的主导因素，但外动力活动性在很大程度上也受构造控制，如山间盆地。这种比例尺地貌图科学内容有很高的概括性，建立了区域的地貌的完整概念和科学概念。1∶100 万～1∶500 万又称为国家地貌图（表 8－1）。

表 8－1 地貌图分类表

比例尺等级	形体部位	形体类型	形体复合体	形体组合	形体计量	岩石学沉积学	地貌动力	地貌成因	地貌年代	地貌组合	构造地貌	工作与观察方法				经济实践中的应用范围		
地貌平面图 1∶5 000～1∶1 万	+	+			+	+	(+)	(+)				分析→综合	实际的 常规的 成因的	构造的	区域的	精细农业→区域农业	住宅区，工业，运输	水工建筑 区域的，地区的，土地的规划
地貌详图 1∶2.5 万～1∶5 万		+	+		+	+	(+)	(+)	+									
中比例尺地貌略图 1∶10 万～1∶25 万		(+)	+	+	+	(+)		++	+									
小比例尺地貌略图 1∶50 万～1∶75 万		+	+	+				+	(+)	++	++							
国家地貌图 1∶100 万～1∶500 万			+	+					(+)	++	++							
洲际地貌图 1∶1 000 万～1∶3 000 万				+						++	++							
世界地貌图 ≤1∶5 000 万				+							++							

2. 中比例尺地貌图

比例尺在 1∶10 万～1∶75 万之间。表示出中等规模的不同等级的地貌组合类型。与小比例尺地貌图比较，直观性强，各类地貌的分布及特征、岩性特点、形态要求（高度、坡度、切割程度）在地图上有定性、定量和定位的表示，在一定程度上较详细具体地表现出地貌实体。

3. 大比例尺地貌图

比例尺大于1∶10万。地貌图上能详细表示各等级大小的地貌基本形体及其具体位置、形态、面积和范围，能直接为生产和经济规划服务。比例尺为1∶10 000的地貌图称为综合地貌图或地貌详图。特别地把1∶2 000～1∶10 000的地貌图称之为地貌平面图。地貌详图表示出形态类型和形态计量的特征（如大小、形状、坡度、起伏度等）、组成物质、地貌动力过程、地貌的绝对地质年龄、地貌区域系统内各地貌单元的相互空间关系。

表8-1是国际地理学联合会地貌调查与地貌制图委员会制定的地貌图比例尺等级以及地貌图在各个经济领域应用的价值。由于区域规模的不同、地貌形体类型复杂性的差异，对于比例尺等级的划分不同国家或者行政区有不同的体系。

二、据地貌图的性质划分

1. 解析地貌图

表示地貌形体或要素的数量特征、数量关系的地貌图，如地面坡度图、地面坡向图、地面起伏度图、沟谷密度图、切割深度图等等。

2. 综合地貌图

应用多层平面和各种表示方法表示出哪些有相互联系又相互制约的综合关系的地貌图。将地貌形体或要素进行综合概括，表现出地貌综合体特征及时空分布的地图，如地貌区划图、地貌类型图。就地貌内容而论，可包括它们的外部特征、数量关系、形成因素、发育过程等。

三、据地貌图内容划分

1. 单一内容地貌图

1）形态描述图　　定性描述地貌形体的图，如山顶的形态、谷地形态、阶地形态图等。

2）形态示量图　　定量描述地貌形体的图，如地表切割深度图、切割密度图等。

3）地貌类型图　　定性地表示各类地貌的分布及组合关系的图。

4）地貌年龄图　　表示出地貌形体及类型的距今年数或发育时间。

2. 普通地貌图

依据地貌形体、形态示量、地貌成因和年龄等标志反映地貌的一般特征，按内容可分为地貌区划图和地貌类型图。

1）地貌类型图　表示有规律地重复出现的各种地貌类型，它是根据各种不同的地貌类型及它们之间的组合，以及同一种地貌类型在空间分布上的分异绘制的图件。这类地貌图可以用来对比那些在地貌上相似，但在分布地域上分散的地貌现象。

2）地貌区划图　表示不同地貌类型和组合所形成的特殊地貌综合体。把在成因上和形态上有着密切联系的地貌在分布地区连成一片，为本地区所特有，在另外地方不再重复出现的一种地貌图。

3. 专门地貌图

具有明确的专用目的，针对专门需要，突出表现与应用目标相关的地貌类型或地貌要素的特征及其时空分布，如农业地貌图、工程地貌图、灾害地貌图等。

4. 部门地貌图

综合地表示某一类型地貌及时空分布。它表达的是在某一主导动力作用下所形成的特有地貌特征及空间区域，所以，必须着重详细表示一些特殊地貌形体、个体特征、组合及相互的关系。如河流地貌图、三角洲地貌图、海岸地貌图、岩溶地貌图、黄土地貌图、冰川地貌图、冻土地貌图等。

从形成地貌的动力可分内动力地貌图、外动力地貌图两大类，各类可以进一步划分次级类。

通过地图的形式显示地貌的特征、成因、性质、形态结构的空间变化规律，引导人们正确地认知自然、合理地利用自然和改造自然，是地貌制图的宗旨。例如，地貌图为农业生产服务有三个方面利用。

第二节　地貌分析研究

地貌环境在很大程度上决定了气候、土地、生物、水和矿产资源的储藏及其开发条件，地貌对农业、城市、工矿、交通、水资源开发、旅游和环境有重要影响，区域国土资源利用和保护规划受到地貌资源的约束。地貌形体和结构及其分布组合，对自然其他要素与国民经济建设等都发生直接或间接的影响。地貌分析是对区域的地貌因素给以科学的认识和理解。地貌分析可以归纳为三部分，一是地学图件与遥感图像的地貌分析；二是地貌学野外研究；三是实验室测定、模拟实验与野外定位观测研究。

一、地貌图的地貌分析

通过地貌测量和航空摄影测量编制成的地貌图是常用的地学图件之一，它是应用等高线图形及其特殊符号把地表三维起伏形态定量而科学地投影在水平面上得到的地貌图。地貌图除表示地貌外，还表示其他自然和人文等内容。地貌图科学而准确地显示地表起伏形态的三维空间的数量和形体特征，为地貌图地貌分析提供了可行。图 8－1 概略显示了等高线图形与地貌实体之间的相互表述关系。

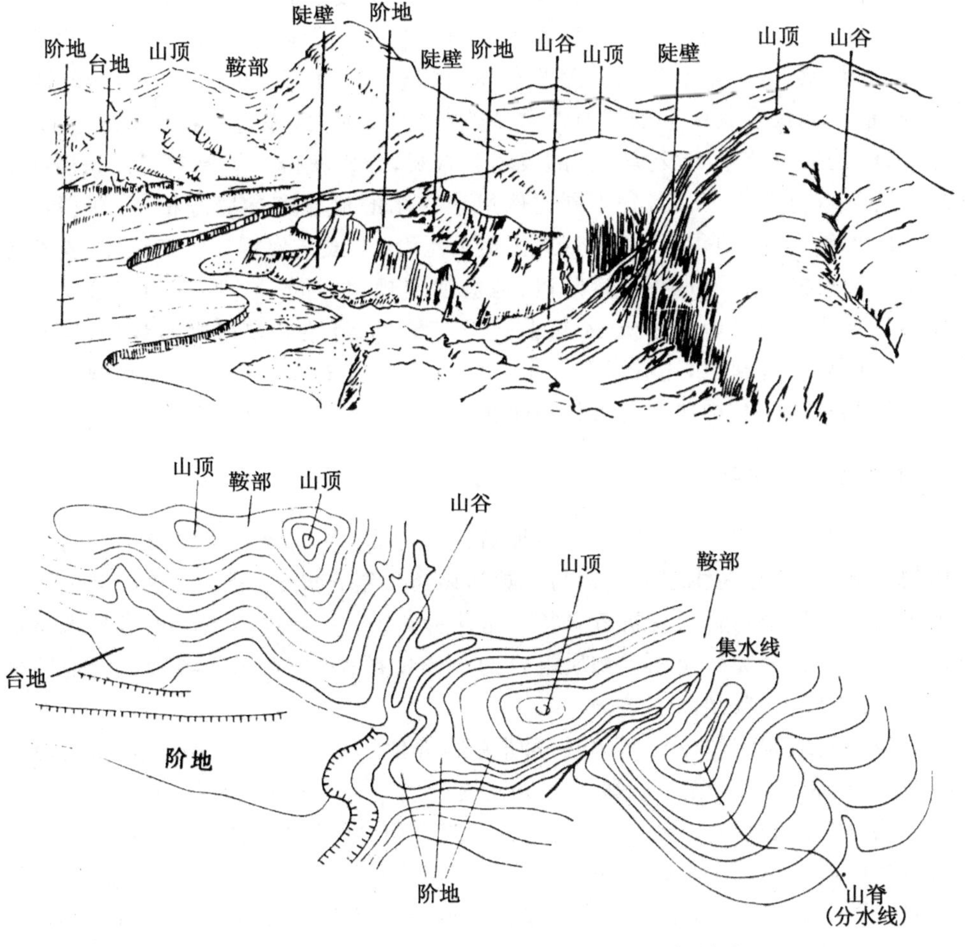

图 8－1　地貌实体与等高线图形相互描述的联系

1. 地貌图地貌分析基本原理

地貌图具有科学、准确、真实和定量反映地貌形体三维空间的特点，所以利用地貌图可以进行地貌的数量和形体分析。等高线既是高程线又是形态线，通过高程数据的阅读、量算、统计分析实现等高线的地貌形体定量分析，获得定量结果。通过一组等高线的疏密、排列、弯曲大小、弯曲形式及其组合结构的分析，能够得出地貌形体的定性结论。在相同比例尺下，等高线之间距离大说明坡度缓、距离小则反映出陡坡的存在。等高线尖锐弯曲反映谷底或山顶狭窄尖锐，圆弧形弯曲反映谷底或山顶成圆弧形形体，舒缓平直弯曲则反映谷底或山顶平坦、开阔；等高线弯曲延伸说明谷底深或山岭高峻，反之说明浅的谷地或和缓的山岭岗地；同一高程等高线在山脊线或谷底线两侧较近说明谷地或山岭狭窄，若相距较远则反映谷地或山岭宽阔；密集等高线突然变化为稀疏等高线，说明坡度的突然变化。

在地貌图上进行地貌分析的详细程度，取决于所用地貌图的比例尺。比例尺愈小，等高距愈大，一幅地貌图覆盖的空间面积愈大，通过分析能获得区域地貌基本规律，地势起伏及其组合的规律性愈显著；比例尺愈大，等高距愈小，表示地表形体愈详细，局部个体形态及其组合的表示愈直观，分析获得的结果对于认识局部个体地貌特征有重要作用。各种不同比例尺地貌图的比较和参照分析，可获得局部到整体的地貌形体、地貌组合形态、成因类型组合、形成与发展序列等内容，甚至可以间接推测可能存在的地貌发育阶段、地貌演变规律。同一地区不同测绘时间的地貌图进行这种历史地貌分析，不仅会获得定量数据，还可取得时间数据，再与丰富的文字记载综合起来，还有可能取得许多可贵的历史地貌信息。在我国进行历史地貌研究和地貌结构研究的条件很优越，然而现今还处于初期阶段。

2. 地貌图地貌阅读与判译

地貌图阅读与判译分析的实质是地貌定性分析，利用等高线图形结构与地貌形体的对应关系，等高线图形结构与地貌形体类型组合间的一致性，判译和分析地貌形体与形态类型组合。分析者必须具备两种知识：一是要熟悉各种类型地貌形体、形态组合、成因类型及相应物质组成的个体特征；二是熟悉与各种类型地貌形体相对应的等高线典型图形结构。

地貌图的地貌定性分析是地貌学研究经常使用的重要的研究和分析手段之一，贯穿到地貌研究的各个阶段。其方法有三种：直接分析、间接分析与综合分析。直接分析方法就是，借助对地貌图上等高线组合的图形结构的判译，且与各种类型地貌形体的典型图形结构作对比来分析各种地貌形体、形态组合、成因类型及相应的物质组成。但是，由于地貌形体在类型上有多解性，尚需借助些间接标志，进行间接分析，才可能从多解中获得正确的唯一的答案。如黄土地区的窑洞符号、岩溶地区的落水洞及伏流符号，对于黄土湿陷和岩溶洼地分析和定性具有独特作用。无论是直接或间接分析，都要综合分析多种标志、切忌用单一标志来做判译结论。如方山与船形山、岩溶丘陵与花岗岩丘陵、背斜山与猪背岭等，除等高线图形结构及地貌符号外，其他如地质构造、水系或谷地分布及组合，对于相邻地貌单元的特征的正确判译都是科学依据。

(1) 一般分析

一般分析或称概略分析。分析的步骤和方法是：

1) 分析图幅(区域)内地貌总貌，并逐级划分地貌单元，如山地、平原地貌，拟定为一级地貌单元；山岭、谷地拟定为二级地貌单元，或按高度划分为中山、低山、丘陵、岗地三级地貌单元……

2) 在同一地貌单元内，分别分析正、负地貌的绝对和相对高度，高度分布规律；各地貌形体间相互关系。

3) 在正向地貌单元之内，按地貌要素分析坡面、顶部、山麓的形态特征。判断是否存在夷平面或剥蚀面的残迹，倘若存在，对它们进行高度与层次的逐级划分。

4) 在负向地貌(谷地、盆地)或平原地貌单元之内，分析分布着哪些侵蚀——沉积地貌、堆积地貌，这类地貌的形态、平面展布、剖面结构、沿平面方向的变化等。

5) 分析相邻地貌单元间的过渡(转换)地带的地貌结构(形态与类型方面)特点和组合特征。

6) 堆积与对应的剥蚀区地貌在空间分布、规模、界线迁移等方面的变化规律。

7) 谷地及水系与地质构造、构造形式特点、水系变迁的形体证据分析。

8) 综合分析和野外调查研究有关的其他自然和人文要素，如植被类型与覆盖情况，交通及居民地分布等，及与地貌形体之间关系。

一般采取边分析、边绘草图(可将透明度较高材料蒙在地貌图上或者利用专业软件直接在计算机屏幕上绘制)、边记录。这样会避免读后而忘前的现象的发生。

(2) 地貌形体组合与成因结构分析

地貌形体组合指在成因上有密切联系的地貌形体系列，它反映了地貌成因及发育过程。地貌形体组合及其成因分析是关于地貌发展的研究。如庐山，在1∶5万地貌图上，1 000 m以上为宽浅谷地与狭窄的山岭、尖锐的山顶，且山岭与谷地平行相间排列，谷地貌态预示经历了较长时间的外力剥蚀作用，尖锐的山脊又似乎与冰雪作用有关，或者地质构造和岩石性质有关；1 000 m以下谷地狭窄，谷底尖锐，山嘴交错，比降大、急流瀑布众多；山体陡立于周围平原之上，山体周坡为悬崖峭壁，陡崖下为低丘及广阔的平原，次地地貌发育与地壳抬升有关，属断块山地貌。

每一级地貌类型都有与之对应的地貌形体组合。换言之，一定的地貌形体组合代表一定等级的确定地貌类型。地貌形体组合与内外动力地貌类型之间的这种对应关系，是地貌图上分析地貌类型以及排除地貌多解性干扰的重要理论与实践依据。

(3) 历史地貌分析

这里只介绍利用古今地貌图、地图对比的方法进行历史地貌分析。

我国在2 500多年前便出现了铸在鼎上的简图——《山海图》。春秋战国时代,在军事上已经广泛使用地图,例如荆轲刺秦,"图穷匕首见"包裹匕首的就是"燕国"的地图,如长沙马王堆汉墓三号出土的地貌图、刘备伐吴的驻军图等,尽管这些地图上没有等高线显示,只有山体和河流及其相对位置,却为今日进行历史地貌分析提供了丰富的地图资料。研究不同时代的河道地貌图,分析河道变迁原因及其规律,对于防洪和水资源利用具有重大作用。我国在开发古地图资料宝库为地貌学研究所用这一领域至今少有人问津。

历史地貌分析首先要解决三个问题:① 古今地名对应,这需要查阅其他资料而确定;② 比例尺大小差异,及变比例反映地物,古地图缺乏精确数据的量测,进行明确标志物的古今地图量测比较,借以确定比例关系;③ 高程值起点及量度单位的统一及换算。

历史地貌分析可进行诸如湖泊水域扩展与退缩的范围、速度;冲沟沟头的扩展;河道的变迁;入海河流河口位置的迁移;三角洲淤长方向与速度;海岸与河岸冲淤变化;岛屿与陆地关系……的研究,以获得珍贵的数据资料。

(4) 地貌演变分析

地貌演变与地貌发育历史是两个既有联系又有区别的概念。地貌演变是指地貌发育过程的转移或变迁。地貌演变事件所造成的结果,一般都寓于地区间地貌形体与类型组合的差异或变异当中。因此,在地貌图上分析地貌演变完全可行。地貌图的地貌演变分析是较高层次的地貌分析,目前尚无完整程式。我们可以庐山为例说明其分析的深度和程式,从1∶5万地貌图和地质图地层分析,庐山主体为震旦系,山下外围为奥陶系、寒武系地层,山体北部以沉积变质岩为主,南部为岩浆岩变质岩为主体,1 000 m以上为褶皱构造地貌,周围断层环绕,庐山山体什么时代发生褶皱?岩石如何变质(什么原因引起),什么时代开始抬升,经历了多长时间外力作用,为什么山体顶部会有宽谷及夷平面?

(5) 地貌发育阶段分析

判断地貌发育阶段的标志有三个:地势起伏、河流纵剖面形态、河谷横剖面及谷坡形态。在地貌图上分析地貌发育阶段也使用这些标志。分析的中心内容是确定研究区的地貌有无属宽谷形的侵蚀面、或属准平原的夷平面、或属荒漠或半荒漠的山麓剥蚀面。

在地貌图上可判断出准平原形态。地貌图的夷平面分析,还要结合地质图分析进行,若各山顶海拔高度近似,或海拔高度显示出向某一方向微微降低,且山顶平坦而极为明显时,可以初步认为是准平原残留地貌。

宽谷状侵蚀面主要靠河谷联合剖面来发现,若联合剖面图反映谷地都存在谷中谷的河谷横剖面形态特征，则上部宽谷的底部地貌就是古侵蚀面。干旱地区的山麓剥蚀面，常呈裙带状环绕山体或残丘分布，这很容易在地貌图上判译出来。

3. 地貌图地貌量测分析

地貌图地貌量测分析是地貌学定量化研究的技术方法之一。在地貌学研究中，定量描述也是重要的描述手段之一，但是至今尚不完善，需要加强研究。

(1) 流域谷地(河流)分析

1) 在地貌图上，圈绘出流域界线。此后，按照约定的原则，描绘出河流或谷地的谷底线，建立流域地貌线网络系统图。

2) 按照河流或者谷地等级序列划分原则，指状支流(支谷)为第一级，两个第一级汇合后构成二级支流(支谷)……，依此类推。

3) 在地貌图上测量流域内，各级河流(谷)的流域面积、谷地比降、谷地长度，并计算出每级河流(谷地)的平均长度和平均比降，逐项登记在流域测量数据表中(表 8-2)。

表 8-2

谷地级别	条　　数/条	平均长度/m	平均比降/%或‰	切割深度/m	面　　积/km^2	相互间距离/m
1 级						
2 级						
3 级						
4 级						
…						

4) 各级河流(谷地)与之对应的河流(谷地)条数之间的关系分析，如图 8-2 所示。数学模型(线性或非线性)，表述了流域谷地(河流)等级与各等级条数之间的数学关系及规律性。

5) 河网与谷网密度 (R,ρ)

$$R_1 = 长度/面积$$

$$R_2 = 条数/面积$$

$$\rho = 长度/条数$$

利用上述参数可以进行流域间比较分析。

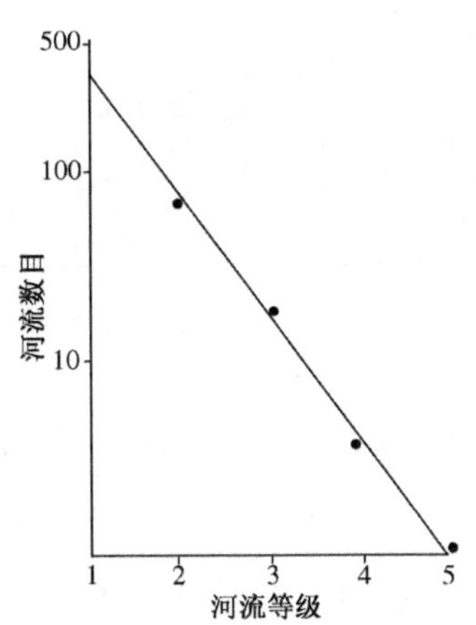

图 8-2　谷地(河流)等级-河流数目(条数)关系图

(2) 洪积扇地貌分析

对洪积扇进行定量分析，可以定量地描述洪积扇的形体特征差别，对比周围地区洪积扇的形态指标，以及同一地区不同时期洪积扇的形态指标上的差别，会得到气候地貌学上有价值的定量或半定量结论。

1）面积比分析　这是与洪积扇发育规模有关的量测分析。面积分析指的是洪积扇平面面积与侵蚀区流域面积的比值分析。自然环境发生变化其面积比因时因地则发生变化。因此，面积比分析可以提供古地理环境的证据。

进行洪积扇面积比分析，要测度众多典型单个洪积扇的数据。在测量单个洪积扇数据时，洪积扇在地貌图上应能准确判定其范围界线，即应有一定规模且轮廓清楚而典型，形态典型且易于恢复原始平面轮廓；如果有洪积扇叠置现象，晚期的不能把早期洪积扇的平面轮廓遮掩；侵蚀区流域不能穿越或包括盆地，否则不宜作为洪积扇面积分析的对象。

假如进行两期洪积扇面积比分析，步骤及内容如下：

在地貌图上标示出不同时期洪积扇的平面轮廓线、洪积扇上游侵蚀区的流域线并测量其面积，洪积扇面积记为 S_{p1}，S_{p2}，侵蚀区面积记为 S_D，并计算面积比：

$$R_1 = S_{p1}/S_D(\text{早期}), R_2 = S_{p2}/S_p(\text{晚期}) \tag{8-1}$$

如果 S_D 未变化，由于 S_{p1}，S_{p2} 的不同，形成 R_1 与 R_2 的差异。

分析 S_{p1}，S_{p2} 的大小差异、变化原因？是气候原因，还是新构造原因？与侵蚀区的水土流失存在什么关系？这些是研究与讨论的主要内容之一。

2）形态特征分析　洪积扇沿纵向的下凹度与沿横向的上凸度是描述洪积扇形体特征的定量指标，亦能用以对比洪积扇之间形体差异。形体特征分析要求具备平面轮廓基本清楚，外缘边界容易确定，地貌上有明确表征，具有一定规模等四项基本条件。

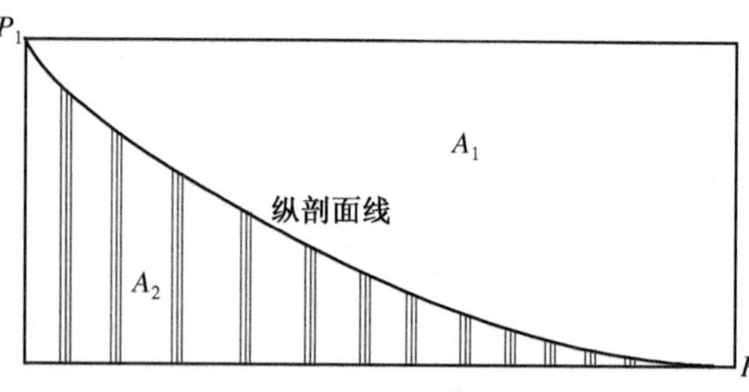

图 8-3　洪积扇下凹(纵断)面矩形图

下凹度分析是定量描述洪积扇纵剖面形体特征的指标，由扇顶至扇缘即为纵轴线，纵轴的下凹度表达出扇形地的纵向形体特征。具体测定方法为：以扇顶点(P_0)法线为垂线，切线为水平线，水平线延续到扇缘切点(P_1)的法线，围成一长方形，如图 8-3，P_0P_1 线以上面积为 A_1，以下面面积为 A_2，则

$$R_p = A_1/A_2 \tag{8-2}$$

R_p 指示了下凹度，据[式(8-2)]可进行多个扇形地的比较分析。

上凸度分析是定量描述扇形地横剖面形态特征的指标。上凸度的数值，与横剖面选择在洪积扇纵轴线上的空间位置有密切的关系。作为不同洪积扇横剖面形态对比，要求各洪积扇的横剖面有统一的相对位置，例如，以扇顶起算，纵轴长度为1/2，1/3，1/4，1/8 等位置都可作为参照位置。如图 8－4 所示，$\overline{CD}$为横剖面投影长度，a_3 为横剖面曲线与$\overline{CD}$之间面积，a_1+a_2 为$\overline{CD}$的平行线与 AB 横剖面曲线之间的面积，两面积之比值即为上凸度($R_{凸}$)：

$$R_{凸} = \frac{a_1 + a_2}{a_3} \qquad (8-3)$$

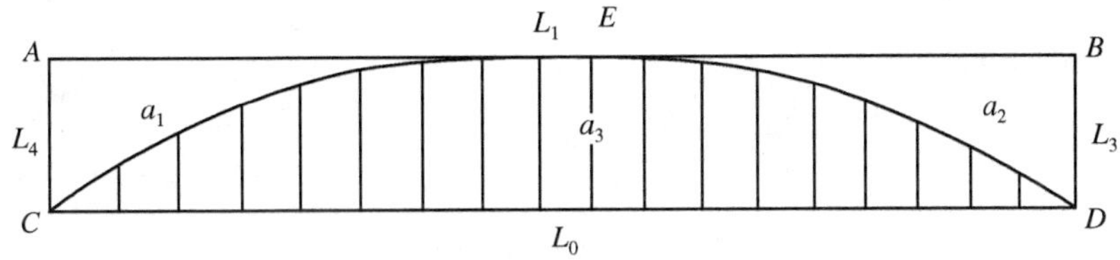

图 8－4　洪积扇上凸(横剖)面矩形图

洪积扇的数量指标和参数可以用于冲积扇、三角洲形体的分析研究。

(3) 冰川地貌分析

冰川地貌发育与气候因素有极为密切的关系，气候因素不仅对冰川冰积累与消融、冰川规模的变化起控制作用，而且还对冰川地貌的分布起制约作用。冰川地貌依发育时间分为现代冰川地貌和古代冰川地貌。这里仅对现代冰川积累与消融的消长、古代冰川地貌的分析提出数值参数。

冰川积累区规模与消蚀区规模之间的差是冰川尾部稳定与否的重要指标，它是借助冰川积累与消融面积比来指示，在这项分析中，确定雪线高度是其中的关键。对现代冰川，表示冰川的地貌图上等高线比较平直的那条线的高程代表冰川的雪线高度，向粒雪盆上方追索到最高，向冰川末端追索到最低一条等高线；对古冰川，雪线高度取决于古冰斗的冰斗坎高度。确定粒雪区(积累区)的边界线，它与雪线连接共同圈闭为冰川积累区 A_c；确定消融区边界线，冰川舌边界线与雪线连接共同圈闭为冰川水消蚀区 A_e，对应面积亦记为 A_e、A_c，A_c+A_e 记为 A：

$$R_{AC} = A_c/A \qquad (8-3)$$

一般情况下，我们认为 $R_{AC}>0.6$ 时，冰川属于动态即前进性冰川，$R_{AC}<0.6$ 属退缩性冰川，$R_{AC}=0.6$ 时属稳性(供给与消耗平衡)状态冰川。

冰斗地貌分析的参照指标为：区域性冰斗方位、方位频率、长深比、平坦指数。冰斗方位指冰斗口朝向，在地貌图上画出冰斗纵轴线(直线——代表其整体伸展方向)，量测纵轴线的方位角(图 8－5)。将区域内量得的所有冰斗方位角记录在统计表中，以统计学中正态分布原理划分方位角间隔组(组内距小，组间距大)，组内方位角的中值即为冰斗口朝向，确定出冰斗方位，以组内冰斗出现的次数为半径做出玫瑰图——冰斗方位频率图。从频率图上可直接分析判读冰斗方位的区域分布特征，进而为成因研究提供指导和科学数据。

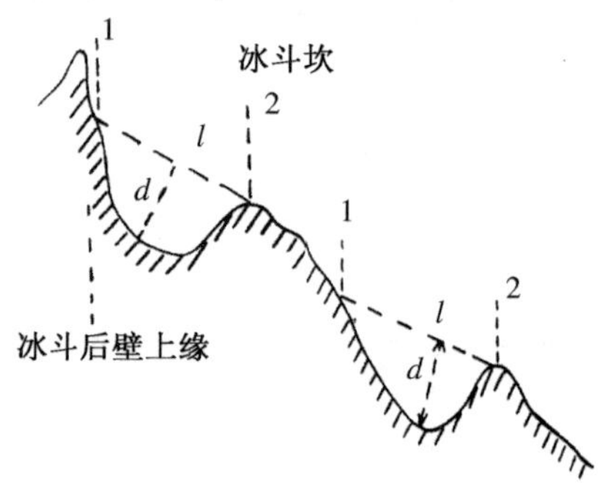

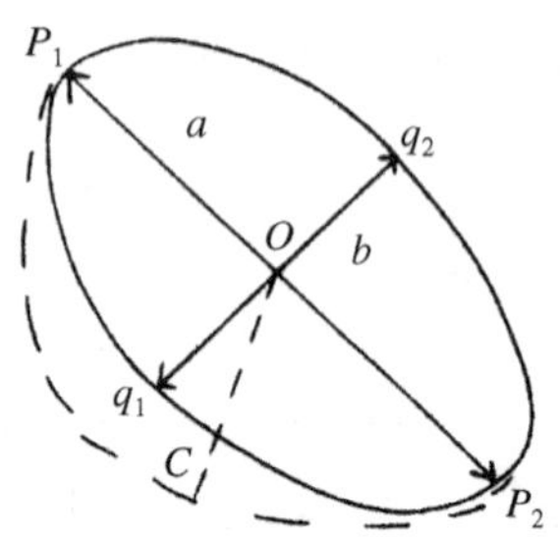

图 8-5 冰斗形态指数

冰斗长与深的比值是地貌分析的又一参照指标，其基本原理如图 8-5 所示。在地貌图上绘出的冰斗纵剖面线要穿越冰斗后壁上缘线的起点 P_1 和冰斗场的终点 P_2，$\overline{P_1P_2}$距离 a 为长轴，$\overline{P_1P_2}$与$\overline{q_1q_2}$(冰斗宽)的交点 O 至冰斗底(最低点)的距离为冰斗深度 C。长与深的比为

$$R = a/C \tag{8-5}$$

一般情况下，$C < a$，当 R 愈接近于 1，表示冰斗(粒雪盆)被掘蚀的愈深，相反则愈浅，这反映了冰斗发育历时的久远性，用以测算冰期历时年代。

(4) 海岸均衡状态分析

海岸延伸方位的变化，引起波浪能量在海岸带的辐聚与辐散，造成海岸泥沙的运动，使海岸地区发生侵蚀、搬运与堆积，产生海岸带地貌形体，海岸发育的动态平衡性预示海岸的发展方向。对于弯曲的堆积海岸，用弦长(C)和弦高(P)比值来评价堆积型海岸的海滩是否达到均衡状态，具体原理如下。

首先，据地貌图阅读分析并确定海岸的类型是属于侵蚀型还是堆积型，界定海滩的轮廓线；其次量测海湾(海滩)的弦长 C，弦高 P，以及方位角(图 8-6)，弦高 P 是弦 C 中点垂直线到海岸线的距离，海滩方位为 P 指向海的方向，把每个海湾测得的数据，以及 C/P 的计算值都记在一张表中。为反映区域内海滩的优势方位，绘制海滩方位玫瑰图。

据统计和实验数据，当 $C/P \geqslant 15$ 时，认为海滩处于均衡状态，海滩(海岸)相对稳定。结合海岸堆积地貌、海滩方位、C/P 值、泥沙运动的综合分析，就会对海岸的动态状况和发育趋势，有一个比较综合而清楚的认识。如果海岸向非均衡方向发展，则要采取工程措施减缓这种趋势。

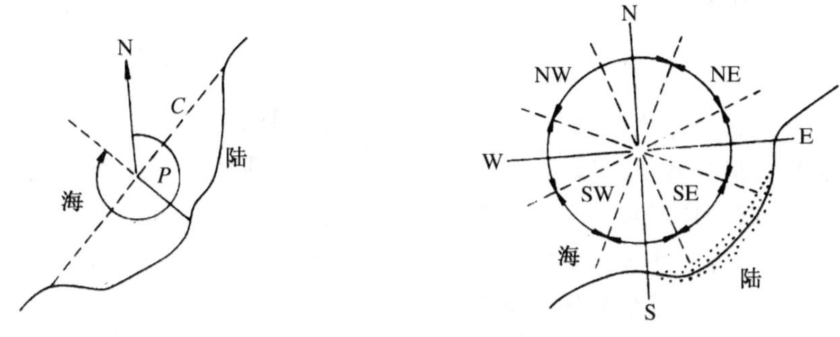

图 8-6　海岸测量数据指标

二、地质图的地貌分析

地质图为地貌分析提供的主要内容包括：提供地貌成因、地貌组成物质与地质结构和构造以及地貌形体的相对年代分析等。

1. 地貌成因分析

地质图主要为地貌成因分析提供重要依据。夷平面是经过夷平作用而准平原化了的地貌面。它被后期切割，并被抬升到一定的高度位置，往往是残存的，被分割得支离破碎的地貌面，表现在地貌图上或实际地貌上近似等高的山顶面。但是，被侵蚀分割后的水平岩层分布区，也可以出现近似等高的山顶面，类似的等高山顶面，还可以存在于背斜山、向斜谷的顺地貌发育区域等。因此，依据地貌图得出的那些等高或近于等高的山顶面，是不是夷平面很难定下来。其判断原则是：夷平面是切过地质构造的地貌面，即凡平切越过地质构造又不与地质构造（面）重合的地貌面都应该是夷平面，才能够确定等高的山顶面既不与逆掩断层面重合，也不与岩层面重合，而是属于切过地质构造的夷平面的特征，才能最后确定这些等高的山顶面是属于夷平面的残存部分。

确定与地质构造有关的地貌成因类型时，地质图的地貌分析尤为重要。在分析获得地质图上反映出的褶皱构造的基础上，对照地貌图所显示的地貌，能分析出那些与褶皱构造有关的地貌类型，例如褶皱构造、火山构造、断层构造、第四纪沉积物。

2. 地貌组成物质分析

利用地质图进行地貌物质组成分析，是把地貌图地貌分析得出的各种类型地貌的分布位置、范围与地质图上相应位置、范围相对比，在地质图上相应位置、范围内的地层或岩层就是那部分地貌的物质组成成分，当然是比较粗略的，也不能代替实地考察所获得准确的地貌物质组成与地貌结构类型的结论。

3. 地貌相对年代分析

在进行地貌相对年代(或时代)分析时,地质图上所反映的地质年代中以新生代来的地层年代最为重要。因为,现在地表表现出来的地貌,主要是这个时代塑造出来的,当然组成的地层在地表所见大多为第四纪地层,在局部地区,在剖面图中可观察到中生代、古生代甚至更古老的地层。堆积地貌形体主要由第四纪堆积地层所组成,并被大部分或全部保存下来。

4. 地质构造与地貌形体的分析

为了解释地貌的成因,把地质图上的断层转绘到地貌图上,并与地貌图上反映的断层进行对比,很多在地貌图上已经显露出来的断层却在地质图中未画出来。地质图上构造类型与地貌图上表示的负地貌或正地貌要素之间的联系、它们的绝对高度和相对高度、凸形坡剖面与凹形坡剖面、坡度、切割深度和密度,以及河系图式的对比,将有助于勾画出地貌形态结构的轮廓。

三、其他地理图件的地貌分析

与地貌形成、发育发展、分布组合相关的自然因素主要是气候、土壤、植被、生物、水文,在相应的气候图、土壤图、植被图、生物地理图、水文图等地理图件中提取与地貌分析研究有关内容作为科学依据,增加分析成果的可信度和应用性。

对地貌分析有意义的气候信息有:降水分布及其季节变化;等降水线(如25 mm、50 mm、100 mm、200 mm……)以及历年迁移情况与迁移趋势;四季风向、风力;雪线高度及变化;冻土深度和厚度及分布变化等。

土壤图中土壤类型与地貌有关。母岩成分还弥补了地质图上没有表示出来的缺失岩性;土壤图中风化壳的表示,有助于恢复古地面和夷平面。根据土壤图上反映的不同地貌部位上土壤剖面的保存完整程度,推测坡面侵蚀强度,以及坡面过程和未来发展趋势。对于河谷谷底地貌、平原地貌、阶地和河漫滩来说,土壤图比地质图反映得更准确。

水文图上水系图式与新构造活动有密切关系,用以推断内力作用的趋势和强度。径流模数等水文指标,可以为分析地貌的外力作用强度提供数量参数。

不同地貌部位上由于土质结构不同,土壤水分含量的差异表现出不同植被特征,据此并参考土地利用类型,来划分地貌单元、区分不同地貌部位。

四、遥感影像地貌分析

航空与航天遥感技术的发展，为地貌分析提供了新技术、新手段。与同比例尺地貌图相比，提供了更详细的微地貌形体和地质构造方面的细节和相应性。

1. 航天遥感影像地貌分析

遥感影像有影像和以数字编码记录在存储介质上的数字图像两大类。一般情况下，地貌分析使用影像影像，在目视下观察能够获得地貌形体的空间真实特征。遥感影像的分辨率和比例尺直接影响地貌分析的深度和广度。遥感影像的比例尺一般小于 1∶50 万，覆盖范围大，为大区域内地貌类型的划分和区域构造成因分析提供可能。遥感影像分辨率目前可达到 0.5 m，即地表 0.5 m×0.5 m 的地物在遥感影像上可见，能实现对局部形态和组合关系的分析，实现较深入的研究。彩色红外影像和雷达影像还提供地表以下一定深度内的埋藏地貌和水下堆积物地貌及特征，这为分析研究古地貌及现代沉积物成分和速率提供了科学依据。

2. 航空影像地貌分析

航空影像地貌分析的最大特点是能进行立体研究，立体影像中见到的地貌就是研究对象本身，所以航空影像的地貌分析是一种直观研究方式。在航空影像上利用三度空间影像能直接勾绘及研究地貌单元与单体形态的轮廓，特别是对构造地貌形体，如断层崖、单斜山和倾向坡及其物质组成，都很容易观测到，尤其是火山地貌。

由于下面两个方面的原因，使在立体镜下观察到的地貌同在自然界观察到的实际地貌有一定偏差。① 航空影像为中心投影，使得离开影像中心的地方，地面被抬高，坡度识别相应也受到影响，实际地貌高度在立体镜下被垂直加高了二三倍，坡度也比实际地貌大得多；② 航空影像上没有标示高程点及高程注记，使得分析高度分布受到局限，只能判断相对高差。不同地貌有时有相似的影像、色调或灰度值，某些内容需借助间接标志才能解译出来。间接标志是利用各要素之间关系，通过分析推断来确定地貌性质，如岩溶地貌地区，地表河流突然消失，说明有落水洞或溶洞及地下伏流存在，若河流在不远处再次出露地表，可推断地下洞穴及其河道的方位、长度、深度等特征。

航空影像地貌分析主要依据地貌在航空影像上直接表现出来的影像特征即色调（灰度）、纹理、图案、结构特征。影像是分析地貌形体与类型的标志特征和直接特征，通过立体镜下的直接立体观察，或者在阴影效果下的视觉立体效应来进行个体形态、地质构造、组合关系、空间分布及规律的分析。色调针对彩色航空影像，灰度(阶)针对黑白航空影像，他们的分析可解译出组成地貌的物质基础。纹理指地性线及断裂线、地层界线、河流等表现出的线性图形及其结构，图案指纹理组合在一起所表现出的整体特征，它们是分析组成物质、地质构造及其他自然要素关系的标志，如环形河网或谷地网图案则预示着穹隆构造地貌。结构由不同色调、纹理和图案在某区域的组合特征，往往是区域地貌的标志。

遥感影像的地貌分析贯穿于地貌分析研究的各个方面，尤其是对动态地貌的研究更显示出其优越性。

五、野外地貌调查与研究方法

地貌学是实践性很强的学科。地貌学理论知识是前人从地貌研究和生产实践中总结得到的普遍的原理，他们是高度概括、归纳的结果。世纪的地貌形体类型的规模相差悬殊，大者可以达到数十千米，小者只有几厘米。当我们置身于大的地貌类型之中，只能看到他的一部分，往往不能识别出在书本上学习的而且是十分熟悉的地貌类型。所以，在野外准确地观察和描述地貌现象，善于发现有意义的地貌问题，是地理学家最重要的工作方法之一。野外调查一般进行如下工作。

1. 调查准备

收集调查区的各种地图、考察报告、专著、论文等资料。配备好各种业务和生活用品。

2. 调查路线与观察点选择

3. 进行观察点的地貌观察和记录描述

野外地貌观察包括地貌形体、构成物质、地貌类型的组合关系、自然环境与现代地貌过程的观察、访问。

4. 第四纪沉积物剖面的观察与描述

包括第四纪沉积物分层，沉积物的颜色、沉积物的粒度组成与颗粒形态、沉积物的矿物成分与形态、沉积物的层理和构造、化石的观察与描述。

5. 地貌年龄推断

采用沉积物对比法、地貌高程法、相关沉积法、地文期法、风化程度对比、地貌的侵蚀与堆积关系、地貌形体叠置关系、化石等方法进行综合应用。

6. 样品和化石的采集

主要是岩石和沉积物。

详见《庐山地理调查》(张根寿等,2004)。

六、实验室分析

通过野外的调查,掌握了大量资料并且采集了所需的样品后,在室内进行必要的实验室测定。这里主要是对野外采集标本的实验室测定和分析,主要有粒度分析、硅酸盐测定和计算、砾石形态分析、土壤颜色确定、土壤含水量的测定、孔隙体积的测定、有机质含量的测定、pH 测定、地貌年龄测定等。

野外资料、遥感资料、地貌分析研究结果和实验室测定结果进行整理、归纳,从而形成自己新的看法和认识,写出报告或者论文,即把野外零散资料升华为理性认识或理论。

第三节　地貌分类原则

地貌类型划分或地貌分类不但是地貌研究的理论总结,而且是地貌制图和地貌资源应用的关键。地貌是内外动力相互作用于岩石所产生的结果,由于分类问题的复杂性,目前尚无地貌分类的合理方案、统一标准和通用的完整系统。但是,国内外地貌学家在地貌研究和制图实践中已总结出地貌分类应遵循的基本原则。

一、"形态-成因"原则

把地貌成因与形态有机结合起来,为划分地貌类型、研究地貌组合和进行地貌区域划分提供了客观标准之一。

任何地貌类型,不论规模大小、形态结构差异和等级高低都具有一定的成因和物质组成及发育历史。地貌的形体和成因是不可分割的统一体,对任一地貌类型亦是如此。但是,自然界中却常常出现不一致的事实,同一种地貌形体可能有不同的成因,两种以上的不同地貌形体可能成因相同,即地貌形体类型的界线可能与成因的界线吻合,也可能不吻合。在地貌分类中,虽然公认"形态—成因"原则,但存在两种不同的倾向。一种倾向是成因为主的原则,其理由是,把那些偶然不相似(形态上)的地貌划分为不同的分类单位显然是不正确的。因为,形态的不相似是必然的，当他们进一步发育时，便会彼此相同。另一种认为，地貌形体是客观地貌的实体，形体是成因的表现形式，不能脱离形体去探讨成因，否则是无意义的。若在形体与成因不相吻合的情况下以成因为主分类，必将导致实际划分出的类型界线不符合地貌形体客观实体，即使小地貌甚至微地貌的形成也需数百，或数千年或数十万年（排除人为、地震、火山、滑坡等突发性地貌）。在实际应用中，地貌形体类型图、地貌区划图等是表现现代地貌，地貌发展趋势图或地貌预测图等是表现未来地貌的可能情况，两者不能混淆，前者应以形体为主导，后者应以成因为主导。只有正确、真实、客观地深入研究和表示现代地貌，才有可能去进行趋势预测。所以，在地貌形体与成因不相一致的情况下，应以地貌形体类型为依据，以现代地貌类型界线为主，结合考虑成因，这样地貌图上最醒目的图斑，就是地貌形体类型轮廓，这样就有了明显概念和内涵。

二、等级系统原则

地貌类型的等级是根据各个地貌的形体与成因特点、规模大小及发生顺序和相互关系区分出不同的地貌等级顺序，参照具体的形体、成因、物质组成、构造因素、发育阶段等指标建立地貌分类系统。一般从高一级向低一级（从大到小）逐级分类，上一级包括下一级的类型单元，各级之间有明确的相互关系。

我国 1∶100 万国家地貌图地貌分类采用“形态-成因”的原则，划分为 5 个等级系统（表 8－3）。

表 8－3　中国 1∶100 万地貌图分类及图例表

（据《中国 1∶10 000 000 地貌制图规范》）（摘选）

<table>
<tr><td rowspan="2">Ⅰ级</td><td rowspan="2">Ⅲ级 / Ⅱ级</td><td colspan="5">黄土地貌（H）</td></tr>
<tr><td>Ⅳ级</td><td>Ⅴ级</td><td colspan="2">代码</td><td>指标</td></tr>
<tr><td rowspan="6">陆地地貌</td><td>1. 平原</td><td>山前黄土平原
黄土涧
黄土坪
山间黄土平地</td><td></td><td colspan="2">$H1_1$
$H1_2$
$H1_3$
$H1_4$</td><td>>7°
黄土梁间
石质山之间</td></tr>
<tr><td rowspan="5">2. 台地</td><td rowspan="2">黄土塬</td><td>平坦黄土塬</td><td rowspan="2">$H2_1$</td><td>$H2_1^a$</td><td><3°</td></tr>
<tr><td>倾斜黄土塬</td><td>$H2_1^b$</td><td>3°～10°</td></tr>
<tr><td rowspan="2">黄土台塬</td><td>黄土低台塬</td><td rowspan="2">$H2_2$</td><td>$H2_2^a$</td><td>台坎高
<100 m</td></tr>
<tr><td>黄土高台塬</td><td>$H2_2^b$</td><td>台坎高
>100 m</td></tr>
<tr><td>黄土梁塬
（黄土平顶梁）</td><td></td><td>$H2_3$</td><td></td><td></td></tr>
</table>

（续表）

Ⅰ级	Ⅱ级 \ Ⅲ级		黄土地貌(H)				
			Ⅳ　级	Ⅴ级	代　码		指　标
陆地地貌	3. 丘陵		黄土丘陵	低黄土斜梁 高黄土斜梁	$H3_1$	$H3_1^a$	<100 m
						$H3_1^b$	100～250 m
				低黄土峁梁 高黄土峁梁	$H3_2$	$H3_2^a$	<100 m
						$H3_2^b$	100～250 m
				低黄土峁 高黄土峁	$H3_3$	$H3_3^a$	<100 m
						$H3_3^b$	100～250 m
	4. 低山	小起伏低山	黄土覆盖小起伏低山			$H4_1$	
		中起伏低山	黄土覆盖中起伏低山			$H4_2$	
	5. 中山	小起伏低山 中起伏低山	黄土覆盖小起伏低山 黄土覆盖中起伏低山			$H5_1$ $H5_2$	

第一级，以现代海岸线为界，划分为陆地地貌、海底地貌两大地貌类型。

第二级，以大范围内力作用为主的地貌类型。陆地地貌以地质构造及新构造运动控制的大地构造为指标划分地貌类型，反映内动力强度及相互关系。据基本形态与海拔高度，陆地地貌类型排列为平原、台地、丘陵、低山、中山、极高山；海底地貌类型排列为大陆架、大陆坡、大陆裙、深海平原或深海盆地等。

第三级，以某种具体的地貌外动力为主导所形成的地貌类型。如，陆地主导外动力分为河流的、湖成的、干燥的、风成的、岩溶的、冰川的、冰缘的、波浪的、火山的、人工的等。海底地貌的第三级是指冲刷沟槽、水下三角洲、水下古河道、洼地、海山、海丘等。

第四级，由内外力共同作用形成的形态类型，为第二级和第三级类型组合形成的。如陆地上的平原分类为湖积平原、洪积平原、风蚀平原、冲积平原、剥蚀平原、冲积—洪积平原等。

第五级，在第四级基础上按地表形态及成因进一步划分为次一级类型，如洪积平原划分为次一级的平坦的洪积平原（堆积面的坡度大多为 1°～5°），倾斜的洪积平原（5°～10°），起伏的洪积平原。

在 1∶100 万国家地貌图上，陆地地貌制图的基本单元是第五级地貌或第四级地貌（不能划分出第五级时）。但由于各地地貌复杂多样，在地貌图制作中根据区域地貌特征、用图目的和专门需要，尤其大中比例尺地貌图建议应详尽地反映出区域地貌特点。

应该引起特别关注的是，有些地貌是多成因的，归类具有其一定的不确定性，如单斜山、方山、断块山地貌等，可作为地质构造地貌，若从气候条件及外动力因素分析，也可归到流水侵蚀山地，或干燥剥蚀山地，在划分类型时密切地与用图目的和以某一学术主要观点和思想为宗旨相协调(表 8-4)。

表 8-4　重庆地区地貌分类系统表(据《重庆地貌与经济建设》)

二级形态类型 / 三级成因类型 / 一级成因类型	山　地	丘　陵	平　坝	台　地
	中山 低山	高丘 中丘 低丘 缓丘		高台地 中台地 低台地
构造地貌	复背斜的 单背斜的 单斜构造的 水平构造的	单斜构造的 水平构造的		水平构造的
流水地貌	侵蚀、剥蚀的	侵蚀、剥蚀的 剥蚀、残积的	冲积、供积的 剥蚀、残蚀的	侵蚀、剥蚀
	侵蚀、剥蚀的	侵蚀、溶蚀的	溶蚀、溶积的	溶蚀、侵蚀的

三、数量指标原则

国内外地貌及地理学家长期研究后，提供了为大家所允诺的较统一的指标，并且得到应用。

1. 单数量指标

按照所得到的形态测量指标，分出如下的地貌类型。

(1) 水平切割强度

1) 侵蚀地貌形体的最深谷底线离开分水线的距离(表 8-5)。

表 8-5　水平切割密度的测度指标

≥1 000 m	弱切割地貌	50～100 m	强烈切割地貌
500～1 000 m	中等切割地貌	<50 m	极强烈切割地貌
100～500 m	显著切割地貌		

2) 单位面积内谷地长度为指标。

3) 单位面积内谷地条数为指标。

(2) 垂直切割深度(强度)

坡面最大倾斜线任意一点与分水线之间的相对高差(表 8-6)。

表 8－6　垂直切割深度的测度指标

对平坦平原	＜2 m	微切割地貌
	2～5 m	中等切割地貌
	5～10 m	显著切割地貌
对波状平原	10～25 m	微切割地貌
	5～50 m	中等切割地貌
	50～100 m	显著切割地貌
对　山　区	100～250 m	微切割地貌
	250～500 m	中等切割地貌
	500～1 000 m	深度切割地貌
	＞1 000 m	极深度切割地貌

(3) 地面坡度及梯度(表 8－7)

表 8－7　坡度测度指标

地貌类型	梯　度($tg\alpha$)	坡　度(α)
平坦平原	＜0.02	＜4°
倾斜平原	0.02～0.07	4°～7°
丘陵地	0.07～0.12	7°～24°
…		

(4) 相对高度和绝对高度

单一地貌实体最高点与其外缘各点的平均高差和绝对高度的组合(表 8－8)

表 8－8　高度测度指标

相对高度	地貌类型	绝对高度	地貌类型
＜20 m	平　原		
20～100 m	低　丘		
100～200 m	高　丘	＜500 m	丘　陵
200～500 m	小起伏山地	500～1 000 m	低　山
500～1 000 m	中起伏山地	1 000～3 500 m	中　山
1 000～2 500 m	大起伏山地	3 500～5 000 m	高　山
＞2 500 m	极大起伏山地	＞5 000 m	极高山

在实际工作中，对某些具体区域考虑其特点，并突出地表现其特点。如我国四川盆地是最典型的面积较大的丘陵地貌区，结合农业利用，将盆地内丘陵又细分为四种类型，若比例尺增大，类型划分更详细(表 8-9)，分级数增多，以能充分和详尽地表达地貌特点为宗旨。

表 8-9　丘陵类型的细分类

相对高度	丘陵类型	相对高度	丘陵类型
<20 m	缓丘(准平原)	60～100 m	中　丘
20～60 m	浅丘(低丘)	100～200 m	高　丘

值得注意的是，地貌形体以数量划分类别不是绝对的，不能只考虑某一指标，往往是几个数量指标综合划分类型，如有的倾斜平原的表面平均倾角为 5°～10°，但若未受到中等以上的切割深度，则不能将其列为波状平原。当然，不能只按形态描述和形态量测指标来说明地貌特征。

相对高度还常用以描述地势起伏的程度，如表 8-6 中的深切割、中等切割、浅切割。地势起伏度是指单元面积(如地貌图上的每个方格)中最高点和最低点之间的高度差，进而，还可以进行地势起伏度的分等分级。林克(1968)曾编制过德国某地的地势起伏图，他的地势起伏分级为 0～25 m/km^2、25～75 m/km^2、75～150 m/km^2、>150 m/km^2 等，相当于平均坡度 0°～2°、2°～6°、6°～12°、>12°。库车诺夫斯卡(1969)曾建议定义 0～30 m/km^2 为平原，30～75 m/km^2 为缓起伏丘陵地、75～150 /km^2 为切割丘地、150～200 m/km^2 为缓起伏高地，200～300 m/km^2 为切割高地、300～450 m/km^{2}为缓起伏山地、450～600 m/km^2 为切割山地等。中国学者建议把中国的地貌起伏度分为 0～20 m/km^2 微缓起伏、20～75 m/km^2 中起伏、200～600 m/km^{2}山地起伏与 7 600 m/km^2 为高山起伏等 5 个阶级。

2. 综合定量指标及数学模型

地貌形体是三维空间的实体，具有可见性。长期以来，虽然大多数地貌分类以“成因-形态”原则为基础，对于那些明显属于某个类型的典型客体，或利用定性分析或利用单个定量指标可解决其归类，但对那些不易用定性或单个指标判别属于某个类型的实体，应采取综合的定量指标使其达到归属的确定性及排他性。因为，在一个类别中，可能出现外貌相似但成因不同的形态，或出现成因相近但外貌各异的形体被分开。因此，同时综合地考虑绝对高度、相对高度、坡度、成因、形体等多项指标划分类型的方法是可取的，效果较好的方法。

由于我国各区域(行政区、地貌区、气候区等)地貌形体复杂多样，存在形态类型上和成因上的共有性及差异性特点，制图比例尺大小又影响到表示不同大小(平面轮廓)地貌形体的可行性(表 8－10)。在区域地貌制图中应依据本地区地貌特点确定划分地貌形体类型的数量指标,以能将区域内地貌真实地、全面详细地、简明直观地提供给应用者为宗旨。

表 8－10　湖南省 1∶50 万农业地貌分类系统(据丁传礼)(摘选)

成因类型	形态成因类型			岩性形态成因类型	代号	示量指标海拔/m	相对高度/m	坡度/(°)
岩溶地貌(K)	溶蚀(喀斯特)侵蚀地貌	平原	平　原	灰岩夹砂页岩溶蚀平原	K_{p}^{1+S}		5～10	<5
		岗地	岗　地	灰岩夹砂页岩岗地	K_{l}^{1+S}		5～15	5～15
		丘陵	低　丘 高　丘	灰岩夹砂页岩低丘陵 灰岩夹砂页岩高丘陵	K_{h1}^{1+S} K_{h2}^{1+S}		60～100 100～150	15～20 20～25
		山地	低　山 中低山 中　山	灰岩夹砂页岩低山 灰岩夹砂页岩中低山 灰岩夹砂页岩中山	K_{m1}^{1+S} K_{m2}^{1+S} K_{m3}^{1+S}	300～500 500～800 >800	150～200 200～500 >500	25～30 30～35 >35
	溶蚀(喀斯特)地貌	平原	平　原	溶蚀洼地 溶蚀盆地 溶蚀平原	K_{p1} K_{p2} K_{p3}		5～10	<5
		岗地	岗　地	溶蚀岗地	K_{l}		30～60	5～15
		丘陵	低　丘 高　丘	溶蚀低丘陵 溶蚀高丘陵	K_{h1} K_{h2}		60～100 100～150	15～20 20～25
		山地	低　山 中低山 中　山	溶蚀低山 溶蚀中低山 溶蚀中山	K_{m1} K_{m2} K_{m3}	300～500 500～800 >800	150～200 200～500 >500	25～30 30～35 >35
		山原	中低山原 中山原	丘状溶蚀中低山原 岗状溶蚀中山原 丘状溶蚀中山原 丘状灰岩夹砂页岩中山原	K_{g1}^{h} K_{g2}^{t} K_{g2}^{h} K_{g2}^{sh}	500～800 800	外缘 200～500 内部与丘陵同 外缘>500 内部 与相应岗地丘陵同	30～35 >35

注:在实际运用时,按情况增加,不受此表限制。

四、建立图例系统

地貌图图例系统是由若干表示方法,如色彩、纹理图案、线划、符号、代码、文字注记等组成的严密系统。它是地貌图的核心内容之一,体现出地貌分类的科学思想和意图,直接影响地貌表现形式的效果。

图例系统的制定是在地貌分类的基础上进行的,即地貌分类、分级原则的结果的可视化体现。图例系统也是检验地貌分类与分级的系统性、科学性的重要技术手段。地貌图上表现出各种类型地貌实体,它主要包括地貌形体成因类型、地貌符号、岩性构造代号三大内容。对于范围较小、地貌形体类型较简单的区域,可根据具体情况,采取有什么内容就设计什么图例的方法。对于较大范围,情况复杂的区域,图例必须组成一个系统。若是多幅或成系列的地貌图还必须是一个统一的系统。

图例系统的设计与地貌分类研究同时进行,其作用在于,一方面指导地貌图的编制,另一方面随着地貌研究的深入不断补充图例内容。在图例系统设计中要坚持既能明确指示图上表述的内容,又能阐明分类的科学依据和逻辑结构的原则,既要考虑各种地貌类型排列的科学性、系统性以及它们的从属关系,又要考虑制图效果的直观性和艺术性,达到科学实用和简单明了的效果。在图例排列系统中,通常是先平原、后山地,反映先低后高的特点。也可先高后低,先山地后平原依次排列(图 8-7、图 8-8)。

图例系统表现出三个方面的作用。

1. 纹理图案或色彩设计富有立体感

单色图是依靠纹理图案化线符号的粗、细和间隔疏、密的方法,达到立体效果。根据现代地图上经常采用的“越高越暗”的原则建立起立体效应,即线符号越密、越粗、黑度愈大代表地势愈高。

在彩色图上,借助彩色的色相、饱和度、亮度产生立体效果,如灰暗、浅淡的颜色有远近、后退和下凹的印象;浅色、明亮的颜色有近和凸形的感觉;现代的用深色调,古代的用浅色调,有时代近、远的寓意。颜色具有最强的表现力和分辨性,习惯上用底色来表示地貌成因类型,每一种颜色表达一种成因类型,其用色尽可能参考国内外的习惯用色和接近自然的颜色,如黄土地貌类型用土黄色系,流水堆积地貌类型用绿色系,火山熔岩地貌类型用红色系,流水侵蚀地貌用棕色系,冰川地貌类型用青莲色系。总的原则是用对比色(色相)去表达地貌类型的组合或区域地貌的总体性,巧妙地运用色彩的三要素(色相、亮度、饱和度)及对比性,丰富地貌图的表现手段。

2. 符号形象化

它是对颜色表达地貌特征不足的重要补充,通过点状、线状、面状符号表达依比例或非比例的地貌形体、地貌过程、发育强度和界线等,还可用不同颜色的符号进一步增加其表现力。地貌符号设计中,应注意以下几点:

1) 尽可能采用国内外通用符号;

2) 符号形状具象形性,使读者能望文生义;

3) 符号大小与地貌形体类型的实际分布范围(图上图斑大小)协调一致;

4) 线符号的粗细与地貌发育时间、活跃性相适应。一般对现代的及活跃的用粗线条,古老的及不活跃的用较细的线条表示;

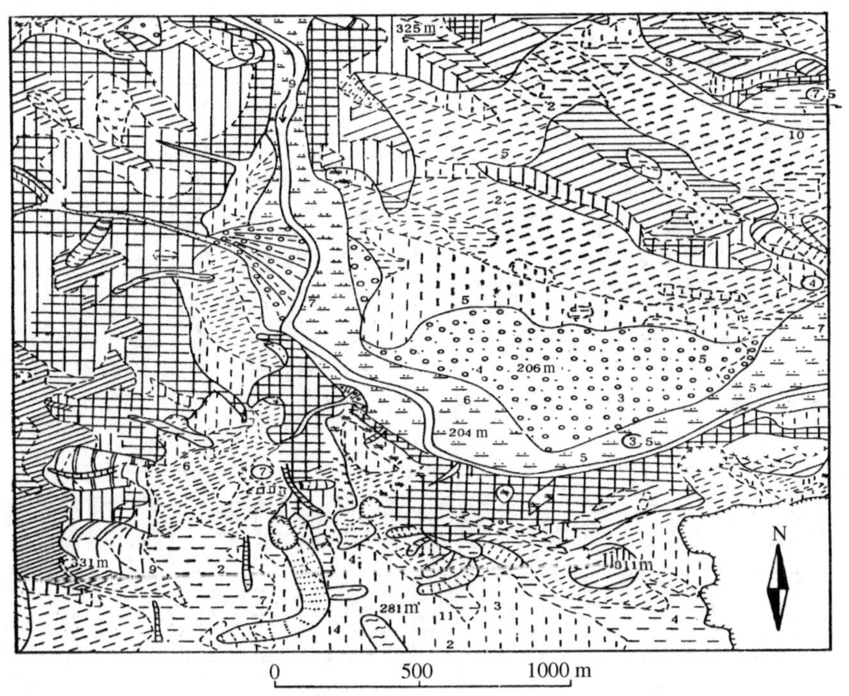

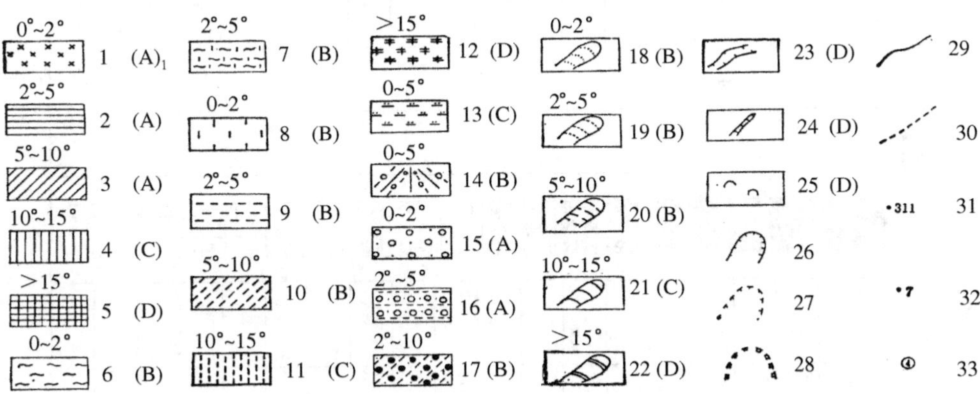

图 8-7　皮萨尔(pisar)盆地应用地貌图图例系统(据 J. 德梅克)

1～5. 固结岩石(火成岩、砂岩、砾岩)面;6～7. 中新统沉积(黏土、黏土质砂);8～12. 黄土、黄土质壤土和壤土碎屑层面;13. 壤土、淤泥和黏土质泛滥面;14. 壤土混杂的砾石组成的冲积锥面;15～16. 沙砾石组成的阶地;17. 覆以壤土质坡积物的阶地面;18～22. 谷(河)源洼地;23. 深切谷地的狭窄谷底;24. 冲沟;25. 人为造成的小型滑坡;26. 活动的壤土坑;27. 不活动的壤土坑;28. 不活动的矿坑;29. 岩类界线;30. 坡地界线;31. 地面高程点;32. 第四系厚度;33. 人为沉积的厚度(A. 适用于建筑物;B. 有条件适用于建筑物;C. 较少适用于建筑物;D. 不适用于建筑物)

图例

Ⅰ级 构造-形态	Ⅱ级 形态综合体	Ⅲ级 外营力-形态	Ⅳ级 个体形态	符号
一、褶皱-断块山地	高山	1. 冰川作用的褶皱-断块高山		
	中山	2. 冰川作用的褶皱-断块中山		
		3. 寒冻风化剥蚀的褶皱-断块中山		
		4. 流水切割的褶皱-断块中山		
		5. 岩溶化的褶皱-断块中山		
	低山	6. 流水侵蚀剥蚀的褶皱-断块低山		
		7. 岩溶化的褶皱-断块低山		
	丘陵	8. 侵蚀-剥蚀的丘陵		
	谷地	9. 侵蚀-堆积的宽谷		
		10. 侵蚀谷地		
二、断陷谷盆	河谷盆地	11. 侵蚀-堆积的河谷盆地		
		12. 冲积-洪积的河谷盆地		
		13. 侵蚀-堆积的构造宽谷		
	河谷平原	14. 河漫滩		
		15. 漫滩阶地		
		16. 低阶地		
		17. 高阶地		
		18. 一级阶地		
		19. 二级阶地		
		20. 三级阶地		
		21. 四级阶地		
		22. 河岸沙地		
		23. 洪积扇裙		
		24. 保存完整的黄土台塬		
		25. 中度切割的黄土台塬		
		26. 切割破碎的黄土台塬		
		27. 坡积-洪积倾斜台状地		
		28. 黄土覆盖的洪积扇		
		29. 黄土覆盖的山前洪积-坡积扇裙		
三、整体抬升的高原	黄土高原	30. 流水切割的黄土台状地	30－1 黄土塬	
			30－2 黄土残塬	
			30－3 黄土平梁	
		31. 流水侵蚀-剥蚀的黄土丘陵	31－1 黄土斜梁	
			31－2 黄土长梁	
			31－3 黄土峁梁	
			31－4 黄土梁峁	
		32. 侵蚀-剥蚀的黄土-基岩丘陵		
		33. 侵蚀-剥蚀的黄土低山		
		34. 侵蚀-剥蚀的石质低山		
		35. 流水作用的黄土沟谷	35－1 河　谷	
			35－2 冲沟干沟	
			35－3 地	
	风沙高原	36. 风蚀梁丘		
		37. 风积平缓沙地		
		38. 风积沙丘		
		39. 沙盖黄土梁		
		40. 湖盆滩地		
		41. 风力作用的洪积倾斜台状地		
		42. 风沙谷地		

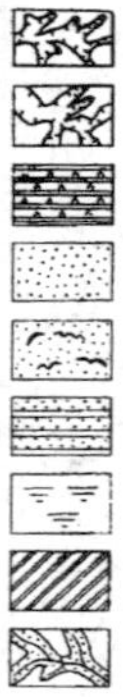

形态符号

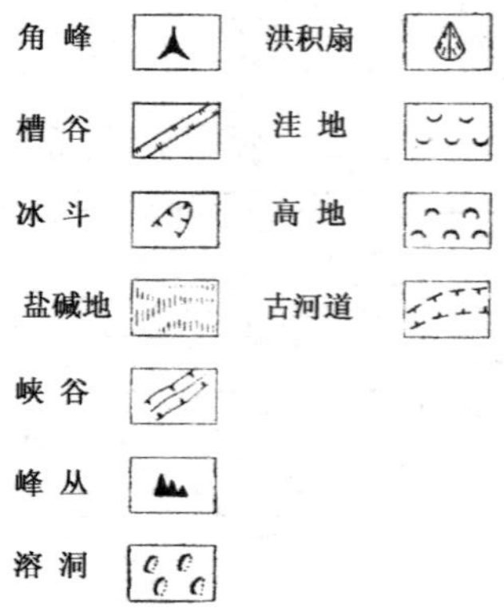

角峰　洪积扇

槽谷　洼地

冰斗　高地

盐碱地　古河道

峡谷

峰丛

溶洞

图 8－8　图例系统示例

5）非比例尺符号用来表示那些形体小、因比例尺限制在图面上无法依比例表示其精确的面积及轮廓范围，但又必须在地貌图中加以表达时，但要注意符号的中心尽可能要精确定位。

3. 代号和注记语义准确

代号用以弥补色彩和符号不能表示的地貌性质，注记用以说明其属性、数量和含义，是必不可缺少的。在单色图上，代号和注记可用来代替颜色表示不同的成因类型。在彩色图上往往配合颜色增加表达的内容或用来补充表达其他方法无法表示的不同等级类型，例如，将英文字母作为代号可用来表示组成物质基础的不同年代（Q 表示第四纪，R 表示第三纪）和岩性（G 表示砾石，S 表示砂岩等），还可表示不同地貌外动力（F 表示流水，V 表示火山等）。

数字注记可表示形体示量指标，又可表示具体地貌年龄和沉积物年代，还可用以表示成因类型的序列。注记大写、小写、字体、字大和颜色的变化并与代号相配合可灵活地用于表示地貌特征。

图例系统是为地貌制图和用图而制定的，图例在整个制图过程中不断修改、充实和完善，而且在地貌图最后完成时才完全确定，它必须符合如下要求：

1）必须在地貌制图的初期阶段就要据地貌分类确定下来，尽管它不十分完善，也必须确定，以指导下阶段工作。

2）图例系统及地貌表示方法尽可能易于制图者掌握和用图者理解。

3）图例系统设计要考虑图面清晰和载负量，制图的经济费用。

4）图例系统应以尽可能简明的形式，表现尽可能多的信息，给制图者、用图者提供尽可能多的方便。

一个好的图例系统应该为地图表达各种地貌信息提供最有利的条件，可以在图面上准确地反映地貌的细微差异，而且不需要通过繁琐的类型区划分类反映。

学者应该明确，图例系统并不等同于分类系统，各有特点，它们的目的、内容、衡量优劣的标准都有差异。决不能把分类系统当作图例系统而直接应用，但它们又是相辅相成的。地貌分类系统无需考虑每个实体的空间分布和研究结果的实际规模，对分类来说，每个实体都是独立的，若某一实体的研究深度不够时，归类完全可以研究清楚之后进行，这并不影响其他实体的归类，也不影响分类系统性。而图例系统必须考虑地貌实体研究结果，并给出相应的划分和表现方法，如果有一个实体研究不够而无法归类，那么图面上就会出现空缺，这样的图例系统是失败的。分类系统应该包括一切需要划分的类别，某一个地貌实体应该而且必须在某分类等级中。图例系统则应尽量利用地图所特有的直观表达能力，概括和抽象分类系统，使图例尽量简化。

在我国,图例1∶100万地貌图有统一的图例系统,其他比例尺系统尚无。一般都是依据比例尺不同及地貌制图区域特点,甚至不同学术观点、不同用途,采用相应的图例系统及图例。20世纪70年代以来,国际上开始重视地貌制图例的标准化和规范化研究,制定了一些国际统一图例,并得到国际地理学会及各国地貌学会的承认和推荐应用。由于我国地貌类型十分齐全,形态十分复杂多样,在具体地貌制图实践中可根据具体实际进行设计,补充和创作。例如,关于岩溶地貌分类,南京大学王飞燕等提出分类系统:第一级,地带性原则;第二级,地质-地貌原则;第三级,形态组合原则;第四级,特殊个体形态。

第四节　地貌形体类型数字分类

利用数量指标划分地貌形体类型是现今信息时代的进步、数字高程模型的平面坐标及坐标点高程相匹配的点群(x_i,y_j,z_j)即格点高程和格点面元高程数据为数字分类提供了基础条件,能方便地进行单一数量指标和综合数量指标方法进行地貌形体类型划分。

一、基本地貌类型划分

1. 确定地貌形体类型等级指标

依据地域大小、比例尺度、地域内地貌复杂程度拟定地貌分类等级指标。一般情况下,中、小比例尺度的大区域地貌形体类型划分,采纳国际国内公认或大多数人应用的等级指标,对于大比例尺的小区域地貌形体类型划分,在大区域等级指标的框架下据区域实际再拟定特有的等级指标,以正确反映区域地貌特点(表8-11)。

表8-11　地貌形体类型等级指标

形体类型	绝对高程/m	相对高度/m	形体表述	代表字母
极高山	>5 000	>3 000	大起伏(深切割)	A_1
		1 000～3 000	中起伏(中等切割)	A_2
		5 00～1 000	小起伏(浅切割)	A_3
高　山	3 500～5 000	>1 000	大起伏(深切割)	B_1
		500～1 000	中起伏(中等切割)	B_2
		200～500	小起伏(浅切割)	B_3

（续表）

形体类型	绝对高程/m	相对高度/m	形体表述	代表字母
中　山	1 000～3 500	>1 000	大起伏(深切割)	C_1
		500～1 000	中起伏(中等切割)	C_2
		200～500	小起伏(浅切割)	C_3
低　山	500～1 000	>500	大起伏(深切割)	D_1
		200～500	中起伏(中等切割)	D_2
		100～200	小起伏(浅切割)	D_3
丘　陵	<500	100～200	高丘	E_1
		50～100	中丘	E_2
		30～50	低丘	E_3
		20～30	缓丘	E_4
台　地		>100	高台地	F_1
		50～100	中台地	F_2
		<50	低台地	F_3
平　原	<200	<20		G

2. 自动跟踪的类别划分

利用 DEM 的矩形格网点的高程，对每个点进行高程判别，当高程为某一数据类别中时，该点赋予约定代号，并同时与近邻的另三个格网点（见第七章第四节）绝对高程进行比较，与区域内约定的最低基础点进行相对高程运算，依据相对高程数据赋予相应代表字母。输出该区域产生的字母符号库，就是建立在 DEM 上自动跟踪年代的地貌形体类型分布图。

二、地貌区划数字技术应用

地貌区划是一种地理专题要素的区划工作，它可以全面地反映地貌综合体的地域差异规律。每一个被划分出来的地貌区，各有其不同于其他区域的地貌形体、成因特点、地貌发育过程及其合理利用与自然改造的方向，因而在科学认识上和指导实际生产方面均有很大的意义。采用常规的定性描述和分析，分区结果难以客观地反映地貌区划单元间的实际差异，同时，在相同等级的地貌区内的相似性和区间的差异性的刻画和对比方面，也缺乏充分的证据和说服力。为了科学地划分区域单元，利用 DEM 的数据，叠加上其他的因子而进行客观的划分。

1. 分区指标及数值化处理

区域地貌差异是地貌发育中多因素综合影响的结果，可采用多个指标，以分别刻画地貌形体、成因及发育阶段和条件的差异。

(1) 地貌类型指标

着重反映各样本区内不同地貌类型的空间组合和分布情况，是最基本的地貌区划依据。按形体类型为主，将区域划分为高山、中山、低山、丘陵、平原、台地、平坝等指标，且分别赋予一个等距数值为其特征值，以实现各种地貌类型的数值转换(表 8－12)。用特征值代替格网点高程值，生成地貌类型数字库。

表 8－12　地貌类型的特征数值代码

地貌类型	高山	中山	低山	高丘	中丘	低丘	台地	平原
特征值 T_1	1	2	3	4	5	6	7	8

(2) 地貌形体指标

地貌类型的差异即是地貌类型、成因及发育过程的表征，也是人类进行多项经济活动所涉及的地貌。在地貌区划中，具有充分反映区域地貌发育特点的理论作用，同时也使地貌区划与生产实际密切联系起来。坡度指标，可分为五级(亦可为 7 级，9 级)，这里根据农业活动限制坡度及水土流失强度(表 8－13)。利用 DEM 计算格点面元的坡度，并记录放在各格点上，用特征值替换，生成地面坡度数据库。

表 8－13　坡度分级指标

坡度等级	1	2	3	4	5
坡度范围	0～7°	7°～15°	15°～25°	25°～35°	＞35°
特征值 T_2	3.5	11	20	30	40

起伏度指标，以地域内一定单位大小内最大起伏高差的平均值为特征值(T_3)(表 8－14)。高程等级指标　据地域内高程研究成果划分高程范围，确切突出表述区域高程特征。

表 8－14

高程范围(m)	0～300	300～500	500～800	800～1 000	＞1 000
高程等级	1	2	3	4	5
特征值 T_4	150	400	650	900	1 200

(3) 地貌物质和地貌外营力指标

地貌物质是地貌实体发育的基础，其分布规律与区域构造特征有密切的关系，反映了构造内力对地貌发育的影响，岩性差异主要表现在各地层组的抗风化侵蚀能力强弱，是地貌实体形成的重要基础。例如，据组成成分划分为数个等级(表 8 - 15)。地层及主要特性从地质图中或地质要素数字中采集获得。

表 8 - 15　地貌物质特征指标

地层及主要岩性 特征值 T_5	黏-砂土 8	泥、砂岩互层 7	泥砂岩互层 6	泥、灰岩互层 5
地层及主要岩性 特征值 T_5	石英砂岩 4	沉岩夹砂岩 3	灰岩 2	页岩、粉砂岩互 层 1

侵蚀强度指标　地貌外营力对地表的侵蚀塑造以侵蚀强度为指标，这里以 6 个等级为例(表 8 - 16)。

表 8 - 16　侵蚀强度指标表

侵蚀强度等级	无明显侵蚀	轻度侵蚀	中度侵蚀	强度侵蚀	…
范围/(t/km²)	<500	500～2 500	2 500～5 000	5 000～8 000	…
特征值 T_6	250	1 500	3 750	6 500	…

数值化处理即样本 i 的某项指标 j 的量化值(L_{ij})可采用下式：

$$L_{ij} = \sum_{R=1}^{n} D_R \cdot T_R \tag{8-1}$$

式中：D_R 为某项指标 j 各个等级(k)的面积百分比；T_R 为与 D_R 对应的特征值。

2. 聚类分析

聚类分析是目前广泛用于地理领域的多元统计方法之一。它是用数学方法将诸个地理事物或地域空间样本的属性或特征的相似性和差异性按其亲疏程度的不同逐次进行归类，最后得到一个反映样本间由低到高的亲密关系的分类系统，完成各样本在不同相似指标下的归类合并。

由图 8 - 9 中，由于聚类样本大，类型多，在各分区中出现有其他类别的“飞点”，特别是Ⅱ区中，山岭地貌差异大，飞点亦较其他区多。

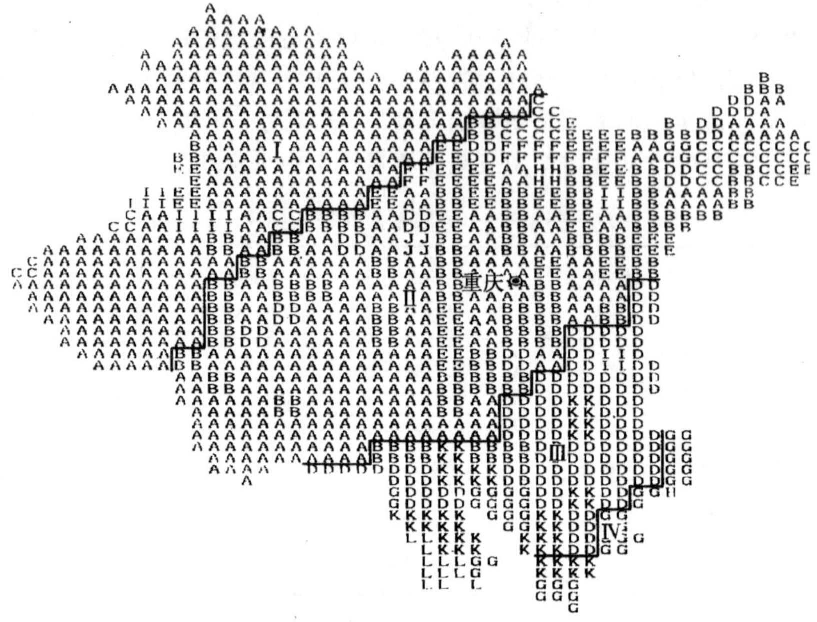

图 8-9　聚类结果示意(重庆地区)(据《重庆地貌与经济建设》)

第五节　地貌制图程序

地貌制图过程一般为四个主要阶段,即计划制定、编图准备、原图编绘、文字编撰。

一、地貌制图内容

由于制图目的和区域差异性,以及地貌图的性质和用途的不同,因而不可能有一个统一的约定,我们将全部图示内容概括为四类。

1. 基本内容

指体现地貌实体本身的各种内容,如地貌形体和形态组合、地貌类型、地貌成因、形态计量、地貌年龄、地貌过程等。

2. 一般内容

指与地貌实体关系密切的要素,如组成地貌实体的物质组成、地质构造、新构造运动内容等。

3. 辅助内容

指影响地貌实体形成和发育的背景因素，如气候要素、水文要素、植被要素、土壤要素等。

上述各种图示内容，在任一地貌图中都不可能全部容纳如此大量的内容，只是根据不同地貌图的可能需要，对其进行适当的选择表示。

4. 底图内容

指对地貌实体及其他相关内容起定位和说明某种联系的内容，包括经纬度、水系、聚落、交通网、行政区划等。在彩色地貌图上，人文要素一般处于次级层面。

二、制定地貌图编制计划

这一阶段要制定地貌制图过程所需要进行的全部工作计划，主要包括：

1）确定制图区的范围和比例尺，图幅形式；

2）确定要研究的地貌问题，理解制图目的；

3）确定地貌图比例尺或者 DEM 空间尺度，及其相关的参考地图；

4）确定遥感影像的比例尺、精度、种类和质量，以及它们在地貌制图中的作用和使用方法；

5）制定工作计划，包括时间、人员组成，室内研究、野外考察验证研究等；

6）制定技术方案；

7）经费预算。

三、地貌图编图准备工作

1. 资料收集

一幅集科学和艺术为一体的完美的高质量地貌图需要制图区域及相邻区域多种资料作为基础。

1）广泛收集地图，包括比成图比例尺大、或小、或相同的地貌图、普通地理图（集）、地质图、科学考察图、气候图、水文图、各种地貌图等。

2）收集遥感影像，包括航天遥感、航空遥感多波段多时相的彩色的和黑白的影像图、数字影像资料，分辨率愈高愈好，航空遥感影像注意收集比例尺较小的影像。

3）收集已刊及未刊的调查报告，研究论文，学术著作。

2. 资料分析与评价

对已收集的资料进行可应用性、应用程度、应用目的评价，以确定在地貌制图中的使用地位、深度和广度。

(1) 地貌图应用评价

地貌图精度是否满足地貌分析，进行数学精度检验，通过控制点位坐标、等高距、图廓线坐标检查是否符合制图精度要求。地貌图是重要的地貌制图基础资料，是工作底图。利用地貌图获得区域高程分布；正负地貌分布；特殊的地貌形体资料，如谷地的明显角度转折等。还可获得水网和谷网的形态计量、谷网的型式、河流发育阶段等。利用地貌图量测形态指标，制作出地貌形体示量图（图 8－10），它们是制作普通地貌图、部门地貌图的基础，同时亦可成为专用地貌图系列图。

(2) 遥感影像应用评价

充分利用航空影像主要为了获得实地地貌的三维空间影像。航空影像的地貌判读是一种直接研究方式。即使我们对地貌的成因、年龄、构造基础等还不太清楚的情况下，也能够比较容易地勾绘出地貌单元与单个形态的轮廓、岩层界线（当露头清晰时）并制作出草图。当比例尺越小时，就越容易获得地貌之间组合关系的整体印象。

遥感影像的数学精度和分辨率是两个重要的评价参数。航天遥感影像（或数字记录）的分辨率目前可达到 0.5 m，在更大范围内判读地貌的分布组合以确定制图区内的联系具有明显优势。判读结果的草图对区域内地貌制图是重要基础资料。

(3) 专门图的应用评价

自然环境的全部要素都与地貌发育有关，不同自然要素的专题地图有助于准确划定地貌单元，分析地貌过程的动力、类型和强度，制作出区域内地貌要素略图，供深入应用分析和制图应用。

1) 地球物理图、地质图　　出版或者制图时间、地层年代名称、代码与现代的差异，找出对应的规律，建立转换对应表，便于确定使用程度、使用的内容。研究这些资料将能划分出主要区域的构造单元，以及有关地区的轮廓及主要构造特征，进而对表的深部构造进行描述。地质图通常表示岩石年龄、褶皱、断层、岩石分布，能够分析地貌与它们之间的相应性。

2) 构造图　　表示不同年龄的、不同褶皱构造期的构造图，以及表示基底构造特征和不同阶段沉积层、断层、挤压带等构造特征，说明在晚第三纪至第四纪时期抬升或沉降及总量的构造图，有助于重建地貌上显露的或埋藏的构造形态的发育历史。对于以内动力为主划分地貌类型有重要的参考作用，用于编制地貌类型图。

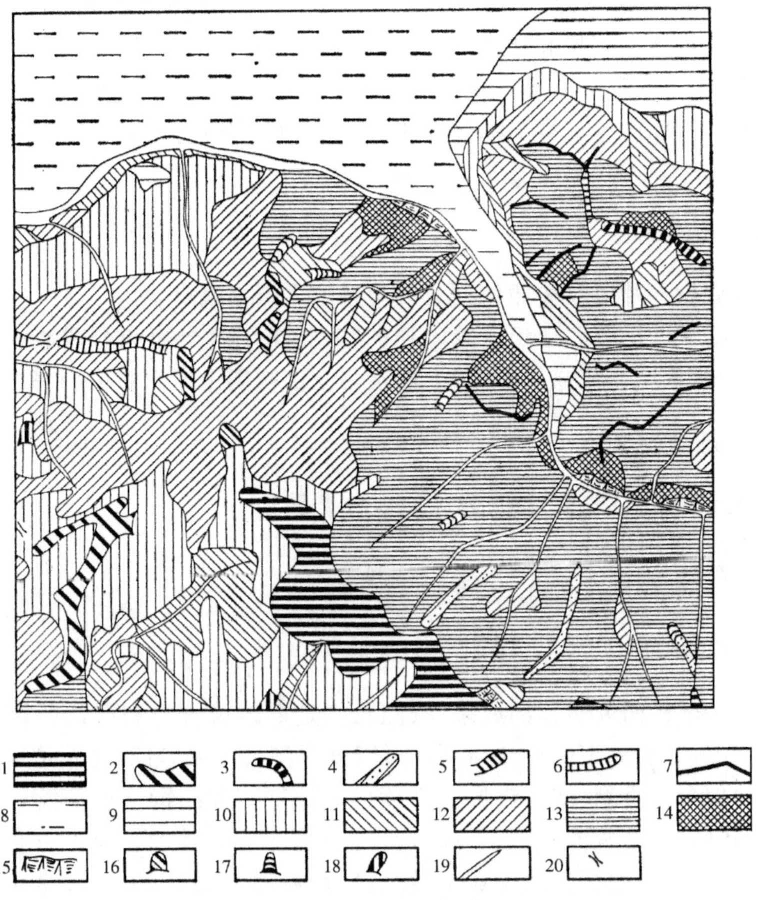

图 8-10 地貌形态示量图(阿尔泰)(据J.德梅克)

1~6. 山顶面(1. >1 900 m;2. 1 900~1 650 m;3. 1 650~1 550 m;4. 1 550~1 500 m;5. 1 500~1 400 m;6. 1 400~1 350 m);7. 山峰(< 1 300 m);8~15. 坡地(8. 0~2°;9. 2°~5°;10. 5°~10°;11. 10°~15°;12. 15°~25°;13. 25°~35°;14. 35°~55°;15. >55°(陡崖));16~18. 阶地(16. 1 800~1 700 m;17. 1 600~1 500 m;18. 1 350~1 300 m);19. 河谷;20. 山口

3) 水文地质图与水文图　从这些不同比例尺地图中可以获得补充资料。水文详图与地貌图比较,可以获得地貌图上难以表示的浅沟中的季节性径流,有助于制定近期抬升地区的轮廓,泉的分布以及与地质图和地貌图的对比可以说明断层的存在,根据透水层和不透水层有可能勾绘出可能发生滑坡的轮廓,并预测某些动力过程的发展趋势。

4) 气候图　最有意义的是表示降水量及其季节变化,积雪厚度、冻土深度、冰层厚度、四季风向和风力的详图,它们充分表明近代外力作用的强度、空间分布,对于地貌类型、地貌发育速度和发展方向的分析有重要指导性作用。对于编制地貌预测图是重要的参考资料。

5）土壤图　　土壤图中风化壳的表示，有助于重建古地貌和夷平面；说明现代和古代外力过程的类型和强度；更详细地清楚显示出谷地的面貌。

6）植被图　　与地质图和地貌图的互相比较，用来绘制地壳上难以表现的基础构造要素。大比例尺生物地理图用于解决坡面块体运动、岩土体蠕动等方面的地貌问题。

3. 文献的应用研究

首先提倡做卡片以便按照使用意图与选题进行摘录资料。

阅读文献帮助理解和认识区域内外的特征，可了解全面和个别地貌现象的位置及描述，吸收最新研究成果，摘录某段落用于工作图上或用到说明书中。

4. 地貌草图的编制

1）制定地貌分类数量指标、建立地貌分类系统。

2）制定地貌图例系统。

3）应用有效资料编制出主题的地貌草图。

5. 野外(观察)验证

综合上述分析研究工作的成果，按照已拟定的地貌分类和图例系统制作出多种地貌图草图，它们的正确性如何须通过野外典型观察来验证，尤其是地貌图上判读出来的地貌形体类型，航空影像上判读出来的特殊或独特地貌单元。野外观察的主要目的是检验地貌图、航空影像，判读各种地貌形体类型的空间分布及组合特征；确认物质组成与地貌之间关系；了解现代地貌动力及异常变化；建立制图区域实际的感性知识和立体景观。

6. 修正地貌分类、充实和规范图例系统

四、地貌原图编制

将地貌图判读，航空影像解译和野外调查成果，以及其他地图、文献中与编图所需的内容严格按照图例系统的线划、符号、文字规范制作出各种地貌图编者原图（各种类型地貌图编图原理将在本章第六节中介绍）。

五、地貌图及使用说明书的编写

地貌图说明书以文字来阐述制图区域的地貌特征，来弥补地貌图表示上的不

足。地貌图与文字说明相辅相成，构成地貌制图完整成果。用文字陈述的内容有如下几点。

1）区域地理概况。行政和地理区基本地理情况，地貌单元、地表高程、分布、气候特点、土壤和植被及组合、土地利用现状等地貌研究方面的内容。

2）论述区域构造、局部构造、地质基础及其与地貌形体之间关系，特别要注意与地貌类型直接有关系的第三纪和第四纪沉积及岩石和岩石性质与地貌的关系，绘制出代表性方向线的地貌剖面图（插图）加以佐证。重点是地貌结构及其形成动力的论述，如大地构造单元对现代地貌客观格局的控制，主要断裂系统与地貌发育、新构造运动的地貌表现、水文变迁与地貌发育等地貌演化方面内容。

3）详细描述重要的地貌形体、相对高度、水流流量和周期变化，泥沙搬运、侵蚀和堆积速度、谷地纵剖面、谷地密度与谷深、台地、起伏度、坡度、剥蚀强度与其地貌与自然条件之间的相互关系。地下水类型、潜水面及水位，泉及泉水流量。湖泊的分布、水深和成因。列表表示天气和气候简况。

4）地貌形体成因类型，不同的地貌形体往往反映不同的地貌成因。说明书中应简述成应分类原则，列表详述图例系统及地貌类型及其划分依据，地貌形体及其分布、岩性等。

5）现代动力过程。论述风化过程及强度，坡面过程及发育、流水过程、海岸过程、岩溶过程、风力过程、生物过程、人工过程等结合制图区自然环境进行阐述。

6）简述区域地貌发育史，地貌区划。

7）其次还应论述土壤、植被情况。主要土类及其分布，植被种属、群丛特征。

8）重点论述区域地貌资源在区域国民经济与生产建设中的应用和作用，如地貌类型与土地利用、地貌与森林立地条件、地貌与工程建设、地貌景观与旅游、地貌与矿产资源、地貌与水资源应用、地貌与环境等区域内的应用地貌。地貌图说明书的论述要全面、详细、具体和准确，它用作于科学研究和教学、提供给区域规划者与经济发展预测者。

第六节　应用地貌图编制原理

地貌图在土地利用、经济和生产部门的规划，农业和林业、聚落规划、交通选线和建设、水利工程设计与建设等科研、生产和军事等各方面有广泛作用。编制地貌图所花的劳动和费用，可以从节省设计和减少设计失误中得到补偿。地貌类型图为农业生产应用至少有三个方面的价值。首先，可以提供可靠的土地资源数据。农业生产目前仍以可耕地资源为基础，在同一气候区中，地貌条件往往影响热量情况、植物生长、水分的再分配和土壤发育。地貌是组成各类土地、土地资源的主导因素，在土地详查中以不同的地貌类型为单位。其次，与农业布局密切相关，地貌条件既通过地势高低、坡度、坡向、地貌部位、地面切割程度等因子影响农业生产和布局，还通过地貌类型综合地对农业生产类型、农林布局和农田基本建设产生显著影响。第三，地貌是农业的基本条件。农业的因地制宜和因时制宜等很多问题涉及与地貌的关系。地貌对农业的作用包括自然、技术和经济等方面。

地貌图亦是制作其他自然条件图的基础，是编制土地类型图、土地资源、农业区划图的科学依据；是编绘土壤图、植被图、气候要素图的重要参考图件；是不可缺少的区域规划和自然资源研究的重要信息源。

一、地貌形体计量图的编制

形态计量资料，如坡度、地势起伏度、谷地密度、深度等，可以从大比例尺的地貌图、或航空影像、或 DEM 上量测和计算得到，形态计量图也称为统计图，可独立使用，又作为编制普通地貌图、应用地貌图和专门地貌图的基础图。形态计量图不仅对地貌研究有用，而且还因它表示出了坡面剥蚀强度和新构造运动幅度，故对技术和经济方面的工作也有作用，如确定耕地和机械采伐林地的面积，研究防止土壤侵蚀和保持水土的措施。

1. 坡度图

坡度是指地面的倾斜程度。坡度图对于水土保持、机械化农作、农田水利建设、交通线选择、土地资源合理利用等生产实际都有重要用途。与使用地貌图相比，更容易发现陡坡、夷平面、不对称谷地等特征地貌形体的分布。坡度图指示出现代剥蚀强度，因为侵蚀速度及过程与坡度密切联系。与谷地深度和谷地切割密度图一起，有助于分析片状冲刷和线状土壤侵蚀的区域分布；用于研究不同气候带的坡度分布，制定防止土壤侵蚀的措施。

坡度图上的地面坡度用两种形式表达：

1）倾斜角

$$\alpha = \mathrm{tg}^{-1}\frac{H}{L} \tag{8-2}$$

式中：H 代表同一坡面上沿最大倾斜方向两点之间高差；L 代表与 H 对应的两点之间水平距离。

2）坡降　用十分比（如 1/10）、百分比（如 10%）、千分比（如 15‰）度量和标示。

坡度图上的地面坡度是分级表示的,坡度分级在实用上和理论上的级数及级差视图的用途和比例尺、区域地貌特征和类型分布而定,以满足不同需要为宗旨。

以坡度频率分布为基础的分级在地貌学研究上的用处最大。但是,如果各级别的界线定在每一个频率组的下限,这种分级的缺点是各个区域的坡度频率组的分级变化很大、不利于各个区域的比较分析。

以农业利用为目的的分级考虑与土壤侵蚀强度有差异变化的临界坡度和各种土地利用形式,这些坡度分级视基岩、土壤等不同而异。

(1) 坡度图的编制

在大比例尺地貌图上,根据等高线疏密差异和变化的变换点连线、谷底线、山脊线确定地表坡度转折的地域单元区界线,初步确定出不同坡度区(但具体坡度及分级未定)或称预处理。

1) 坡度标准尺　　利用地貌图坡度尺或制作一坡度标准尺和图例,坡度标准尺宜用透明材料制作,形式如图 8-11 所示,用于手工量测。

2) 坡度量测　　用坡度标准尺在已预处理过的地貌图上仔细量测,划定各不同坡度等级的范围界线,并在该多边形内标注度数。这里的范围界线并非是等坡度线。

3) 坡度分级归并及符号化　　归并类级相同的等级。在彩色图上,按同类级分级着色,一般坡度愈大颜色愈深。在单色图上,则用疏密和粗细不同的晕线或晕线组合表示,坡度愈大点或线愈粗大和密(即视觉黑度增大),如图 8-11、图 8-12 所示形式。

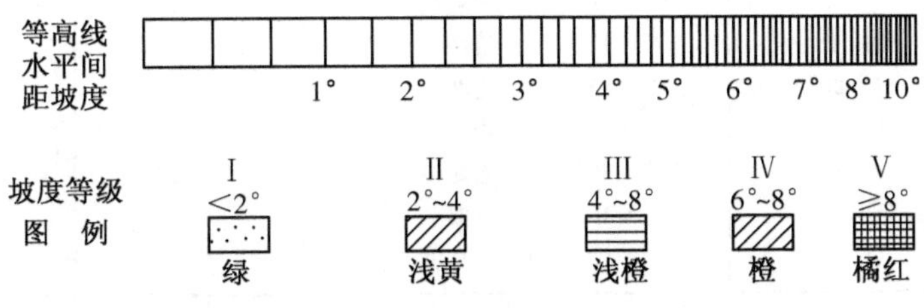

图 8-11　坡度量测标准尺(手工)

国际地理联合会地貌调查与地貌制图专业委员会提议用六级坡度分类法(如表 8-17)。各级坡度的实际意义如下。

0～2°　平缓坡。农业和林业可全面采用机械化作业;是良好的城镇建设基础;优良的交通运输条件,坡面侵蚀微弱。地貌为冲积平原、盆地、宽谷、高原、台地、山前侵蚀剥蚀平原、夷平面。

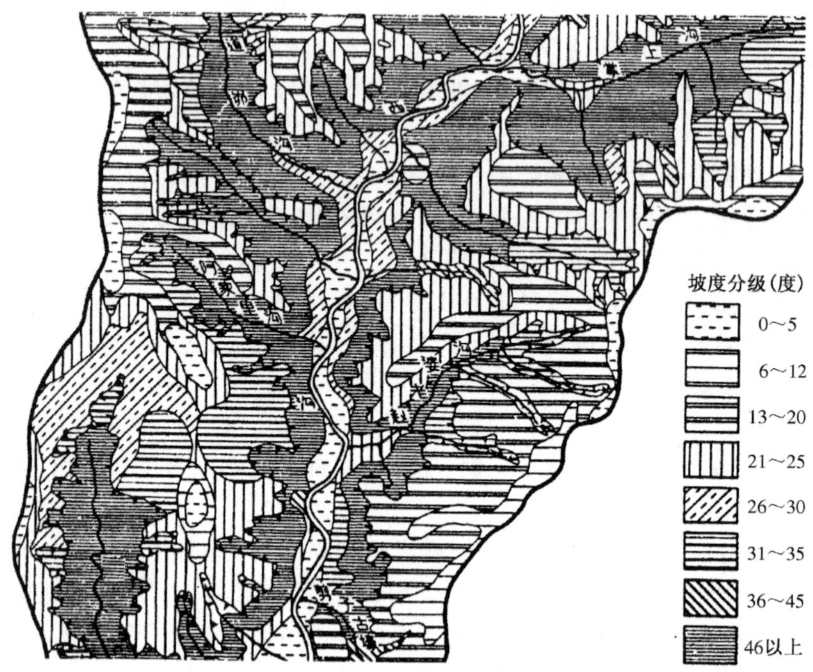

图 8-12 黄土高原(局部)坡度图(据苏时雨)

表 8-17 地面坡度分类

坡度分级	各级差	详细分级	坡地名称	坡降/%	坡高与水平间距比
0~2°	2°	—	平缓坡	0~3.5	>28.6
2°~5°	3°	—	平缓微倾斜坡	3.5~8.7	28.6~11.4
5°~15°	10°	5°~10°	缓倾坡	8.7~26.8	11.4~3.7
		10°~15°	斜坡		
15°~35°	20°	15°~25°	陡坡	26.8~70	3.7~1.4
		25°~35°	峻坡		
35°~55°	20°	25°~35°	急陡坡	70~140	1.4~0.7
		35°~45°	峭坡		
>55°	—	—	垂直壁	>140	0.7~0

2°~5° 平缓微倾斜坡。农业和林业机械化作业有一定困难,仍是城镇、农民、工矿及交通的良好条件。土壤存在片蚀和线蚀。农业区需要进行基础土壤保护措施。地貌为冲积洪积扇、山麓洪积平原、高原、侵蚀平原及山前地带。

5°~15° 斜坡。10°为机械化农业和林业上限,15°是卡车运行的上限,也是居民点、工矿及城镇建设的界限,农业耕作应是沿等高线从事梯田化作业。坡面已开始出现滑坡及土壤层的蠕动,线状侵蚀作用加强。这种坡一般分布在中山的谷地两侧及中山山前侵蚀平原。

15°～35° 陡坡。十分强烈的地面侵蚀，土层受严重破坏，滑坡分布广泛。不能进行耕作和建筑，为耕作和交通的上限。这种坡地为林区和牧场。

35°～55° 急陡坡，基岩裸露，侵蚀很强烈，重力过程明显。这是林业利用的极限，停止一切经济活动。应封山育林，保持水土。

(2) 等坡度坡降图

将坡降在某一分级差内的坡面与其他级差区别并用图形表示。图 8-13 中等高线(局部)表示出高度从 0～200 m 的一个坡面。假设坡降分级为 10%，分级差为：0～10%，10%～20%，20%～30%，30%～40%，在这幅图上，把高差为 10 m 的两条等高线间水平间距为 100 m 的各个地方用一条垂直线(虚线)相连接，将各垂直线的中点用线连接(粗线)光滑虚线，这条线的坡度值为 10%(等于坡度为5.71°)，并且把坡降大于和小于 10%的坡面分开，这条线为等坡度线。同样的方法可以把高差为 20 m 的两条等高线水平间距为 100 m 的垂直等高线的虚线划出，虚线中间点的连接就是坡降为 20%的等坡降线。同理可量测并绘制出其他各等坡降线，完成坡降图的制作。

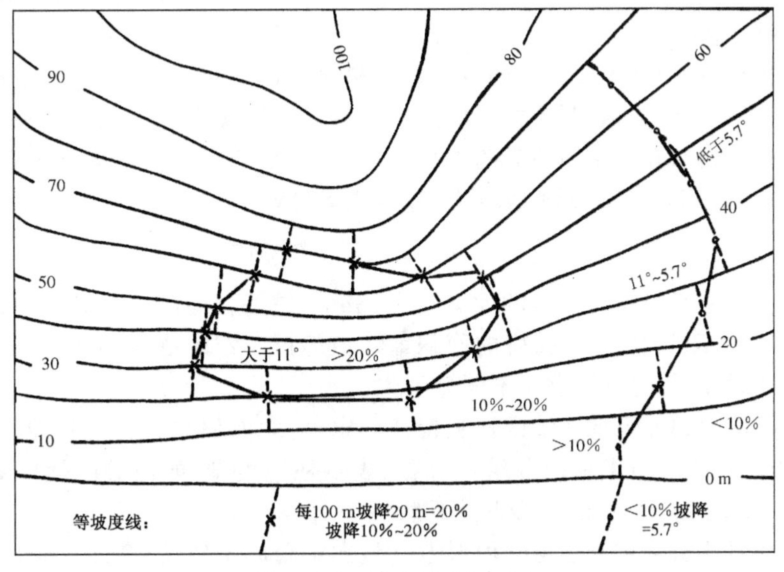

图 8-13 等坡度(坡降)图

(3) 坡度分级序列选定的数学方法

宏观上，区域构造对坡度的空间分布和组合有控制作用。坡度与高度之间存在匹配关系，采用线性函数

$$Y = a + bX$$

式中：X 为高度；Y 为坡度；a，b 为待定常数。用最小二乘法求解，a，b 解下面方程组

$$\begin{cases} b = \dfrac{\sum X_iY_i - (\sum X_i)(\sum Y_i)}{\sum X_i^2 - \dfrac{1}{n}(\sum X_i)^2} \\ a = \overline{Y} - b\overline{X} \end{cases} \tag{8-3}$$

利用相关系数 r 检验线性关系的显著性。

$$r = \frac{\sum X_iY_i - \dfrac{(\sum X_i)(\sum Y_i)}{n}}{\sqrt{\left[\sum X_i^2 - \dfrac{1}{n}(\sum X_i)^2\right]\left[\sum Y_i^2 - \dfrac{1}{n}(\sum Y_i)^2\right]}} \tag{8-4}$$

当 $r \geqslant 8.5$ 说明该区域两者之间显著线性关系。

2. 地面起伏度图

起伏度是指一定面积(单元)内最高点与最低点(基准面)之间的高差。确切地讲,是指山(丘)顶与顺坡向最近的大河(汇流面积大于 500 km^2)或到最近的较宽的(宽度大于 5 km)平原或台地的交界点的高差。它不同于地貌图的是,提供了一个区域的整体概念。

编制该类图,公认为较完美的方法为栅格网法(重叠栅格),在每一个栅格内,确定出最大高程,测算出高差,按分级序列以不同颜色或晕线表示。栅格的大小以至少包括一座山峰和一条谷地为基本标准,那么局部起伏度由该栅格中所包含的山峰高度的 H_i 值,与表示最低高度的 h_i 值之差确定:

$$R_i = H_i - h_i \qquad (\text{第 } i \text{ 个栅格})$$

在地貌图上所组织的栅格的大小(1～4 km^2)应是相同的。一般来说,随着栅格面积的增加,R 值增加,若栅格的面积增加值超过一定的范围,如包括一条谷地和一座山峰时,R 值的增加也就不明显了。

地势起伏度的分级视区域内地貌特征而定,对大面积起势起伏所进行的研究表明,分类以及按适当类别的分组,可用来表示地貌类型,如地势起伏度 R=0～30 m 为平原,R=30～75 m 为缓起伏丘陵……

起伏度图的意义在于它与其他形态计量图结合起来使用,全面反映出区域地貌的特征,为宏观和长远规划和决策提供科学依据,也使建立各个级别与各成因类型之间的关系简单而且易于进行。必须明确,在确定起伏度之前,先已划分确定了地貌基本类型,其后才是确定起伏度来保持类型完整。不同的起伏度,用类型界线划界,作为基本制图单元。

3. 切割深度图(谷深图)

地面切割深度指局部或小流域内倾斜地面最大斜坡线到分水岭的一点与最近

谷底线的高差。对每一侧谷坡分别测定谷深，地貌图上切割深度用等值线(等切割深度线)表示。图 8-14 说明了这种地貌图的制作程序。

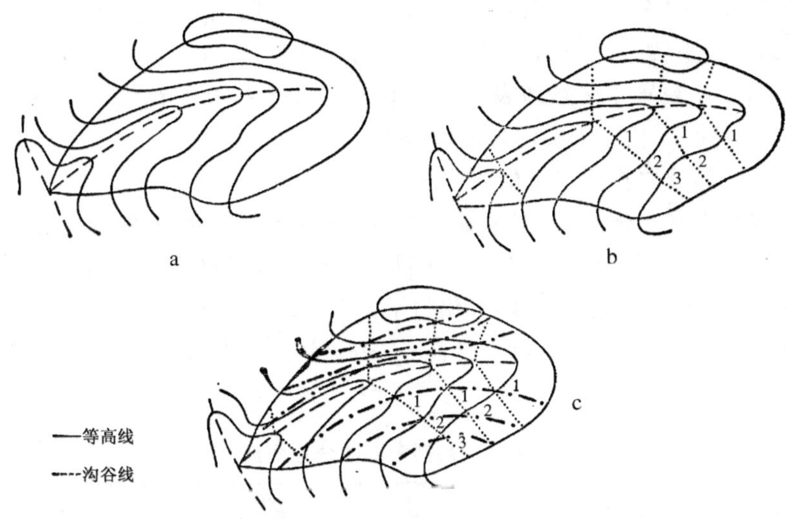

图 8-14　相邻谷底之上相等高度等值线绘制方法

1）在地貌图上把大的流域分成小的流域或小的汇水区，绘出谷底线和分水线(图 8-14a)。

2）在每个汇水区内，以每条等高线与谷底线交点引与所有等高线高程的向上到分水岭的直线——最大斜坡线(图 8-14b)。

3）最大斜坡线与等高线相交的每个点的高程(即等高线高程)与该线上谷底线高程之差为该点切割深度，将各条最大倾斜线上高程相等的各交点连结起来，即为切割深度等值线(图 8-14c)，或称谷深相同的相对高度线。

4）在高差等值线之间填上颜色或符号。切割深度等级确定与制图精度要求密切相关，一般来说切割深度等级与地貌图等高距相同时，能保证在该差限内。例如，我们要编制切割深度等值距 1 m 的等级，而地貌图上等高距为 5 m，这时必须内插等高距为 1 m 的等高线，但由于内插法本身缺陷会影响精度，那么最佳途径是选择等高距为 1 m 的地貌图。

切割深度图对于我们分析区域内地貌发育阶段及强度，地壳运动尤其是新构造运动是十分有用的资料。尤其对制定水土保持措施是至关重要的资料。

4. 切割密度图

切割密度是指单位面积内谷地的总长度(km/km^2)，从面的概念反映地表的破碎程度，与地面起伏度图结合起来，可全面显示地表的切割程度。切割密度可分为河系密度(或河谷密度)和谷地密度，分别制图或作为整体整图。

地表切割密度一般是在大比例尺地貌图或航空影像上(1∶10 000～1∶5 万)量测,编制出原图,再缩小为制图比例尺(例如 1∶50 万)

1) 确定谷地的最小量测长度。一般情况下,选取的最小长度为 0.5 km(在 1∶5万比例尺度下为 1 cm 长,1∶10 000 比例尺度时为 5 cm 长),长度可据具体研究目的而定,如研究黄土区域地表侵蚀强度时,在 1∶10 000 比例尺度下选取最小沟谷长度为 0.5 cm(相当于实际长度 50 m)。

2) 绘出全部选取指标以上的谷底线(河流)。

3) 确定栅格网边长值,依据区域内谷地分布最密集处和最稀少处的范围大小而定,必要时应考虑物质组成。基本原则是,谷地愈密栅格网边长愈小。

4) 量测各栅格内谷地总长度,算出每平方千米内谷地长度并标注在各栅格内。

5) 按密度分布频率分组,划分成若干等级(表 8-18),用线划组合符号或不同色彩描绘(图 8-15)。

表 8-18　切割密度的分级依据

等　级	切割密度/(km/km^2)	色　彩	切割程度
1	0.0～0.5	淡黄	极度微切割
2	0.5～1	浅黄	微切割
3	1～2	中黄	轻微切割
4	2～3	褐	中等切割
5	3～4	橙	较强切割
6	4～5	橙红	强烈切割
7	>5	玫瑰红	极度强烈切割

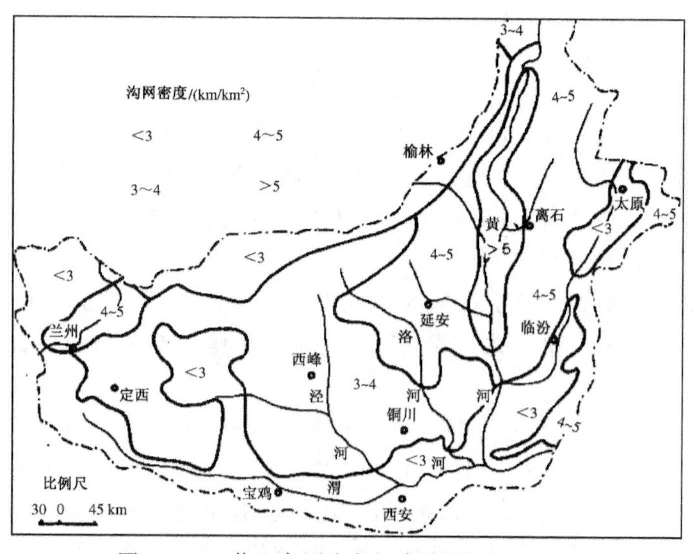

图 8-15　黄土高原沟谷网密度图(据陈永宗)

切割密度图在拟定农业生产规划，研究水土流失强度时极为有用。是农业系统地图中不可缺少的图幅，尤其在山地、丘陵、山前地带的农业条件表述中。但是我国过去制作的与农业生产有关的地图（农业区划图集，国土资源地图集）中，却很少表示地表切割密度。

二、地貌剖面图编制

将各种地貌类型和地貌组合形态、物质组成、基岩与风化、地质构造、成因、时代和相互之间接触关系、形态示量表现为平面与竖向相结合的图形即是地貌剖面图。明显地显示出一个地区的地貌与地质构造及沉积作用之间的关系等特征。地貌剖面图一般附在主区地貌图的外部或安置在地貌图说明书中，是不可缺少的重要补充图件。剖面图上应在一定位置指出剖面名称、比例尺及垂直比例尺放大倍数或标度，方位基点、两端点坐标、代表性高度、重要形态等。

地貌剖面图可以通过野外调查直接实地测绘，也可以依据各种资料（从地貌起伏为基础）确定一剖面线进行编绘。它一般分三种主要类型。

1. 实测地貌剖面图

在典型地点或需要重点展示详细地貌特征的地方，对该地区沿某一个方向进行线状路线的野外实测。测绘剖面时，无论用尺或目测或步测或仪器测，都要沿剖面线测绘地貌高度、坡度、地层宽度、地层厚度（包括风化壳和土壤）、产状、岩性和接触关系、记录植物的情况，依比例尺绘出，准确反映出实地情况。在作剖面图时，如果按自然比例尺，有时很难把地貌与第四纪地层的特征，变化和关系表示清楚，那是由于各地层单位的厚度小、变化及接触关系复杂的缘故，所以，一般都适当放大剖面的垂直比例尺，以能表示出特征且不使图像变形失真为原则（图 8-16）。

图 8-16　黄土地貌实测剖面

2. 地貌剖面图

地貌剖面图只表示地貌的起伏和高程，一般情况不表示组成物质等内容。所以，通常都是利用地貌图上等高线图形或者DEM数据来绘制。剖面可以贯穿过整幅图或整个地区，也可以分段贯穿部分地貌形体（如横穿过一个山峰或一条谷地）或地貌组合形体（山岭与谷地组合），剖面线应在贯穿地区直接绘于图面上，并尽量垂直于等高线。假如它与等高线相交呈小于90°的角，则会使经过的坡度变缓从而使坡面失真。尤其当剖面中涉及地质等内容时，剖面线要慎重选定，以便把山峰、谷底、岸滩或阶地包括在剖面中，避免造成地貌关系的虚假现象。剖面图编制中垂直比例尺一般不应放大，如果一定要强调微小的高差或很缓的坡度时，扩大的量也要限定在5倍以内，以免歪曲地势实地起伏和坡度特征（图8－17）。当山脉、河谷横剖面、湖岸或海岸的形态在短距离发生变化，或作某一地区几个剖面的比较分析时，沿确定方向按一定间距作数个独立剖面排列在一起编制成连接剖面图来展示其变化特点（图8－18）。

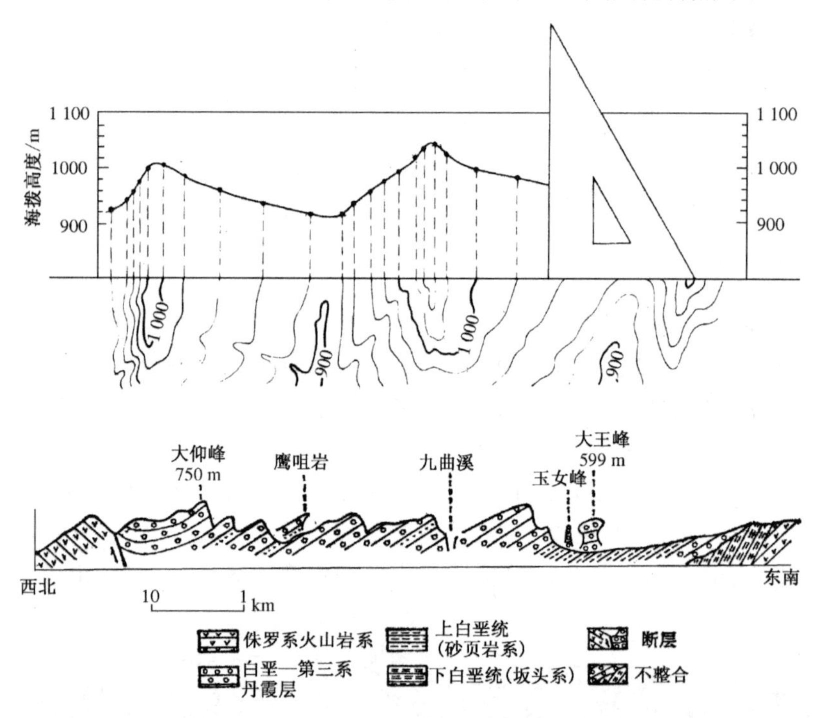

图8－17　武夷山地貌剖面图（据丁传礼）

3. 地貌综合剖面图

地貌综合剖面图表现的内容相当丰富，包括地貌、地质、第四纪地质甚至工程建设方面。其中地质方面内容要突出岩性、岩层产状和对地貌有影响的断裂；第四纪地质的内容要求能表示沉积物的岩性、成因、类型、产状、接触关系等，并尽可能表示其厚度。在大、中比例尺地貌图上切取地貌剖面图，再把实测或已有的资料的众多内容按比例和相互关系，填绘在图上（图8－19）。

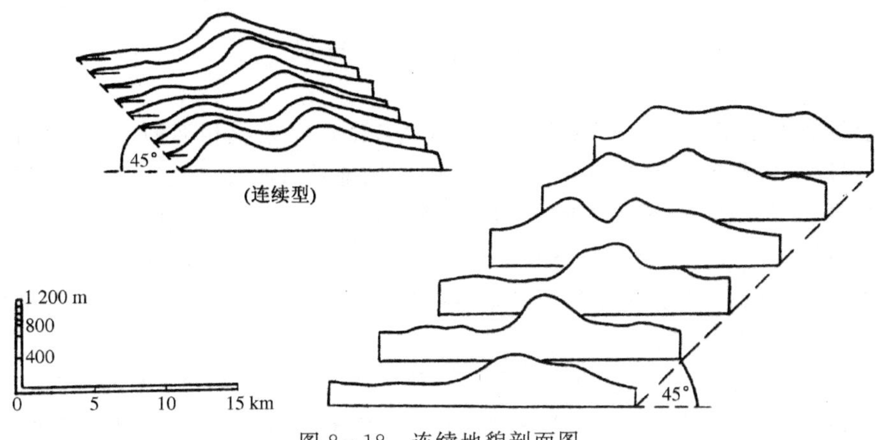

图 8-18　连续地貌剖面图

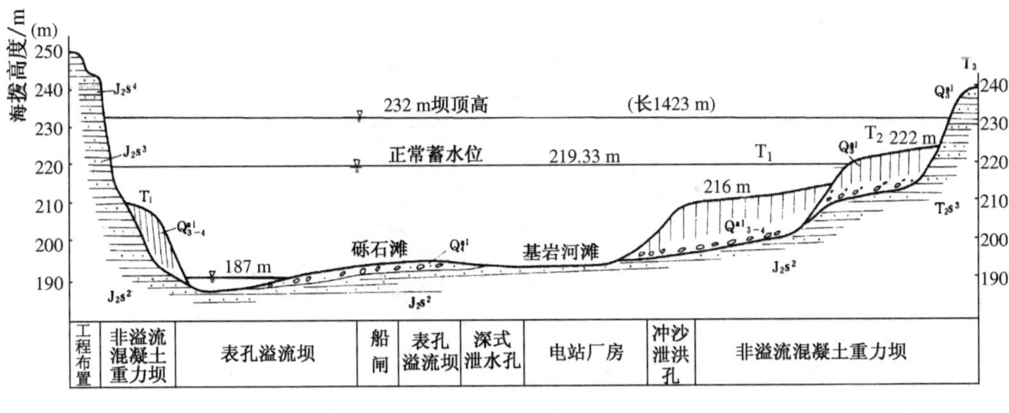

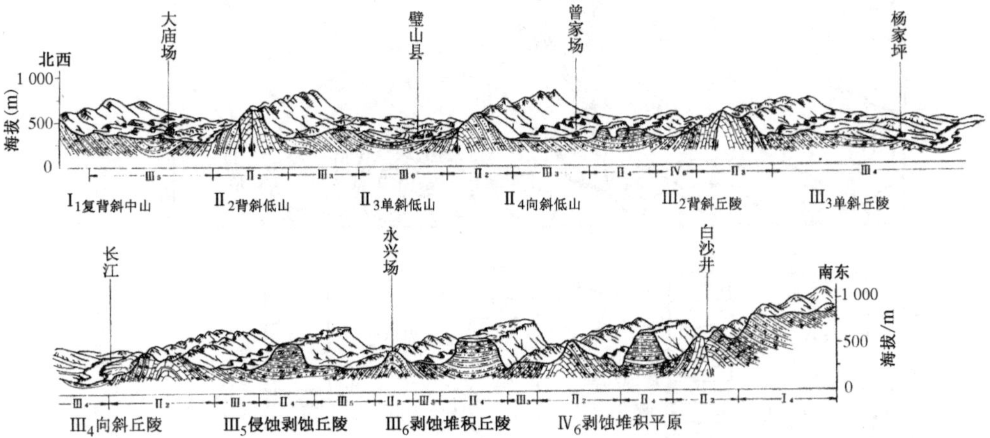

图 8-19　综合剖面图(据《重庆地貌与经济建设》)

三、地貌类型图编制

地貌类型是指地表一定范围内在成因上有密切联系或相似的多种地貌组合，因此，它以形体类型及形体类型单元来反映区域地貌基本类型特征，因为形体是成因的结果，又是我们分析研究地貌成因的重要依据。我国目前尚无统一的各种比例尺地貌类型制图规范及符号图例系统，但已制作了一些不同地区不同主动力作用下的不同比例尺的各种地貌类型图，可参照它们去粗取精，制作出高质量地貌图，推动我国地貌制图学的发展。

地貌类型图的实用性很强、用途很广，例如滑坡、崩塌地貌类型图对工程地质很重要；不同类型的平原控制地下水的利用程度，地型平原有丰富的地下水，山前平原有自流水的利用优势，而准平原的地下水则相对不丰富(图 8－20)。

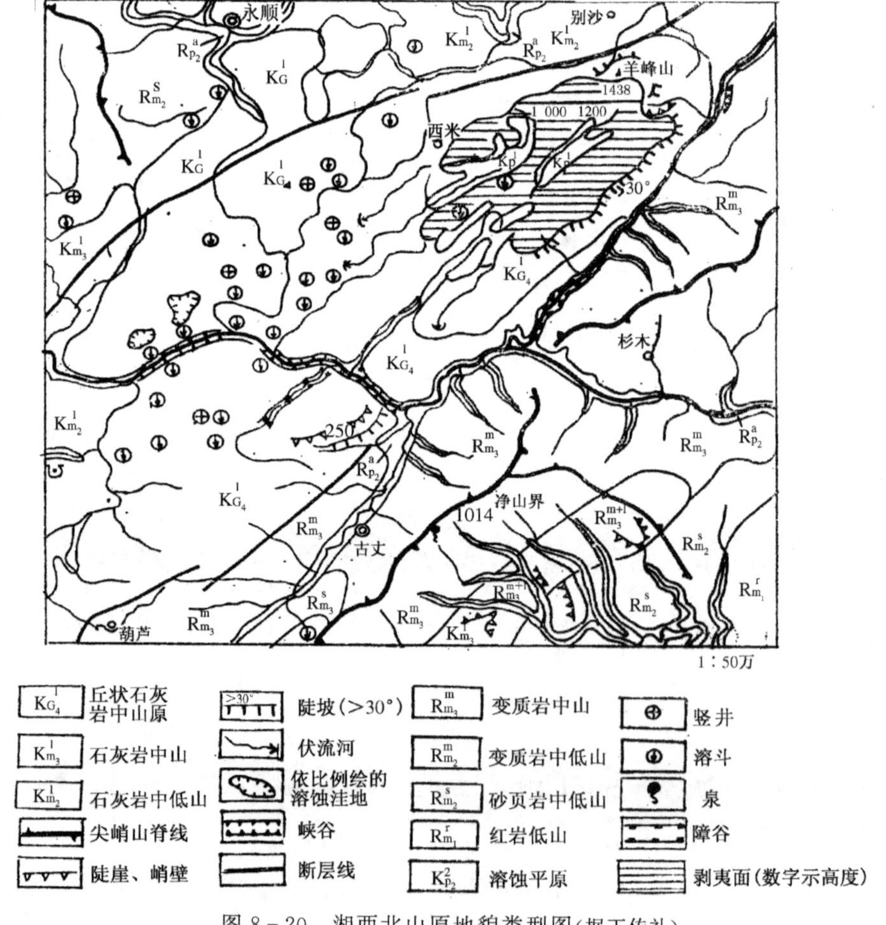

图 8－20　湘西北山原地貌类型图(据丁传礼)

四、地貌区划图的编制

地貌区划是根据各地域地貌的相似性和差异性，将其划分为不同等级和不同规模的区域，表示这种区域地貌的图称为地貌区划图，它反映的是地貌区。地貌区的划分要综合地考虑地层和构造（包括新构造），第四纪沉积物、发育过程、地貌特征、地貌年龄和发育阶段、地貌成因类型及组合，遵循① 双重性原则：区域性与成因—形态的合成；② 多级性原则：根据不同主导指标划分为多级系统。如全国地貌区划Ⅰ级区划的基本特征和范围与大地构造单元相当，以明显的气候差异为基础。在单一地貌的特殊情况下，地貌区大小（单元）相似于类型组合的范围和规模。

地貌区划图是在多种其他地貌图的基础上编制而成，如综合地貌图和地貌类型图都可作为进行地貌区划的重要依据。地貌区划图有利于我们认识地貌单元的发生、发展和组合分布规律、评价土地资源、规划农田水利、自然资源的开发与保护。对自然环境的其他方面，特别是对土壤、气候、植被和水文方面也有重要意义，与区域经济和发展规划相关。

地貌区划图上的范围界线表示地貌在空间的分布。可用底色或晕线及符号区划出多级系列，其特点是图面简洁明快和载负量小。

我国地貌区划有许多不同方案，下面介绍两种，供读者参考。

《中国自然地理·地貌》（中国科学院《中国自然地理》编辑委员会，1980）一书，根据我国地貌发育的内动力和外动力的区域分异，分为三大区域。

Ⅰ 东部季风湿润区　我国东西部地貌现今差异的主要原因是喜马拉雅第二幕运动，西部升高了 3 000～4 000 m，使全国阶梯状地貌愈益明显。东部地区指大兴安岭、阴山、贺兰山、六盘山、横断山（具体为龙门山、哀牢山等）以东地区。地貌轮廓是：北东向山地与平原、丘陵相间分布，山地海拔大多（60%以上）在 1 000～2 000 m左右，平原丘陵多在 500 m 以下。以流水作用为主。由于东西向的分隔又分为：

Ⅰ_1东北地区　指阴山—燕山以北地区，是由断块作用形成，以长白山、大兴安岭、松辽平原为主体，地貌轮廓清晰完整。

Ⅰ_2华北区　指秦岭—淮阳山地以北地区西起乌兰布和沙漠以北的狼山，东抵渤海之滨，海拔 1 000～2 000 m，该地区的山地、高原、平原大体呈北北东向平行排列，主要组成为地势最高的山西山原、黄土高原、低平的华北平原、山东低山丘陵等。

Ⅰ_3华南区　指秦岭—淮阳山地以南，广泛分布的是不同类型的山地、丘陵、盆地和高原（云贵高原）。

亚太平洋边缘海海底地貌图(之二)

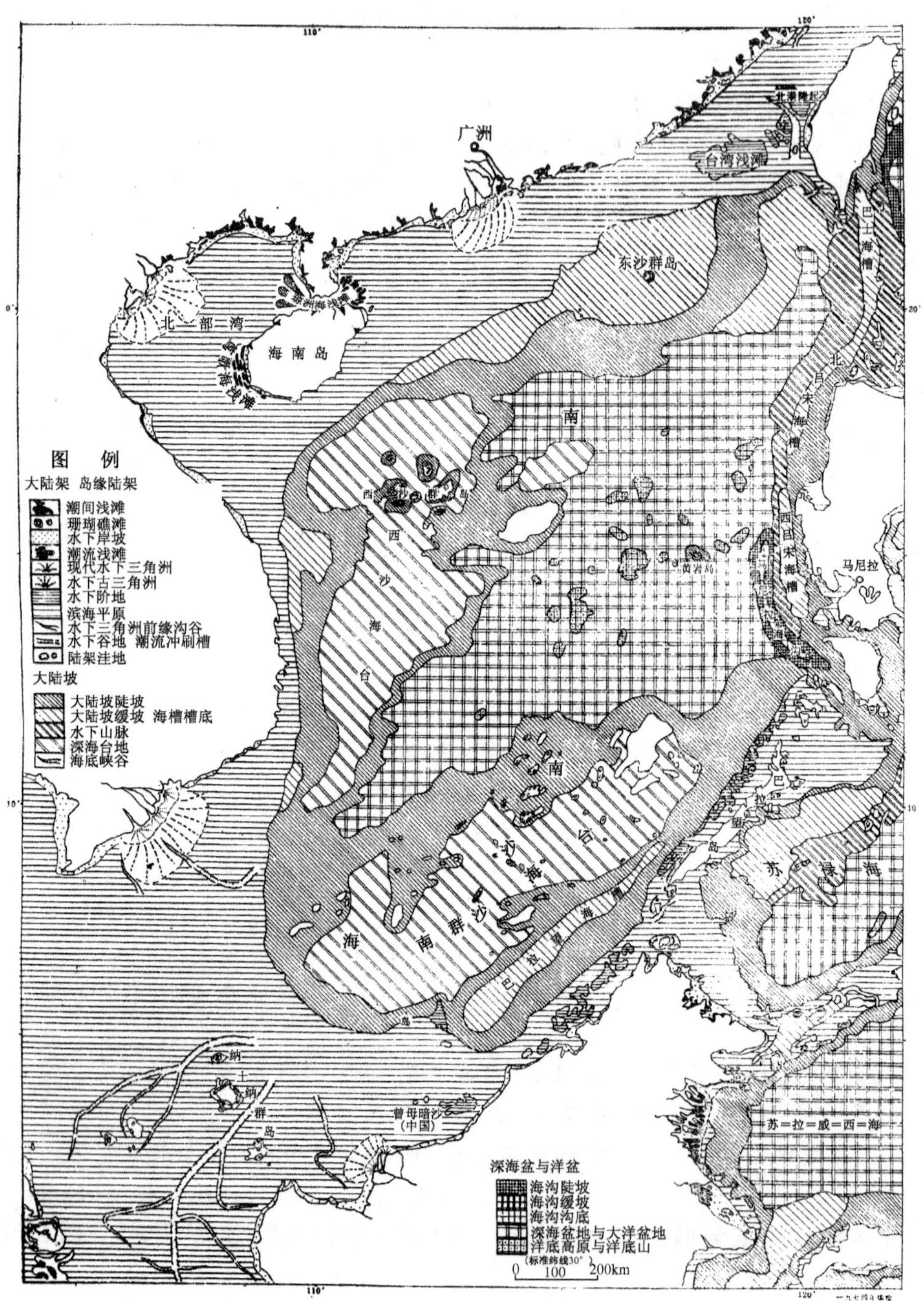

图 8-21 西太平洋大陆边缘和海底地貌图(据韩同春)

Ⅱ 西北区(干旱半干旱地区)　指大兴安岭、阴山、贺兰山、昆仑山一线西北,包括内蒙高原、准噶尔、塔里木、柴达木等盆地,阿尔泰山、天山、祁连山等块断山系,宏观地貌轮廓清晰。以风力和干燥剥蚀作用为主。

Ⅲ 青藏高原区　横断山以西,昆仑山以南的区域。海拔 4 000～5 000 m,山地为东西向。高原中央部分相对起伏比较和缓,有的甚至可以看作为一般“低山、丘陵”,只是在高原边缘,地面受到强烈切割,衬托出高山高原的雄伟面貌,包括昆仑山、冈底斯山、念青唐古拉山、唐土拉山、雅鲁藏布江、喜马拉雅山。以冰缘和冰川作用占优势。

很明显,这一区划方案的主要指标为气候特征,亦可称为气候地貌区划。

周延儒等于 1956 年将我国地貌划分为三大区九个亚区:东部区包括东北组、华北组、华中组和华南组;蒙新区包括内蒙古组、新疆组;青藏区包括青海组、藏南康滇组。

地貌区划无论是部门地貌区划、专门地貌区划及综合地貌区划,主要依据成因划分等级及单元,一般都是,从高级区到低级区逐渐以内动力主导地位转变为外动力占主导地位。

1. 地貌区的命名

地貌区的名称应具有排他性,既要有明确的区域性轮廓和概念,又便于人们阅读和记忆且简明扼要。有三名和二名法。

1) 三名法　　涵盖“地名＋地貌成因＋形体”的命名,如

长江中下游	冲　　积	平　　原
(地名)	(成因)	(形体)

2) 二名法　　涵盖“地名＋形体”,而将成因或物质组成部分省略,如

武　　汉	丘　陵　平　原
(地名)	(形态)

2. 地貌区的划分

地貌区划图是地貌区域单元的划界、定性和制图表现。这些单元由相似的结构或地面形体所组成,从而形成了各种等级和规模的地貌区。地貌区划是以地貌成因类型组合地貌形体进行分类,以这些基本地貌单元的区域划分及其更高一级空间单元关系的研究为基础(图 8 - 22)。

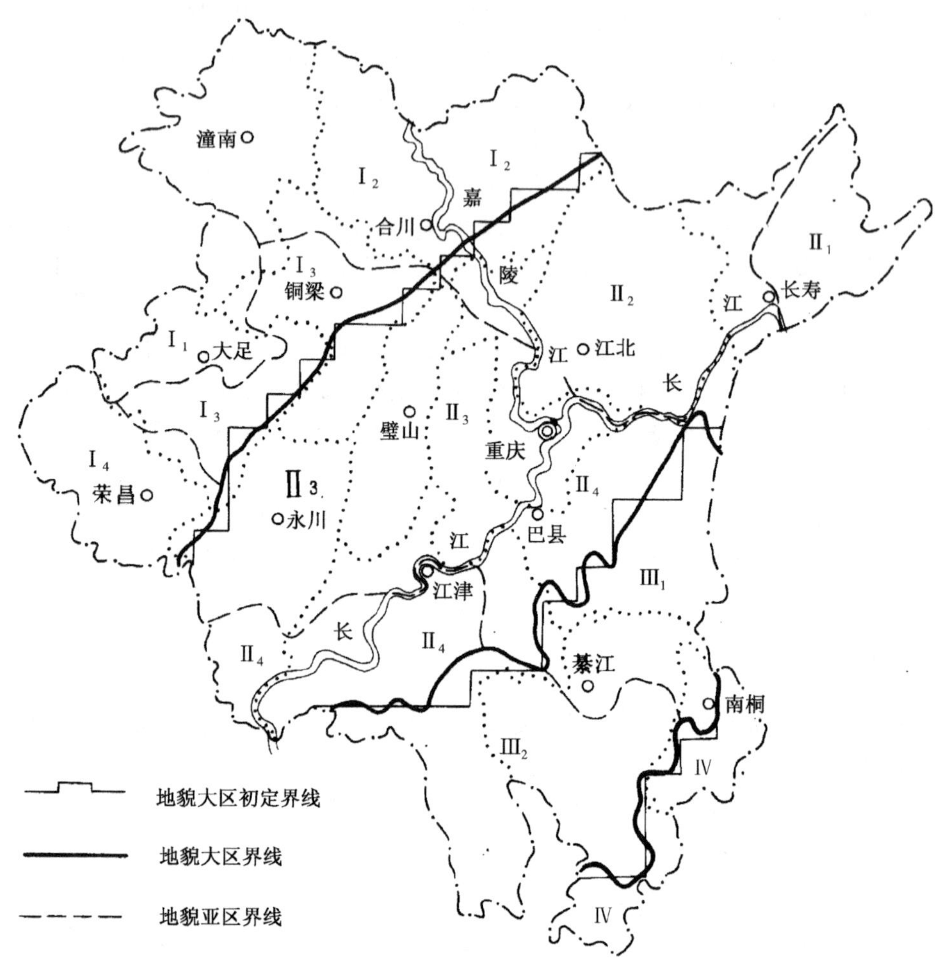

图 8-22　重庆地貌区划图(据《重庆地貌与经济建设》)

重庆市地貌分区体系为两级划分。全市共分为 4 个地貌大区，10 个地貌亚区。

大区命名：方位＋组合地貌；亚区命名：地名＋方位或者外动力强度和性质＋地貌类型及地貌特点。

Ⅰ 西北丘陵地貌区；$Ⅰ_1$大足西部强度侵蚀低山区；$Ⅰ_2$潼南—合川中部侵蚀方山丘陵区；$Ⅰ_3$铜梁—大足东部中度侵蚀中、低丘陵区；$Ⅰ_4$荣昌弱度侵蚀中、低丘陵区；Ⅱ 中部平行岭谷低山、丘陵地貌区；$Ⅱ_1$长寿东部中度侵蚀中、低丘陵区；$Ⅱ_2$江北强度侵蚀低山、台地区；$Ⅱ_3$永川—市内中度侵蚀低山、丘陵区；$Ⅱ_4$江津北部强度侵蚀丘陵区；Ⅲ 南部中、低山地貌区；$Ⅲ_1$巴县东部强度侵蚀低山、高丘区；$Ⅲ_2$江津、綦江南部中度侵蚀中、低山区；Ⅳ 东南部喀斯特中山地貌区

对于专门地貌区划应与专门目的密切联合进行，如农业地貌区划，不仅要阐明不同地区的区域地貌景观，而且要着重反映出有关农业生产的地貌条件(地貌形体、地貌对水热再分配的影响，物质组合及其分布规律与土地利用的关系)，对不同地貌区进行农业评价，分析农业利用条件以及人类活动对地貌的影响等，以达到充分合理地利用其有利条件和改造不利条件的目的。

五、城市地貌图编制

各类居民点(包括村、镇、城市等聚落)的位置和分布,受到环境因素的制约,其中地貌条件的影响对城市的建设尤其显著,它直接影响聚落的整体形状和结构布局,甚至对城市的建筑也有相当大的制约作用。城市的改造和扩展,一方面需要应用现代技术去适合原有地貌条件,同时人们需要对地貌环境条件作一定的改造。新建的居民点或者工矿必须考虑地表形体结构、物质组成、水文特点,以及灾害性地貌条件对其发展的影响。例如,地面坡度大增加工程费用,切割密度大和起伏大会增加桥涵数量,对于目前难以克服和控制的地震、滑坡、地陷等灾害性地貌环境尽可能避让(图 8-23)。

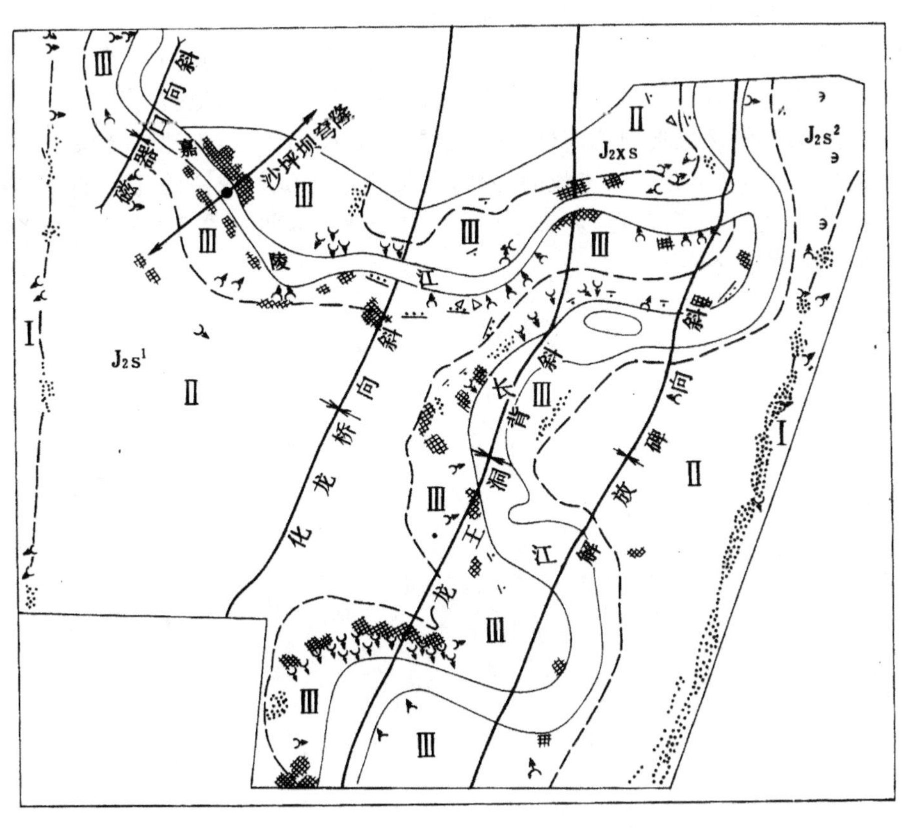

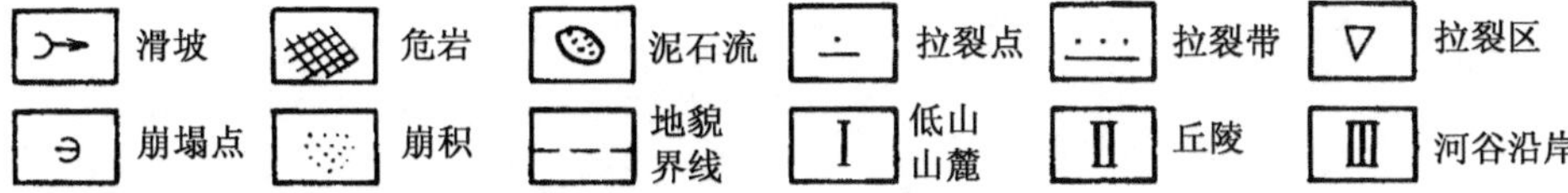

图 8-23　重庆城市地貌灾害图(据《重庆地貌与经济建设》)

城市地貌图比例尺都是属于大比例尺度的。① 为城市扩展、新区总体规划服务，需要编制较大区域的精确地貌图，比例尺可选定为 1∶1 万～1∶2.5 万之间；② 用于城市改造、排渍等工作规划的市区地貌图，比例尺应该在 1∶5 000～1∶1 万之间；③ 对于特定小区、规模较大的建筑地点的研究，适宜的地貌图比例尺应该是 1∶1 000～1∶5 000 之间。例如，武汉市新编的地貌系列图，坡度图的坡度分级比一般区域性地貌图要细得多，主要依据排水状况和影响城市建设的某些临界坡度分出 10 个等级，＜1′40″排水不畅，1′40″～3′30″可出现暂时性积水，3′30″～10′30″排水较好，2°是街区主干道的上界，3°20″是街区次级干道的上界，5°是公路建设的上界，10°是城市建设的上界，15°是为居民点和工矿建设的上限，大于 15°是不适于市区建设。这样的坡度评级适合于平原为主的市区建设的科学、合理以及市区扩展。对于包括岗地、丘陵、山地等地貌类型在内的较大面积的市区范围，大于 15°的坡地应该继续细分，例如重庆市。

经过实际调查、参考大量钻孔资料和有关资料编制的城市地貌图，着重用以揭示地貌形体结构与基底稳定性、水文地质、地面组成物质、人为地貌等因素之间的规律性关系，为了解区域地质稳定性，研究抗震区划提供依据，为地铁选线确定方案提供参考。随着城市化建设步伐的加快，各类不同等级的城镇的建设都将遇到现代化建设等方面的种种问题，城市地貌研究结合客观需要正在蓬勃兴起，必将带动城市地貌制图的发展。

参考文献

北京大学，南京大学等.1978.地貌学.北京：人民教育出版社

陈志明.1993.中国地貌纲要.北京：中国地图出版社

德梅克 J..1984. 详细地貌制图手册.陈志明，尹泽生译.北京：科学出版社

高俊等.1999.虚拟现实在地形环境仿真中应用.北京：中国人民解放军出版社

汉布林 W.K..1980.地球动力系统.殷维翰等译.北京：地质出版社

何培元等.1992.庐山第四纪冰期与环境.北京：地震出版社

卡森 M.A.，柯克拜 M.J..1984.坡面形态与形成过程.窦葆璋译.北京：科学出版社

柯正宜等.1992.数字地面模型.合肥：中国科学技术出版社

李维能.1982.地貌学.北京：测绘出版社

李维能.1985.中国典型地貌.北京：测绘出版社

李志林，朱庆.2000.数字高程模型.武汉：武汉测绘科技大学出版社

刘东生.1985.黄土与环境.北京：科学出版社

刘南威.2000.自然地理学.北京：科学出版社

卢耀如.2001.岩溶.北京.清华大学出版社，广州：暨南大学出版社

卢云亭.1988.现代旅游地理.南京：江苏人民出版社

陆中臣.1991.流域地貌系统.大连：大连出版社

潘凤英等.1991.祖国的山水峰洞.北京：测绘出版社

潘树荣，武光和，陈传康等.2001.自然地理学.北京：高等教育出版社

任美锷，刘振中.1983.岩溶学概论.北京：商务印书馆

沈玉昌，龚国元.1986.河流地貌概论.北京：科学出版社

斯特拉勒 A.N.，斯特拉勒 A.H..1983. 现代自然地理学.《现代自然地理学》翻译组译.北京：科学出版社

苏时雨，李钜章.1999.地貌制图.北京：测绘出版社

苏时雨，李钜章.1999.地貌制图.北京：测绘出版社

唐新明等.1999.基于等高线和高程点建立 DEM 的精度评价方法探讨.遥感信息，55(3)：7～10

王英杰，袁勘省等.2003.多维动态地学信息可视化.北京：科学出版社

王颖，朱大奎.1994.海岸地貌学.北京：高等教育出版社

吴正.1987.风沙地貌学.北京：科学出版社

西北师范学院地理系，中国地图出版社.1984.中国自然地理图集.北京：地图出版社出版

徐弘祖著.丁文江编.1986.徐霞客游记.北京：商务印书馆出版

徐青.2000.地形三维可视化.北京：测绘出版社

严钦尚，曾昭璇.1985.地貌学.北京：人民教育出版社

杨达源.2001.自然地理学.南京：南京大学出版社

杨怀仁，唐日长.1998.长江中游荆江变迁研究.北京：中国水利水电出版社

杨景春.1985.地貌学教程.北京：高等教育出版社

杨士弘.2002.自然地理学实验与实习.北京：科学出版社

袁宝印，李容全，张虎南，田昭一.1989.地貌研究方法与实习指南.北京：高等教育出版社

张根寿.1999.地貌学.武汉：武汉测绘科技大学

张根寿等.庐山地理调查.2004.武汉：武汉大学出版社

张祖勋等. 1996. 数字摄影测量学. 武汉：武汉测绘科技大学出版社

中国 1：100 万地貌图编辑委员会，中国科学院地理研究所. 1985. 地貌制图研究文集. 北京：测绘出版社

中国 1：100 万地貌图编辑委员会，中国科学院地理研究所. 1986. 地貌制图研究文集. 北京：测绘出版社

中国科学院《中国自然地理》编辑委员会. 1980. 中国自然地理·地貌. 北京：科学出版社

中国科学院地理研究所. 1986. 地貌制图研究文集. 北京：测绘出版社

中国科学院黄土高原综合科学考察队. 1990. 黄土高原地区土壤侵蚀区域特征及其治理途径. 北京：科学出版社

中国科学院黄土高原综合科学考察队. 1991. 黄土高原地区自然环境及其演变. 北京：科学出版社

中国科学院黄土高原综合科学考察队. 1991. 黄土高原地区自然环境及其演变. 北京：科学出版社

中国科学院西南资源开发考察队. 1992. 重庆地貌与经济建设. 北京：中国科学技术出版社

朱震达. 1990. 中国的沙漠化及其治理. 北京：科学出版社

祝国瑞，张根寿. 1994. 地图分析. 北京：测绘出版社

Bradshaw M, Weaver R. 1993. Physical Geography. St. Louis: Mosby

Chorley R J, Schumm S A, Sugden D E. 1984. Geomorphology. London: Methuen & Co. Ltd

Christopher L. Salter. 1998. Essentials of World Regional Geography. Second ed. Harcourt Brace & Company

Christopherson R W. 1997. Geosystems an Introduction to Physical Geography. Third ed. NJ: Prentice Hall

CLIMAP. 1976. The Surface of the Ice-age Earth. Science, 191: 1131～1137

De Blij H. J. 1994. Geography. Seventh Ed. New York: John Wiley & Sons, Inc 1997. Ten Geographic Ideas That Changed the World. New Brunswick: Rutgers University Press

Duckson Don W. 1999. Exercises in Physical Geography. Third ed. Boston: A division of the McGraw-Hill Companies

Frakes L A. 1979. Climates Throughout Geologic Time. Amsterdam-Oxford-New York: Elsevier Scientific Publishing Company

Goudie A. 1995. The Changing Earth Rate of Geomorphologic Processes. Oxford Blackwell

James S. Fisher. 1992. Geography and Development. New York: Macmillan Publishing Company

Mackenzie A, Ball A S, Virdee S R. 1999. Instant Notes in Ecology. Beijing: Science Press

Park C. 1997. The Environment Principles and Applications. London: Routledge

Richard Lee. 1978. Forest Microclimatology. Washington: Columbia University Press

Ruddiman W F. 1997. Longtime Climate and Environment Change. New York: John Wiley & Sons

Scott R C. 1995. Physical Geography. St. Pawl: West Publishing Company

Smith R L. 1980. Ecology and Field Biology. Third ed. Harper & Row

Tarbuck E J, Lutgens F K. 1993. The Earth-An Introduction to Physical Geology. New York: Macmillan Publishing Company

William M. Marsh. 1981. Landscape. Addison-Wesley Publishing Company, Inc.

William M. Marsh. 1987. Earthscape A Physical Geography. New York: John Wiley & Sons, Inc.

Ye Duzheng, Lin Hai. 1995. China Contribution to Global Change Studies. Beijing: Science Press

（特别说明：本书中部分图形选取自上述参考书，恕未一一注明作者，望谅）